机械控制工程基础

（第3版）

玄兆燕　主　编

朱宏俊　杨秀萍　副主编

電子工業出版社

Publishing House of Electronics Industry

北京・BEIJING

内容简介

本书主要讲述机械工程控制的基本原理和基本知识，内容包括绪论、拉普拉斯变换、系统数学模型、时间响应分析、系统频率响应分析、系统稳定性分析、系统校正、根轨迹法、线性离散系统及 MATLAB 在控制工程中的应用等。

本书强调基本概念和基本方法，注重方法论述的逻辑性和严谨性，同时在论述过程中根据工科学生的具体情况尽量避免高深的数学论证，紧密结合控制与机械工程实际，用机械与电气实例解释说明一些基本理论和基本方法，以使其能很好地在数理知识和专业知识之间起到桥梁的作用。

本书可作为高等学校机械设计制造及自动化、机电一体化等专业本科生和专科生的教材，也可作为有关教师与工程技术人员的参考书。

为了更好地配合课堂教学，本书配有多媒体教学课件。

图书在版编目（CIP）数据

机械控制工程基础 / 玄兆燕主编. —3 版. —北京：电子工业出版社，2023.2
ISBN 978-7-121-45107-2

Ⅰ. ①机…　Ⅱ. ①玄…　Ⅲ. ①机械工程－控制系统－高等学校－教材　Ⅳ. ①TH-39

中国国家版本馆 CIP 数据核字（2023）第 030045 号

责任编辑：孙丽明
印　　刷：北京七彩京通数码快印有限公司
装　　订：北京七彩京通数码快印有限公司
出版发行：电子工业出版社
　　　　　北京市海淀区万寿路 173 信箱　邮编　100036
开　　本：787×1092　1/16　印张：19.5　字数：499.2 千字
版　　次：2011 年 5 月第 1 版
　　　　　2023 年 2 月第 3 版
印　　次：2024 年 7 月第 3 次印刷
定　　价：65.00 元

凡所购买电子工业出版社图书有缺损问题，请向购买书店调换。若书店售缺，请与本社发行部联系，联系及邮购电话：（010）88254888，88258888。

质量投诉请发邮件至 zlts@phei.com.cn，盗版侵权举报请发邮件至 dbqq@phei.com.cn。

本书咨询联系方式：sunlm@phei.com.cn。

FOREWORD 前言

机械控制工程作为机械工程类专业一门重要的专业基础课，其内容需要不断地更新调整。本书的主要内容包括绪论、拉普拉斯变换、系统的数学模型、时间响应分析、系统频率响应分析、系统稳定性分析、系统校正、根轨迹法、线性离散系统、MATLAB 在控制工程中的应用等。针对目前本科生的具体情况，本书试图将教材内容从深度的扩展转向广度的扩展。

机械控制工程理论不仅仅是一门很重要的学科，同时它的形成、发展，以及对该理论的论述过程本身也体现了科学的方法论。为了培养学生客观、理性和实证的科学精神，本书作为机械工程类专业技术基础课教材，强调基本概念和基本方法，注重方法论述的逻辑性和严谨性，同时在论述过程中根据工科学生的具体情况尽量避免高深的数学论证，紧密结合控制与机械工程实际，用机械与电气实例解释说明一些基本理论和基本方法，以使其能很好地在数理知识和专业知识之间起到桥梁的作用。

本书主要介绍经典控制理论的基本内容，重点是其中的线性控制理论及其在控制系统分析中的应用，以及在机械动力系统动态性能分析中的应用。本书从控制理论的发展史入手，介绍控制理论的基本概念和基本知识；其次阐述时间函数的拉普拉斯变换，在此基础上介绍系统的数学模型并导出传递函数的模型；然后介绍一阶、二阶系统的时间响应分析和频率响应分析，系统稳定性分析及系统的校正（包括 PID 校正），根轨迹法；考虑目前计算机技术广泛应用于控制系统中，本书介绍了线性离散系统的相关内容；最后介绍了 MATLAB 在控制工程中的应用。

另外，本次修订增添了由科学原理、科学方法所引申出来的思想感悟，使学生在掌握控制工程的基本理论与分析方法的同时，得到思想及心灵的启迪。

机械控制工程理论及方法形成的过程，恰是一个从理论到实践又从实践中提升出理论再指导实践的过程，这其中每位关键人物的创新与贡献，都是对学生热爱科学、投身科技的最好激励。而透过书中所阐述的二阶系统三个性能指标之间的关系、二阶系统单位阶跃的最佳响应过程、稳态误差分析方法及系统稳定性分析等内容所领悟出的人生真谛，更可以在学生经历社会成长、面对人生坎坷、建立思维方式、树立人生观及价值观上给予启迪与引领。

本书由华北理工大学玄兆燕任主编，西南科技大学朱宏俊、天津理工大学杨秀萍为副主编，华北理工大学吴丽娟、冯茜参编，天津理工大学王收军主审。编者分工为：第 1 章、第 8 章、第 10 章及本次修订的全部内容由玄兆燕执笔；第 2 章、第 3 章、第 7 章由朱宏俊执笔；第 4 章、第 6 章由杨秀萍执笔；第 5 章由吴丽娟执笔；第 9 章由冯茜执笔；冯茜还负责多媒体课件的制作，最后由玄兆燕统稿。

感谢天津理工大学王收军老师，在审稿过程中提出了许多宝贵的意见。

限于编者水平，书中难免会出现缺点和不足，希望读者提出批评建议，我们衷心地表示感谢！

编　者

2022年5月于华北理工大学

主要符号说明

1．时域符号

时域输入	$x_{\mathrm{i}}(t)$
时域干扰信号	$n(t)$
时域输出	$x_{\mathrm{o}}(t)$
时域偏差	$\varepsilon(t)$
时域误差	$e(t)$
单位脉冲函数	$\delta(t)$
单位阶跃函数	$u(t)$
单位斜坡函数	$r(t)$
阻尼比	ξ
超调量	M_{p}

2．频域符号

相对谐振峰值	M_{r}
无阻尼固有频率	ω_{n}
有阻尼固有频率	ω_{d}
谐振频率	ω_{r}
各环节之间的转角频率	ω_{T}
剪切频率	ω_{c}
相位交界频率	ω_{g}
相位裕度	$\gamma(\omega)$
幅值裕度	$K_{\mathrm{g}}(\omega)$
频域输出	$X_{\mathrm{o}}(s)$
频域干扰信号	$N(s)$
频域偏差	$E(s)$
频域误差	$E_1(s)$
前向通道传递函数	$G(s)$
反馈通道传递函数	$H(s)$
开环传递函数	$G_{\mathrm{K}}(s)$
闭环传递函数	$G_{\mathrm{B}}(s)$
频率特性	$G(\mathrm{j}\omega)$
频率特性幅值	$\lvert G(\mathrm{j}\omega)\rvert$
频率特性相角	$\angle G(\mathrm{j}\omega)$
反馈通道频率特性	$H(\mathrm{j}\omega)$

3．其他

其他物理量按统一标准符号执行。

CONTENTS 目录

Chapter 1

第1章 绪论

学习要点

了解控制工程的发展史，熟悉控制工程的研究对象与任务，掌握控制系统的基本概念及闭环控制与开环控制原理，掌握控制系统的基本分类方法及对控制系统的基本要求。

1948 年，美国数学家 N. 维纳所著的《控制论》一书出版，标志着控制论的正式建立。控制论与系统论、信息论的发展紧密结合，使控制论的基本概念和方法被应用于各个具体科学领域，其研究对象从人和机器扩展到环境、生态、社会、军事、经济等许多方面，并将控制论向应用科学方面迅速发展。其分支科学主要有工程控制论、生物控制论、社会控制论和经济控制论、大系统理论、人工智能等。

机械控制工程是工程控制论在机械工程中的应用。

1.1 引言

1.1.1 控制工程发展史

1788 年，詹姆斯·瓦特在他发明的蒸汽机上使用了离心调速器，解决了蒸汽机的速度控制问题，引起了人们对控制技术的重视。之后，有人试图改善瓦特调速器的准确性，却常常导致系统产生振荡。在接下来的近一百年时间里，这种因试图追求速度调节的准确性而带来的系统振荡问题，一直得不到很好的解决，这些实际问题，促使科学家从理论上开始探讨研究。1868 年麦克斯韦为瓦特的调速器建立了线性常微分方程，解释了瓦特蒸汽机速度调节中出现剧烈振动的不稳定性问题，提出了稳定性代数判据方法，开辟了用数学方法研究控制系统的途径。1877 年，劳斯在麦克斯韦的基础上，提出了不直接求解系统微分方程的稳定性判据方法，1895 年霍尔维茨又提出了一种新的稳定性判据方法。至此，劳斯判据和霍尔维茨判据成为了当时两个著名的控制系统稳定性判据，这些稳定性判据方法基本上满足了当时控制领域工程师的需求，同时，也奠定了经典控制理论中时域分析方法的基础。

到 1932 年，奈奎斯特提出了一种根据对正弦输入的开环稳态响应，确定闭环系统稳定性的方法，由此提出了在频域内研究系统的频率响应法，建立了以频率特性为基础的稳定性判据，为具有高质量的动态品质和静态准确度的控制系统提供了所需的分析工具。随后，伯德和尼科尔斯在 1930 年代末和 1940 年代初进一步将频率响应法加以发展，形成了经典控制理论的频域分析法，为工程技术人员提供了一个设计反馈控制系统的有效工具。

到 1948 年，美国数学家 N. 维纳出版了划时代的著作《控制论》，此书的出版标志着控制论的正式建立。N. 维纳从小就是一位神童，18 岁获得哈佛大学哲学博士学位，之后对数学、生物学、物理学都有很深入的研究。第二次世界大战期间，维纳接受了一项与火力控制有关的研究工作，这项工作促使他深入探索了用机器来模拟人脑的计算功能，建立预测理论并应用于防空火力控制系统的预测装置。由此，维纳对控制论、信息论又有了深入的研究，维纳把控制论看作是一门研究机器、生命社会中控制和通信的一般规律的科学，是研究动态系统在变化的环境条件下如何保持平衡状态或稳定状态的科学。

同时，在 1948 年美国科学家伊万斯创立了根轨迹分析方法，为分析系统性能随系统参数变化的规律性提供了有力工具，被广泛应用于反馈控制系统的分析与设计中。

1954 年，我国科学家钱学森发表《工程控制论》，将控制论推广到工程技术领域，奠定了工程控制论这一技术科学的基础。

由此，以微分方程作为数学模型的时域分析法、以传递函数作为数学模型的根轨迹法和频域分析法，构成了经典控制理论的基本核心内容。这些理论的应用使整个世界的科学水平出现了巨大的飞跃，几乎在工业、农业、交通运输及国防建设的各个领域都广泛采用了自动化控制技术。

但到 60 年代，随着阿波罗Ⅱ号飞船登月，航空航天技术得到迅猛发展，经典控制论已经无法满足多输入、多输出、时变的或非线性等综合复杂的控制系统要求，为此以状态变量概念为基础，利用现代数学方法和计算机来分析复杂控制系统的现代控制理论应运而生。

1.1.2 机械控制工程的研究对象与任务

1. 机械控制工程的研究对象

控制论研究的对象是一个控制系统，这个系统可以是一些部件的组合，这些部件组合在一起完成一定的任务；同时，这个系统也可以是一个比较抽象的动态现象（如经济学中遇到的现象），所以这个系统可以是物理学、生物学、经济学、社会学等各个方面的系统。机械控制工程研究的对象特指机械工程领域的系统（如数控机床、机器人、自动化生产线、智能加工中心等）。

2. 机械控制工程的研究任务

工程控制论主要研究控制系统与其输入、输出之间的动态关系。其研究内容大致可归纳为如下五个方面。

① 系统分析：当系统已定、输入已知时，求出系统的输出（响应），并通过输出来研究系统本身的有关问题。

② 最优控制：当系统已定、输出已知时，确定输入使得输出尽可能符合给定的最佳要求。

③ 最优设计：当输入已知、输出已知时，确定系统使其输出尽可能符合给定的最佳要求。

④ 滤波与预测：当系统已定、输出已知时，要识别输入或输入中的有关信息。

⑤ 系统辨识：当输入与输出均已知时，求出系统的结构与参数，即建立系统的数学模型。

机械控制工程以经典控制论为核心，主要研究线性控制系统的分析问题，即上面的第①个方面的内容。

1.2 控制系统简介

1.2.1 控制系统的分类

1. 按系统的结构分类

（1）开环控制系统

开环控制系统是指系统的输出量对控制作用没有影响的系统，在开环控制系统中既不需要对输出量进行测量，也不需要将输出量反馈到输入端与输入量进行比较。所以对应于每一个参考输入量，有一个固定的工作状态与之对应，此时，若有扰动信号出现，系统将无法在规定的状态下工作，所以只有在没有扰动或对系统精度要求不高的情况下才使用开环控制系统。如我们熟悉的自动洗衣机就是一个开环控制系统的实例。在洗衣机中，浸湿、洗涤和漂洗过程是按照事先编排好的时序进行的，洗衣机不必对输出信号（衣服的清洁程度）进行测量。

如图 1.1 所示为开环控制系统的又一实例。这是一种简单的数控机床驱动系统，根据待加工工件的图纸要求，编制成控制指令，输入装置将控制指令转换为控制信号输入给驱动电路，驱动步进电机按加工指令要求，控制工作台的运动，从而加工出图纸所要求的工件。

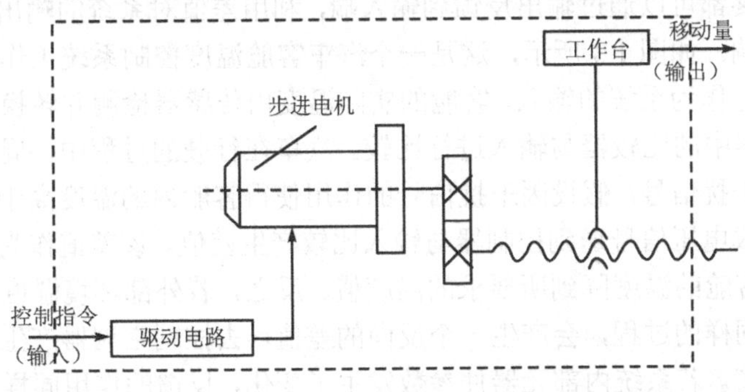

图 1.1　开环控制的数控机床驱动系统

（2）闭环控制系统

闭环控制系统通常也称反馈控制系统。此种系统是指将输出信号部分或全部通过反馈装置（通常为检测装置）传送到输入端，与输入信号进行比较，将比较的差值送入系统中的控制器产生控制信号，控制系统的输出达到希望的输出值。大部分控制系统都是闭环控制系统。

如图 1.2 所示为闭环控制的数控机床驱动系统，该系统和图 1.1 相比多了比较装置和检测装置，将检测信号反馈到输入端经过比较装置与输入信号进行比较。它的工作原理是检测装置随时测定工作台的实际位置并反馈到输入端的比较器上，将实际位置与输入（控制指令）所给定的位置相比较，若实际位置与给定的希望位置有误差，则将两者之间的差值作为控制信号，驱动伺服电机，使之拖动工作台运动以消除该误差，从而加工出所希望的工件形状。

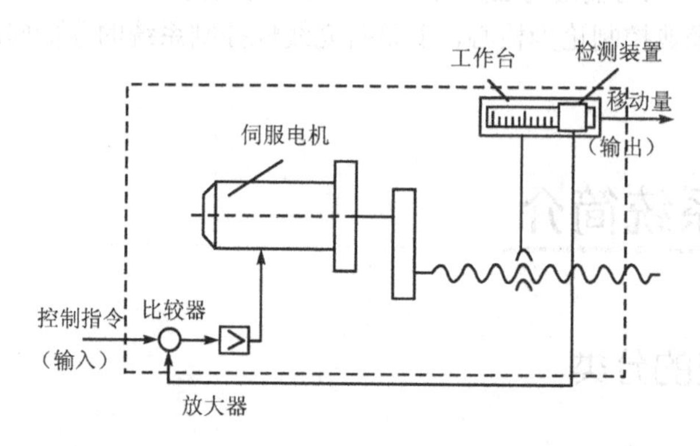

图 1.2　闭环控制的数控机床驱动系统

闭环控制系统不仅限于工程系统，在其他非工程领域也存在着闭环控制，如我们人体本身就是一种非常高级的闭环控制系统。人体的体温和血压等都是通过生理反馈的方式保持正常值的，正是人体中的各种反馈作用，使得人类可以在变化的环境中正常地生活。

（3）闭环控制系统与开环控制系统的比较

从开环控制系统和闭环控制系统的实例中可以看出，开环控制系统结构简单、容易维护、相应的成本也较低，因为没有反馈，所以稳定性也不是主要问题。另外，也正是因为没有反馈，使得开环控制系统无法抑制扰动信号对输出的影响。因此，当输出量难以测量或测量成本太高、没有必要测量（如前面洗衣机的例子），又不存在扰动信号或扰动可以忽略时，才可采用开环控制系统。

闭环控制系统也称反馈控制系统，因输出信号被反馈到输入端，所以使系统的外部干扰和内部参数的变化最终都可以通过输出反馈到输入端，利用差值对系统的输出进行调解，从而抑制干扰对输出的影响。如图 1.3 所示，这是一个汽车客舱温度控制系统工作原理图，要求的温度被转换成电压信号作为系统的输入，客舱的实际温度由传感器检测并转换成电压信号反馈到输入端，通过控制器中的比较器与输入进行比较。汽车在行驶的过程中，周围的环境温度和太阳的辐射热量均为干扰信号，假设因干扰信号的作用使得客舱内的温度高于要求的温度，传感器将实际温度转换成电压信号送到控制器与输入比较产生差值。该差值作为控制信号，控制空调器产生冷风，使客舱的温度降到所要求的温度值。反之，若外部环境温度使客舱内的温度低于所要求的温度，同样的过程，会产生一个反向的差值，去控制空调器产生热风，使其温度升高到所要求的温度值。若系统内部元器件参数发生了变化，反馈的作用同样可以将温度调节到要求值。由此可见，闭环控制系统可以抑制外部的扰动和内部参数变化对系统输出的影响。

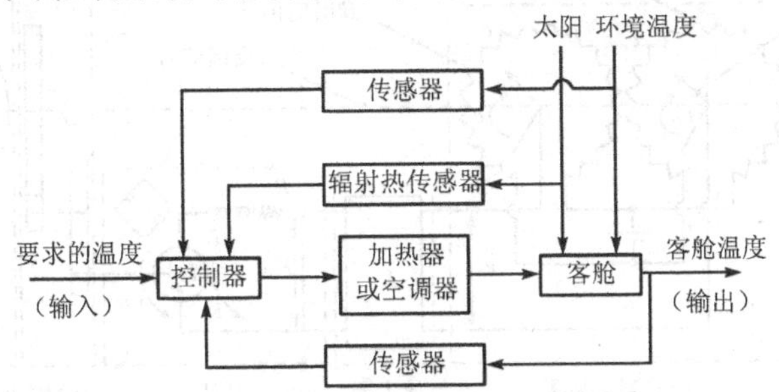

图 1.3　汽车客舱温度控制系统工作原理图

因为闭环控制系统引入了反馈，在调节的过程中，可能引起系统的等幅振荡或发散振荡，所以系统稳定性问题在闭环控制中成为非常重要的问题。另外，与开环控制系统相比闭环控制系统要复杂一些，所使用的元器件数量要多一些，因此成本要比开环控制系统高。

2．按输入量的变化规律分类

（1）恒值控制系统

恒值控制系统的输入量是一个恒定值，该系统的任务是保证在任何扰动信号的作用下，系统的输出量恒定不变。图 1.3 所示的汽车客舱温度控制系统就是一个恒值控制系统，它的输入是一个恒定的温度值，其任务是保证在任何环境下输出（客舱温度）恒定不变。

（2）程序控制系统

程序控制系统的输入量是按已知的规律变化的，将输入量按其变化规律编制成程序，由程序发出控制指令，系统按照控制指令的要求运动。图 1.2 所示的闭环控制的数控机床驱动系统就是一个程序控制系统，它的输入是按已知的图纸要求编制的加工指令，系统按照该指令控制工作台运动，以加工出图纸所要求的工件形状。

（3）随动系统

随动系统又称伺服系统。该系统输入量的变化规律是未知的，要求输出量能迅速、平稳、准确地复现控制信号的变化规律。

如图 1.4 所示的伺服位置控制系统就是一个随动系统的实例。该系统的任务是控制机械负载的位置与输入的参考位置相协调。系统的工作原理是，用一对电位计作为系统的误差检测装置，它们可以将输入、输出的位置转变成与位置成比例的电信号。图中输入电位计电刷臂的角位置 r 由输入位置确定，输入电位计的电位与电刷臂的角位置成比例，输出电位计的角位置 c 由负载输出轴的位置确定，输出位置与输入位置之间的误差就被转换成了电压信号 e_v。该电压信号被放大倍数为 K_1 的放大器放大，作用在直流伺服电机的电枢电路上，使伺服电机产生力矩拖动负载旋转，控制负载输出轴的位置与输入的参考位置相对应。

3．按系统中传递信号的性质分类

（1）连续控制系统

连续控制系统是指系统中传递的信号都是模拟信号，控制规律是由硬件组成的控制器实现的。描述此种系统的数学工具是微分方程和拉氏变换。前面所举的实例均为连续控制系统，其原理框图如图 1.5 所示。

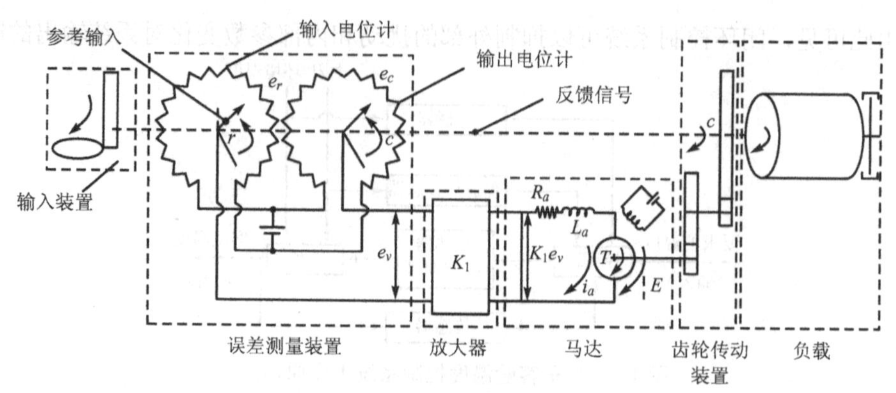

图 1.4 伺服位置控制系统原理图

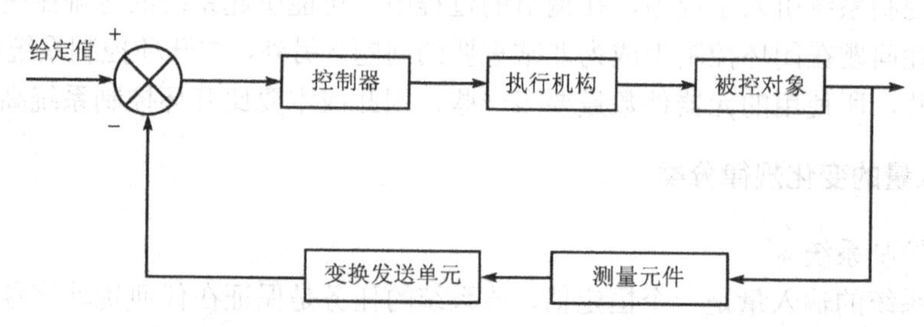

图 1.5 连续控制系统原理框图

（2）离散控制系统

离散控制系统是指系统中传递的信号包含数字信号，控制规律是由软件实现的，计算机作为系统的控制器。描述此种系统的数学工具是差分方程和 Z 变换。图 1.5 中的控制器如果用计算机实现，输入及反馈信号均被 A/D 转换器转换成数字信号后送入计算机，计算机的输出信号为数字信号，再被 D/A 转换器转换成模拟信号去驱动执行机构，如伺服电机，此时的系统即为离散控制系统。离散控制系统的原理框图如图 1.6 所示。

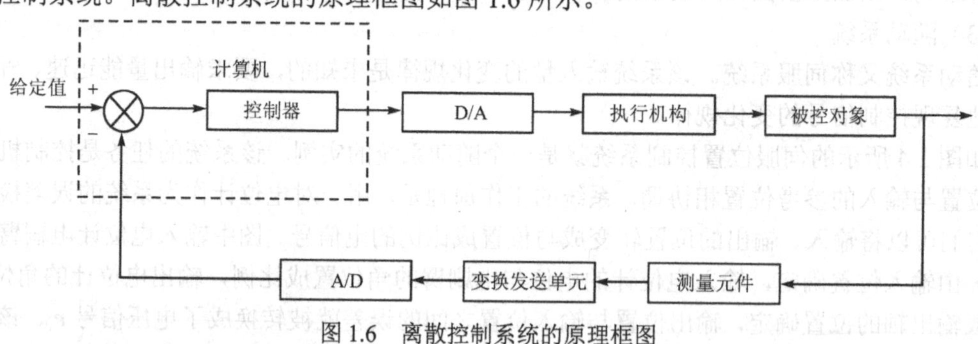

图 1.6 离散控制系统的原理框图

4. 按描述系统的数学模型分类

（1）线性控制系统

线性控制系统是指可用线性微分方程来描述的系统。上面介绍的系统均为线性系统。

（2）非线性控制系统

非线性控制系统是指不能用线性微分方程来描述的系统，此种系统包含着变量中具有非线性关系的元器件，实际上真实的物理系统大都是非线性系统，但因非线性系统的数学描述和求解是非常复杂的，所以在工程允许的情况下大部分非线性系统可线性化为线性系统，经典控制论主要研究线性控制系统。

机械控制工程所研究的控制系统主要是线性、连续、闭环控制系统。

1.2.2　闭环控制系统的组成

闭环控制系统的组成原理框图如图 1.7 所示。闭环控制系统主要由给定环节、比较环节、放大运算环节、执行环节、被控对象、检测环节（反馈环节）组成。

① 给定环节：给出输入信号的环节，用来确定被控对象的输出值，图 1.2 所示的数控机床驱动系统中的输入装置就是给定环节。

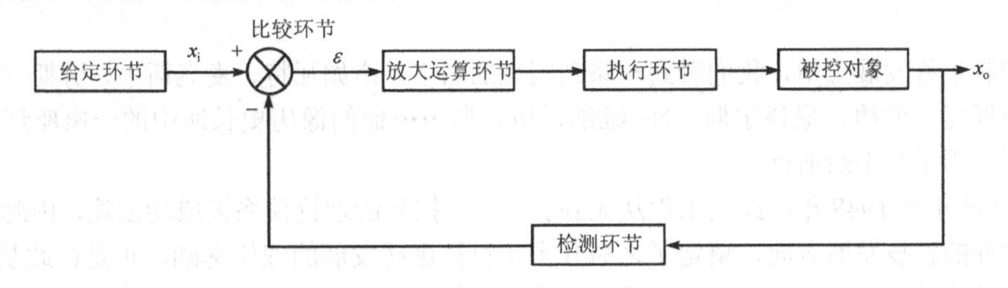

图 1.7　闭环控制系统的组成原理框图

② 比较环节：接收输入和反馈信号并进行比较，输出两者的偏差值。

③ 放大运算环节：将较弱的偏差信号放大，用以驱动执行装置。通常放大运算环节有电气装置，也有液压装置。

④ 执行环节：接收放大装置输出的信号，驱动被控对象按所要求的规律运动。一般该环节有各种电机、液压电动机等。

⑤ 被控对象：完成机械运动的装置，如数控机床中的工作台，以及图 1.4 所示的伺服位置控制系统中的转动负载。

⑥ 检测环节（反馈环节）：检测输出量（或被控制量），并转换成电信号反馈到比较环节，如各种传感器、测速发电机等。

1.2.3　对控制系统的基本要求

评价一个控制系统的指标有很多，但基本要求主要有三点。

1．系统的稳定性

稳定性是指系统动态过程的振荡倾向及其恢复平衡状态的能力。稳定的系统当输出量偏离平衡状态时，其输出能随时间的增长收敛并回到初始平衡状态。稳定性是保证系统正常工作的前提。

2．系统的准确性

准确性是指系统的控制精度，一般用稳态误差来衡量，具体指系统稳定后的实际输出与希望输出之间的差值。

3．系统的快速性

快速性是指输出量与输入量产生偏差时，系统消除这种偏差的快慢程度。快速性表征系统的动态性能。

不同性质的控制系统，对稳定性、准确性和快速性的要求各有侧重。系统的稳定性、准确性、快速性相互制约，应根据实际需求进行合理选择。

1.3 思政元素

1.3.1 控制工程史的演变及特色

在控制工程发展史中，我们看到一系列闪亮的名字，诸如瓦特、麦克斯韦、劳斯、霍尔维茨、奈奎斯特、伯德、尼科尔斯、N. 维纳、伊万斯……他们像历史长河中的一座座灯塔，引领着控制工程学科不断前行。

从 1788 年到 1948 年，控制工程从无到有，经典控制的理论体系被成功创建，由此，引领了整个世界的科技发展方向，奠定了之后几十年科技迅猛发展的理论基础。正是在此基础上，形成了自动化技术、航空航天技术、通信技术、智能技术……

纵观控制工程的发展史，体现出科学技术精神的不断演变与蓬勃发展。

1. 一种开放、包容、精益求精的精神

1788 年瓦特发明了蒸汽机调速器，之后被发现有不稳定问题，这个问题一直得不到解决，但人们并没有放弃，而是在改进中不断扩展其应用领域。1868 年数学家、物理学家麦克斯韦关注到此问题，并从数学角度找到了解决问题的方法，将一个工程问题抽象提升为一个理论问题，并用理论方法指导了工程实践。

问题得到了解决，但人们并没有满足于此，1877 年，劳斯提出了一种更简便的数学方法，用一张表代替微分方程求解，大大简化了数学求解过程，因为这种方法很容易掌握，所以促使用数学解决稳定性的问题得到了更广泛的工程应用。

事情并没有到此结束，人们仍在追求更直接、更精准的方法，1932 年，奈奎斯特提出了一种以频率特性为基础的稳定性判据，只需画一张图就能判断系统的稳定与否，为工程技术人员提供了更直接、更精准的分析工具。

控制工程就在这种开放、包容，多领域协作，以及精益求精的环境中逐渐成长。

2. 一种体系化的科学思维模式

在此后的十六年间，特别是第二次世界大战期间，空中战争技术促进了控制理论在工程技术上的大量应用，并促使大量科学家投入其中，这期间工程技术上不断创新，理论研究上不断进步，大量成果由此诞生。

到 1948 年，数学家 N. 维纳完成了一项具有划时代意义的工作，以一种系统化的科学思维模式，将大量的工程应用成果理论化、系统化，并在此基础上进行了大胆的科学想象与预言，写出了一本轰动一时的著作《控制论》，标志着控制论科学体系从此正式建立。

当控制论作为了一门科学、一个理论体系后，就以一种无法估量的速度广泛应用到工程中的各个领域，甚至扩展到了环境、生物、自然与社会科学中。

3. 一种理论和实践相结合的哲学思维方式

一个小小的调速器，可以说是发明家瓦特创造的一件小产品，用起来很不理想，稳定性问题从技术上无法得到解决，当时的工程师一筹莫展。这时，数学家加入了，麦克斯韦创建了一个数学模型，通过微分方程分析出了不稳定的原因，并提出了解决办法，用理论指导了实践。

之后，实践中新的问题不断出现，理论持续跟进，历经一百多年，一代代科学家、工程师持续不断地研究、完善，从实践到理论，从理论到实践，最终形成了控制论科学体系，为整个科技界带来了天翻地覆的变化。

4. 雄厚的财力支撑

尽管西方国家早在十八世纪就出现了控制工程的萌芽，之后不断发展进步，但真正形成规模、形成体系是从 1940 年开始的。其背景主要是第二次世界大战期间，盟军为了对付德军的轰炸，美国开展了一系列的炮弹发射研究，包括维纳在内的众多科学家、企业家参与其中，仅 1940 年到 1945 年期间，美国相关部门在控制系统领域资助了 80 个研究项目，每个项目平均经费十四万五千美元。同期生产控制系统的企业也随之蓬勃发展，当时美国最大的控制系统生产企业斯佩里公司，仅在 1942 年一年就签订了价值几十亿美元的控制系统生产合同。

正是这些雄厚的财力，支撑起了美国从 1940 年开始的控制论和应用的蓬勃发展。

1.3.2 大国制造的振兴与崛起

如今的中国，不驰于空想、不骛于虚声，以大国制造支撑起民族的振兴与崛起，提出多领域相互融合形成体系构建的思维模式，用装备制造体系和人才体系托起了我国从制造大国向制造强国转变的决心与希望。

以高速动车组为例，2017 年 6 月 25 日下线的我国第一列标准动车组“复兴号”，分为车体、转向架、组装三部分，分别由三条生产线上的 14000 名工人完成，整个机车组包括 7100 多种，总计 55 万多个零部件。全国 22 省 700 多家企业参与了技术的研发和配套。

吉林长春，负责被称为高铁大脑的网络制造系统；山东青岛，负责高铁的系统集成、转向架等核心技术；河北唐山，首辆国产化 CRH3 高速动车组在这里组装下线；湖南株洲，被称为电力机车之都，高铁之芯从这里诞生。

中国高铁的研发至少拉动了 30 万家新部件生产企业的发展，托起了冶金、轴承、型材、精密仪器等数十个高端装备行业的自主创新。正是在多领域相互融合形成体系构建的思维模式下，遍及全国的架构体系，成就了中国高铁在世界上的领先地位。

目前，“复兴号”涉及的高速动车组 254 项重要标准中，中国标准占 84%，在高铁技术领域已不逊色于日本、德国等高铁强国。

1.3.3 控制工程发展中的哲学思考

控制工程的发展史是实践—理论—再实践—再理论的过程，是理论与实践之间哲学问题的有力验证。

最初由瓦特制做出了蒸汽机上的速度调节器，为了解决这个调节器在实际运行中出现的问题，麦克斯韦将这个实际系统用数学模型（微分方程）表示了出来，在此基础上，科学家不断地根据实践需求而更新理论，工程师不断地将科学家的研究成果应用于工程实践。科学家与工程师相辅相成，理论与实践相得益彰，使得控制工程在理论上不断完善，在工程应用上迅猛发展。两百多年的时间里，控制工程几乎应用到了各个领域，以控制论为理论基础的科学技术改变了整个世界，人类的生产和生活方式发生了难以想象的飞跃，作为科学工具，与控制理论相关的技术，协助人类看到了更广阔的宏观世界和更精准的微观世界，帮助人类不断发现未知、探索未来。

而在这个过程中，控制理论也得到了迅猛发展，从线性控制理论到非线性控制理论，从经典控制论到现代控制论，从模拟控制到数字控制，由此延伸出的分支及研究领域也越来越多。控制理论仿佛一棵蓬勃生长的大树，实践仿佛是供养这棵大树的广阔土地，大树从中吸收着养分，结出累累硕果，再回馈给这片土地。

这是一个典型的理论指导和实践探索辩证统一的哲学范例。

本章小结

（1）控制论分经典控制理论和现代控制理论，机械控制工程是经典控制理论在机械工程中的应用。

（2）机械控制工程主要研究单输入、单输出线性系统中系统与其输入、输出之间的动态关系。

（3）控制系统可分别按其结构、输入量的变化规律、系统中传递信号的性质及描述系统的数学模型来分类。

（4）闭环控制系统主要由给定环节、比较环节、放大运算环节、执行环节、被控对象、检测环节（反馈环节）组成。

（5）评价一个控制系统的指标主要有系统的稳定性、准确性和快速性。

习题 1

1.1 简述机械控制工程的研究对象与任务。

1.2 简述控制系统的分类。

1.3 对控制系统的基本要求是什么？

1.4 试分析开环控制系统与闭环控制系统的优缺点。

1.5 试比较连续控制系统与离散控制系统的异同处，并分析各自的特点。

1.6 通过各种渠道了解目前我国机械工业领域的自动化程度，并举出两个控制系统实例。

Chapter 2

第 2 章

拉普拉斯变换

学习要点

要求掌握拉普拉斯变换（简称拉氏变换）的概念；拉氏变换的性质，包括线性性质、微分性质、积分性质、位移性质、延迟性质、初值定理和终值定理；常用函数的拉氏变换；拉氏逆变换；卷积定理。

拉普拉斯变换是一种函数之间的积分变换。拉氏变换是研究控制系统的重要数学工具之一，它可以把时域中的微分方程变换成复频域中的代数方程，从而使微分方程的求解大为简化。同时，利用拉氏变换建立控制系统的传递函数、频率特性等在分析中发挥着重要作用。

拉氏变换法的优点如下。

（1）从数学角度来看，拉氏变换法是求解常系数线性微分方程的工具。可以分别将“微分”与“积分”运算转换成“乘法”和“除法”运算，即把微分、积分方程转换为代数方程。对于指数函数、超越函数，以及某些非周期性的具有不连续点的函数，用古典方法求解比较烦琐，经拉氏变换可转换为简单的初等函数，就很简便。

（2）当求解控制系统输入、输出微分方程时，求解的过程得到简化，可以同时获得控制系统的瞬态分量和稳态分量。

（3）拉氏变换可把时域中的两个函数的卷积运算转换为复频域中两函数的乘法运算。在此基础上，建立了控制系统传递函数的概念，这一重要概念的应用为研究控制系统的传输问题提供了许多方便。

2.1 复变量与复变函数

2.1.1 复变量

如果一个复数的实部和（或）虚部是变量，则称这个复数为复变量。在拉普拉斯变换中，用符号 s 表示复变量，即

$$s = \sigma + \mathrm{j}\omega$$

式中，σ 为实部；ω 为虚部。

2.1.2 复变函数

以复变量 s 作为自变量和因变量的函数就称为复变函数 $G(s)$。复变函数 $G(s)$具有实部和虚部，即

$$G(s) = U(\sigma,\omega) + \mathrm{j}V(\sigma,\omega)$$

式中，$U(\sigma,\omega)$ 和 $V(\sigma,\omega)$ 均为实函数（或实数）。

复变函数 $G(s)$的幅值为 $\sqrt{[U(\sigma,\omega)]^2 + [V(\sigma,\omega)]^2}$；幅角为 $\arctan V(\sigma,\omega)/U(\sigma,\omega)$，幅角从实轴的正方向开始，沿逆时针方向为正。

复变函数 $G(s)$的共轭复变函数为

$$\bar{G}(s) = U(\sigma,\omega) - \mathrm{j}V(\sigma,\omega)$$

在线性控制系统的分析中，通常遇到的复变函数 $G(s)$是复变量 s 的单值函数，因此，对于一个给定的 s 值，复变函数 $G(s)$是被唯一确定的。

2.1.3 欧拉公式

$\cos\theta$ 和 $\sin\theta$ 的幂级数展开式分别为

$$\cos\theta = 1 - \frac{\theta^2}{2!} + \frac{\theta^4}{4!} - \frac{\theta^6}{6!} + \cdots$$

$$\sin\theta = \theta - \frac{\theta^3}{3!} + \frac{\theta^5}{5!} - \frac{\theta^7}{7!} + \cdots$$

因此

$$\begin{aligned}\cos\theta + \mathrm{j}\sin\theta &= 1 + (\mathrm{j}\theta) + \frac{(\mathrm{j}\theta)^2}{2!} + \frac{(\mathrm{j}\theta)^3}{3!} + \frac{(\mathrm{j}\theta)^4}{4!} + \frac{(\mathrm{j}\theta)^5}{5!} + \cdots \\ &= \sum_{n=0}^{\infty}\frac{(\mathrm{j}\theta)^n}{n!} \qquad (n = 0,1,2,3\cdots)\end{aligned}$$

因为

$$e^x = 1 + x + \frac{x^2}{2!} + \frac{x^3}{3!} + \frac{x^4}{4!} + \frac{x^5}{5!} + \cdots$$
$$= \sum_{n=0}^{\infty} \frac{x^n}{n!} \qquad (n = 0,1,2,3\cdots)$$

可得

$$\cos\theta + \mathrm{j}\sin\theta = e^{\mathrm{j}\theta}$$

这就是著名的欧拉公式。

利用欧拉公式可以把余弦函数和正弦函数表示成复指数函数的形式。由于 $e^{\mathrm{j}\theta}$ 与 $e^{-\mathrm{j}\theta}$ 是共轭复数，即

$$e^{\mathrm{j}\theta} = \cos\theta + \mathrm{j}\sin\theta$$
$$e^{-\mathrm{j}\theta} = \cos\theta - \mathrm{j}\sin\theta$$

可求得

$$\cos\theta = \frac{1}{2}(e^{\mathrm{j}\theta} + \mathrm{j}e^{-\mathrm{j}\theta})$$
$$\sin\theta = \frac{1}{2\mathrm{j}}(e^{\mathrm{j}\theta} - \mathrm{j}e^{-\mathrm{j}\theta})$$

2.2 拉氏变换的概念

2.2.1 问题的提出

当一个函数除满足狄里赫利条件外，还在$(-\infty,\infty)$内满足绝对可积的条件时，就一定存在经典意义下的傅里叶变换。但绝对可积的条件是较难达到的，在控制工程中经常应用的许多时间函数，即使是很简单的函数（如单位阶跃函数、正弦函数、指数函数、斜坡函数等线性函数）也并不满足这个条件；同时，能够进行傅里叶变换的时间函数必须在整个时间轴上有定义，即 $t\in(-\infty,\infty)$。但在控制工程等实际应用中，许多以时间 t 作为自变量的时间函数往往在 $t<0$ 时是无意义的或者是不需要考虑的，像这样的时间函数是不能求傅里叶变换的。由此可见，傅里叶变换在控制工程中的应用受到了限制。

对于任意一个时间函数 $\varphi(t)$，能否经过适当的改造，使其进行傅里叶变换时克服上述两个缺点呢？

当我们利用单位阶跃函数 $u(t)$ 和指数衰减函数 $e^{-\beta t}$ $(\beta>0)$分别构成两个新函数 $\varphi(t)u(t)$ 和 $\varphi(t)e^{-\beta t}$ 时，$\varphi(t)u(t)$ 的积分区间由$(-\infty,\infty)$变成$[0,\infty)$，在积分区间$[0,\infty)$内 $\varphi(t)u(t)=\varphi(t)$，而 $\varphi(t)e^{-\beta t}$ 就有可能变为绝对可积。

如果再构成一个新函数

$$\varphi(t)u(t)e^{-\beta t}\ (\beta>0) \tag{2.1}$$

只要β值选得适当，式（2.1）就能满足傅里叶变换的条件，即时间函数 $\varphi(t)$ 的傅里叶变换存在。

对式（2.1）取傅里叶变换，得

$$G_{\beta}(\omega)=\int_{-\infty}^{\infty}\varphi(t)u(t)\mathrm{e}^{-\beta t}\mathrm{e}^{-\mathrm{j}\omega t}\mathrm{d}t =\int_{0}^{\infty}\varphi(t)u(t)\mathrm{e}^{-(\beta+\mathrm{j}\omega)t}\mathrm{d}t \tag{2.2}$$

因此，对时间函数 $\varphi(t)$ 先乘以 $u(t)\mathrm{e}^{-\beta t}$ (β>0)，再进行傅里叶变换的运算，这就产生了一种新的变换——拉普拉斯（Laplace）变换，简称拉氏变换。

规定：

① $f(t)=\varphi(t)u(t)$ 为时间 t 的函数，并且当 t<0 时 $f(t)=0$；

② $s=\beta+\mathrm{j}\omega$ 为复变量；

③ L 为运算符号，放在某个时间函数之前，表示该时间函数用拉氏积分 $\int_0^{\infty}\mathrm{e}^{-st}\mathrm{d}t$ 进行变换；

④ $F(s)$ 为时间函数 $f(t)$ 的拉氏变换。

于是，时间函数 $f(t)$ 的拉氏变换为

$$L[f(t)]=F(s)=\int_0^{\infty}\mathrm{e}^{-st}\mathrm{d}t[f(t)]=\int_0^{\infty}f(t)\mathrm{e}^{-st}\mathrm{d}t \tag{2.3}$$

即时间函数 $F(s)$ 为 $f(t)$ 的拉普拉斯变换。在这里，$f(t)$ 称为“原函数”，$F(s)$ 称为“象函数”。

从拉氏变换 $F(s)$ 求时间函数的 $f(t)$ 逆变换过程称为拉普拉斯逆变换，简称拉氏逆变换，其运算符号为 L^{-1}。拉氏逆变换可以通过下列反演积分，从 $F(s)$ 求得拉氏逆变换

$$L^{-1}[F(s)]=f(t)=\frac{1}{2\pi\mathrm{j}}\int_{\beta-\mathrm{j}\infty}^{\beta+\mathrm{j}\infty}F(s)\mathrm{e}^{st}\mathrm{d}s\quad (t\geqslant 0) \tag{2.4}$$

式（2.4）和式（2.3）成为一对互逆的积分变换公式，我们也称 $f(t)$ 和 $F(s)$ 构成了一个拉氏变换对。

计算反演积分通常比较困难，实际上我们很少采用式（2.4）这个积分去求时间函数 $f(t)$。还存在一些较简单的方法求解时间函数 $f(t)$，在 2.3 节将讨论这些方法。

2.2.2 拉氏变换的存在定理

对于一个时间函数 $f(t)$ 的拉氏变换也像其傅氏变换一样，在数学上必须满足一定条件，才可求取其拉氏变换，从而引出了拉氏变换的存在定理。

若时间函数 $f(t)$ 满足下列条件：

① 在 $t\geqslant 0$ 的任一有限区间上分段连续；

② 当 $t\to\infty$ 时，$f(t)$ 的增长速度不超过某一指数函数，亦即存在常数 M>0 及 $c\geqslant 0$，使得

$$|f(t)|\leqslant M\mathrm{e}^{ct},\quad 0\leqslant t<\infty$$

成立（满足此条件的函数，称它的增长是指数级的，c 为它的增长指数）。

则 $f(t)$ 的拉氏变换

$$F(s)=\int_0^{\infty}f(t)\mathrm{e}^{-st}\mathrm{d}t \tag{2.5}$$

在半平面 $\mathrm{R_e}(s)>c$ 上一定存在，右端的积分在 $\mathrm{R_e}(s)\geqslant c_1>c$ 上绝对收敛而且一致收敛，并且在 $\mathrm{R_e}(s)>c$ 半平面内，$F(s)$ 为解析函数。

即如果拉氏积分收敛，则时间函数 $f(t)$ 的拉氏变换存在。如果 $f(t)$ 在 t>0 范围内的每一个有限区间上分段连续，并且当 t 趋于无穷大时，函数 $f(t)$ 是指数级的，则拉氏积分将是收敛的。

1．常用函数的拉氏变换

（1）指数函数

考虑下列指数函数：

$$f(t)=\begin{cases}0 & t<0\\ A\mathrm{e}^{-\alpha t} & t\geqslant 0\end{cases} \tag{2.6}$$

式中，A 和 α 为常数。

指数函数的拉氏变换为

$$L[A\mathrm{e}^{-\alpha t}]=\int_0^{\infty}A\mathrm{e}^{-\alpha t}\mathrm{e}^{-st}\mathrm{d}t=A\int_0^{\infty}\mathrm{e}^{-(\alpha+s)t}\mathrm{d}t=\frac{A}{s+\alpha} \tag{2.7}$$

可以看出，指数函数在复平面内将产生一个极点。

（2）阶跃函数

考虑下列阶跃函数：

$$f(t)=\begin{cases}0 & t<0\\ A & t>0\end{cases} \tag{2.8}$$

式中，A 为常数。应当指出，这个函数是指数函数 $A\mathrm{e}^{-\alpha t}$ 在 $\alpha=0$ 时的特殊情况。当 t=0 时，阶跃函数是不连续的。

阶跃函数的拉氏变换为

$$L[A]=\int_0^{\infty}A\mathrm{e}^{-st}\mathrm{d}t=\frac{A}{s} \tag{2.9}$$

在进行上述积分时，我们假设 s 的实部大于零，因此

$$\lim_{t\to\infty}\mathrm{e}^{-\alpha t}=0$$

这样求得的拉氏变换，除在极点 s=0 之外，在整个复平面上都是正确的。

特别地，当 A=1 时的阶跃函数称单位阶跃函数，如图 2.1（a）所示，通常用 $u(t)$ 表示。发生在 t=t_0 时的单位阶跃函数通常写成 $u(t-t_0)$，如图 2.1（b）所示。高度为 A 的阶跃函数，即式（2.8）中的 $f(t)$，当其发生在 $t=0$ 时，可以写成 $f(t)=Au(t)$。

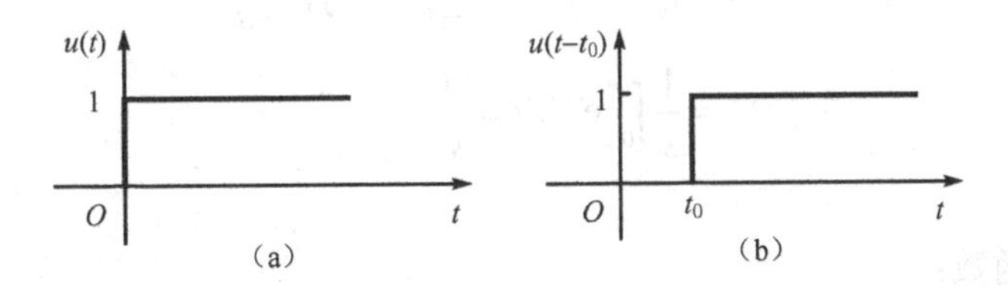

图 2.1　单位阶跃函数

因此，单位阶跃函数 $u(t)$ 可由下式定义

$$u(t)=\begin{cases}0 & t<0\\ 1 & t>0\end{cases} \tag{2.10}$$

其拉氏变换为

$$L[u(t)]=\int_0^{\infty}\mathrm{e}^{-st}\mathrm{d}t=\frac{1}{s} \tag{2.11}$$

实际上，发生于 $t=0$ 时的阶跃函数，相当于在时间 $t=0$ 时，把一个定常信号突然加到系

统上。

（3）斜坡函数

考虑下列斜坡函数：

$$f(t)=\begin{cases}0 & t<0\\ At & t\geqslant 0\end{cases} \tag{2.12}$$

式中，A 为常数。

斜坡函数的拉氏变换为

$$\begin{aligned}L[At]&=\int_0^{\infty}At\mathrm{e}^{-st}\mathrm{d}t=At\frac{\mathrm{e}^{-st}}{-s}\bigg|_0^{\infty}-\int_0^{\infty}\frac{A\mathrm{e}^{-st}}{-s}\mathrm{d}t\\&=\frac{A}{s}\int_0^{\infty}\mathrm{e}^{-st}\mathrm{d}t=\frac{A}{s^2}\end{aligned} \tag{2.13}$$

特别地，当 A=1 时的斜坡函数称为单位斜坡函数，如图 2.2（a）所示，通常用 $r(t)$ 表示。发生在 t=t_0 时的单位斜坡函数通常写成 $r(t-t_0)$，如图 2.2（b）所示。当高度为 A 的斜坡函数，即式（2.12）中的 $f(t)$ 发生在 $t=0$ 时，可以写成 $f(t)=Ar(t)$。

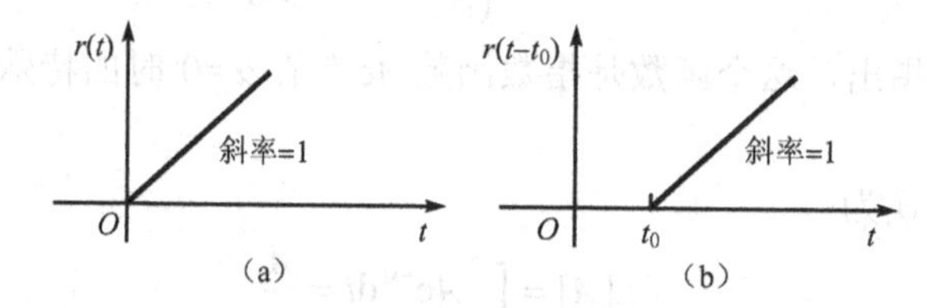

图 2.2 单位斜坡函数

因此，单位斜坡函数 $r(t)$ 可由下式定义

$$r(t)=\begin{cases}0 & t<0\\ t & t\geqslant 0\end{cases} \tag{2.14}$$

其拉氏变换为

$$\begin{aligned}L[t]&=\int_0^{\infty}t\mathrm{e}^{-st}\mathrm{d}t=t\frac{\mathrm{e}^{-st}}{-s}\bigg|_0^{\infty}-\int_0^{\infty}\frac{\mathrm{e}^{-st}}{-s}\mathrm{d}t\\&=\frac{1}{s}\int_0^{\infty}\mathrm{e}^{-st}\mathrm{d}t=\frac{1}{s^2}\end{aligned} \tag{2.15}$$

（4）正弦函数

考虑下列正弦函数：

$$f(t)=\begin{cases}0 & t<0\\ A\sin\omega t & t\geqslant 0\end{cases} \tag{2.16}$$

式中，A 和 ω 为常数，如图 2.3（a）所示。

根据欧拉公式

$$\sin\omega t=\frac{1}{2\mathrm{j}}(\mathrm{e}^{\mathrm{j}\omega t}-\mathrm{e}^{-\mathrm{j}\omega t})$$

因此，正弦函数的拉氏变换为

$$
\begin{aligned}
L[A\sin\omega t] &= \frac{A}{2\mathrm{j}}\int_0^\infty (\mathrm{e}^{\mathrm{j}\omega t}-\mathrm{e}^{-\mathrm{j}\omega t})\mathrm{e}^{-st}\mathrm{d}t \\
&= \frac{A}{2\mathrm{j}}\frac{1}{s-\mathrm{j}\omega}-\frac{A}{2\mathrm{j}}\frac{1}{s+\mathrm{j}\omega}=\frac{A\omega}{s^2+\omega^2}
\end{aligned} \tag{2.17}
$$

类似地，$A\cos\omega t$（如图2.3（b）所示）的拉氏变换可以导出如下公式：

$$
L[A\cos\omega t]=\frac{As}{s^2+\omega^2} \tag{2.18}
$$

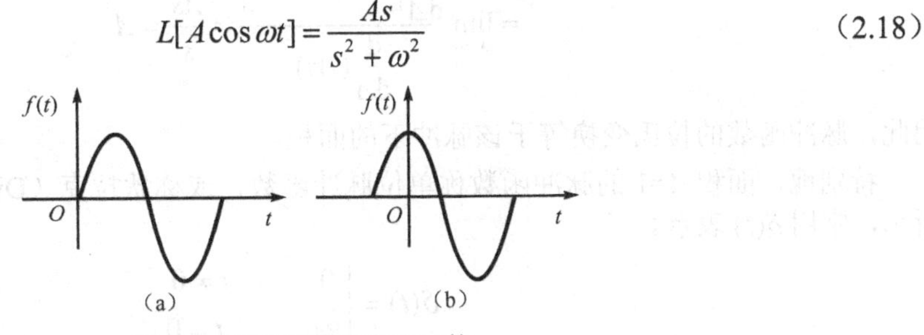

图2.3 正弦函数和余弦函数

（5）脉动函数

考虑下列脉动函数：

$$
f(t)=\begin{cases}\dfrac{A}{t_0} & 0<t<t_0 \\ 0 & t<0,t>t_0\end{cases} \tag{2.19}
$$

式中，A 和 t_0 为常数。

这里的脉动函数可以看作一个从 t=0 开始的高度为 $\frac{A}{t_0}$ 的阶跃函数，与另一个从 $t=t_0$ 开始的高度为 $\frac{A}{t_0}$ 的负阶跃函数叠加而成，如图2.4所示，即

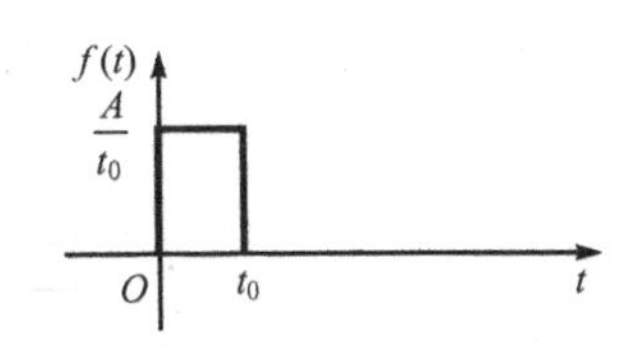

图2.4 脉动函数

$$
f(t)=\frac{A}{t_0}u(t)-\frac{A}{t_0}u(t-t_0) \tag{2.20}
$$

于是，脉动函数的拉氏变换为

$$
\begin{aligned}
L[f(t)] &= L\left[\frac{A}{t_0}u(t)\right]-L\left[\frac{A}{t_0}u(t-t_0)\right] \\
&= \frac{A}{t_0 s}-\frac{A}{t_0 s}\mathrm{e}^{-st_0}=\frac{A}{t_0 s}(1-\mathrm{e}^{-st_0})
\end{aligned} \tag{2.21}
$$

（6）脉冲函数

脉冲函数是脉动函数的一种特殊极限情况。考虑下列脉冲函数：

$$
g(t)=\begin{cases}\lim\limits_{\Delta\to 0}\dfrac{A}{\Delta} & 0<t<\Delta \\ 0 & t<0,t>\Delta\end{cases} \tag{2.22}
$$

因为这种脉冲函数的高度为 $\frac{A}{\Delta}$，持续时间为 Δ，所以脉冲下的面积等于 A。当持续时间 Δ 趋近于零时，高度 $\frac{A}{\Delta}$ 趋近于无穷大，但是脉冲下的面积仍然等于 A。应当指出，脉冲的大小是用它的面积来度量的。

利用式（2.22）可以证明这个脉冲函数的拉氏变换为

$$\begin{aligned} L[g(t)] &= \lim_{\Delta \to 0}\left[\frac{A}{\Delta s}(1-e^{-s\Delta})\right] \\ &= \lim_{\Delta \to 0}\frac{\frac{d}{d\Delta}\left[A(1-e^{-s\Delta})\right]}{\frac{d}{d\Delta}(\Delta s)} = \frac{As}{s} = A \end{aligned} \tag{2.23}$$

因此，脉冲函数的拉氏变换等于该脉冲下的面积。

特别地，面积 A=1 的脉冲函数称单位脉冲函数，或称狄拉克（Disac）函数，如图 2.5（a）所示，常用 $\delta(t)$ 表示。

$$\delta(t) = \begin{cases} 0 & t \neq 0 \\ \infty & t = 0 \end{cases} \tag{2.24}$$

$$L[\delta(t)] = 1$$

发生在 $t = t_0$ 处的单位脉冲函数通常用 $\delta(t-t_0)$ 表示，如图 2.5（b）所示。此时，$\delta(t-t_0)$ 满足下列条件：

$$\delta(t-t_0) = \begin{cases} 0 & t \neq t_0 \\ \infty & t = t_0 \end{cases}$$

$$\int_{-\infty}^{\infty} \delta(t-t_0)\mathrm{d}t = 1$$

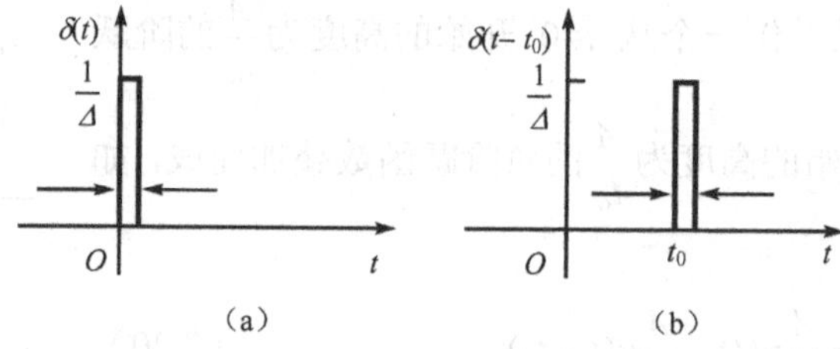

图 2.5　单位脉冲函数

应当说明，量值为无穷大且持续时间为零的脉冲函数纯属数学上的一种假设，不可能在物理系统中发生。但是，如果系统的脉动输入量值很大，持续时间与系统的时间常数相比较非常小，则可以用脉冲函数去近似地表示脉动输入。例如，当力或者力矩输入量 $f(t)$ 在很短的持续时间内 $(0<t<\tau)$ 作用到系统上，并且 $f(t)$ 的量值充分大，致使积分 $\int_0^{\tau} f(t)\mathrm{d}t$ 不能忽视时，这个输入量就可以看作一个脉冲输入。

应当指出，当描述脉冲输入时，脉冲的面积大小是非常重要的，而脉冲的精确形状通常并不重要。脉冲输入量在一个无限小的时间内向系统提供能量。

单位脉冲函数 $\delta(t-t_0)$ 可以看作单位阶跃函数 $u(t-t_0)$ 在间断点 $t=t_0$ 上的导数，即

$$\delta(t-t_0) = \frac{\mathrm{d}}{\mathrm{d}t}u(t-t_0) \tag{2.25}$$

相反，如果对单位脉冲函数 $\delta(t-t_0)$ 积分

$$\int_{t_0}^{t} \delta(t-t_0)\mathrm{d}t = u(t-t_0) \tag{2.26}$$

积分的结果就是单位阶跃函数 $u(t-t_0)$。

利用脉冲函数的概念，我们可以对包含不连续点的函数进行微分，从而得到一些脉冲，这些脉冲的量值等于每一个相应的不连续点上的量值。

（7）加速度函数

考虑下列加速度函数：

$$f(t)=\begin{cases}At^2 & t\geqslant 0\\ 0 & t<0\end{cases} \tag{2.27}$$

式中，A 为常数。

加速度函数的拉氏变换为

$$\begin{aligned}L[At^2]&=\int_0^\infty At^2\mathrm{e}^{-st}\mathrm{d}t=-\frac{A}{s}\left[t^2\mathrm{e}^{-st}\Big|_0^\infty-2\int_0^\infty t\mathrm{e}^{-st}\mathrm{d}t\right]\\&=2A\frac{1}{s^3}\end{aligned} \tag{2.28}$$

特别地，将 $A=\dfrac{1}{2}$ 时的加速度函数称为单位加速度函数，如图 2.6（a）所示，通常用 $a(t)$ 表示。发生在 $t=t_0$ 时的单位加速度函数通常写成 $a(t-t_0)$，如图 2.6（b）所示。

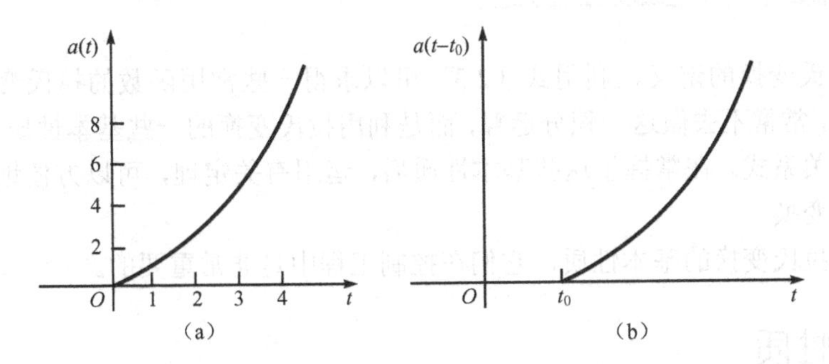

图 2.6　单位加速度函数

因此，单位加速度函数 $a(t)$ 可由下式定义

$$a(t)=\begin{cases}0 & t<0\\ \dfrac{1}{2}t^2 & t\geqslant 0\end{cases} \tag{2.29}$$

其拉氏变换为

$$\begin{aligned}L\left[\frac{1}{2}t^2\cdot u(t)\right]&=\int_0^\infty\frac{1}{2}t^2\mathrm{e}^{-st}\mathrm{d}t\\&=-\frac{1}{s}\left[\frac{1}{2}t^2\mathrm{e}^{-st}\Big|_0^\infty-\int_0^\infty t\mathrm{e}^{-st}\mathrm{d}t\right]\\&=\frac{1}{s^3}\end{aligned} \tag{2.30}$$

2．关于拉氏积分下限的说明

在某些情况下，如果时间函数 $f(t)$ 在 $t=0$ 处有一个脉冲函数 $\delta(t)$，这时必须明确地指出拉

氏积分的下限是 0_-还是 0_+。因为对于这两种下限，$f(t)$ 的拉氏变换是不同的。如果拉氏积分下限的这种区别是必要的，可采用下列符号予以区分：

$$L_+[f(t)]=\int_{0_+}^{\infty}f(t)\mathrm{e}^{-st}\mathrm{d}t$$
$$L_-[f(t)]=\int_{0_-}^{\infty}f(t)\mathrm{e}^{-st}\mathrm{d}t=\int_{0_-}^{0_+}f(t)\mathrm{e}^{-st}\mathrm{d}t+L_+[f(t)] \tag{2.31}$$

如果时间函数 $f(t)$ 在 t=0 处包含一个脉冲函数 $\delta(t)$，则

$$L_+[f(t)]\neq L_-[f(t)] \tag{2.32}$$

因为在这种情况下

$$\int_{0_-}^{0_+}f(t)\mathrm{e}^{-st}\mathrm{d}t\neq 0$$

显然，如果在 t=0 处 $f(t)$ 不具有脉冲函数 $\delta(t)$（即如果被变换的函数在 $t=0_-$和 $t=0_+$之间是有限的），则有

$$L_+[f(t)]=L_-[f(t)] \tag{2.33}$$

2.3 拉氏变换的性质

虽然根据拉氏变换的定义，利用式（2.3）可以求得一些常用函数的拉氏变换，但是，在实际工程应用中，常常不去做这一积分运算，而是利用拉氏变换的一些基本性质（或称“定理”）得出它们的变换关系式。在掌握了这些基本性质后，运用有关定理，可以方便地求得一些复杂时间函数的拉氏变换。

本节将介绍拉氏变换的基本性质，它们在控制工程中是非常重要的。

2.3.1 线性性质

线性性质也称叠加性，即函数之和的拉氏变换等于各函数拉氏变换之和。当函数乘以 K 时，其变换式也乘以相同的常数 K。

这个性质的数学描述为：若 $L[f_1(t)]=F_1(s)$，$L[f_2(t)]=F_2(s)$，K_1、K_2 为常数时，则

$$L[K_1f_1(t)\pm K_2f_2(t)]=K_1F_1(s)\pm K_2F_2(s) \tag{2.34}$$

证明：

$$\begin{aligned}L[K_1f_1(t)\pm K_2f_2(t)]&=\int_0^{\infty}[K_1f_1(t)\pm K_2f_2(t)]\mathrm{e}^{-st}\mathrm{d}t\\&=\int_0^{\infty}K_1f_1(t)\mathrm{e}^{-st}\mathrm{d}t\pm\int_0^{\infty}K_2f_2(t)\mathrm{e}^{-st}\mathrm{d}t\\&=K_1F_1(s)\pm K_2F_2(s)\end{aligned}$$

这个性质表明了函数线性组合的拉氏变换等于各函数拉氏变换的线性组合。

【例 2.1】 求 $f(t)=\sin\omega t$ 的拉氏变换 $F(s)$。

解：根据欧拉公式

$$f(t)=\sin\omega t=\frac{1}{2\mathrm{j}}(\mathrm{e}^{\mathrm{j}\omega t}-\mathrm{e}^{-\mathrm{j}\omega t})$$

而

$$F[e^{j\omega t}] = \frac{1}{s - j\omega}$$

$$F[e^{-j\omega t}] = \frac{1}{s + j\omega}$$

由拉氏变换的线性性质可知

$$L[\sin \omega t] = \frac{1}{2j}\left[\frac{1}{s - j\omega} - \frac{1}{s + j\omega}\right] = \frac{\omega}{s^2 + \omega^2}$$

用同样的方法可求得

$$L[\cos \omega t] = \frac{s}{s^2 + \omega^2}$$

2.3.2 微分性质

若 $L[f(t)] = F(s)$，则

$$L\left[\frac{df(t)}{dt}\right] = sF(s) - f(0) \tag{2.35}$$

式中，$f(0)$ 是 $f(t)$ 在 t=0 时的初始值。

对于给定的时间函数 $f(t)$，其 $f(0_+)$ 和 $f(0_-)$ 的值可能相同，也可能不同，如图 2.7 所示。当 $f(t)$ 在 t=0 处具有间断点时，$f(0_+)$ 和 $f(0_-)$ 之间的差别很重要，因为在这种情况下 $\frac{df}{dt}$ 在 t=0 处将包含一个脉冲函数 $\delta(t)$，即 $f(0_+) \neq f(0_-)$，则式（2.35）必须修改为

$$\begin{aligned} L_+\left[\frac{df(t)}{dt}\right] &= sF(s) - f(0_+) \\ L_-\left[\frac{df(t)}{dt}\right] &= sF(s) - f(0_-) \end{aligned} \tag{2.36}$$

证明：根据拉氏变换的定义，有

$$L\left[\frac{df(t)}{dt}\right] = \int_0^{\infty}\left[\frac{df(t)}{dt}\right]e^{-st}dt$$

对右端积分，利用分部积分法，可得

$$\int_0^{\infty}\left[\frac{df(t)}{dt}\right]e^{-st}dt = f(t)e^{-st}\Big|_0^{\infty} + s\int_0^{\infty} f(t)e^{-st}dt$$

$$= sL[f(t)] - f(0) = sF(s) - f(0)$$

这个性质表明了一个时间函数 $f(t)$求导后取拉氏变换等于这个函数的拉氏变换乘以 s，再减去这个函数的初始值 $f(0)$。

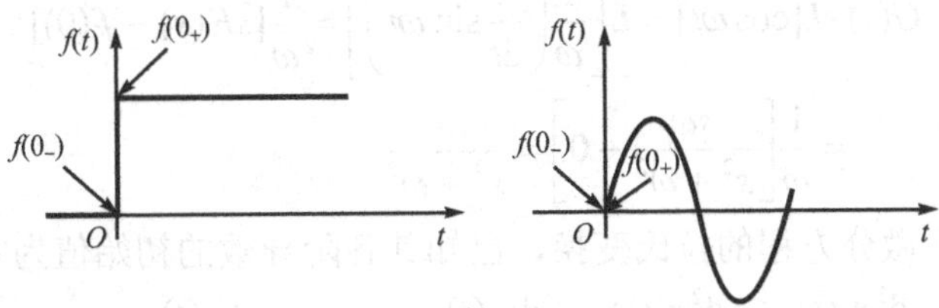

图 2.7 在 t=0- 和 t=0+时，阶跃函数和正弦函数的初始值

对于上述的一阶导数的微分性质可以推广到高阶导数。类似地，对于时间函数 $f(t)$ 的二阶导数，我们得到下列关系：

$$L\left[\frac{\mathrm{d}^2}{\mathrm{d}t^2}f(t)\right]=s^2F(s)-sf(0)-f'(0) \tag{2.37}$$

式中，$f'(0)$ 是 $\frac{\mathrm{d}f(t)}{\mathrm{d}t}$ 在 t=0 时的值。其证明为

$$\begin{aligned}L\left[\frac{\mathrm{d}^2f(t)}{\mathrm{d}t^2}\right]&=\mathrm{e}^{-st}\frac{\mathrm{d}f(t)}{\mathrm{d}t}\bigg|_0^\infty+s\int_0^\infty\frac{\mathrm{d}f(t)}{\mathrm{d}t}\mathrm{e}^{-st}\mathrm{d}t\\&=-f'(0)+s[sF(s)-f(0)]\\&=s^2F(s)-sf(0)-f'(0)\end{aligned}$$

重复上述过程，可导出时间函数 $f(t)$ 的 n 阶导数微分性质的一般公式：

$$L\left[\frac{\mathrm{d}^nf(t)}{\mathrm{d}t^n}\right]=s^nF(s)-\sum_{r=0}^{n-1}s^{n-r-1}f^{(r)}(0) \tag{2.38}$$

式中，$f^{(r)}(0)$ 是 r 阶导数 $\frac{\mathrm{d}^rf(t)}{\mathrm{d}t^r}$ 在 t=0 时的值。如果有必要区分 L_+ 和 L_-，可以根据要求（是 L_+ 还是 L_-），相应地将 $t=0_+$ 或 $t=0_-$ 的值代入 $f^{(r)}(0)$ 中。

应当指出，为了保证 $f(t)$ 各阶导数的拉氏变换存在，$\frac{\mathrm{d}^nf(t)}{\mathrm{d}t^n}$ (n=1,2,3⋯)必须是可以进行拉氏变换的。

如果 $f(t)$ 及其各阶导数的所有初始值全都等于零，则

$$L\left[\frac{\mathrm{d}^nf(t)}{\mathrm{d}t^n}\right]=s^nF(s) \tag{2.39}$$

【例 2.2】 求余弦函数

$$g(t)=\begin{cases}0 & t<0\\ \cos\omega t & t\geqslant 0\end{cases}$$

的拉氏变换 $G(s)$。

解：由于正弦函数

$$f(t)=\begin{cases}0 & t<0\\ \sin\omega t & t\geqslant 0\end{cases}$$

的拉氏变换为

$$F(s)=\frac{\omega}{s^2+\omega^2}$$

根据拉氏变换的微分性质，可以求得余弦函数的拉氏变换为

$$G(s)=L[\cos\omega t]=L\left[\frac{1}{\omega}\left(\frac{\mathrm{d}}{\mathrm{d}t}\sin\omega t\right)\right]=\frac{1}{\omega}[sF(s)-f(0)]$$

$$=\frac{1}{\omega}\left[\frac{s\omega}{s^2+\omega^2}-0\right]=\frac{s}{s^2+\omega^2}$$

【例 2.3】 求以下微分方程的拉氏变换，已知其各阶导数的初始值为零。

$$\frac{\mathrm{d}^3x_0(t)}{\mathrm{d}t^3}+2\frac{\mathrm{d}^2x_0(t)}{\mathrm{d}t^2}+3\frac{\mathrm{d}x_0(t)}{\mathrm{d}t}+x_0(t)=2\frac{\mathrm{d}x_i(t)}{\mathrm{d}t}+x_i(t)$$

解：利用式（2.38）对上式两端取拉氏变换，得

$$s^3X_0(s)+2s^2X_0(s)+3sX_0(s)+X_0(s)=2sX_i(s)+X_i(s)$$

化简得

$$(s^3+2s^2+3s+1)X_0(s)=(2s+1)X_i(s)$$

从上式可知，微分方程的拉氏变换是一个代数方程，其求解较微分方程容易。

2.3.3　积分性质

若 $L[f(t)]=F(s)$，则

$$L\left[\int f(t)\mathrm{d}t\right]=\frac{F(s)}{s}+\frac{f^{-1}(0)}{s} \tag{2.40}$$

式中，$f^{-1}(0)$ 是 $\int f(t)\mathrm{d}t$ 在 t=0 时的值。

与前文类似，如果 $f(t)$ 在 t=0 处包含一个脉冲函数 $\delta(t)$，则 $f^{-1}(0_+)\neq f^{-1}(0_-)$。则式（2.40）必须做如下修正：

$$\begin{aligned}L_+\left[\int f(t)\mathrm{d}t\right]&=\frac{F(s)}{s}+\frac{f^{-1}(0_+)}{s}\\L_-\left[\int f(t)\mathrm{d}t\right]&=\frac{F(s)}{s}+\frac{f^{-1}(0_-)}{s}\end{aligned} \tag{2.41}$$

证明：借助部分积分法进行积分，得

$$\begin{aligned}L\left[\int f(t)\mathrm{d}t\right]&=\int_0^\infty\left[\int f(t)\mathrm{d}t\right]\mathrm{e}^{-st}\mathrm{d}t\\&=\left[\int f(t)\mathrm{d}t\frac{\mathrm{e}^{-st}}{-s}\right]_0^\infty-\int_0^\infty f(t)\frac{\mathrm{e}^{-st}}{-s}\mathrm{d}t\\&=\frac{1}{s}\int f(t)\mathrm{d}t\bigg|_{t=0}+\frac{1}{s}\int_0^\infty f(t)\mathrm{e}^{-st}\mathrm{d}t\\&=\frac{f^{-1}(0)}{s}+\frac{F(s)}{s}\end{aligned}$$

所以

$$L\left[\int f(t)\mathrm{d}t\right]=\frac{F(s)}{s}+\frac{f^{-1}(0)}{s}$$

可以看出，在时域中的积分通过拉氏变换，被转换为复频域中相除。如果积分的初值为零，则

$$L\left[\int f(t)\mathrm{d}t\right]=\frac{F(s)}{s} \tag{2.42}$$

同理，对于 $f(t)$ 的多重积分的拉氏变换，有

$$\begin{aligned}L\left[\iint f(t)(\mathrm{d}t)^2\right]&=\frac{F(s)}{s^2}+\frac{f^{-1}(0)}{s^2}+\frac{f^{-2}(0)}{s}\\&\vdots\\L\left[\int\cdots\int f(t)(\mathrm{d}t)^n\right]&=\frac{F(s)}{s^n}+\frac{f^{-1}(0)}{s^n}+\cdots+\frac{f^{(-n)}(0)}{s}\end{aligned} \tag{2.43}$$

式中，$f^{-1}(0)$，$f^{-2}(0)$，…，$f^{(-n)}(0)$ 为 $f(t)$ 的各重积分在 t=0 时的值。如果 $f^{-1}(0)=$

$f^{-2}(0)=\cdots=f^{(-n)}(0)=0$，则有

$$L\left[\int\cdots\int f(t)(\mathrm{d}t)^n\right]=\frac{F(s)}{s^n} \tag{2.44}$$

即原函数 $f(t)$ 的 n 重积分的拉氏变换等于其象函数 $F(s)$除以 s^n。

2.3.4 位移性质

若 $L[f(t)]=F(s)$，则

$$L\left[f(t)\mathrm{e}^{-\alpha t}\right]=F(s+\alpha) \tag{2.45}$$

此性质表明，时间函数乘以 $\mathrm{e}^{-\alpha t}$，相当于变换式在复频域内平移 α。

证明：根据拉氏变换的定义，即式（2.3）得

$$L\left[\mathrm{e}^{-\alpha t}f(t)\right]=\int_0^\infty \mathrm{e}^{-\alpha t}f(t)\mathrm{e}^{-st}\mathrm{d}t=\int_0^\infty f(t)\mathrm{e}^{-(s+\alpha)t}\mathrm{d}t$$

由此看出，上式的右方只是在 $F(s)$中把 s 换成 $s+\alpha$，所以

$$L[f(t)\mathrm{e}^{-\alpha t}]=F(s+\alpha)$$

【例 2.4】 求 $\mathrm{e}^{-\alpha t}\sin\omega t$ 和 $\mathrm{e}^{-\alpha t}\cos\omega t$ 的拉氏变换。

解：已知

$$L[\sin\omega t]=\frac{\omega}{s^2+\omega^2}$$

由拉氏变换的位移性质

$$L[\mathrm{e}^{-\alpha t}\sin\omega t]=\frac{\omega}{(s+\alpha)^2+\omega^2}$$

同理，因

$$L[\cos\omega t]=\frac{s}{s^2+\omega^2}$$

故有

$$L[\mathrm{e}^{-\alpha t}\cos\omega t]=\frac{s+\alpha}{(s+\alpha)^2+\omega^2}$$

2.3.5 延迟性质

若 $L[f(t)]=F(s)$，则

$$L\left[f(t-t_0)u(t-t_0)\right]=\mathrm{e}^{-st_0}F(s) \tag{2.46}$$

证明：

$$L\left[f(t-t_0)u(t-t_0)\right]=\int_0^\infty[f(t-t_0)u(t-t_0)]\mathrm{e}^{-st}\mathrm{d}t=\int_{t_0}^\infty f(t-t_0)\mathrm{e}^{-st}\mathrm{d}t$$

令 $\tau=t-t_0$，则 $t=\tau+t_0$，代入上式得

$$L\left[f(t-t_0)u(t-t_0)\right]=\int_0^\infty f(\tau)\mathrm{e}^{-st_0}\mathrm{e}^{-s\tau}\mathrm{d}\tau=\mathrm{e}^{-st_0}F(s)$$

此性质表明，如图 2.8 所示的时间函数 $f(t)u(t)$，若在时间轴上延迟 t_0 得到时间函数 $f(t-t_0)u(t-t_0)$，则它的拉氏变换应乘以 e^{-st_0}。例如，延迟 t_0 时间的单位阶跃函数 $u(t-t_0)$，其拉氏变换为 $\dfrac{\mathrm{e}^{-st_0}}{s}$。

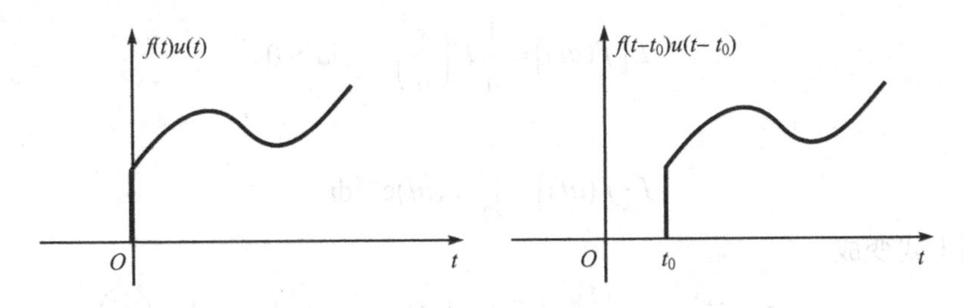

图 2.8 函数 $f(t)u(t)$和函数 $f(t-t_0)u(t-t_0)$

【例 2.5】 求图 2.9（a）所示的时间函数 $f(t)$ 的拉氏变换。

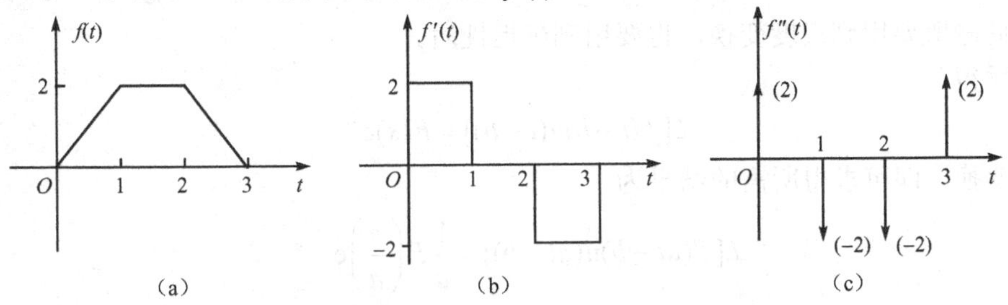

图 2.9 时间函数 $f(t)$、$f'(t)$ 和 $f''(t)$ 的波形

解：时间函数 $f(t)$的一阶、二阶导数如图 2.9（b）、（c）所示。其中 $f(t)$的二阶导数为

$$f''(t) = 2\delta(t) - 2\delta(t-1) - 2\delta(t-2) + 2\delta(t-3)$$

由于 $L[\delta(t)] = 1$，由延迟性质式（2.46）和线性性质式（2.34）得

$$F_2(s) = L[f''(t)] = 2 - 2\mathrm{e}^{-s} - 2\mathrm{e}^{-2s} + 2\mathrm{e}^{-3s}$$

由积分性质式（2.44）得

$$F(s) = L[f(t)] = \frac{F_2(s)}{s^2} = \frac{2(1 - \mathrm{e}^{-s} - \mathrm{e}^{-2s} + \mathrm{e}^{-3s})}{s^2}$$

【例 2.6】 已知 $f_1(t) = \mathrm{e}^{-2(t-1)}u(t-1)$，$f_2(t) = \mathrm{e}^{-2(t-1)}u(t)$，求 $f_1(t) + f_2(t)$ 的拉氏变换。

解：因为

$$L[\mathrm{e}^{-2t}u(t)] = \frac{1}{s+2}$$

根据拉氏变换的延迟性质式（2.46），得

$$F_1(s) = L[\mathrm{e}^{-2(t-1)}u(t-1)] = \frac{\mathrm{e}^{-s}}{s+2}$$

因为 $f_2(t)$ 又可以表示为

$$f_2(t) = \mathrm{e}^{-2(t-1)}u(t) = \mathrm{e}^2\mathrm{e}^{-2t}u(t)$$

根据拉氏变换的线性性质，得

$$F_2(s) = \frac{\mathrm{e}^2}{s+2}$$

所以

$$L[f_1(t) + f_2(t)] = F_1(s) + F_2(s) = \frac{\mathrm{e}^2 + \mathrm{e}^{-s}}{s+2}$$

2.3.6 尺度变换

若 $L[f(t)] = F(s)$，则

$$L[f(at)]=\frac{1}{a}F\left(\frac{s}{a}\right) \qquad a>0 \tag{2.47}$$

证明：

$$L[f(at)]=\int_0^{\infty} f(at)\mathrm{e}^{-st}\mathrm{d}t$$

令$\tau=at$，则上式变成

$$L[f(at)]=\int_0^{\infty} f(\tau)\mathrm{e}^{-\left(\frac{s}{a}\right)\tau}\mathrm{d}\left(\frac{\tau}{a}\right)=\frac{1}{a}\int_0^{\infty} f(\tau)\mathrm{e}^{-\left(\frac{s}{a}\right)\tau}\mathrm{d}\tau=\frac{1}{a}F\left(\frac{s}{a}\right)$$

【例 2.7】 已知$L[f(t)]=F(s)$，若$a>0$，$b>0$，求$L[f(at-b)u(at-b)]$。

解：此题既要用到尺度变换，也要用到延迟性质。

由延迟性质得

$$L[f(t-b)u(t-b)]=F(s)\mathrm{e}^{-bs}$$

再由尺度变换，即可求得所需的结果为

$$L[f(at-b)u(at-b)]=\frac{1}{a}F\left(\frac{s}{a}\right)\mathrm{e}^{-s\left(\frac{b}{a}\right)}$$

另解：先用尺度变换，再借助延迟性质。这时首先得到

$$L[f(at)u(at)]=\frac{1}{a}F\left(\frac{s}{a}\right)$$

然后由延迟性质求出

$$L\left\{f\left[a\left(t-\frac{b}{a}\right)\right]u\left[a\left(t-\frac{b}{a}\right)\right]\right\}=\frac{1}{a}F\left(\frac{s}{a}\right)\mathrm{e}^{-s\left(\frac{b}{a}\right)}$$

即

$$L[f(at-b)u(at-b)]=\frac{1}{a}F\left(\frac{s}{a}\right)\mathrm{e}^{-s\left(\frac{b}{a}\right)}$$

两种解法结果一致。

2.3.7 初值定理、终值定理

1. 初值定理

若$L[f(t)]=F(s)$，且$\lim\limits_{s\to\infty}sF(s)$存在，则

$$\lim_{t\to 0_+}f(t)=\lim_{s\to\infty}sF(s)$$

或

$$f(0_+)=\lim_{s\to\infty}sF(s) \tag{2.48}$$

证明：根据拉氏变换的微分性质，有

$$L\left[\frac{\mathrm{d}}{\mathrm{d}t}f(t)\right]=\int_0^{\infty}\frac{\mathrm{d}}{\mathrm{d}t}f(t)\mathrm{e}^{-st}\mathrm{d}t=sF(s)-f(0)$$

令$s\to\infty$，对等式两边取极限，得

$$\lim_{s\to\infty}\int_0^{\infty}\frac{\mathrm{d}}{\mathrm{d}t}f(t)\mathrm{e}^{-st}\mathrm{d}t=\lim_{s\to\infty}[sF(s)-f(0)]$$

在时间区间 $[0_+,\infty)$ 内，$\lim\limits_{s\to\infty}\mathrm{e}^{-st}=0$，因此等式左边为

$$\lim_{s\to\infty}\int_{0_+}^{\infty}\frac{\mathrm{d}}{\mathrm{d}t}f(t)\mathrm{e}^{-st}\mathrm{d}t=\lim_{s\to\infty}\int_{0_+}^{\infty}\frac{\mathrm{d}}{\mathrm{d}t}f(t)\lim_{s\to\infty}\mathrm{e}^{-st}\mathrm{d}t=0$$

于是

$$\lim_{s\to\infty}[sF(s)-f(0_+)]=0$$

即

$$f(0_+)=\lim_{t\to 0_+}f(t)=\lim_{s\to\infty}sF(s)$$

利用初值定理，我们可以从 $f(t)$ 的拉氏变换，直接求出 $f(t)$ 在 t=0_+时的值。虽然初值定理不能严格地给出 t=0 时的 $f(t)$ 值，但是能够给出时间略大于零时的 $f(t)$ 值。

2. 终值定理

若时间函数 $f(t)$ 及其一阶导数都是可拉氏变换的，$L[f(t)]=F(s)$，且 $\lim\limits_{t\to\infty}f(t)$ 存在，则

$$\lim_{t\to\infty}f(t)=\lim_{s\to 0}sF(s) \tag{2.49}$$

证明：根据拉氏变换的微分性质，有

$$L\left[\frac{\mathrm{d}}{\mathrm{d}t}f(t)\right]=\int_{0}^{\infty}\frac{\mathrm{d}}{\mathrm{d}t}f(t)\mathrm{e}^{-st}\mathrm{d}t=sF(s)-f(0)$$

令 $s\to 0$，对等式两边取极限，得

$$\lim_{s\to 0}\int_{0}^{\infty}\frac{\mathrm{d}}{\mathrm{d}t}f(t)\mathrm{e}^{-st}\mathrm{d}t=\lim_{s\to 0}[sF(s)-f(0)]$$

等式左边为

$$\begin{aligned}\lim_{s\to 0}\int_{0}^{\infty}\frac{\mathrm{d}}{\mathrm{d}t}f(t)\mathrm{e}^{-st}\mathrm{d}t&=\int_{0}^{\infty}\frac{\mathrm{d}}{\mathrm{d}t}f(t)\lim_{s\to 0}\mathrm{e}^{-st}\mathrm{d}t\\&=\int_{0}^{\infty}\mathrm{d}f(t)=\lim_{t\to\infty}\int_{0}^{t}\mathrm{d}f(t)\\&=\lim_{t\to\infty}[f(t)-f(0)]\end{aligned}$$

于是

$$\lim_{t\to\infty}f(t)=\lim_{s\to 0}sF(s)$$

终值定理表明，时间函数 $f(t)$ 的稳态值与复频域中 s=0 附近的 $sF(s)$ 的值相同。因此，$f(t)$ 在 $t\to\infty$ 时的值可以直接从 $\lim\limits_{s\to 0}sF(s)$ 得到。

利用该性质，可在复频域中得到控制系统在时间域中的稳态值，利用该性质还可以求得控制系统的稳态误差。

特别需要指出的是，运用终值定理的前提是时间函数 $f(t)$ 有终值存在（即 $sF(s)$ 的所有极点位于左半 s 平面）。对于终值不确定的时间函数 $f(t)$（即 $sF(s)$ 有极点位于虚轴或位于右半 s 平面内），则不能使用终值定理，即 $f(t)$ 包含振荡（如 $f(t)=\sin\omega t$，这时 $sF(s)$ 将有位于虚轴上的极点 $s=\pm\mathrm{j}\omega$）或按指数规律增长（如 $f(t)=\mathrm{e}^{\alpha t}$，$\alpha>0$，这时 $sF(s)$ 将有位于右半 s 平面内的极点 $s=\alpha$）的时间函数，因而 $\lim\limits_{t\to\infty}f(t)$ 将不存在。所以终值定理不适用于这类函数。

【例 2.8】 已知 $f(t)=\mathrm{e}^{-t}\cos t\cdot u(t)$，求 $f(0_+)$ 和 $f(\infty)$。

解：由于

$$L[\cos t\cdot u(t)\mathrm{e}^{-t}]=\frac{s+1}{(s+1)^2+1}$$

由初值定理，得

$$f(0_+)=\lim_{s\to\infty}sF(s)=\lim_{s\to\infty}\frac{s(s+1)}{(s+1)^2+1}=1$$

由终值定理，得

$$f(\infty)=\lim_{s\to 0}sF(s)=\lim_{s\to 0}\frac{s(s+1)}{(s+1)^2+1}=0$$

2.4 拉氏逆变换

由象函数 $F(s)$求原函数 $f(t)$，可根据式（2.4），即

$$f(t)=\frac{1}{2\pi\mathrm{j}}\int_{\beta-\mathrm{j}\infty}^{\beta+\mathrm{j}\infty}F(s)\mathrm{e}^{st}\mathrm{d}s \qquad t\geqslant 0$$

的拉氏逆变换公式计算，简写为 $f(t)=L^{-1}[F(s)]$。

对于简单的象函数，可直接应用拉氏变换对照表，查出相应的原函数。对于有理分式这类复杂象函数，通常先用部分分式展开法（也称海维赛德展开定理），将复杂函数展开成简单函数的和，再应用拉氏变换对照表，即可得出相应的原函数。

【例 2.9】 试求 $F(s)=\dfrac{s}{s^2+2s+5}$ 的拉氏逆变换。

解：

$$\begin{aligned}L^{-1}[F(s)]&=L^{-1}\left[\frac{s}{s^2+2s+5}\right]\\&=L^{-1}\left[\frac{(s+1)-1}{(s+1)^2+2^2}\right]\\&=L^{-1}\left[\frac{(s+1)}{(s+1)^2+2^2}\right]-L^{-1}\left[\frac{1}{2}\cdot\frac{2}{(s+1)^2+2^2}\right]\\&=\left(\mathrm{e}^{-t}\cos 2t-\frac{1}{2}\mathrm{e}^{-t}\sin 2t\right)\cdot u(t)\end{aligned}$$

在一般机电控制系统中，通常遇到如下形式的有理分式：

$$F(s)=\frac{b_m s^m+b_{m-1}s^{m-1}+\cdots+b_1+b_0}{a_n s^n+a_{n-1}s^{n-1}+\cdots+a_1+a_0}=\frac{N(s)}{D(s)} \qquad (n\geqslant m) \tag{2.50}$$

式中，系数 $a_n,a_{n-1},\cdots,a_1,a_0$ 及 $b_m,b_{m-1},\cdots,b_1,b_0$ 都是实常数；n，m 为正整数，通常 $n\geqslant m$。为了将 $F(s)$写成部分分式的形式，把 $F(s)$的分母进行因式分解，则有

$$F(s)=\frac{N(s)}{D(s)}=\frac{K(s+z_1)(s+z_2)\cdots(s+z_m)}{(s+p_1)(s+p_2)\cdots(s+p_n)} \tag{2.51}$$

将分母 $D(s)=0$ 时 s 的根，称为 $F(s)$的极点；将分子 $N(s)=0$ 时 s 的根，称为 $F(s)$的零点。下面将按照 $F(s)$极点的不同情况进行分析。

1. 只含不同极点的情况（包括共轭复极点）

如果 $F(s)$只含不同极点，则 $F(s)$可以展开成下列简单的部分分式之和

$$F(s)=\frac{N(s)}{D(s)}=\frac{a_1}{s+p_1}+\frac{a_2}{s+p_2}+\cdots+\frac{a_n}{s+p_n} \tag{2.52}$$

式中，$a_k\ (k=1,2,\cdots,n)$为常数。系数 a_k 叫作极点 $s=-p_k$ 上的留数。

用$(s+p_k)$乘式（2.52）的两边，且令 $s=-p_k$，即可求得 a_k 的值：

$$\begin{aligned}\left[(s+p_k)F(s)\right]_{s=-p_k}&=\left[\frac{a_1}{s+p_1}\cdot(s+p_k)+\frac{a_2}{s+p_2}\cdot(s+p_k)+\cdots+\right.\\&\left.\frac{a_k}{s+p_k}\cdot(s+p_k)+\cdots+\frac{a_n}{s+p_n}\cdot(s+p_k)\right]_{s=-p_k}\\&=a_k\end{aligned}$$

即

$$a_k=\left[(s+p_k)F(s)\right]_{s=-p_k} \tag{2.53}$$

将式（2.52）取拉氏逆变换，得

$$f(t)=L^{-1}[F(s)]=(a_1\mathrm{e}^{-p_1t}+a_2\mathrm{e}^{-p_2t}+\cdots+a_n\mathrm{e}^{-p_nt})\cdot u(t) \tag{2.54}$$

如果 p_k 和 p_{k+1} 是一对共轭复极点 $p_k=\delta+\mathrm{j}\beta$，$p_{k+1}=\delta-\mathrm{j}\beta$，则有

$$f(t)=L^{-1}[F(s)]=(a_1\mathrm{e}^{-p_1t}+a_2\mathrm{e}^{-p_2t}+\cdots+a_k\mathrm{e}^{-(\delta+\mathrm{j}\beta)t}+a_{k+1}\mathrm{e}^{-(\delta-\mathrm{j}\beta)t}+\cdots+a_n\mathrm{e}^{-p_nt})\cdot u(t) \tag{2.55}$$

其中系数 a_k 和 a_{k+1} 会是一对共轭复数

$$a_k=A+\mathrm{j}B$$
$$a_{k+1}=A-\mathrm{j}B$$

根据欧拉公式，式（2.55）则可写为

$$f(t)=L^{-1}[F(s)]=(a_1\mathrm{e}^{-p_1t}+a_2\mathrm{e}^{-p_2t}+\cdots+2\mathrm{e}^{-\delta t}\left[A\cos(\beta t)-B\sin(\beta t)\right]+\cdots+a_n\mathrm{e}^{-p_nt})\cdot u(t) \tag{2.56}$$

【例 2.10】 试求 $F(s)=\dfrac{s+3}{s^2+3s+2}$ 的拉氏逆变换。

解：$F(s)$的部分分式展开为

$$F(s)=\frac{s+3}{(s+1)(s+2)}=\frac{a_1}{(s+1)}+\frac{a_2}{(s+2)}$$

$$F(s)=\frac{s+3}{(s+1)(s+2)}=\frac{a_1}{s+1}+\frac{a_2}{s+2}$$

式中，a_1 和 a_2 可以利用式（2.53）求得

$$a_1=\left[(s+1)\cdot\frac{s+3}{(s+1)(s+2)}\right]_{s=-1}=\left[\frac{s+3}{s+2}\right]_{s=-1}=2$$

$$a_2=\left[(s+2)\cdot\frac{s+3}{(s+1)(s+2)}\right]_{s=-2}=\left[\frac{s+3}{s+1}\right]_{s=-1}=-1$$

则

$$\begin{aligned}f(t)&=L^{-1}[F(s)]\\&=L^{-1}\left[\frac{2}{s+1}\right]+L^{-1}\left[\frac{-1}{s+2}\right]\\&=(2\mathrm{e}^{-t}-\mathrm{e}^{-2t})u(t)\end{aligned}$$

【例 2.11】 试求 $G(s)=\dfrac{s^3+5s^2+9s+7}{s^2+3s+2}$ 的拉氏逆变换。

解：这里，因为分子多项式的阶次比分母多项式的阶次高，所以必须用分母去除分子。于是

$$G(s)=s+2+\frac{s+3}{(s+1)(s+2)}$$

注意：单位脉冲函数 $\delta(t)$ 的拉氏变换为 1，而 $\dfrac{\mathrm{d}\delta(t)}{\mathrm{d}t}$ 的拉氏变换为 s。上式中的右边第三项恰好是例 2.10 中的 $F(s)$，于是可以求得 $G(s)$的拉氏逆变换为

$$g(t)=L^{-1}[G(s)]=(\frac{\mathrm{d}}{\mathrm{d}t}\delta(t)+2\delta(t)+2\mathrm{e}^{-t}-\mathrm{e}^{-2t})u(t)$$

【例 2.12】 试求 $F(s)=\dfrac{s^2+3}{(s^2+2s+5)(s+2)}$ 的拉氏逆变换。

解：将 $F(s)$分解因式为

$$\begin{aligned}F(s)&=\frac{s^2+3}{(s+1+\mathrm{j}2)(s+1-\mathrm{j}2)(s+2)}\\&=\frac{a_1}{s+1+\mathrm{j}2}+\frac{a_2}{s+1-\mathrm{j}2}+\frac{a_3}{s+2}\end{aligned}$$

则共轭复极点 $p_{1,2}=-(1\pm\mathrm{j}2)$， $\delta=-1$， $\beta=-2$ 。

分别求系数 a_1、a_2 和 a_3：

$$\begin{aligned}a_3&=\left[(s+2)F(s)\right]_{s=-2}\\&=\left[(s+2)\frac{s^2+3}{(s^2+2s+5)(s+2)}\right]_{s=-2}=\frac{7}{5}\\a_1&=\left[(s+1+\mathrm{j}2)F(s)\right]_{s=-(1+\mathrm{j}2)}\\&=\left[\frac{s^2+3}{(s+1-\mathrm{j}2)(s+2)}\right]_{s=-(1+\mathrm{j}2)}=\frac{-1-\mathrm{j}2}{5}\\a_2&=a_1^*=\frac{-1+\mathrm{j}2}{5}\end{aligned}$$

即 $A=-\dfrac{1}{5}$， $B=\dfrac{2}{5}$，由式（2.56）得

$$\begin{aligned}f(t)&=2\mathrm{e}^{-t}\left[-\frac{1}{5}\cos(2t)-\frac{2}{5}\sin(2t)\right]\cdot u(t)+\frac{7}{5}\mathrm{e}^{-2t}\cdot u(t)\\&=\left\{\frac{7}{5}\mathrm{e}^{-2t}-2\mathrm{e}^{-t}\left[\frac{1}{5}\cos(2t)+\frac{2}{5}\sin(2t)\right]\right\}\cdot u(t)\end{aligned}$$

2．含多重极点的情况

设 $D(s)=0$ 有 r 个重极点 p_1，则 $F(s)$可写成

$$\begin{aligned}F(s)&=\frac{N(s)}{D(s)}=\frac{N(s)}{(s+p_1)^r(s+p_{r+1})\cdots(s+p_n)}\\&=\frac{a_r}{(s+p_1)^r}+\frac{a_{r-1}}{(s+p_1)^{r-1}}+\cdots+\frac{a_1}{s+p_1}+\frac{a_{r+1}}{s+p_{r+1}}+\cdots+\frac{a_n}{s+p_n}\end{aligned}\tag{2.57}$$

式中，p_1 为 $F(s)$的重极点，$p_{r+1},\cdots,p_n$ 为 $F(s)$的$(n-r)$个非重极点；$a_r,a_{r-1},\cdots,a_1$ 和 $a_{r+1},a_{r+2},\cdots,a_n$ 为待定系数，其中 $a_{r+1},a_{r+2},\cdots,a_n$ 按式（2.53）确定。

对于系数 $a_r,a_{r-1},\cdots,a_1$ 可通过如下方法来计算：

令
$$F_1(s)=\frac{a_r}{(s+p_1)^r}+\frac{a_{r-1}}{(s+p_1)^{r-1}}+\cdots+\frac{a_1}{s+p_1} \tag{2.58}$$

用$(s+p_1)^r$乘以式（2.58）的两边，得
$$(s+p_1)^r F_1(s)=a_r+a_{r-1}(s+p_1)+\cdots+a_1(s+p_1)^{r-1} \tag{2.59}$$

令$s=-p_1$，则式（2.59）为
$$a_r=\left[(s+p_1)^r F_1(s)\right]_{s=-p_1}$$

将式（2.59）两边对 s 进行微分，得
$$\frac{\mathrm{d}}{\mathrm{d}s}\left[(s+p_1)^r F_1(s)\right]=a_{r-1}+2a_{r-1}(s+p_1)+\cdots+(r-1)a_1(s+p_1)^{r-2} \tag{2.60}$$

令$s=-p_1$，则式（2.60）为
$$a_{r-1}=\frac{\mathrm{d}}{\mathrm{d}s}\left[(s+p_1)^r F_1(s)\right]_{s=-p_1}$$

再将式（2.59）两边对 s 进行二阶微分，得
$$\frac{\mathrm{d}^2}{\mathrm{d}s^2}\left[(s+p_1)^r F_1(s)\right]=2a_{r-2}+3\cdot 2a_{r-3}(s+p_1)+\cdots+(r-1)(r-2)a_1(s+p_1)^{r-3} \tag{2.61}$$

再令$s=-p_1$，则式（2.61）为
$$a_{r-2}=\frac{1}{2}\cdot\frac{\mathrm{d}^2}{\mathrm{d}s^2}\left[(s+p_1)^r F_1(s)\right]_{s=-p_1}$$

类似地，在式（2.59）两边对 s 进行 k 阶微分，并令$s=-p_1$，得
$$a_{r-k}=\frac{1}{k!}\cdot\frac{\mathrm{d}^{(k)}}{\mathrm{d}s^{(k)}}\left[(s+p_1)^r F_1(s)\right]_{s=-p_1}$$

因此，得到递推公式
$$\begin{aligned}
a_r&=\left[(s+p_1)^r F_1(s)\right]_{s=-p_1}\\
a_{r-1}&=\frac{\mathrm{d}}{\mathrm{d}s}\left[(s+p_1)^r F_1(s)\right]_{s=-p_1}\\
a_{r-2}&=\frac{1}{k!}\cdot\frac{\mathrm{d}^2}{\mathrm{d}s^2}\left[(s+p_1)^r F_1(s)\right]_{s=-p_1}\\
&\vdots\\
a_{r-k}&=\frac{1}{k!}\cdot\frac{\mathrm{d}^{(k)}}{\mathrm{d}s^{(k)}}\left[(s+p_1)^r F_1(s)\right]_{s=-p_1}\\
&\vdots\\
a_1&=\frac{1}{(r-1)!}\cdot\frac{\mathrm{d}^{(r-1)}}{\mathrm{d}s^{(r-1)}}\left[(s+p_1)^r F_1(s)\right]_{s=-p_1}
\end{aligned} \tag{2.62}$$

原函数 $f(t)$为

$$\begin{aligned} f(t) &= L^{-1}[F(s)] \\ &= L^{-1}\left[F_1(s)+\frac{a_{r+1}}{s+p_{r+1}}+\cdots+\frac{a_n}{s+p_n}\right] \\ &= \left[\frac{a_r}{(r-1)!}t^{r-1}+\frac{a_{r-1}}{(r-2)!}t^{r-2}+\cdots+a_2t+a_1\right]e^{p_1t}\cdot u(t)+\sum_{i=r+1}^{n}a_ie^{p_it}\cdot u(t) \end{aligned} \tag{2.63}$$

【例 2.13】 试求 $F(s)=\dfrac{s+2}{s(s+1)^2(s+3)}$ 的拉氏逆变换。

解：当分母 $D(s)=0$ 时，s 有四个极点，即二重极点 $p_1=-1$ 和非极点 $p_3=0$，$p_4=-3$。将 $F(s)$ 展开成部分分式

$$\begin{aligned} F(s) &= \frac{s+2}{s(s+1)^2(s+3)} \\ &= \frac{s-(-2)}{s[s-(-1)]^2[s-(-3)]} \\ &= \frac{s-(-2)}{s[s-(-1)]^2[s-(-3)]} \\ &= \frac{a_2}{[s-(-1)]^2}+\frac{a_1}{s-(-1)}+\frac{a_3}{s}+\frac{a_4}{s-(-3)} \end{aligned}$$

根据式（2.62），得

$$a_2=\left[(s+1)^2\frac{(s+2)}{s(s+1)^2(s+3)}\right]_{s=-1}=-\frac{1}{2}$$

$$a_1=\frac{\mathrm{d}}{\mathrm{d}s}\left[(s+1)^2\frac{(s+2)}{s(s+1)^2(s+3)}\right]_{s=-1}=-\frac{3}{4}$$

根据式（2.53）得出

$$a_3=\left[s\frac{(s+2)}{s(s+1)^2(s+3)}\right]_{s=0}=\frac{2}{3}$$

$$a_4=\left[(s+3)\frac{(s+2)}{s(s+1)^2(s+3)}\right]_{s=-3}=\frac{1}{12}$$

由式（2.63）得到 $F(s)$ 的原函数

$$f(t)=L^{-1}\left[\frac{s+2}{s(s+1)^2(s+3)}\right]=\left[-\frac{1}{2}e^{-t}\left(t+\frac{3}{2}\right)+\frac{2}{3}+\frac{1}{12}e^{-3t}\right]\cdot u(t)$$

2.5 卷积

本节将介绍拉氏变换的卷积性质。通过拉氏变换的卷积性质，不仅可以求得某些函数的拉氏逆变换，而且在线性控制系统分析中起着重要作用。如已知线性系统的脉冲响应函数 $g(t)$ 和线性系统的时域输入 $x_i(t)$，通过卷积运算，得到线性系统的时域输出 $x_o(t)=g(t)*x_i(t)$。由于卷积运算十分烦琐，而拉氏变换的卷积性质将简化这一运算过程。

2.5.1 卷积的概念

由傅氏变换的卷积性质得知，两个函数 $f_1(t)$ 和 $f_2(t)$ 的卷积是指

$$f_1(t)*f_2(t)=\int_{-\infty}^{\infty}f_1(\tau)f_2(t-\tau)\mathrm{d}\tau$$

当 $t<0$ 时，$f_1(t)=f_2(t)=0$，则上式可写成

$$\begin{aligned}f_1(t)*f_2(t)&=\int_{-\infty}^{0}f_1(\tau)f_2(t-\tau)\mathrm{d}\tau+\int_{0}^{t}f_1(\tau)f_2(t-\tau)\mathrm{d}\tau+\int_{t}^{\infty}f_1(\tau)f_2(t-\tau)\mathrm{d}\tau\\&=\int_{0}^{t}f_1(\tau)f_2(t-\tau)\mathrm{d}\tau\end{aligned}\tag{2.64}$$

从式（2.64）可知，这里的卷积定义和傅氏变换中给出的卷积定义是完全一致的。而

$$\begin{aligned}f_1(t)*f_2(t)&=\int_{0}^{t}f_1(\tau)f_2(t-\tau)\mathrm{d}\tau\\&=\int_{0}^{t}f_2(\tau)f_1(t-\tau)\mathrm{d}\tau\\&=f_2(t)*f_1(t)\end{aligned}\tag{2.65}$$

同时，卷积还满足结合律与对加法的分配律，即

$$\begin{aligned}&f_1(t)*[f_2(t)*f_3(t)]=[f_1(t)*f_2(t)]*f_3(t)\\&f_1(t)*[f_2(t)+f_3(t)]=f_1(t)*f_2(t)+f_1(t)*f_3(t)\end{aligned}\tag{2.66}$$

2.5.2 卷积定理

若 $L[f_1(t)]=F_1(s)$，$L[f_2(t)]=F_2(s)$，则

$$L[f_1(t)*f_2(t)]=F_1(s)F_2(s)\tag{2.67}$$

证明：由拉氏变换和卷积的定义，可以写出

$$\begin{aligned}L[f_1(t)*f_2(t)]&=\int_{0}^{\infty}f_1(t)*f_2(t)\mathrm{e}^{-st}\mathrm{d}\tau\\&=\int_{0}^{\infty}\left[\int_{0}^{t}f_1(\tau)f_2(t-\tau)\mathrm{d}\tau\right]\mathrm{e}^{-st}\mathrm{d}\tau\end{aligned}$$

当 $\tau>t$ 时，有 $f_2(t-\tau)u(t-\tau)=0$，即

$$f_2(t-\tau)u(t-\tau)=\begin{cases}0 & t<\tau\\ f_2(t-\tau) & t>\tau\end{cases}$$

因此

$$\int_{0}^{t}f_1(\tau)f_2(t-\tau)\mathrm{d}\tau=\int_{0}^{\infty}f_1(\tau)f_2(t-\tau)u(t-\tau)\mathrm{d}\tau$$

$$\begin{aligned}L[f_1(t)*f_2(t)]&=\int_{0}^{\infty}\int_{0}^{\infty}f_1(\tau)f_2(t-\tau)u(t-\tau)\mathrm{d}\tau\mathrm{e}^{-st}\mathrm{d}t\\&=\int_{0}^{\infty}f_1(\tau)\mathrm{d}\tau\int_{0}^{\infty}f_2(t-\tau)u(t-\tau)\mathrm{e}^{-st}\mathrm{d}t\\&=\int_{0}^{\infty}f_1(\tau)\mathrm{d}\tau\int_{\tau}^{\infty}f_2(t-\tau)u(t-\tau)\mathrm{e}^{-st}\mathrm{d}t\end{aligned}$$

令 $t-\tau=\lambda$，可得

$$L[f_1(t)*f_2(t)]=\int_0^{\infty}f_1(\tau)\mathrm{d}\tau\int_{\tau}^{\infty}f_2(\lambda)u(\lambda)\mathrm{e}^{-s\lambda}\mathrm{e}^{-s\tau}\mathrm{d}t$$
$$=\int_0^{\infty}f_1(\tau)\mathrm{e}^{-s\tau}\mathrm{d}t\int_0^{\infty}f_2(\lambda)\mathrm{e}^{-s\lambda}\mathrm{d}\lambda$$
$$=F_1(s)F_2(s)$$

式（2.67）给出了时域卷积定理，同理可得复频域的卷积定理（也称为时域相乘定理）。

$$L[f_1(t)f_2(t)]=\frac{1}{2\pi\mathrm{j}}[F_1(s)*F_2(s)]=\frac{1}{2\pi\mathrm{j}}\int_{\delta-\mathrm{j}\infty}^{\delta+\mathrm{j}\infty}F_1(p)F_2(s-p)\mathrm{d}p \tag{2.68}$$

为了便于查阅和应用，最后，将拉氏变换的性质和常用函数的拉氏变换列于表2.1和表2.2中。

表2.1 拉氏变换的性质

序号	性质名称	函数	拉氏变换
0	定义	$f(t)=\frac{1}{2\pi\mathrm{j}}\int_{\beta-\mathrm{j}\infty}^{\beta+\mathrm{j}\infty}F(s)\mathrm{e}^{st}\mathrm{d}s,\quad t\geqslant 0$	$F(s)=\int_0^{\infty}f(t)\mathrm{e}^{-st}\mathrm{d}t$
1	线性	$K_1f_1(t)\pm K_2f_2(t)$	$K_1F_1(s)\pm K_2F_2(s)$
2	微分	$f'(t)=\frac{\mathrm{d}f(t)}{\mathrm{d}t}$	$sF(s)-f(0_{\pm})$
		$f^{(n)}(t)=\frac{\mathrm{d}^nf(t)}{\mathrm{d}t^n}$	$s^nF(s)-\sum_{r=0}^{n-1}s^{n-r-1}f^{(r)}(0_{\pm})$，式中 $f^{(r)}(t)=\frac{\mathrm{d}^rf(t)}{\mathrm{d}t^r}$
3	积分	$f^{(-1)}(t)=\int f(t)\mathrm{d}t$	$\frac{1}{s}F(s)+\frac{1}{s}\int f(t)\mathrm{d}t\Big\vert_{t=0_{\pm}}$
		$f^{(-n)}(t)=\int\cdots\int f(t)(\mathrm{d}t)^n$	$\frac{1}{s^n}F(s)+\sum_{k=1}^{n}\frac{1}{s^{n-k+1}}\left[\int\cdots\int f(t)(\mathrm{d}t)^k\right]_{t=0_{\pm}}$
		$f^{(-1)}(t)=\int_0^t f(t)\mathrm{d}t$	$\frac{1}{s}F(s)$
4	位移	$f(t)\mathrm{e}^{-\alpha t}$	$F(s+\alpha)$
5	延迟	$f(t-t_0)u(t-t_0),\ t_0>0$	$\mathrm{e}^{-st_0}F(s)$
6	尺度变换	$f(at),\ a>0$	$\frac{1}{a}F(\frac{s}{a})$
7	时域卷积	$\int_0^t f_1(t-\tau)f_2(\tau)\mathrm{d}\tau$	$F_1(s)F_2(s)$
8	时域乘积	$f_1(t)f_2(t)$	$\frac{1}{2\pi\mathrm{j}}\int_{c-\mathrm{j}\infty}^{c+\mathrm{j}\infty}F_1(\lambda)F_2(s-\lambda)\mathrm{d}\lambda$
9	S域微分	$tf(t)$	$-\frac{\mathrm{d}}{\mathrm{d}s}F(s)$
		$t^2f(t)$	$\frac{\mathrm{d}^2}{\mathrm{d}s^2}F(s)$
		$t^nf(t)$	$(-1)^n\frac{\mathrm{d}^n}{\mathrm{d}s^n}F(s)\quad(n=1,2,3\cdots)$

续表

序　号	性质名称	函　数	拉氏变换
10	S 域积分	$\frac{f(t)}{t}$，$\lim_{t\to 0}\frac{f(t)}{t}$ 存在	$\int_0^{\infty} F(s)\mathrm{d}s$
11	初值定理	$\lim_{t\to 0_+} f(t)=\lim_{s\to\infty} sF(s)$ 或 $f(0_+)=\lim_{s\to\infty} sF(s)$	
12	终值定理	$\lim_{t\to\infty} f(t)=\lim_{s\to 0} sF(s)$	

表 2.2　常用函数拉氏变换表

序　号	象函数 $F(s)$	原函数 $f(t)$
1	1	$\delta(t)$
2	$\frac{1}{s}$	$u(t)$
3	$\frac{1}{s^2}$	T
4	$\frac{1}{s^n}$	$\frac{t^{n-1}}{(n-1)!}$
5	$\frac{1}{s+a}$	e^{-at}
6	$\frac{1}{(s+a)(s+b)}$	$\frac{1}{b-a}(\mathrm{e}^{-at}-\mathrm{e}^{-bt})$
7	$\frac{s+a_0}{(s+a)(s+b)}$	$\frac{1}{b-a}[(a_0-a)\mathrm{e}^{-at}-(a_0-b)\mathrm{e}^{-bt}]$
8	$\frac{1}{s(s+a)(s+b)}$	$\frac{1}{ab}+\frac{1}{ab(a-b)}(b\mathrm{e}^{-at}-a\mathrm{e}^{-bt})$
9	$\frac{s+a_0}{s(s+a)(s+b)}$	$\frac{a_0}{ab}+\frac{a_0-a}{a(a-b)}\mathrm{e}^{-at}-\frac{a_0-b}{b(a-b)}\mathrm{e}^{-bt}$
10	$\frac{s^2+a_1s+a_0}{s(s+a)(s+b)}$	$\frac{a_0}{ab}+\frac{a^2-a_1a+a_0}{a(a-b)}\mathrm{e}^{-at}-\frac{b^2-a_1b+a_0}{a(a-b)}\mathrm{e}^{-bt}$
11	$\frac{1}{(s+a)(s+b)(s+c)}$	$\frac{\mathrm{e}^{-at}}{(b-a)(c-a)}+\frac{\mathrm{e}^{-bt}}{(a-b)(c-b)}+\frac{\mathrm{e}^{-ct}}{(a-c)(b-c)}$
12	$\frac{s+a_0}{(s+a)(s+b)(s+c)}$	$\frac{a_0-a}{(b-a)(c-a)}\mathrm{e}^{-at}+\frac{a_0-b}{(a-b)(c-b)}\mathrm{e}^{-bt}+\frac{a_0-c}{(a-c)(b-c)}\mathrm{e}^{-ct}$
13	$\frac{s^2+a_1s+a_0}{(s+a)(s+b)(s+c)}$	$\frac{a^2-a_1a+a_0}{(b-a)(c-a)}\mathrm{e}^{-at}+\frac{b^2-a_1b+a_0}{(a-b)(c-b)}\mathrm{e}^{-bt}+\frac{c^2-a_1c+a_0}{(a-c)(b-c)}\mathrm{e}^{-ct}$
14	$\frac{\omega}{s^2+\omega^2}$	$\sin\omega t$
15	$\frac{s}{s^2+\omega^2}$	$\cos\omega t$

续表

序号	象函数 $F(s)$	原函数 $f(t)$
16	$\dfrac{s+a_0}{s^2+\omega^2}$	$\dfrac{1}{\omega}(a_0^2+\omega^2)^{1/2}\sin(\omega t+\varphi),\quad \varphi=\arctan\dfrac{\omega}{a_0}$
17	$\dfrac{1}{s(s^2+\omega^2)}$	$\dfrac{1}{\omega}(1-\cos\omega t)$
18	$\dfrac{s+a_0}{s(s^2+\omega^2)}$	$\dfrac{a_0}{\omega^2}-\dfrac{(a_0^2+\omega^2)^{1/2}}{\omega^2}\cos(\omega t+\varphi),\quad \varphi=\arctan\dfrac{\omega}{a_0}$
19	$\dfrac{s+a_0}{(s+a)(s^2+\omega^2)}$	$\dfrac{a_0-a}{a^2+\omega^2}e^{-at}+\dfrac{1}{\omega}\left[\dfrac{a_0^2+\omega^2}{a^2+\omega^2}\right]^{1/2}\sin(\omega t+\varphi),\quad \varphi=\arctan\dfrac{\omega}{a_0}-\arctan\dfrac{\omega}{a}$
20	$\dfrac{1}{(s+a)^2+\omega^2}$	$\dfrac{1}{\omega}e^{-at}\sin\omega t$
21	$\dfrac{s+a_0}{(s+a)^2+\omega^2}$	$\dfrac{1}{\omega}\left[(a_0-a)^2+\omega^2\right]^{1/2}e^{-at}\sin(\omega t+\varphi),\quad \varphi=\arctan\dfrac{\omega}{a_0-a}$
22	$\dfrac{s+a}{(s+a)^2+\omega^2}$	$e^{-at}\cos\omega t$
23	$\dfrac{1}{s[(s+a)^2+\omega^2]}$	$\dfrac{1}{a^2+\omega^2}+\dfrac{1}{\left[a^2+\omega^2\right]^{1/2}\omega}e^{-at}\sin(\omega t-\varphi),\quad \varphi=\arctan\dfrac{\omega}{-a}$
24	$\dfrac{s+a_0}{s[(s+a)^2+\omega^2]}$	$\dfrac{a_0}{a^2+\omega^2}+\dfrac{\left[(a_0-a)^2+\omega^2\right]^{1/2}}{\omega\left[a^2+\omega^2\right]^{1/2}}e^{-at}\sin(\omega t+\varphi),\quad \varphi=\arctan\dfrac{\omega}{a_0-a}-\arctan\dfrac{\omega}{-a}$
25	$\dfrac{s^2+a_1s+a_0}{s[(s+a)^2+\omega^2]}$	$\dfrac{a_0}{a^2+\omega^2}+\dfrac{\left[(a^2-\omega^2-a_1a+a_0)^2+\omega^2(a_1-2a)^2\right]^{1/2}}{\omega\left[a^2+\omega^2\right]^{1/2}}e^{-at}\sin(\omega t+\varphi)$ $\varphi=\arctan\dfrac{\omega(a_1-2a)}{a^2-\omega^2-a_1a+a_0}-\arctan\dfrac{\omega}{-a}$
26	$\dfrac{1}{(s+c)[(s+a)^2+\omega^2]}$	$\dfrac{e^{-ct}}{(c-a)^2+\omega^2}+\dfrac{e^{-at}}{\omega\left[(c-a)^2+\omega^2\right]^{1/2}}\sin(\omega t-\varphi),\quad \varphi=\arctan\dfrac{\omega}{c-a}$
27	$\dfrac{s+a_0}{(s+c)[(s+a)^2+\omega^2]}$	$\dfrac{a_0-c}{(a-c)^2+\omega^2}e^{-ct}+\dfrac{1}{\omega}\left[\dfrac{(a_0-a)^2+\omega^2}{(c-a)^2+\omega^2}\right]^{1/2}e^{-at}\sin(\omega t+\varphi)$ $\varphi=\arctan\dfrac{\omega}{a_0-a}-\arctan\dfrac{\omega}{c-a}$
28	$\dfrac{1}{s(s+c)[(s+a)^2+\omega^2]}$	$\dfrac{1}{c(a^2+\omega^2)}-\dfrac{e^{-ct}}{c[(a-c)^2+\omega^2]}+\dfrac{e^{-at}}{\omega(a^2+\omega^2)^{1/2}\left[(c-a)^2+\omega^2\right]^{1/2}}\sin(\omega t-\varphi)$ $\varphi=\arctan\dfrac{\omega}{-a}+\arctan\dfrac{\omega}{c-a}$
29	$\dfrac{s+a_0}{s(s+c)[(s+a)^2+\omega^2]}$	$\dfrac{a_0}{c(a^2+\omega^2)}+\dfrac{(c-a_0)e^{-ct}}{c[(a-c)^2+\omega^2]}+\dfrac{e^{-at}}{\omega(a^2+\omega^2)^{1/2}}\left[\dfrac{(a_0-a)^2+\omega^2}{(c-a)^2+\omega^2}\right]^{1/2}\sin(\omega t-\varphi)$ $\varphi=\arctan\dfrac{\omega}{a_0-a}-\arctan\dfrac{\omega}{c-a}-\arctan\dfrac{\omega}{-a}$

续表

序　号	象函数 $F(s)$	原函数 $f(t)$
30	$\frac{1}{s^2(s+a)}$	$\frac{e^{-at}+at-1}{a^2}$
31	$\frac{s+a_0}{s^2(s+a)}$	$\frac{a_0-a}{a^2}e^{-at}+\frac{a_0}{a}t+\frac{a-a_0}{a^2}$
32	$\frac{s^2+a_1s+a_0}{s^2(s+a)}$	$\frac{a^2-a_1a-a_0}{a^2}e^{-at}+\frac{a_0}{a}t+\frac{a-a_0}{a^2}$
33	$\frac{s+a_0}{(s+a)^2}$	$[(a_0-a)t+1]e^{-at}$
34	$\frac{1}{(s+a)^n}$	$\frac{1}{(n-1)!}t^{n-1}e^{-at}$
35	$\frac{1}{s(s+a)^2}$	$\frac{1-(1+at)e^{-at}}{a^2}$
36	$\frac{s+a_0}{s(s+a)^2}$	$\frac{a_0}{a^2}+\left(\frac{a-a_0}{a}t-\frac{a_0}{a^2}\right)e^{-at}$
37	$\frac{s^2+a_1s+a_0}{s(s+a)^2}$	$\frac{a_0}{a^2}+\left(\frac{a_1a-a_0-a^2}{a}t+\frac{a^2-a_0}{a^2}\right)e^{-at}$
38	$\frac{1}{s(s+a)}$	$\frac{1}{a}(1-e^{-at})$
39	$\frac{s+a_0}{s(s+a)}$	$\frac{1}{a}[a_0-(a_0-a)e^{-at}]$
40	$\frac{s}{s^2+2\xi\omega_n s+\omega_n^2}$	$\frac{-1}{\sqrt{1-\xi^2}}e^{-\xi\omega_n t}\sin(\omega_n\sqrt{1-\xi^2}t-\varphi)$, $\varphi=\arctan\sqrt{1-\xi^2}/\xi$
41	$\frac{\omega_n^2}{s^2+2\xi\omega_n s+\omega_n^2}$	$\frac{\omega_n}{\sqrt{1-\xi^2}}e^{-\xi\omega_n t}\sin(\omega_n\sqrt{1-\xi^2}t)$
42	$\frac{\omega_n^2}{s(s^2+2\xi\omega_n s+\omega_n^2)}$	$1-\frac{-1}{\sqrt{1-\xi^2}}e^{-\xi\omega_n t}\sin(\omega_n\sqrt{1-\xi^2}t+\varphi)$, $\varphi=\arctan\sqrt{1-\xi^2}/\xi$

2.6 思政元素

2.6.1 从傅里叶到拉普拉斯感悟包容与探索

作为时频转换工具，拉普拉斯变换是对傅里叶变换的改进。傅里叶于 1807 年在法国科学学会上发表了一篇论文，论文里有个在当时具有争议性的论点："任何连续周期信号可以由一组适当的正弦曲线组合而成"，这就是傅里叶变换的雏形。当时这篇论文的审查者包括历史上著名的数学家拉格朗日和拉普拉斯，当拉普拉斯和其他审查者同意发表这篇论文时，拉格朗日坚决反对，在他此后生命的六年中，拉格朗日坚持认为傅里叶的方法无法表示带有棱角的信号。

法国科学学会认同了拉格朗日的观点，拒绝公开发表傅里叶的论文。直到拉格朗日去世 15 年后这篇论文才公布于世。

拉格朗日错了吗？没有！正弦曲线就是无法组合成一个带有棱角的信号。

傅里叶错了吗？也没有！因为可以用正弦曲线来非常逼近地表示带有棱角的信号，逼近到两种表示方法不存在能量差别，比如方波。

其实，这仅仅是两种思维方式的不同，一种是严谨的数学思维，另一种是灵活的工程思维。因为严谨不能包容灵活，致使这项最终在信号领域和工程技术领域做出了巨大贡献的科学工具，滞后了二十余年才被人们发现。

但傅里叶变换的确还存在缺陷，因为它有两个条件，一个是被变换函数必须满足狄里赫利条件，另一个是被变换函数必须在$(-\infty,\infty)$内绝对可积。这就使得工程中很多实际信号，无法应用傅里叶变换，因为它们不满足这些条件。

拉普拉斯发现了这个问题，但他没有因此否定傅里叶的工作，而是通过研究探索找到了解决方法，由此成全了傅里叶变换，同时贡献了一个全新的时频变换工具——拉普拉斯变换。

正是拉普拉斯的包容及探索，使得这两种变换被广泛应用于各种工程领域，大大促进了科学技术的进步与发展，现在我们所熟知的很多技术，都离不开这两个时频变换工具，比如包括心电图在内的很多医疗仪器、机械设备故障诊断等，其应用领域不可胜数。

2.6.2 透过积分变换之窗我们看到了什么

傅里叶变换仿佛为我们打开了一扇窗，那些在我们眼前掠过的看似毫无规矩、难以辨认的时间信号，经过这扇窗时，展现在我们眼前的是一条条清晰的正弦波。

傅里叶变换又像一座桥，它和拉普拉斯变换共同在时域和频域之间架起了一座桥梁，走过这座桥梁，我们就从一个时间世界来到了频率世界，从一个无章可循的信号世界，来到了一个有序、美好、清澈的全新世界，眼前是涤荡着一缕缕正弦之波的信号之海。海中的波纹频率不同、振幅不同，但遵循的规律相同，我们的心豁然开朗，世界如此清晰、规矩。原来从杂乱无章中竟可以剥离出如此清晰有序的信号。

透过这扇窗，走过这座桥，我们不仅看到了一组有序、清晰、规律的信号，我们还看到了一种我国先人们所提倡的“析缕分条”的思维方式和工作方法。

清朝作者平步青所著的《霞外捃屑》中，曾说“说经之书甚多，以及文集说部，皆有可采。窃欲析缕分条，加以翦截”。傅里叶正是这样析缕分条地从混乱的时域信号中分离出了一条条正弦之波。

让我们记住傅里叶变换，记住拉普拉斯变换，同时也记住这里所展示出来的析缕分条的思维方式与工作方法。

本章小结

本章要求熟练掌握拉氏变换和拉氏逆变换方法。对于线性定常系统，通过拉氏变换可以求得系统的传递函数，从而分析系统的特性。拉氏变换是控制系统设计、分析的重要数学工具和分析方法。

（1）通过拉氏变换，建立控制系统的传递函数，从而分析控制系统的特性。

（2）利用拉氏变换的性质，可以简化拉氏变换的数学运算，也可以通过拉氏变换的初值定理，直接求出 $f(t)$在 $t=0_+$时的值；利用终值定理，可在复频域中得到控制系统在时域中的稳态值和稳态误差。

（3）利用拉氏逆变换，可求得系统的特性在时域中的表示。

（4）通过拉氏变换的卷积性质，不仅可以求得某些函数的拉氏逆变换，还可求得控制系统的响应。

习题 2

2.1　试求下列函数的拉氏变换。

（1）$f(t)=(4t+5)\cdot\delta(t)+(t+2)\cdot u(t)$

（2）$f(t)=t^n\mathrm{e}^{at}\cdot u(t)$

（3）$f(t)=\begin{cases}\sin t & 0\leqslant t\leqslant \pi\\ 0 & t<0,t>\pi\end{cases}$

（4）$f(t)=\sin\left(5t+\dfrac{\pi}{3}\right)\cdot u(t)$

（5）$f(t)=\left[4\cos\left(2t-\dfrac{\pi}{3}\right)\right]\cdot u\left(t-\dfrac{\pi}{6}\right)+\mathrm{e}^{-5t}\cdot u(t)$

（6）$f(t)=\mathrm{e}^{-6t}\left(\cos 8t+\dfrac{1}{4}\sin 8t\right)\cdot u(t)$

（7）$f(t)=(t^3\mathrm{e}^{-3t}+\mathrm{e}^{-t}\cos 2t+\mathrm{e}^{-3t}\sin 4t)\cdot u(t)$

（8）$f(t)=5\cdot u(t-2)+(t-1)^2\mathrm{e}^{2t}\cdot u(t)$

2.2　已知 $F(s)=\dfrac{10}{s(s+1)}$，试求：

（1）利用终值定理，求 $t\to\infty$ 时 $f(t)$的值。

（2）通过 $F(s)$的拉氏逆变换，求 $t\to\infty$ 时 $f(t)$的值。

2.3　已知 $F(s)=\dfrac{1}{(s+2)^2}$，试求：

（1）利用初值定理，求 $f(0_+)$ 和 $f'(0_+)$ 的值。

（2）通过 $F(s)$的拉氏逆变换，求 $f(t)$和 $f'(t)$，然后求 $f(0_+)$ 和 $f'(0_+)$。

2.4　求如题 2.4 图所示的各种波形的拉氏变换。

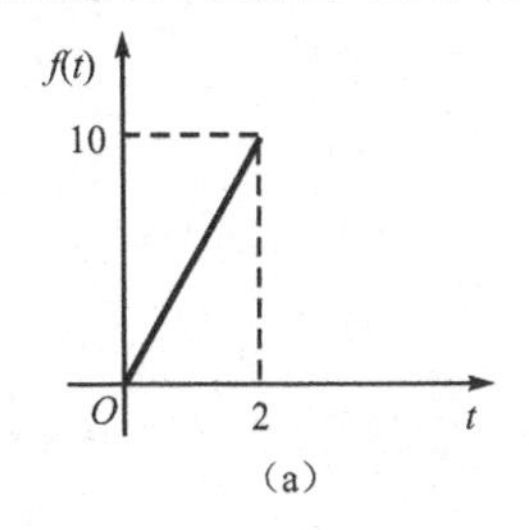

（a）

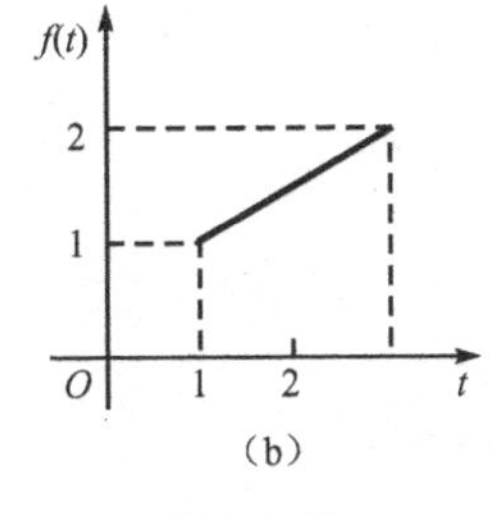

（b）

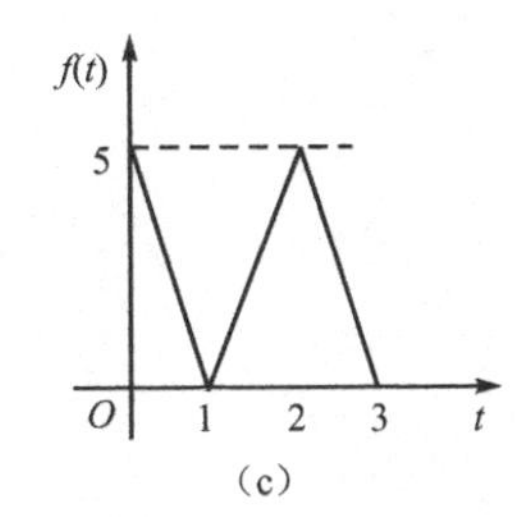

（c）

题 2.4 图

2.5 试求下列函数的拉氏逆变换。

（1）$F(s)=\dfrac{1}{s^2+4}$

（2）$F(s)=\dfrac{s}{s^2-2s+5}+\dfrac{s+1}{s^2+9}$

（3）$F(s)=\dfrac{\mathrm{e}^{-s}}{s-1}$

（4）$F(s)=\dfrac{s}{(s+2)(s+1)^2}$

（5）$F(s)=\dfrac{4}{s^2+s+4}$

（6）$F(s)=\dfrac{s+1}{s^2+9}$

（7）$F(s)=\dfrac{1}{s^2(s+1)}$

（8）$F(s)=\dfrac{s^2+5s+2}{(s+2)(s^2+2s+2)}$

2.6 求下列卷积 $f_1(t)*f_2(t)$。

（1）$f_1(t)=u(t)$，$f_2(t)=u(t)$

（2）$f_1(t)=tu(t)$，$f_2(t)=tu(t)$

（3）$f_1(t)=\mathrm{e}^t u(t)$，$f_2(t)=tu(t)$

（4）$f_1(t)=tu(t)$，$f_2(t)=\sin tu(t)$

Chapter 3

第3章 系统的数学模型

学习要点

熟练掌握系统各种数学模型如微分方程、传递函数的建立方法，以及它们之间的相互转换，掌握系统方框图的求取方法及它们之间的相互关系。

在控制系统的分析和设计中，不仅要定性地了解系统的工作原理及其特性，更重要的是需要定量地描述系统的动态性能，揭示系统的结构、参数与动态性能之间的关系。在分析和设计任何一个控制系统时，最首要的任务是建立系统的数学模型。因此，控制系统数学模型既是分析控制系统的基础，又是综合设计控制系统的依据。

描述系统的输入、输出变量以及系统内部各变量（物理量）之间关系的数学表达式称为系统的数学模型，各变量间的关系通常用微分方程等数学表达式来描述。描述各变量动态关系的表达式称为动态数学模型，通常用各变量的各阶导数之间关系的微分方程来描述；而描述各变量之间关系的代数方程叫静态数学模型，这时变量各阶导数为零。

建立控制系统数学模型的方法主要有分析法和实验法两种。

分析法是对系统各部分的运动机理进行分析，根据它们所依据的物理规律或化学规律分别列写相应的运动方程，从而建立系统的数学模型。例如，电网络中有基尔霍夫定律，力学中有牛顿定律，热力学中有热力学定律及能量守恒定律等。

实验法是人为地给系统施加某种测试信号，记录其输出响应，并用适当的数学模型去逼近，这种方法称为系统辨识。近几年来，系统辨识已发展成一门独立的学科分支。本章将介绍用分析法建立控制系统数学模型的方法。

在控制理论中，数学模型有多种形式。时域中常用的数学模型有微分方程、差分方程和状态方程；频域中有频率特性；复频域中有传递函数等，其数学基础为傅里叶变换与拉普拉斯变换。本章将讨论微分方程、传递函数数学模型的建立和应用。

当系统的数学模型能用线性微分方程来描述时，该系统称为线性系统。如果微分方程的系数为常数，称该系统为线性定常系统。若考虑系统的非线性因素，这时系统的数学模型只能用非线性微分方程来描述，所对应的系统称为非线性系统。

对于线性系统可以运用叠加原理。当有几个输入量同时作用于系统时，可以逐个输入，求出对应的输出，然后根据线性系统叠加原理，把各个输出进行叠加，即可求得系统的总输出。

非线性系统则不能应用叠加原理。对于非线性系统的分析与设计，目前还没有一个通用的理论和方法。由于非线性微分方程尚没有一个普遍的求解方法，其理论也不完善，因此，分析非线性系统要根据系统的不同特点选择不同的分析方法。

本章将针对线性定常系统，讨论在机械控制工程中如何列写线性定常系统的输入、输出微分方程；介绍线性定常系统传递函数的定义与概念，以及典型线性环节的传递函数及其特性；然后介绍系统传递函数的方框图与简化方法。

3.1 系统的微分方程

经典控制理论所采用的数学模型主要以传递函数为基础。而现代控制理论采用的数学模型主要以状态空间方程为基础。以物理定律及实验规律为依据的微分方程又是最基本的数学模型，是列写传递函数和状态空间方程的基础。

3.1.1 建立微分方程的基本步骤

要建立一个控制系统的微分方程，首先必须了解整个系统的组成结构和工作原理，然后根据系统（或各组成元件）所遵循的运动规律和物理定律，列写出整个系统的输出变量与输入变量之间的动态关系表达式，即微分方程。列写微分方程的一般步骤如下。

① 确定系统或各组成元件的输入、输出量。分析系统和各组成元件的组成结构和工作原理，找出各物理量（变量）之间的关系。对于系统的给定输入量或干扰输入量都是系统的输入量，而系统的被控制量则是系统的输出量。对于一个环节或元件而言，应按系统信号的传递情况来确定输入和输出量。

② 按照信号在系统中的传递顺序，从系统输入端开始，根据各变量所遵循的运动规律和物理定律（如电网络中的基尔霍夫定律、力学中的牛顿定律、热力系统的热力学定律及能量守恒定律等），列写出信号在传递过程中各环节的动态微分方程，一般为一个微分方程组。

③ 按照系统的工作条件，忽略一些次要因素，对已建立的原始动态微分方程进行数学处理，如简化原始动态微分方程、对非线性项进行线性化处理等，并考虑相邻元件间是否存在负载效应。

④ 消除所列动态微分方程的中间变量，得到描述系统的输入、输出量之间关系的微分方程。

⑤ 整理所得的微分方程。一般将与输出量有关的各项放在微分方程等号的左端，与输入量有关的各项放在微分方程等号的右端，并且各阶导数项按降幂排列，即标准化。

如果系统中包含非本质非线性的元件或环节，为了研究的方便，通常可将其进行线性化。非线性系统线性化的方法是将变量的非线性函数在系统某一工作点（或称为平衡点）附近展开成泰勒级数，分解成这些变量在该工作点附近的微增量表达式，然后略去高于一阶增量的项，并将其写成增量坐标表示的微分方程。

控制系统按照其系统的属性可以分为机械系统、电气系统、液压系统、气动系统和热力系统等。工程中的一些复杂系统，常常是这些系统的综合。本章将重点介绍机械系统、电气系统和机电系统的数学模型。

3.1.2　机械系统的微分方程

机电控制系统的受控对象是机械系统。在机械系统中，有些部件具有较大的惯性和刚度，而另一些部件则惯性较小、柔性较大。在利用集中参数法中，我们将前一类部件的弹性忽略，将其视为质量块，而把后一类部件的惯性忽略，将其视为无质量的弹簧。这样受控对象的机械系统可抽象为质量—弹簧—阻尼系统。因此，对机械系统而言，只要通过一定的简化，都可以抽象为质量—弹簧—阻尼系统及其综合。

在抽象为质量—弹簧—阻尼系统的机械系统中，牛顿第二定律是机械系统所必须遵循的基本定律，通过牛顿第二定律将机械系统中的运动（位移、速度和加速度）与力联系起来，建立机械系统的动力学方程，即机械系统的微分方程。因此，牛顿第二定律可以应用于任何机械系统中。

下面将举例介绍建立机械系统微分方程的步骤和方法。

【例 3.1】 如图 3.1（a）所示为组合机床动力滑台铣平面时的情况。当切削力 $f_i(t)$变化时，滑台可能产生振动，从而降低被加工工件的表面质量和精度。为了分析这个系统，首先将动力滑台连同铣刀抽象成如图 3.1（b）所示的质量—弹簧—阻尼系统的力学模型（其中，m 为受控质量；k 为弹性刚度；c 为黏性阻尼系数；$y_o(t)$为输出位移）。根据牛顿第二定律 $\Sigma F = ma$ ，可得

$$f_i(t) - c\frac{\mathrm{d}y_o(t)}{\mathrm{d}t} - ky_o(t) = m\frac{\mathrm{d}^2 y_o(t)}{\mathrm{d}t^2}$$

将输出变量项写在等号的左边，将输入变量项写在等号的右边，并将各阶导数项按降幂排列，得

$$m\frac{\mathrm{d}^2 y_o(t)}{\mathrm{d}t^2} + c\frac{\mathrm{d}y_o(t)}{\mathrm{d}t} + ky_o(t) = f_i(t)$$

上式就是组合机床动力滑台铣平面时的机械系统的数学模型，即微分方程。

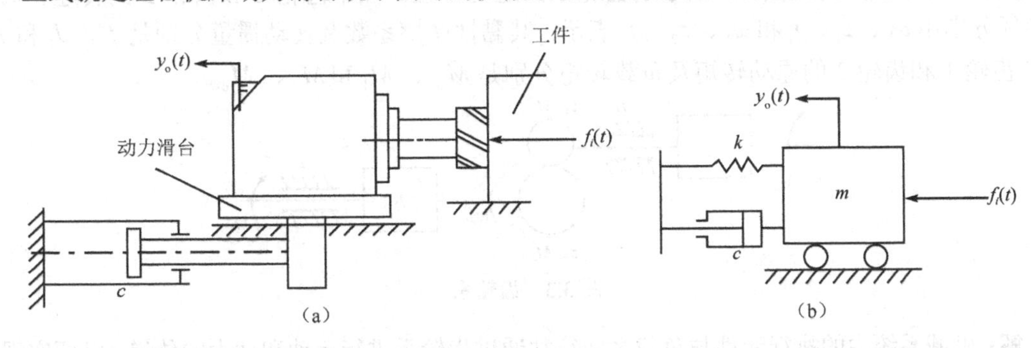

图 3.1　组合机床动力滑台及其动力学模型

【例3.2】 如图3.2（a）所示为机械位移系统。它由弹簧（弹性刚度为k）、质量块（质量为m）、阻尼器（黏性阻尼系数为c）所组成。试写出在外力$F(t)$的作用下，质量块的位移$x(t)$的运动方程。

解：在本题中的输入变量为外力$F(t)$，输出变量为质量块的位移$x(t)$，受控对象为质量块。因此，取质量块对其进行受力分析，作用在质量块上的力有外力$F(t)$；弹簧的弹力$kx(t)$，其方向与位移$x(t)$的方向相反；阻尼器的阻尼力$c\dfrac{\mathrm{d}x(t)}{\mathrm{d}t}$，其方向与位移$x(t)$的方向相反，如图3.2（b）所示。

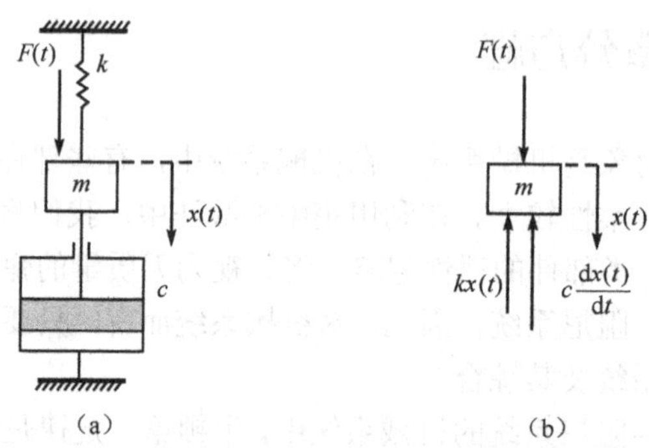

图3.2 机械位移系统

由牛顿第二定律得

$$F(t)-c\frac{\mathrm{d}x(t)}{\mathrm{d}t}-kx(t)=m\frac{\mathrm{d}^2x(t)}{\mathrm{d}t^2}$$

将输出变量项写在等号的左边，将输入变量项写在等号的右边，并将各阶导数项按降幂排列，得

$$m\frac{\mathrm{d}^2x(t)}{\mathrm{d}t^2}+c\frac{\mathrm{d}x(t)}{\mathrm{d}t}+kx(t)=F(t)$$

令$T=\sqrt{\dfrac{m}{K}}$，$2\xi T=\dfrac{c}{K}$，即$\xi=\dfrac{c}{2\sqrt{mk}}$，$K=\dfrac{1}{k}$，则上式可写成

$$T^2\frac{\mathrm{d}^2x(t)}{\mathrm{d}t^2}+2\xi T\frac{\mathrm{d}x(t)}{\mathrm{d}t}+x(t)=KF(t) \tag{3.1}$$

式中，T称为时间常数，单位为秒，ξ为阻尼比。显然式（3.1）描述的质量块m的位移$x(t)$的运动方程是一个二阶线性定常微分方程。

【例3.3】 试列写如图3.3所示的齿轮系的运动方程。图中齿轮1和齿轮2的转速、齿数和半径分别用ω_1、z_1、r_1和ω_2、z_2、r_2表示；其黏性摩擦系数及转动惯量分别是f_1、J_1和f_2、J_2；齿轮1和齿轮2的原动转矩及负载转矩分别是M_{m}、M_1和M_2、M_{c}。

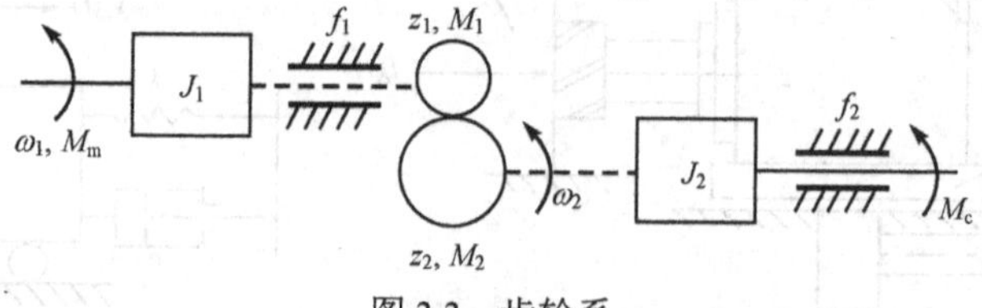

图3.3 齿轮系

解：机械系统中的执行元件与负载之间往往通过齿轮系进行运动和动力的传递，以便实现调速和增大力矩的目的。在齿轮传动中，两个啮合齿轮的线速度相同，传送的功率亦相同，因此

$$M_1\omega_1 = M_2\omega_2$$
$$\omega_1 r_1 = \omega_2 r_2$$

又因为齿数与半径成正比，即

$$\frac{r_1}{r_2} = \frac{z_1}{z_2}$$

可得

$$\omega_2 = \frac{z_1}{z_2}\omega_1，\quad M_1 = \frac{z_1}{z_2}M_2$$

根据力学中定轴转动的动静法，可分别写出齿轮 1 和齿轮 2 的运动方程为

$$J_1\frac{\mathrm{d}\omega_1}{\mathrm{d}t} + f_1\omega_1 + M_1 = M_{\mathrm{m}}$$
$$J_2\frac{\mathrm{d}\omega_2}{\mathrm{d}t} + f_2\omega_2 + M_{\mathrm{c}} = M_2$$

消去中间变量ω_2、M_1、M_2，可得

$$M_{\mathrm{m}} = \left[J_1 + \left(\frac{z_1}{z_2}\right)^2 J_2\right]\frac{\mathrm{d}\omega_1}{\mathrm{d}t} + \left[f_1 + \left(\frac{z_1}{z_2}\right)^2 f_2\right]\omega_1 + M_{\mathrm{c}}\left(\frac{z_1}{z_2}\right)$$

令

$$J = J_1 + \left(\frac{z_1}{z_2}\right)^2 J_2，\quad f = f_1 + \left(\frac{z_1}{z_2}\right)^2 f_2，\quad M = M_{\mathrm{c}}\left(\frac{z_1}{z_2}\right)$$

则得齿轮系微分方程为

$$J\frac{\mathrm{d}\omega_1}{\mathrm{d}t} + f\omega_1 + M = M_{\mathrm{m}}$$

式中，J、f 和 M 分别是折合到齿轮 1 的等效转动惯量、等效黏性摩擦系数和等效负载转矩。显然，折算的等效值与齿轮系的速比有关，速比越大，即$\dfrac{z_2}{z_1}$值越大，折算的等效值越小。如果齿轮系速比足够大，则后级齿轮及负载的影响便可以不予考虑。

【例 3.4】 图 3.4（a）表示了一个汽车悬浮系统的原理图，试求汽车在行驶过程中的数学模型。

解：当汽车沿着道路行驶时，轮胎的垂直位移 $x_{\mathrm{i}}(t)$ 作为一种运动激励作用在汽车的悬浮系统上。该系统的运动由质心的平移运动和围绕质心的旋转运动所组成。建立该系统的数学模型是相当复杂的。

图 3.4（b）表示了经简化后的悬浮系统。这时，P 点上的垂直位移 $x_{\mathrm{i}}(t)$ 为系统的输入量，车体的垂直运动 $x_{\mathrm{o}}(t)$ 为系统的输出量，只考虑车体在垂直方向的运动。垂直运动 $x_{\mathrm{o}}(t)$ 从无输入量 $x_{\mathrm{i}}(t)$ 作用时的平衡位置开始测量。

对于如图 3.4（b）所示的悬浮系统，根据牛顿第二定律$\Sigma F = ma$，可得

$$-c\left[\frac{\mathrm{d}x_{\mathrm{o}}(t)}{\mathrm{d}t} - \frac{\mathrm{d}x_{\mathrm{i}}(t)}{\mathrm{d}t}\right] - k[x_{\mathrm{o}}(t) - x_{\mathrm{i}}(t)] = m\frac{\mathrm{d}^2x_{\mathrm{o}}(t)}{\mathrm{d}t^2}$$

即

$$m\frac{\mathrm{d}^2x_{\mathrm{o}}(t)}{\mathrm{d}t^2} + c\frac{\mathrm{d}x_{\mathrm{o}}(t)}{\mathrm{d}t} + kx_{\mathrm{o}}(t) = c\frac{\mathrm{d}x_{\mathrm{i}}(t)}{\mathrm{d}t} + kx_{\mathrm{i}}(t)$$

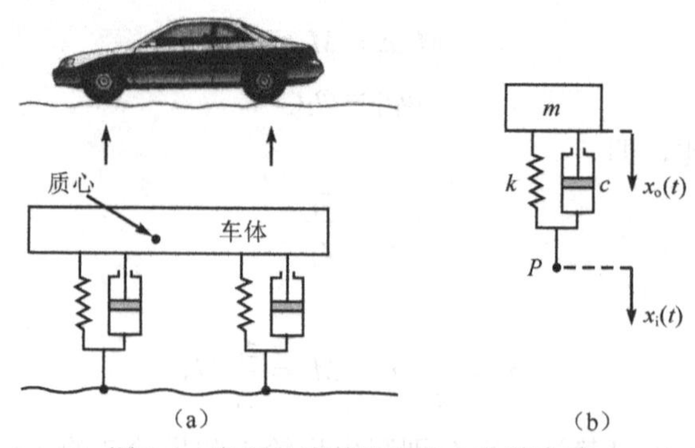

图 3.4 汽车悬浮系统及其动力学模型

3.1.3 电气系统的微分方程

电气系统是机电控制系统的重要组成部分。对于实际的复杂电路分析，通常按集中参数法建立电路系统的数学模型。在这种系统模型中，有三种线性双向的无源元件：电阻 R、电感 L、电容 C。通过它们的组合，可以构成各种复杂的电网络系统。这三种元件的性能和作用在电工原理中已经介绍得很清楚了，这里只强调它们的能量特性。电感是一种储存磁能的元件，电容是储存电能的元件，电阻不储存能量，是一种耗能元件，将电能转换成热能耗散掉。

电气系统所遵循的基本定律是基尔霍夫电流定律和电压定律。基尔霍夫电流定律（也称节点电流定律）表明，流入节点的电流之和等于流出同一节点的电流之和。基尔霍夫电压定律（也称环路电压定律）表明，在任意瞬时，在电路中沿任意环路的电压的代数和等于零。通过应用一种或同时应用两种基尔霍夫定律，就可以得到电路系统的数学模型。

下面将举例介绍建立电气系统微分方程的步骤和方法。

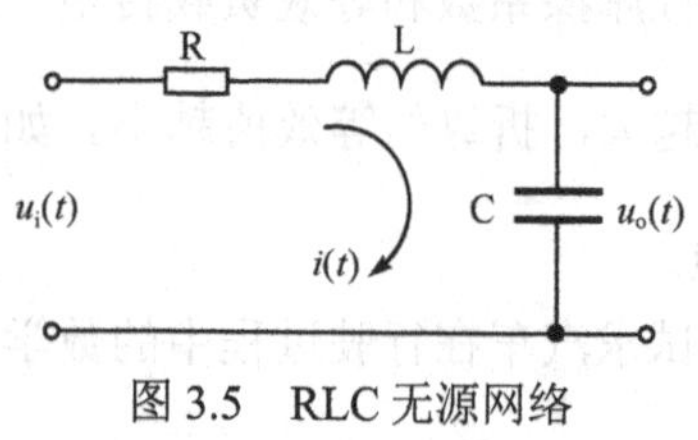

图 3.5 RLC 无源网络

【例 3.5】 RLC 无源网络如图 3.5 所示，图中 R、L、C 分别为电阻（Ω）、电感（H）、电容（F）。试列出以 $u_i(t)$ 为输入电压，$u_o(t)$ 为输出电压的网络微分方程。

解： 设网络中的电流为 $i(t)$。输入变量为 $u_i(t)$，输出变量为 $u_o(t)$，中间变量为 $i(t)$。网络按线性集中参数考虑，且忽略输出端负载效应。

由基尔霍夫定律写出原始方程：

$$L\frac{\mathrm{d}i(t)}{\mathrm{d}t}+Ri(t)+u_o(t)=u_i(t)$$

列写中间变量 $i(t)$ 与输出变量 $u_o(t)$ 的关系式：

$$i(t)=C\frac{\mathrm{d}u_o(t)}{\mathrm{d}t}$$

将上式代入原始方程，消去中间变量 $i(t)$，得

$$LC\frac{\mathrm{d}^2u_o(t)}{\mathrm{d}t^2}+RC\frac{\mathrm{d}u_o(t)}{\mathrm{d}t}+u_o(t)=u_i(t)$$

令 $LC=T^2$，$RC=2\xi T$，则上式又可以写成

$$T^2\frac{\mathrm{d}^2u_o(t)}{\mathrm{d}t^2}+2\xi T\frac{\mathrm{d}u_o(t)}{\mathrm{d}t}+u_o(t)=u_i(t) \tag{3.2}$$

式中，T为时间常数，单位为秒，ξ为阻尼比。显然式（3.2）描述的以$u_i(t)$为输入电压、$u_o(t)$为输出电压的网络微分方程是一个二阶线性定常微分方程。

另外，从式（3.2）中可以看出，RLC 无源网络的静态放大倍数等于 1，即$u_o(t)=u_i(t)$，说明系统在稳态时输出电压等于输入电压，与电容的充电特性完全吻合。由于 RLC 无源网络中存在电感和电容两个储能元件，故网络微分方程左端最高阶次为二。

【例 3.6】 如图 3.6 所示为两个形式相同的 RC 网络串联而成的滤波网络。试写出以输出电压$u_o(t)$和输入电压$u_i(t)$为变量的滤波网络微分方程。

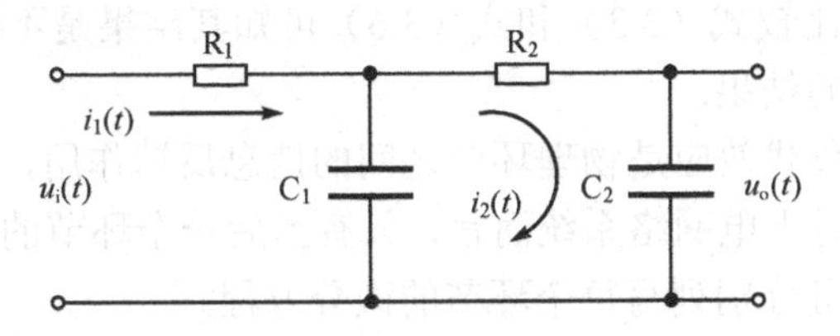

图 3.6 两级 RC 滤波网络

解： 在该系统中，由于第二级电路（R_2C_2）将对第一级电路（R_1C_1）产生负载效应，即后一元件的存在将影响前一元件的输出。如果只是独立地分别写出两个串联元件的微分方程，经过消去中间变量而得出的微分方程，将是一个错误的结果。因此，在列写串联元件所构成的系统的微分方程时，应特别注意其负载效应的影响。

该系统的微分方程列写步骤如下。

（1）考虑负载效应时

根据基尔霍夫定律，写出原始方程：

$$\begin{cases} i_1(t)R_1+\dfrac{1}{C_1}\int[i_1(t)-i_2(t)]\mathrm{d}t=u_i(t) \\ i_2(t)R_2+\dfrac{1}{C_2}\int i_2(t)\mathrm{d}t=\dfrac{1}{C_1}\int[i_1(t)-i_2(t)]\mathrm{d}t \\ \dfrac{1}{C_2}\int i_2(t)\mathrm{d}t=u_o(t) \end{cases}$$

消去中间变量$i_1(t)$和$i_2(t)$后得到

$$R_1C_1R_2C_2\frac{\mathrm{d}^2u_o(t)}{\mathrm{d}t^2}+(R_1C_1+R_2C_2+R_1C_2)\frac{\mathrm{d}u_o(t)}{\mathrm{d}t}+u_o(t)=u_i(t) \tag{3.3}$$

即滤波网络微分方程。

（2）不考虑负载效应时

如果孤立地分别写出 R_1C_1 和 R_2C_2 这两个环节的微分方程。则对前一个环节，有

$$\begin{cases} \dfrac{1}{C_1}\int i_1(t)\mathrm{d}t+i_1(t)R_1=u_i(t) \\ u_o^*(t)=\dfrac{1}{C_1}\int i_1(t)\mathrm{d}t \end{cases} \tag{3.4}$$

式中，$u_o^*(t)$为此时前一个环节的输出与后一个环节的输入。对后一个环节，有

$$\begin{cases} \dfrac{1}{C_2}\int i_2(t)\mathrm{d}t + i_2(t)R_2 = u_o^*(t) \\ u_o(t) = \dfrac{1}{C_2}\int i_2(t)\mathrm{d}t \end{cases} \tag{3.5}$$

消去中间变量，得到相应的微分方程为

$$R_1C_1R_2C_2\frac{\mathrm{d}^2u_o(t)}{\mathrm{d}t^2} + (R_1C_1 + R_2C_2)\frac{\mathrm{d}u_o(t)}{\mathrm{d}t} + u_o(t) = u_i(t) \tag{3.6}$$

负载效应考虑与否，比较式（3.3）和式（3.6）可知其结果是不同的。对于本题如果不考虑负载效应将会得出错误的结果。

需要特别指出的是，负载效应是物理环节之间的信息反馈作用，相邻环节的串联，应该考虑它们之间的负载效应。对于电网络系统而言，只有当后一个环节的输入阻抗很大，对前面环节的影响可以忽略时，方可分别列写每个环节的微分方程。

3.1.4 系统的相似性

3.1.2 节中例 3.2 有

$$m\frac{\mathrm{d}^2x(t)}{\mathrm{d}t^2} + c\frac{\mathrm{d}x(t)}{\mathrm{d}t} + kx(t) = F(t)$$

令 $T=\sqrt{\dfrac{m}{K}}$，$2\xi T=\dfrac{c}{K}$，即 $\xi=\dfrac{c}{2\sqrt{mk}}$，$K=\dfrac{1}{k}$，则上式可写成

$$T^2\frac{\mathrm{d}^2x(t)}{\mathrm{d}t^2} + 2\xi T\frac{\mathrm{d}x(t)}{\mathrm{d}t} + x(t) = KF(t)$$

同理，3.1.3 节中例 3.5 有

$$LC\frac{\mathrm{d}^2u_o(t)}{\mathrm{d}t^2} + RC\frac{\mathrm{d}u_o(t)}{\mathrm{d}t} + u_o(t) = u_i(t)$$

令 $LC=T^2$，$RC=2\xi T$，则上式又可以写成

$$T^2\frac{\mathrm{d}^2u_o(t)}{\mathrm{d}t^2} + 2\xi T\frac{\mathrm{d}u_o(t)}{\mathrm{d}t} + u_o(t) = u_i(t)$$

以上式中 T 为时间常数，单位为秒，ξ 为阻尼比。

从例 3.2 和例 3.5 中可以看出，机械系统和电气系统是两种完全不同的物理系统，但却有着完全相同的数学模型，这就是系统的相似性。

数学模型相同的物理系统称为相似系统。在相似系统中，能量的存储、消耗、传递是相似的。比如，在例 3.2 的机械位移系统中，质量 M 是储能元件，存储动能；弹簧 K 是储能元件，存储势能；阻尼器 C 是耗能元件，将运动中的能量转换成热能消耗掉。同样，在例 3.5 的电气系统中，电感 L 是储能元件，存储电磁能；电容 C 是储能元件，存储电能；电阻 R 是耗能元件，将电能转换成热能消耗掉。所以例 3.2 中的机械位移系统和例 3.5 中的电气系统，虽然存储、消耗、传递着不同性质的能量，但它们都有两个储能元件和一个耗能元件，正是这种能量存储、传递、消耗的相似性，使得它们拥有了完全相同的数学模型。

在相似系统数学模型中，作用相同的变量称为相似变量。

表3.1列出了质量–弹簧–阻尼的机械平移系统、机械回转系统、电气系统和液压系统的相似变量。

表3.1 相似系统的相似变量

机械平移系统	机械回转系统	电 气 系 统	液 压 系 统
力 F	转矩 T	电压 U	压力 p
质量 m	转动惯量 J	电感 L	液感 L_H
黏性阻尼系数 c	黏性阻尼系数 c	电阻 R	液阻 R_H
弹性系数 k	扭转系数 k	电容 C	液容 C_H
线位移 x	角位移 θ	电荷 q	容积 V
速度 v	角速度 ω	电流 i	流量 q

由于相似系统具有相同的数学模型，所以，相似系统具有相同的响应规律和相同的瞬态、稳态特性。因此，利用相似系统的这一特点，可以将一种物理系统的研究结论推广到与其相似的物理系统中。可以对相似系统进行仿真模拟研究，即用一种较容易实现的系统（如电气系统）来仿真模拟其他较难以实现的系统（如机械系统、液压系统等）。

正因为系统的相似性，才使得控制理论应用到了各个专业领域，目前在高等院校，几乎所有工程类专业都开设控制工程这门课。

3.1.5 机电系统的微分方程

在工程应用中的机电控制系统，常常是由机械系统、电气系统、液压系统、气动系统及热力系统等综合而成的较复杂系统，对于这类较复杂的控制系统，列写系统微分方程可采用以下步骤。

① 分析系统的组成结构和工作原理，将系统按照其组成结构和属性划分为各组成环节，并确定各环节的输入、输出变量。

② 根据各组成环节的属性和所遵循的运动规律和物理定律，列写每一个环节的原始微分方程，并将其适当地简化。

③ 按照系统的工作原理，根据信号在传递过程中能量的转换形式，找出各组成环节的相关物理量，将各组成环节的微分方程联立，消去中间变量，最后得到只含输入变量、输出变量，以及参量的系统微分方程。

下面将举例说明建立机电系统微分方程的步骤和方法。

【例3.7】 在如图3.7所示的机电系统中，$u(t)$ 为输入电压，$x(t)$ 为输出位移。R和L分别为铁芯线圈的电阻与电感，m 为质量块的质量，k 为弹簧的刚度，c 为阻尼器的阻尼系数，功率放大器为理想放大器，其增益为 K。假定铁芯线圈的反电动势为 $e = k_2\,\mathrm{d}x(t)/\mathrm{d}t$，线圈电流 $i(t)$ 在质量块上产生的电磁力为 $k_2 i(t)$，并设全部初始条件为零。试列写该系统的输入、输出微分方程。

解： 分析系统的工作原理和组成结构，可以知道该机电系统由电气系统（功率放大器、铁芯线圈的电阻R和电感L构成）和机械系统（质量块、弹簧和阻尼器构成）两个环节所组成。其工作原理是将电能转变为机械能，通过电磁力将电气系统和机械系统联系起来，成为这两个环节的相关物理量。整个系统的输入变量是电压 $u(t)$，输出变量为位移 $x(t)$。

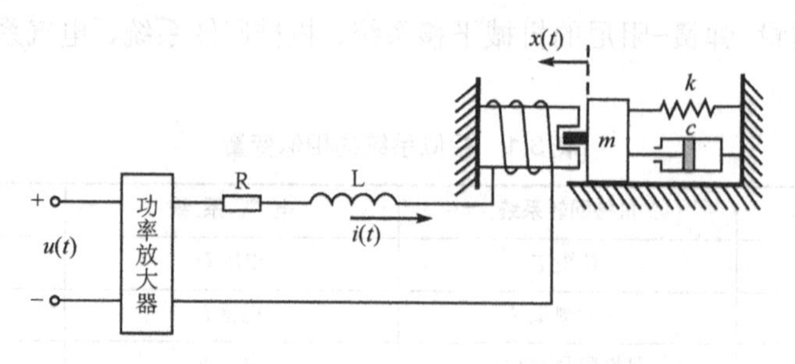

图3.7　机电系统

对于电气系统这个环节，根据基尔霍夫定律，写出原始方程：

$$Ku(t) = Ri(t) + L\frac{\mathrm{d}i(t)}{\mathrm{d}t} + e$$

$$e = k_2\frac{\mathrm{d}x(t)}{\mathrm{d}t}$$

对于机械系统这个环节，通过受力分析，根据牛顿第二定律$\Sigma F = ma$，写出原始方程，可得

$$k_2 i(t) - c\frac{\mathrm{d}x(t)}{\mathrm{d}t} - kx(t) = m\frac{\mathrm{d}^2 x(t)}{\mathrm{d}t^2}$$

消去中间变量$i(t)$，并整理得

$$mL\frac{\mathrm{d}^3 x(t)}{\mathrm{d}t^3} + (mR + cL)\frac{\mathrm{d}^2 x(t)}{\mathrm{d}t^2} + (k_2^2 + cR + kL)\frac{\mathrm{d}x(t)}{\mathrm{d}t} + kR = k_2 Ku(t)$$

即为该系统的输入、输出微分方程。

【例3.8】　试列写如图3.8所示的电枢控制直流电动机的输入、输出微分方程。电枢的输入电压$u(t)$为输入量，电动机转速$\omega(t)$为输出量，图中R、L分别为电枢电路的电阻和电感，$M_\mathrm{c}(t)$为折合到电动机轴上的总负载转矩，设激磁磁通Q为常值。

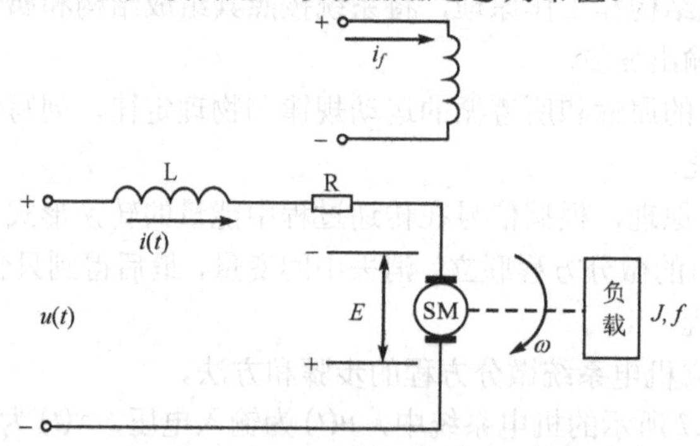

图3.8　电枢控制直流电动机原理图

解：电枢控制直流电动机的工作原理是将输入的电能转换为机械能，即将电枢的输入电压$u(t)$在电枢回路中产生电枢电流$i(t)$，再由电流$i(t)$与激磁磁通Q相互作用产生电磁转矩$M_\mathrm{m}(t)$，从而拖动负载运动。因此，该系统由电气系统（包括电枢回路、电磁回路）和机械系统（负载部分）组成，其中间物理量是电磁转矩$M_\mathrm{m}(t)$，即通过电磁转矩$M_\mathrm{m}(t)$将电枢回路、电磁回路和负载联系起来，构成一个将电能转换为机械能的电枢控制直流电动机系统。

对于电枢回路，设电枢旋转时产生的反电动势为$E(t)$，其大小与激磁磁通Q及转速成正比，方向与电枢电压相反，即

$$E(t) = Q\omega(t) \tag{3.7}$$

根据基尔霍夫定律，写出原始方程：

$$u(t) = L\frac{\mathrm{d}i(t)}{\mathrm{d}t} + Ri(t) + E(t) \tag{3.8}$$

对于电磁回路，设电枢电流产生的电磁转矩为$M_{\mathrm{m}}(t)$，电动机的转矩系数为C_{e}，则电磁回路的转矩方程为

$$M_{\mathrm{m}}(t) = C_{\mathrm{e}}i(t) \tag{3.9}$$

对于负载而言，设f是电动机折合到电动机轴上的黏性摩擦系数，J是电动机和负载折合到电动机轴上的转动惯量，则电动机轴上的转矩平衡方程为

$$J\frac{\mathrm{d}\omega(t)}{\mathrm{d}t} + f\omega(t) = M_{\mathrm{m}}(t) - M_{\mathrm{c}}(t) \tag{3.10}$$

将式（3.7）～式（3.10）消去中间变量$i(t)$、$E(t)$和$M_{\mathrm{m}}(t)$，可得到以输出量为$\omega(t)$、输入量为$u(t)$的电枢控制直流电动机的微分方程：

$$JL\frac{\mathrm{d}^2\omega(t)}{\mathrm{d}t^2} + (JR + fL)\frac{\mathrm{d}\omega(t)}{\mathrm{d}t} + (fR + C_{\mathrm{e}}Q)\omega(t) = C_{\mathrm{e}}u(t) - L\frac{\mathrm{d}M_{\mathrm{c}}(t)}{\mathrm{d}t} + RM_{\mathrm{c}}(t) \tag{3.11}$$

在工程应用中，由于电枢电路电感L较小，通常忽略不计，因而式（3.11）可简化为

$$T\frac{\mathrm{d}\omega(t)}{\mathrm{d}t} + \omega(t) = K_1u(t) - K_2M_{\mathrm{c}}(t) \tag{3.12}$$

式中，$T = JR/(fR + C_{\mathrm{e}}Q)$是电动机的时间常数；$K_1 = C_{\mathrm{e}}/(fR + C_{\mathrm{e}}Q)$，$K_2 = R(fR + C_{\mathrm{e}}Q)$是电动机的传递系数。

如果电枢电阻R和电动机的转动惯量J都很小，可忽略不计时，式（3.12）还可进一步简化为

$$Q\omega(t) = u(t) \tag{3.13}$$

这时，电动机的转速$\omega(t)$与电枢电压$u(t)$成正比，于是，电动机可作为测速发电机使用。

【例 3.9】 考虑如图 3.9 所示的伺服系统。图中所示的电动机是一种伺服电动机，它是一种专门用在控制系统中的直流电动机。该系统的工作原理是，用一对电位计作为系统的误差测量装置，它们可以将输入和输出位置转变为与位置成比例的电信号。输入电位计电刷臂的角位置r由控制输入信号确定。角位置r就是系统的参考输入量，而电刷臂上的电位与电刷臂的角位置成比例。输出电位计电刷臂的角位置c由输出轴的位置确定。输入角位置r与输出角位置c之间的差，就是误差信号e，即

$$e = r - c$$

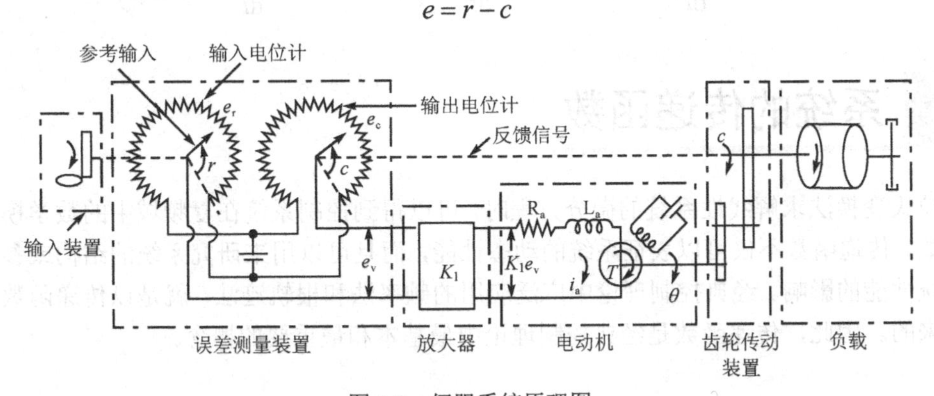

图 3.9 伺服系统原理图

电位差$e_r - e_c = e_v$为误差电压，式中e_r与r成比例，而e_c与c成比例，即$e_r = K_0 r$和$e_c = K_0 c$，其中K_0为比例常数。电位计输出端上的误差电压被增益常数为K_1的放大器放大。放大器的输出电压作用到直流电动机的电枢电路上（放大器必须具有很高的输入阻抗，因为电位计实质上是一个高阻抗电路，它不允许有电流通过。同时，放大器还必须有很低的输出阻抗，因为它需要向电动机的电枢电路提供电流）。电动机的激磁绕组上加有固定电压。如果出现误差信号，电动机就会产生力矩，以带动输出负载旋转，并使误差减小到零。对于固定的激磁电流，电动机产生的力矩为

$$T = K_2 i_a$$

式中，K_2为电动机力矩常数，i_a为电枢电流。

如果电流i_a的符号相反，则力矩T的符号也相反，因此将导致电动机向相反方向旋转。

当电枢旋转时，在电枢中将感应出一定的电压，它的大小与磁通和角速度的乘积成正比。当磁通不变时，感应电压e_b将与角速度$\mathrm{d}\theta/\mathrm{d}t$成正比，即

$$e_b = K_3 \frac{\mathrm{d}\theta}{\mathrm{d}t}$$

式中，e_b为反电势，K_3为电动机的反电势常数，而θ则为电动机轴的角位移。

试求电动机转角位移θ与误差电压e_v之间的输入、输出微分方程。

解： 电枢控制式直流伺服电动机的速度由电枢电压e_a控制（电枢电压$e_a = K_1 e_v$为放大器的输出）。电枢电流的微分方程为

$$L_a \frac{\mathrm{d}i_a}{\mathrm{d}t} + R_a i_a + e_b = e_a$$

即

$$L_a \frac{\mathrm{d}i_a}{\mathrm{d}t} + R_a i_a + K_3 \frac{\mathrm{d}\theta}{\mathrm{d}t} = K_1 e_v \tag{3.14}$$

电动机力矩的平衡方程为

$$J_0 \frac{\mathrm{d}^2\theta}{\mathrm{d}t^2} + b_0 \frac{\mathrm{d}\theta}{\mathrm{d}t} = T = K_2 i_a \tag{3.15}$$

式中，J_0为电动机、负载和折合到电动机轴上的齿轮传动装置组合的转动惯量，b_0为电动机、负载和折合到电动机轴上的齿轮传动装置组合的黏性摩擦系数。

从式（3.14）和式（3.15）中消去i_a，得

$$L_a J_0 \frac{\mathrm{d}^3\theta}{\mathrm{d}t^3} + (L_a b_0 + R_a J_0)\frac{\mathrm{d}^2\theta}{\mathrm{d}t^2} + (R_a b_0 + K_2 K_3)\frac{\mathrm{d}\theta}{\mathrm{d}t} = K_1 K_2 e_v \tag{3.16}$$

3.2 系统的传递函数

用拉氏变换法求解线性系统的微分方程时，可以得到控制系统在复频域中的数学模型——传递函数。传递函数不仅可以表征系统的动态性能，而且可以用来研究系统的结构或参数的变化对系统性能的影响。经典控制理论中广泛应用的频率法和根轨迹法，就是以传递函数为基础建立起来的。因此，传递函数是经典控制理论中最基本和最重要的概念。

3.2.1 传递函数的基本概念

对线性定常系统，若输入为 $x_{\mathrm{i}}(t)$，输出为 $x_{\mathrm{o}}(t)$，系统微分方程的一般形式可表示为

$$\begin{aligned} & a_n \frac{\mathrm{d}^n x_{\mathrm{o}}(t)}{\mathrm{d}t^n} + a_{n-1} \frac{\mathrm{d}^{n-1} x_{\mathrm{o}}(t)}{\mathrm{d}t^{n-1}} + \cdots + a_0 x_{\mathrm{o}}(t) \\ & = b_m \frac{\mathrm{d}^m x_{\mathrm{i}}(t)}{\mathrm{d}t^m} + b_{m-1} \frac{\mathrm{d}^{m-1} x_{\mathrm{i}}(t)}{\mathrm{d}t^{m-1}} + \cdots + b_0 x_{\mathrm{i}}(t) \end{aligned} \tag{3.17}$$

在零初始条件下，即当外界输入作用前，输入、输出的初始条件 $x_{\mathrm{i}}(0_-), x_{\mathrm{i}}'(0_-), \cdots, x_{\mathrm{i}}^{(m-1)}(0_-)$ 和 $x_{\mathrm{o}}(0_-), x_{\mathrm{o}}'(0_-), \cdots, x_{\mathrm{o}}^{(n-1)}(0_-)$ 均为零时，对式（3.17）做拉氏变换得

$$(a_n s^n + a_{n-1} s^{n-1} + \cdots + a_0) X_{\mathrm{o}}(s) = (b_m s^m + b_{m-1} s^{m-1} + \cdots + b_0) X_{\mathrm{i}}(s) \tag{3.18}$$

在外界输入作用前，输入、输出的初始条件为零时，线性定常系统（环节或元件）的输出 $x_{\mathrm{o}}(t)$ 的拉氏变换 $X_{\mathrm{o}}(s)$ 与输入 $x_{\mathrm{i}}(t)$ 的拉氏变换 $X_{\mathrm{i}}(s)$ 之比，称为该系统（环节或元件）的传递函数，用 $G(s)$ 表示。由此可得

$$G(s) = \frac{L[x_{\mathrm{o}}(t)]}{L[x_{\mathrm{i}}(t)]} = \frac{X_{\mathrm{o}}(s)}{X_{\mathrm{i}}(s)} = \frac{b_m s^m + b_{m-1} s^{m-1} + \cdots + b_0}{a_n s^n + a_{n-1} s^{n-1} + \cdots + a_0} \quad (n \geqslant m) \tag{3.19}$$

则

$$X_{\mathrm{o}}(s) = G(s) X_{\mathrm{i}}(s) \tag{3.20}$$

在无特别声明时，一般将外界输入作用前输出的初始条件 $x_{\mathrm{o}}(0_-)$，$x_{\mathrm{o}}'(0_-)$，…，$x_{\mathrm{o}}^{(n-1)}(0_-)$ 称为系统的初始状态。

将式（3.20）所表示的系统用方框图表示，如图 3.10 所示。

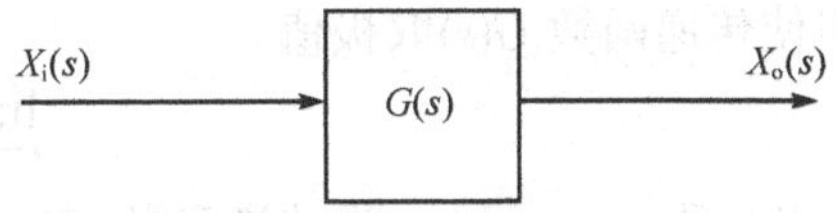

图 3.10　系统方框图

从上述可知，传递函数具有如下一些主要特点。

① 传递函数分母的阶次与各项系数只取决于系统本身的固有特性，而与外界输入无关；分子的阶次与各项系数取决于系统与外界之间的关系。所以，传递函数的分母与分子分别反映了由系统的结构与参数所决定的系统的固有特性和系统与外界之间的联系。

② 当系统在初始状态为零时，对于给定的输入，系统输出的拉氏逆变换完全取决于系统的传递函数。式（3.20）通过拉氏逆变换，便可求得系统在时域中的输出

$$x_{\mathrm{o}}(t) = L^{-1}[X_{\mathrm{o}}(s)] = L^{-1}[G(s) X_{\mathrm{i}}(s)] \tag{3.21}$$

由于已设初始状态为零，而这一输出与系统在输入作用前的初始状态无关。但是，一旦系统的初始状态不为零，则系统的传递函数不能完全反映系统的动态历程。

③ 传递函数分母中 s 的阶次 n 不小于分子中 s 的阶次 m，即 $n \geqslant m$。这是由于实际系统或元件总是具有惯性的。例如，对单自由度（二阶）的机械振动系统而言，输入力后先要克服系统的惯性，产生加速度，再产生速度，然后才可能有位移输出，而与输入有关的各项的阶次是不可能高于二阶的。

④ 传递函数可以有量纲，也可以无量纲，这取决于系统输出的量纲与输入的量纲。如在机械系统中，若输出为位移（cm），输入为力（N），则传递函数 $G(s)$ 的量纲为 cm/N；若输出为位移（cm），输入也为位移（cm），则传递函数 $G(s)$ 为无量纲比值。在传递函数的计算中，

应注意量纲的正确性。$G(s)$的量纲应该与$x_o(t)/x_i(t)$的量纲相同。

⑤ 物理性质不同的系统、环节或元件，可以具有相同类型的传递函数。既然可以用相同类型的微分方程来描述不同物理系统的动态过程，同样，也可以用相同类型的传递函数来描述不同物理系统的动态过程。因此，传递函数的分析方法可以用于不同的物理系统，即传递函数相同的不同物理系统其动态特性相同。

⑥ 传递函数非常适用于对单输入、单输出的线性定常系统的动态特性进行描述。但对于多输入、多输出系统，需要对不同的输入量和输出量分别求传递函数。另外，系统传递函数只表示系统输入量和输出量的数学关系（描述系统的外部特性），而没有表示系统中间变量之间的关系（描述系统的内部特性）。针对这个局限性，在现代控制理论中，往往采用状态空间描述法对系统的动态特性进行描述。

3.2.2 传递函数的零点、极点和放大系数

系统的传递函数 $G(s)$是以复变量s作为自变量的函数。通过因式分解后，传递函数 $G(s)$可以写成如下的一般形式：

$$G(s)=\frac{K(s-z_1)(s-z_2)\cdots(s-z_m)}{(s-p_1)(s-p_2)\cdots(s-p_n)} \quad （K为常数） \tag{3.22}$$

由复变函数可知，在式（3.22）中，当 $s=z_j(j=1,2,\cdots,m)$时，均能使传递函数 $G(s)=0$，称$z_1,z_2,\cdots,z_m$为传递函数$G(s)$的零点。当$s=p_i(i=1,2,\cdots,n)$时，均能使传递函数$G(s)$的分母等于零，即使传递函数$G(s)$取极值。

$$\lim_{s\to p_i}G(s)=\infty \quad (i=1,2,\cdots,n) \tag{3.23}$$

因此，称$p_1,p_2,\cdots,p_n$为传递函数$G(s)$的极点，即系统传递函数的极点，也就是系统微分方程的特征根。

如果用拉氏变换求解系统的微分方程可得系统的瞬态响应，其瞬态响应由以下形式的分量所构成

$$e^{pt}，\ e^{\delta t}\sin\omega t，\ e^{\delta t}\cos\omega t$$

其中，p和$\delta+j\omega$是系统传递函数的极点，也就是系统微分方程的特征根。

假定所有的极点是负数或具有负实部的复数，即$p<0$，$\delta<0$，当$t\to\infty$时，上述分量将趋近于零，瞬态响应是收敛的。在这种情况下，称系统是稳定的，也就是说，系统是否稳定由系统的极点性质所决定。系统的稳定性问题是控制工程研究的重要内容之一，将在下面的有关章节中详细讨论这一问题。

同样，根据拉氏变换求解系统的微分方程可知，当系统的输入信号一定时，系统的零点、极点决定着系统的动态性能，即零点对系统的稳定性没有影响，但它对瞬态响应曲线的形状有影响。

当$s=0$时

$$G(0)=\frac{K(-z_1)(-z_2)\cdots(-z_m)}{(-p_1)(-p_2)\cdots(-p_n)}=\frac{b_0}{a_0}$$

若系统输入为单位阶跃信号，即$X_i(s)=\dfrac{1}{s}$，根据拉氏变换的终值定理，系统的稳态输出值为

$$\lim_{t\to\infty}x_o(t)=x_o(\infty)=\lim_{s\to0}sX_o(s)=\lim_{s\to0}sG(s)X_i(s)=\lim_{s\to0}G(s)=G(0)$$

所以 $G(0)$决定着系统的稳态输出值，由式（3.22）可知，$G(0)$就是系统的放大系数，它由系统微分方程的常数项决定。由上述可知，系统传递函数的零点、极点和放大系数决定着系统的瞬态性能和稳态性能。所以，对系统的研究可变成对系统传递函数零点、极点和放大系数的研究。

利用控制系统传递函数零点、极点的分布特征可以简明直观地表达控制系统性能的许多规律。控制系统的时域、频域特性集中地以其传递函数零点、极点特征表现出来，从系统的观点来看，对于输入–输出控制模型的描述，往往并不关心组成系统内部的结构和参数，而只需从系统的输入、输出特征，即控制系统传递函数的零点、极点特征来考查、分析和处理控制系统中的各种问题。

3.2.3 典型环节的传递函数

从式（3.19）可知，对于线性定常系统的传递函数 $G(s)$，可以用如下的形式描述：

$$G(s)=\frac{b_m s^m+b_{m-1}s^{m-1}+\cdots+b_0}{a_n s^n+a_{n-1}s^{n-1}+\cdots+a_0} \quad (n\geqslant m)$$

如果将上式进行因式分解，总可以分解为如下一些因式的有限组合：

$$K,\ \frac{K}{Ts+1},\ Ts,\ \frac{1}{Ts},\ \frac{\omega_n^2}{s^2+2\xi\omega_n+\omega_n^2},\ \mathrm{e}^{-\tau s} \tag{3.24}$$

式（3.24）所表示的物理意义在于，对于一个复杂的控制系统总可以分解为有限简单因式的组合，这些简单因式可以构成独立的控制单元，并具有各自独特的动态性能，称这些简单因式作为传递函数所构成的控制单元为典型环节。式（3.24）所表示的典型环节分别为比例环节、惯性环节、微分环节、积分环节、振荡环节和延时环节。

在实际工程应用中，常常将这些典型环节通过串联、并联和反馈等方式构成复杂的控制系统。因此，将一个复杂的控制系统分解为有限的典型环节，并求出这些典型环节的传递函数，将为分析、研究和设计复杂系统带来极大方便。

下面介绍这些典型环节的传递函数及其推导。

1．比例环节

在时域中，如果输出量与输入量成正比，输出既不失真也不延迟，而按比例反映输入量的环节称为比例环节。比例环节也称为放大环节、无惯性环节、零阶环节。其输入、输出方程为

$$x_\mathrm{o}(t)=Kx_\mathrm{i}(t)$$

式中，$x_\mathrm{o}(t)$ 为输出，$x_\mathrm{i}(t)$ 为输入，K 为比例环节的放大系数或增益。其传递函数为

$$G(s)=\frac{X_\mathrm{o}(s)}{X_\mathrm{i}(s)}=K \tag{3.25}$$

比例环节的方框图如图 3.11 所示。

【例 3.10】 求如图 3.12 所示的运算放大器的传递函数。其中，$u_\mathrm{i}(t)$ 为输入电压，$u_\mathrm{o}(t)$ 为输出电压；R_1、R_2 为电阻。

解： 输入电压 $u_\mathrm{i}(t)$ 与输出电压 $u_\mathrm{o}(t)$ 的关系为

$$u_\mathrm{o}(t)=-\frac{R_2}{R_1}u_\mathrm{i}(t)$$

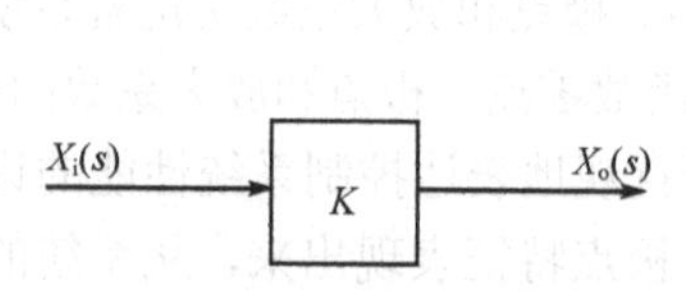

图 3.11 比例环节方框图

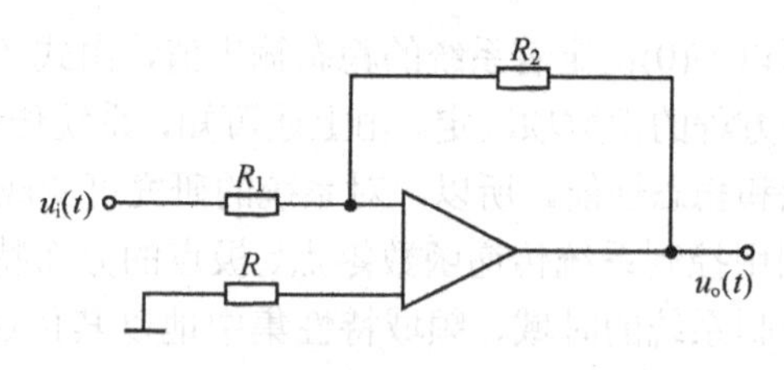

图 3.12 运算放大器

经拉氏变换后，得

$$U_o(s) = -\frac{R_2}{R_1}U_i(s)$$

则运算放大器的传递函数

$$G(s) = \frac{U_o(s)}{U_i(s)} = -\frac{R_2}{R_1} = K$$

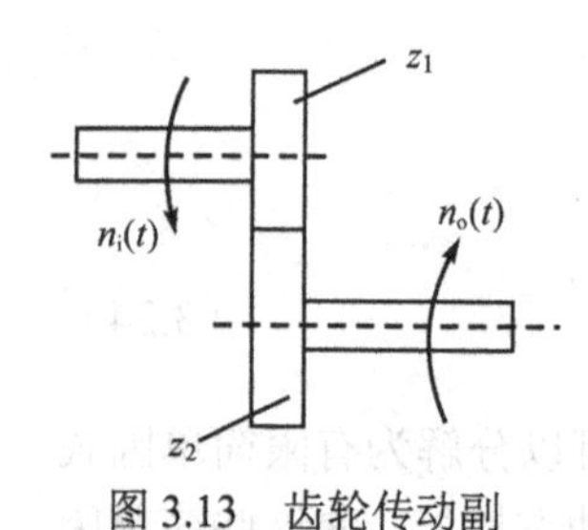

图 3.13 齿轮传动副

【例3.11】求如图3.13所示的齿轮传动副的传递函数。$n_i(t)$、$n_o(t)$分别为输入和输出轴的转速，z_1、z_2为齿轮的齿数。

解： 若齿轮副无传动间隙，且传动系统的刚性为无穷大，那么，一旦有输入转速$n_i(t)$，就会产生输出转速$n_o(t)$，故有

$$n_i(t)z_1 = n_o(t)z_2$$

经拉氏变换后，得

$$N_i(s)z_1 = N_o(s)z_2$$

则齿轮传动副的传递函数

$$G(s) = \frac{N_o(s)}{N_i(s)} = \frac{z_1}{z_2} = K$$

式中，K为齿轮副的传动比。

这种类型的环节很多，如在机械系统中略去弹性的杠杆、作为测量元件的测速发电机（输入为转速、输出为电压时）及电子放大器等，在一定条件下都可以认为是比例环节。

2. 惯性环节

在时域中，输入、输出量可用一阶微分方程表示为

$$T\frac{dx_o(t)}{dt} + x_o(t) = x_i(t)$$

形式的环节称为惯性环节。惯性环节也称为一阶惯性环节。

设初始状态为零，将上式两边同时进行拉氏变换，得

$$TsX_o(s) + X_o(s) = X_i(s)$$

则

$$G(s) = \frac{X_o(s)}{X_i(s)} = \frac{1}{Ts+1} \tag{3.26}$$

式中，T为惯性环节的时间常数。惯性环节的方框图如图3.14所示。

在惯性环节中，总是含有一个储能元件，对于突变形式的输入$x_i(t)$，其输出$x_o(t)$不能立即复现，输出$x_o(t)$总是落后于输入$x_i(t)$。

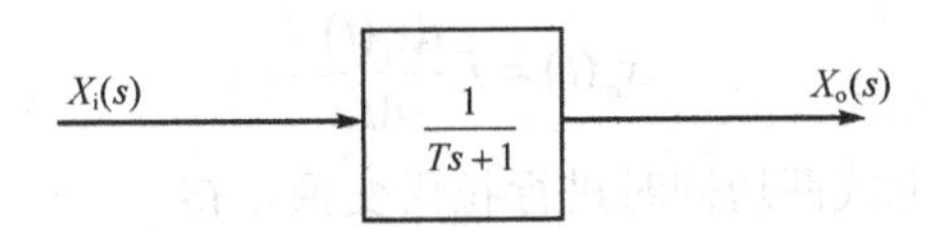

图 3.14　惯性环节方框图

【例 3.12】 求如图 3.15 所示的质量-弹簧-阻尼系统的传递函数。$x_i(t)$ 为输入位移，$x_o(t)$ 为输出位移，k 为弹簧的刚度，c 为阻尼器的阻尼系数。

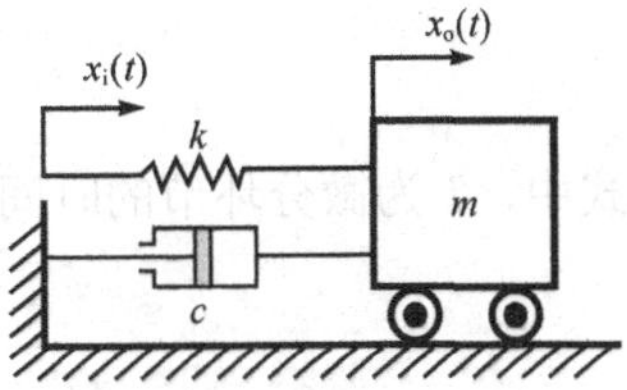

图 3.15　忽略质量的弹簧-阻尼系统

解：若质量块的质量 m 相对很小，可以忽略其影响。根据牛顿第二定律，有

$$c\frac{\mathrm{d}x_o(t)}{\mathrm{d}t}+kx_o(t)=kx_i(t)$$

经拉氏变换后，得

$$csX_o(s)+kX_o(s)=kX_i(s)$$

故传递函数为

$$G(s)=\frac{X_o(s)}{X_i(s)}=\frac{k}{cs+k}=\frac{1}{Ts+1}$$

式中，T 为惯性系统的时间常数，且 $T=\dfrac{c}{k}$。

由于本系统中含有储能元件弹簧和耗能元件阻尼器，因此，构成了惯性环节。

【例 3.13】 如图 3.16 所示为无源滤波网络，$u_i(t)$ 为输入电压，$u_o(t)$ 为输出电压，$i(t)$ 为电流，R 为电阻，C 为电容。求系统的传递函数。

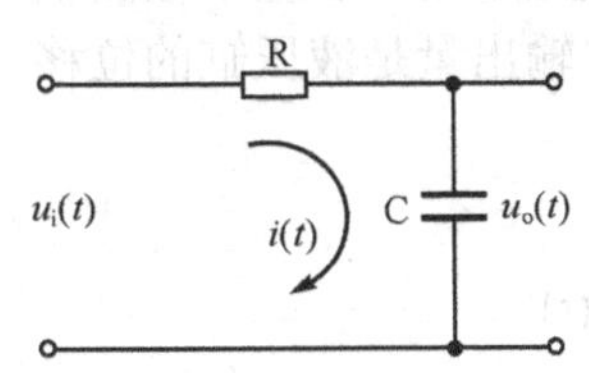

图 3.16　无源滤波网络

解：根据基尔霍夫定律，有

$$\begin{cases} u_i(t)=i(t)R+\dfrac{1}{C}\int i(t)\mathrm{d}t \\ u_o(t)=\dfrac{1}{C}\int i(t)\mathrm{d}t \end{cases}$$

消去中间变量，得

$$RC\frac{\mathrm{d}u_o(t)}{\mathrm{d}t}+u_o(t)=u_i(t)$$

经拉氏变换后，得

$$RCsU_o(s)+U_o(s)=U_i(s)$$

故传递函数为

$$G(s)=\frac{U_o(s)}{U_i(s)}=\frac{1}{RCs+1}=\frac{1}{Ts+1}$$

式中，$T=RC$ 为惯性系统的时间常数。

由于本系统中含有储能元件电容 C 和耗能元件电阻 R，因此，也构成了惯性环节。

许多热力系统，包括热电偶等在内的系统，也是惯性系统，也具有惯性环节传递函数的一般表达式。因此，通过前述例题可知，不同的物理系统可以具有相同的传递函数。

3．微分环节

凡在时域中，如果输出量 $x_o(t)$ 正比于输入量 $x_i(t)$ 的微分，即具有

$$x_o(t)=T\frac{\mathrm{d}x_i(t)}{\mathrm{d}t}$$

形式的环节称微分环节。将上式两边同时进行拉氏变换，得

$$X_o(s)=TsX_i(s)$$

则传递函数为

$$G(s)=\frac{X_o(s)}{X_i(s)}=Ts \tag{3.27}$$

式中，T 为微分环节的时间常数。微分环节的方框图如图 3.17 所示。

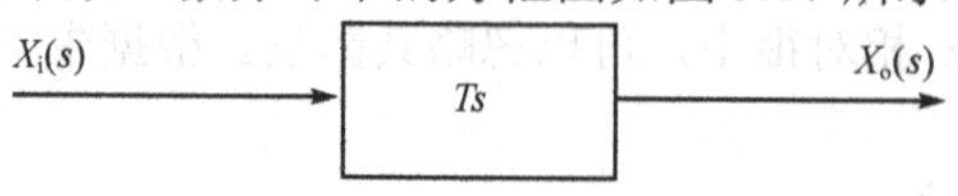

图 3.17　微分环节的方框图

微分环节的输出反映了输入的微分关系，当输入量 $x_i(t)$ 为阶跃函数时，输出 $x_o(t)$ 在理论上将是一个幅值为无穷大而时间宽度为零的脉冲函数 $\delta(t)$，这在实际的控制系统中是不可能的。这也证明了传递函数中分子的阶次不可能高于分母的阶次。因此，微分环节不可能单独存在，它是与其他环节同时存在的。因此，式（3.27）定义的微分环节称为理想的微分环节。

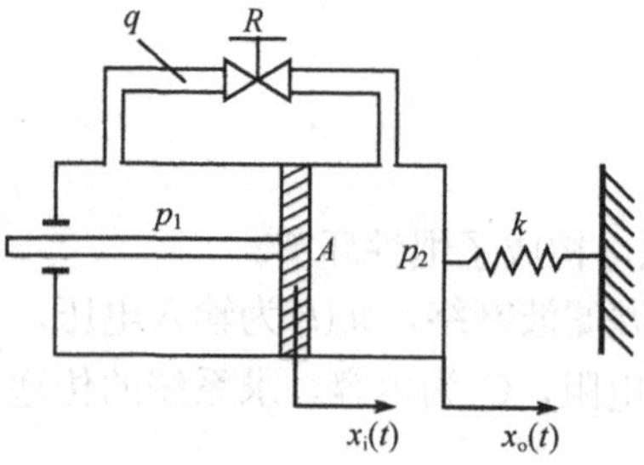

图 3.18　机械液压阻尼器原理图

【例 3.14】 如图 3.18 所示是机械液压阻尼器的原理图。图中 A 为活塞面积，k 为弹簧刚度，R 为液体流过节流阀上阻尼小孔时的液阻，p_1、p_2 分别为液压缸左、右腔单位面积上的压力。输入量是活塞位移 $x_i(t)$，输出量是液压缸的位移 $x_o(t)$。求系统的传递函数。

解： 液压缸的力平衡方程为

$$A(p_2-p_1)=kx_o(t)$$

通过节流阀上阻尼小孔的流量方程为

$$q=\frac{p_2-p_1}{R}=A\left(\frac{\mathrm{d}x_i(t)}{\mathrm{d}t}-\frac{\mathrm{d}x_o(t)}{\mathrm{d}t}\right)$$

以上两式中消去 p_1、p_2，得到

$$\frac{\mathrm{d}x_i(t)}{\mathrm{d}t}-\frac{\mathrm{d}x_o(t)}{\mathrm{d}t}=\frac{k}{A^2R}x_o(t)$$

即

$$\frac{\mathrm{d}x_o(t)}{\mathrm{d}t}+\frac{k}{A^2R}x_o(t)=\frac{\mathrm{d}x_i(t)}{\mathrm{d}t}$$

经拉氏变换后，得

$$sX_o(s)+\frac{k}{A^2R}X_o(s)=sX_i(s)$$

故传递函数为

$$G(s)=\frac{X_o(s)}{X_i(s)}=\frac{s}{s+\dfrac{k}{A^2R}}$$

令 $\dfrac{1}{T}=\dfrac{k}{A^2R}$，得

$$G(s)=\frac{Ts}{Ts+1}$$

从其传递函数可以看出，该阻尼器是包含惯性环节$\left(\dfrac{1}{Ts+1}\right)$和微分环节（$Ts$）的系统，称为具有惯性的微分环节。仅当$|Ts|\ll 1$时，$G(s)\approx Ts$，才可以近似认为是理想的微分环节。实际上，微分环节总是含有惯性环节的，理想的微分环节只是一个在数学上的假设。

【例 3.15】 如图 3.19 所示也是一个具有惯性的微分环节。图中 R_1、R_2 为电阻，C 为电容，$i(t)$、$i_R(t)$ 和 $i_C(t)$ 为电流，$u_i(t)$ 为输入电压，$u_o(t)$ 为输出电压。求其传递函数。

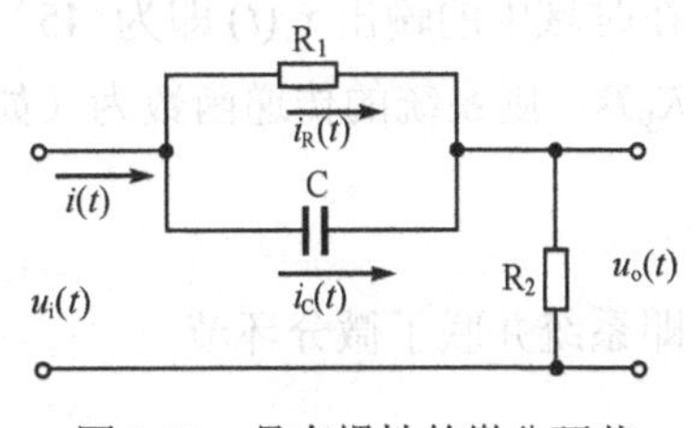

图 3.19 具有惯性的微分环节

解： 根据基尔霍夫定律，有

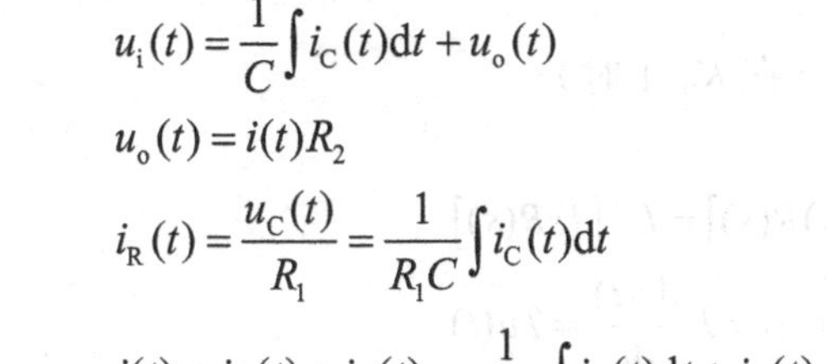

$$u_i(t)=\frac{1}{C}\int i_C(t)\mathrm{d}t+u_o(t)$$

$$u_o(t)=i(t)R_2$$

$$i_R(t)=\frac{u_C(t)}{R_1}=\frac{1}{R_1C}\int i_C(t)\mathrm{d}t$$

$$i(t)=i_R(t)+i_C(t)=\frac{1}{R_1C}\int i_C(t)\mathrm{d}t+i_C(t)$$

将 $i(t)$、$i_R(t)$ 代入 $u_o(t)$ 中，得

$$u_o(t)=\frac{R_2}{R_1C}\int i_C(t)\mathrm{d}t+R_2i_C(t)$$

对 $u_i(t)$、$u_o(t)$ 进行拉氏变换，分别得到

$$U_i(s)=\frac{1}{Cs}I_C(s)+U_o(s)$$

$$U_o(s)=\frac{R_2}{R_1Cs}I_C(s)+R_2I_C(s)$$

消去中间变量 $I_C(s)$，得

$$U_i(s)=\frac{R_1}{R_1Cs+1}\frac{U_o(s)}{R_2}+U_o(s)$$

则传递函数为

$$G(s)=\frac{U_o(s)}{U_i(s)}=\frac{R_1R_2Cs+R_2}{R_1R_2Cs+R_1+R_2}=\frac{K(Ts+1)}{KTs+1}$$

式中，$T=R_1C$ 称为时间常数，而 $K=\dfrac{R_2}{R_1+R_2}$。

当 $R_1\to\infty$ 时，

$$u_i(t)=\frac{1}{C}\int i_C(t)\mathrm{d}t+u_o(t)$$

$$u_o(t)=i(t)R_2$$

经拉氏变换后，得

$$U_i(s)=\left(\frac{1}{CR_2s}+1\right)U_o(s)$$

故传递函数为

$$G(s)=\frac{U_o(s)}{U_i(s)}=\frac{R_2Cs}{R_2Cs+1}=\frac{Ts}{Ts+1}$$

式中，$T = R_2 C$称为时间常数。

在控制系统中，微分环节主要用来改善系统的动态性能，其控制作用如下。

① 使系统的输出提前，即对系统的输入有预测作用。

如对比例环节K_p施加一速度函数，即单位斜坡函数$r(t)$作为输入，则当K_p=1时，此环节在时域中的输出$x_o(t)$即为45°斜线，如图3.20所示；若对此比例环节再并联一个微分环节K_pTs，则系统的传递函数为（如图3.21（b）所示）

$$G(s) = \frac{X_o(s)}{X_i(s)} = K_p(Ts+1)$$

即系统并联了微分环节

$$G_1(s) = Ts \quad（在K_p=1时）$$

它所增加的输出

$$x_{o1}(t) = L^{-1}\left[G_1(s)R(s)\right] = L^{-1}\left[TsR(s)\right]$$
$$= TL^{-1}\left[sR(s)\right] = T\frac{\mathrm{d}r(t)}{\mathrm{d}t} = Tu(t)$$

因为$u(t)=1$，故微分环节所增加的输出为

$$x_{o1}(t) = T$$

它使原输出$x_o(t)$垂直向上平移T，得到新的输出。如图3.21（a）所示，系统在每一时刻的输出都增加了T。在原输出为45°斜线时，新输出也是45°斜线，它可以看成原输出向左平移了T，即原输出在t_2时刻才有的$r(t_2)$，新输出在t_1时刻就已到达（b点的输出等于c点的输出）。传递函数方框图如图3.21（b）所示。

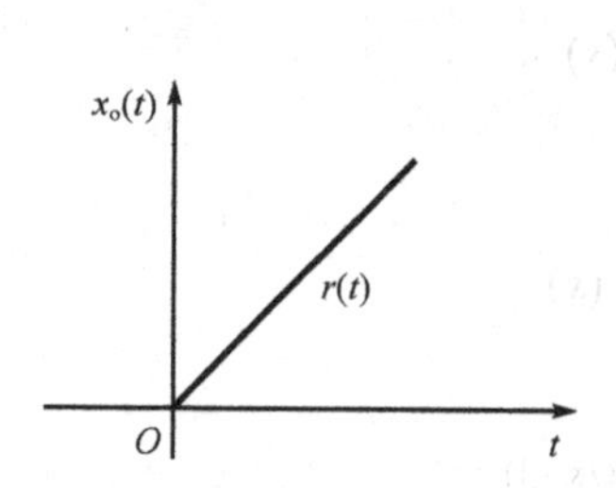

图3.20 比例环节（K_p=1）的输入、输出曲线

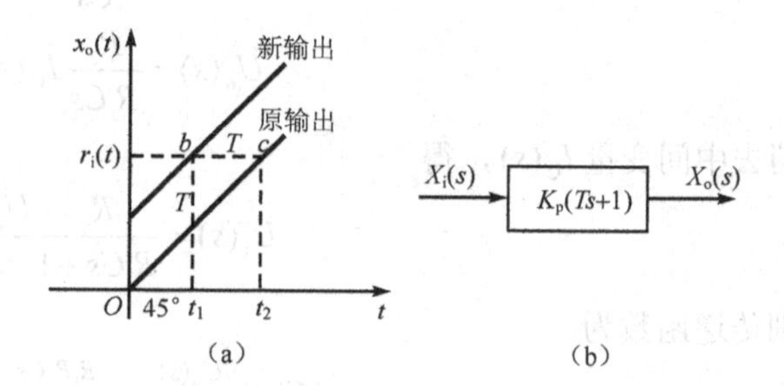

图3.21 微分环节的控制作用

微分环节的输出是输入的导数$T\frac{\mathrm{d}x_i(t)}{\mathrm{d}t}$，它反映了输入的变化趋势，所以也等于对系统的有关输入变化趋势进行了预测。由于微分环节使输出提前，预测了输入的情况，因而有可能对系统提前施加校正作用，提高了系统的灵敏度。

② 增加系统的阻尼。如图3.22（a）所示，系统的传递函数为

$$G_1(s) = \frac{\dfrac{K_pK}{s(Ts+1)}}{1+\dfrac{K_pK}{s(Ts+1)}} = \frac{K_pK}{Ts^2+s+K_pK}$$

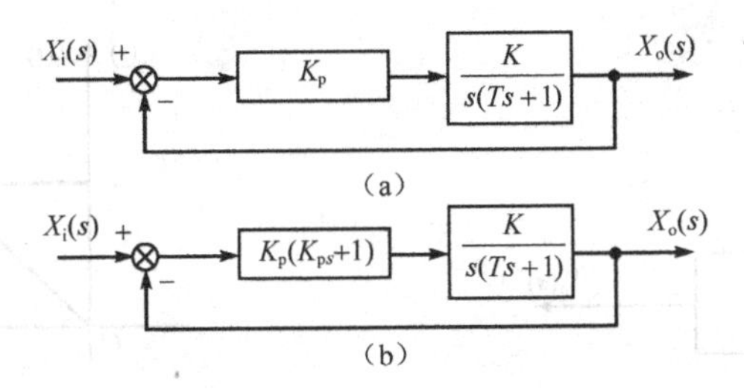

图 3.22　微分环节增加系统的阻尼

对系统的比例环节 K_p 并联微分环节 K_pT_ds（如图 3.22（b）所示），化简后，其传递函数为

$$G_2(s)=\frac{\dfrac{K_pK(T_ds+1)}{s(Ts+1)}}{1+\dfrac{K_pK(T_ds+1)}{s(Ts+1)}}=\frac{K_pK(T_ds+1)}{Ts^2+(1+K_pKT_d)s+K_pK}$$

比较上述两式可知，$G_1(s)$与 $G_2(s)$均为二阶系统的传递函数，其分母中的第二项 s 前的系数与阻尼有关，$G_1(s)$的系数为 1，而 $G_2(s)$的系数为 $1+K_pKT_d>1$。所以，采用微分环节后，系统的阻尼增加。

③ 具有强化系统噪声的作用。由于微分环节能对输入进行预测，所以也能对系统的噪声（即干扰）信号进行预测，对噪声的灵敏度也提高了，从而增大了系统因干扰引起的误差。

4. 积分环节

在时域中，如果输出量 $x_o(t)$ 正比于输入量 $x_i(t)$ 的积分，即具有

$$x_o(t)=\frac{1}{T}\int x_i(t)\mathrm{d}t$$

形式的环节称为积分环节。显然，其传递函数为

$$G(s)=\frac{X_o(s)}{X_i(s)}=\frac{1}{Ts} \tag{3.28}$$

式中，T 为积分环节的时间常数。积分环节的方框图如图 3.23 所示。

当系统的输入为单位阶跃信号 $u(t)$ 时，即 $X_i(s)=\frac{1}{s}$，则系统的输出

$$X_o(s)=\frac{1}{Ts}\cdot\frac{1}{s}=\frac{1}{Ts^2}$$

经拉氏逆变换后，积分环节的输出

$$x_o(t)=\frac{1}{T}t$$

其特点是输出量为输入量对时间的累积，输出的幅值呈线性增长，如图 3.24 所示。对阶跃输入，输出要在 $t=T$ 时才能等于输入，故有滞后作用。经过一段时间的累积后，当输入变为零时，输出量不再增加，但保持该值不变，具有记忆功能。

在系统中凡有存储或积累特点的元件，都具有积分环节的特性。

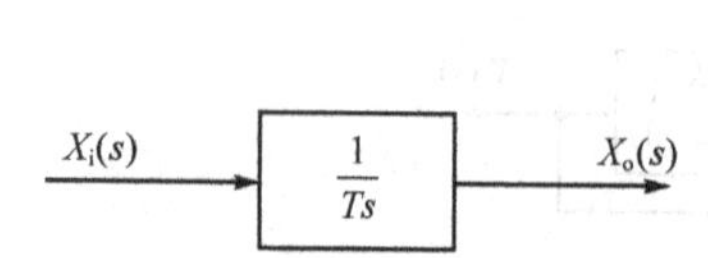

图 3.23 积分环节方框图

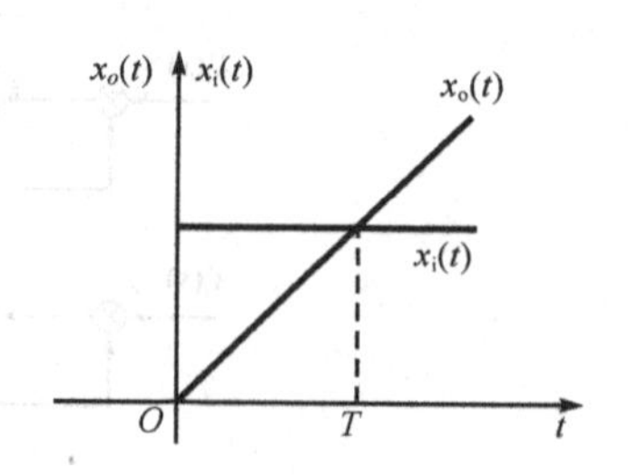

图 3.24 积分环节的输入、输出关系

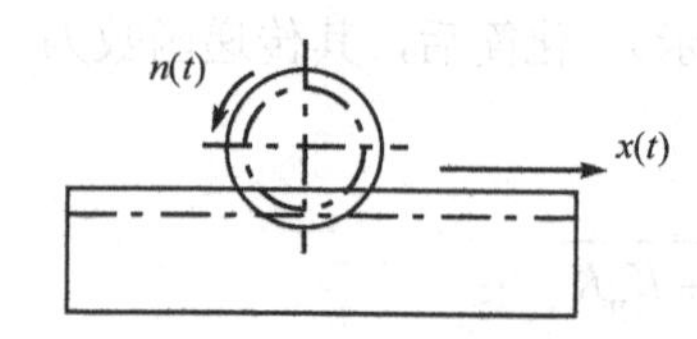

图 3.25 齿轮齿条传动机构

【例 3.16】 如图 3.25 所示为齿轮齿条传动机构。齿轮的转速 $n(t)$ 为输入量，齿条的位移量 $x(t)$ 为输出量。试求此机构的传递函数。

解： 齿轮齿条的转速关系为

$$\frac{\mathrm{d}x(t)}{\mathrm{d}t} = \pi D n(t)$$

式中，D 为齿轮的节圆直径。对上式取拉氏变换后，得其传递函数为

$$G(s) = \frac{X(s)}{N(s)} = \frac{\pi D}{s}$$

上式表示，当输入为转速 $n(t)$ 时，输出 $x(t)$ 为输入 $n(t)$ 积分的 πD 倍。当输出为速度 $\frac{\mathrm{d}x(t)}{\mathrm{d}t}$ 时，这个环节变为比例环节。

【例 3.17】 如图 3.26 所示为有源积分网络，$u_i(t)$ 为输入电压，$u_o(t)$ 为输出电压，R 为电阻，C 为电容。试求该网络的传递函数。

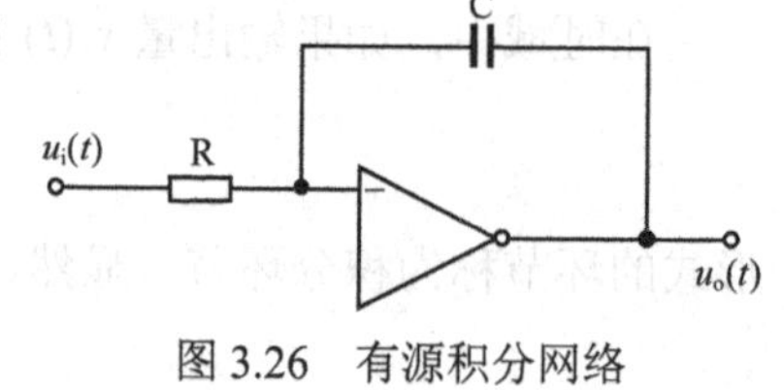

图 3.26 有源积分网络

解： 由图可得

$$\frac{u_i(t)}{R} = -C\frac{\mathrm{d}u_o(t)}{\mathrm{d}t}$$

故其传递函数为

$$G(s) = \frac{U_o(s)}{U_i(s)} = -\frac{1}{RCs} = \frac{K}{s}$$

式中，$K = -1/RC$。

5. 振荡环节

在时域中，输出量 $x_o(t)$ 与输入量 $x_i(t)$ 可用下列微分方程

$$T^2\frac{\mathrm{d}^2x_o(t)}{\mathrm{d}t^2} + 2\xi T\frac{\mathrm{d}x_o(t)}{\mathrm{d}t} + x_o(t) = x_i(t)$$

表示的环节称振荡环节。振荡环节也称二阶振荡环节。

将上式两边同时进行拉氏变换，得

$$T^2s^2X_o(s) + 2\xi TsX_o(s) + X_o(s) = X_i(s)$$

则传递函数为

$$G(s) = \frac{X_o(s)}{X_i(s)} = \frac{1}{T^2s^2 + 2\xi Ts + 1} \tag{3.29}$$

令 $T=1/\omega_n$，式（3.29）可化为

$$G(s)=\frac{\omega_n^2}{s^2+2\xi\omega_n s+\omega_n^2} \tag{3.30}$$

式中，ω_n 为无阻尼固有频率，T 为振荡环节的时间常数，ξ 为阻尼比。

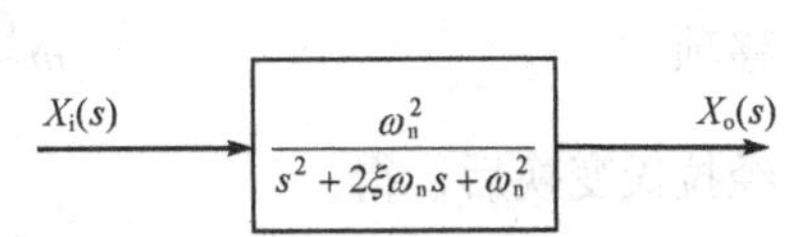

图 3.27　振荡环节方框图

式（3.30）所表示的振荡环节的方框图如图 3.27 所示。

二阶环节在单位阶跃输入时，系统的输出有两种情况。

① 当 $0\leqslant\xi<1$ 时，系统的输出为一振荡过程，此时二阶环节为振荡环节。

设系统的输入量为单位阶跃函数 $x_i(t)=u(t)$，如图 3.28（a）所示，即 $X_i(s)=\frac{1}{s}$，则二阶系统的响应

$$X_o(s)=\frac{\omega_n^2}{s^2+2\xi\omega_n s+\omega_n^2}\cdot\frac{1}{s}$$

经拉氏逆变换，得

$$x_o(t)=1-\frac{1}{\sqrt{1-\xi^2}}e^{-\xi\omega_n t}\sin\left(\omega_n\sqrt{1-\xi^2}\cdot t+\arctan\frac{\sqrt{1-\xi^2}}{\xi}\right)\qquad(t\geqslant 0)$$

其输出曲线如图 3.28（b）所示，是一条按指数衰减振荡的曲线。

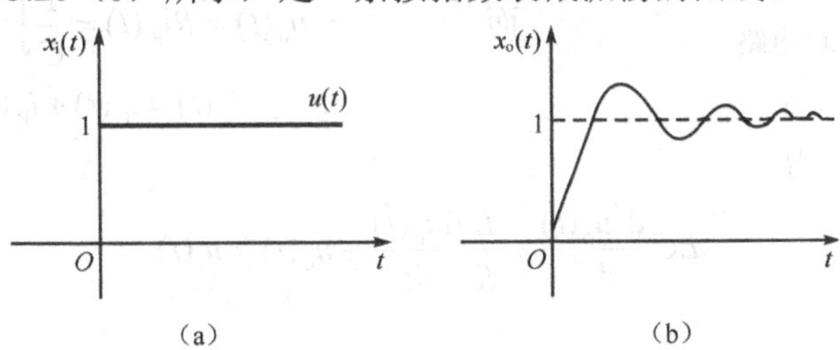

图 3.28　振荡环节中单位阶跃输入、输出曲线

② 当 $\xi\geqslant 1$ 时，系统的输出为一指数上升曲线而不振荡，最后达到常值输出。这时，这个二阶环节就不是振荡环节，而是两个一阶惯性环节的组合。因此，振荡环节一定是二阶环节，但二阶环节不一定是振荡环节。

当 T 很小、ξ 较大时，由式（3.29）可知，T^2s^2 可忽略不计，这时分母变为一阶，二阶环节则近似为惯性环节。

振荡环节一般含有两个储能元件和一个耗能元件，由于两个储能元件之间有能量交换，使系统的输出发生振荡。从数学模型来看，当式（3.30）所表示的传递函数的极点为一对复极点时，系统输出就会发生振荡。而且，阻尼比 ξ 越小振荡越激烈。由于存在耗能元件，所以振荡是逐渐衰减的。有关这方面的详细论述见第 4 章。

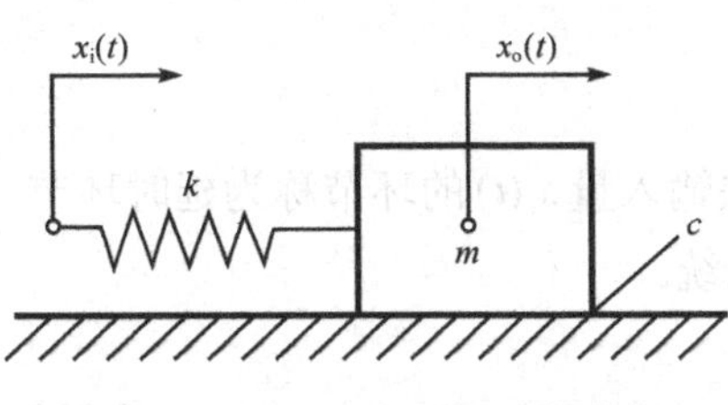

图 3.29　质量—阻尼—弹簧系统

【例 3.18】 求如图 3.29 所示的质量—阻尼—弹簧系统的传递函数。$x_i(t)$ 为输入位移，$x_o(t)$ 为输出位移，k 为弹簧的刚度，m 为质量块的质量，c 为质量块与支撑面间的阻尼系数。

解：考虑到质量 m 的影响，根据牛顿第二定律，写出系统的动力学方程为

$$m\frac{\mathrm{d}^2x_\mathrm{o}(t)}{\mathrm{d}t^2}+c\frac{\mathrm{d}x_\mathrm{o}(t)}{\mathrm{d}t}=k\left[x_\mathrm{i}(t)-x_\mathrm{o}(t)\right]$$

移项

$$m\frac{\mathrm{d}^2x_\mathrm{o}(t)}{\mathrm{d}t^2}+c\frac{\mathrm{d}x_\mathrm{o}(t)}{\mathrm{d}t}+kx_\mathrm{o}(t)=kx_\mathrm{i}(t)$$

经拉氏变换后，得

$$ms^2X_\mathrm{o}(s)+csX_\mathrm{o}(s)+kX_\mathrm{o}(s)=kX_\mathrm{i}(s)$$

故传递函数为

$$G(s)=\frac{X_\mathrm{o}(s)}{X_\mathrm{i}(s)}=\frac{k}{ms^2+cs+k}=\frac{\omega_\mathrm{n}^2}{s^2+2\xi\omega_\mathrm{n}s+\omega_\mathrm{n}^2}$$

式中，$\omega_\mathrm{n}=\sqrt{\frac{k}{m}}$，$\xi=\frac{c}{2\sqrt{mk}}$。当 $0\leqslant\xi<1$ 时，系统为振荡环节。

【例 3.19】 如图 3.30 所示为电感 L、电阻 R 与电容 C 的串、并联电路，$u_\mathrm{i}(t)$ 为输入电压，$u_\mathrm{o}(t)$ 为输出电压。试求该系统的传递函数。

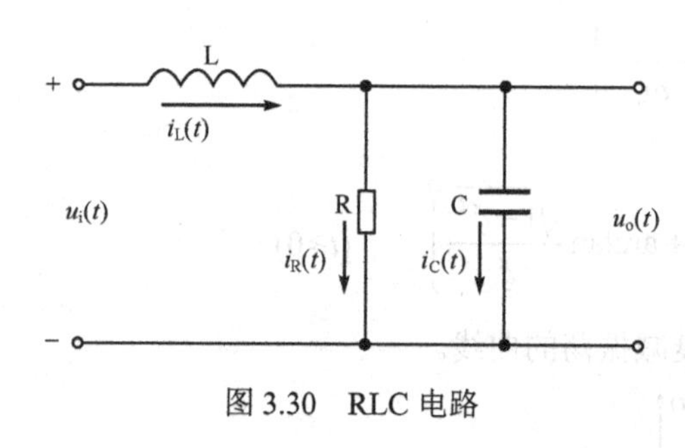

图 3.30 RLC 电路

解：根据基尔霍夫定律，有

$$u_\mathrm{i}(t)=L\frac{\mathrm{d}i_\mathrm{L}(t)}{\mathrm{d}t}+u_\mathrm{o}(t) \quad ①$$

而

$$u_\mathrm{o}(t)=Ri_\mathrm{R}(t)=\frac{1}{C}\int i_\mathrm{C}(t)\mathrm{d}t \quad ②$$

$$i_\mathrm{L}(t)=i_\mathrm{C}(t)+i_\mathrm{R}(t) \quad ③$$

将②③代入①并整理，得

$$LC\frac{\mathrm{d}^2u_\mathrm{o}(t)}{\mathrm{d}t^2}+\frac{L}{R}\frac{\mathrm{d}u_\mathrm{o}(t)}{\mathrm{d}t}+u_\mathrm{o}(t)=u_\mathrm{i}(t)$$

经拉氏变换后，得

$$LCs^2U_\mathrm{o}(s)+\frac{L}{R}sU_\mathrm{o}(s)+U_\mathrm{o}(s)=U_\mathrm{i}(s)$$

传递函数为

$$G(s)=\frac{U_\mathrm{o}(s)}{U_\mathrm{i}(s)}=\frac{1}{LCs^2+\frac{L}{R}s+1}=\frac{\omega_\mathrm{n}^2}{s^2+2\xi\omega_\mathrm{n}s+\omega_\mathrm{n}^2}$$

式中，$\omega_\mathrm{n}=\sqrt{\frac{1}{LC}}$，$\xi=\frac{1}{2R}\sqrt{\frac{L}{C}}$。由电工学的知识可知，$\omega_\mathrm{n}$ 为电路的固有振荡频率，ξ 为电路的阻尼比。显然，这与质量—阻尼—弹簧的机械系统的情况相似，都为振荡环节。

6．延时环节

在时域中，输出量 $x_\mathrm{o}(t)$ 滞后输入时间 τ 而不失真地反映输入量 $x_\mathrm{i}(t)$ 的环节称为延时环节。延时环节也称为延迟环节。具有延时环节的系统称为延时系统。

延时环节的输入量 $x_\mathrm{i}(t)$ 与输出量 $x_\mathrm{o}(t)$ 之间有如下关系：

$$x_\mathrm{o}(t)=x_\mathrm{i}(t-\tau) \tag{3.31}$$

式中，τ 为延迟时间。

延时环节也是线性环节，它符合叠加原理。根据式（3.31），可得延时环节的传递函数为

$$G(s)=\frac{L[x_o(t)]}{L[x_i(t)]}=\frac{L[x_i(t-\tau)]}{L[x_i(t)]}=\frac{X_i(s)e^{-\tau s}}{X_i(s)}=e^{-\tau s} \tag{3.32}$$

延时环节的方框图如图 3.31 所示。

延时环节与惯性环节的区别在于，惯性环节的输出需要延迟一段时间才接近于所要求的输出量，但它从输入开始时刻起就已有了输出。而延时环节在开始输入后的时间 τ 内并无输出，在时间 τ 后，输出等于从一开始起的输入，且不再有其他滞后过程，即输出量 $x_o(t)$ 等于输入量 $x_i(t)$，只是在时间上延迟了一段时间间隔 τ。

当输入为阶跃信号时，延时环节的输入、输出关系如图 3.32 所示。

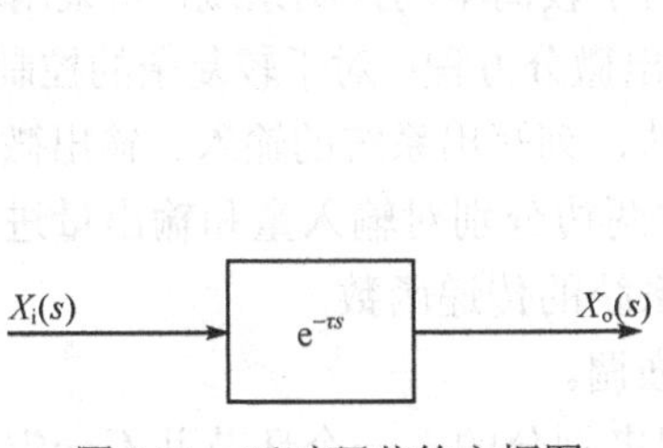

图 3.31　延时环节的方框图

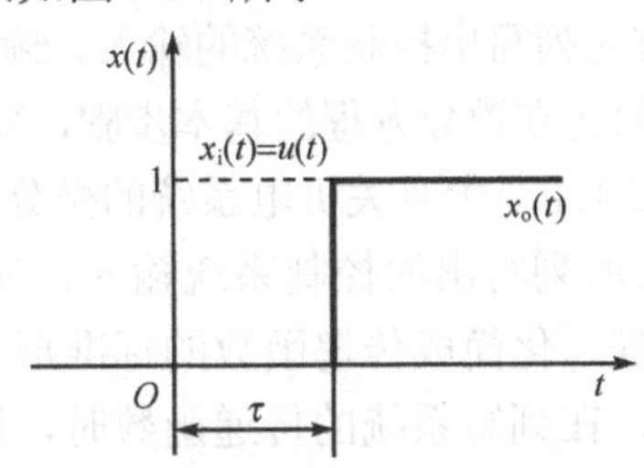

图 3.32　延时环节的输入、输出关系

【例 3.20】 如图 3.33 所示为轧钢时的带钢厚度检测示意图。带钢在 A 点轧出时，产生厚度偏差 Δh_1（图中为 $h+\Delta h_1$，h 为要求的理想厚度）。但是，这一厚度偏差在到达 B 点时才被测厚仪检测到。测厚仪检测到的带钢厚度偏差为 Δh_2，即为其输出信号 $x_o(t)$。若测厚仪与机架的距离为 L，带钢的速度为 v，则延迟时间 $\tau=L/v$。故测厚仪输出信号 Δh_2 与厚度偏差这一输入信号 Δh_1 之间有如下关系：

$$\Delta h_2=\Delta h_1(t-\tau)$$

此式表示，在 $t<\tau$ 时，$\Delta h_2=0$，即测厚仪不反映 Δh_1 的量。这里，Δh_1 为延时环节的输入量 $x_i(t)$，Δh_2 为其输出量 $x_o(t)$。故有

$$x_o(t)=x_i(t-\tau)$$

因而有

$$G(s)=\frac{X_o(s)}{X_i(s)}=e^{-\tau s}$$

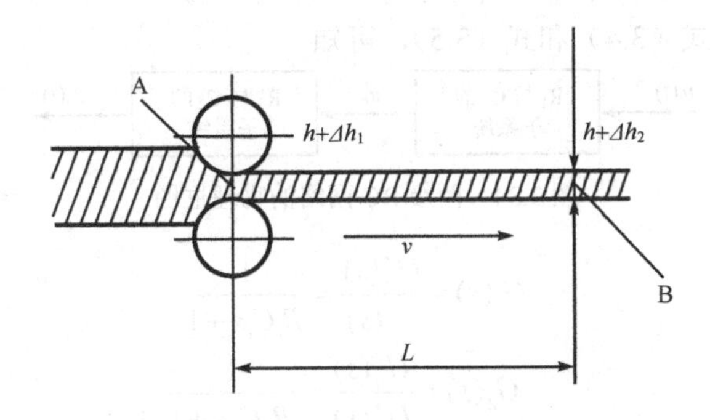

图 3.33　轧钢时带钢厚度检测示意图

这是一个时间延迟的例子。但在控制系统中，单纯的延时环节是很少的，延时环节往往与其他环节一起出现。

在液压、气动系统中，施加输入后，往往由于管长延缓了信号传递的时间，因而出现延时环节。在机械加工中，切削过程实际上也是一个具有延时环节的系统。许多机械传动系统也表现出具有延时环节的特性。然而，机械传动副（如齿轮副、丝杠螺母副等）中的间隙，不是延时环节，而是典型的所谓死区的非线性环节。它们的相同点是在输入开始一段时间后，才有输出，而它们的输出却有很大的不同，即延时环节的输出完全等于一开始的输入，而死区的输出只反映同一时间输入的作用，而对开始一段时间中输入的作用，其输出并没有任何反映。

从上述对典型环节传递函数的推导分析中，我们可以得出控制系统传递函数列写的一般方法。

① 首先列写出控制系统的输入、输出微分方程。对于较简单的控制系统，可采用本书3.1.1节中介绍的建立微分方程的基本步骤，列写其输入、输出微分方程；对于较复杂的控制系统，可参照本书3.1.4节中有关机电系统的微分方程的列写方法，列写出系统的输入、输出微分方程。

② 对所列写出的控制系统输入、输出微分方程的两边分别对输入量和输出量进行拉氏变换，并整理、化简成传递函数的标准形式，即可得到系统的传递函数。

此外，在列写系统的传递函数时，还有几点需要强调。

① 传递函数方框图中的环节是根据运动微分方程来划分的，一个环节并不一定代表一个具体的物理元件（物理环节或子系统），一个具体的物理元件（物理环节或子系统）也不一定就是一个传递函数环节。换言之，也许几个具体的物理元件的特性才能组成一个传递函数环节，也许一个具体的物理元件的特性分散在几个传递函数环节中。从根本上讲，这取决于组成系统的各物理元件（物理环节或子系统）之间是否有负载效应。

② 不要把表示系统结构情况的物理框图与分析系统的传递函数方框图混淆起来。在研究、分析和设计系统时，一定要认真区分这两种框图，千万不要不加分析地将物理框图中的每一个物理元件（物理环节或子系统）本身的传递函数代入到物理框图中所对应的框中，并将整个框图作为传递函数方框图进行数学分析，这样将造成没有考虑各物理元件（物理环节或子系统）间负载效应的错误。

例如，对于如图3.6所示的两级RC滤波网络，其结构可用如图3.34所示的物理框图表示。$u_i(t)$为输入，$u_o(t)$为输出时，由式（3.3）可知其正确的传递函数为

$$G(s)=\frac{U_o(s)}{U_i(s)}=\frac{1}{R_1C_1R_2C_2s^2+(R_1C_1+R_2C_2+R_1C_2)s+1} \tag{3.33}$$

由不考虑负载效应时的式（3.4）和式（3.5），可知

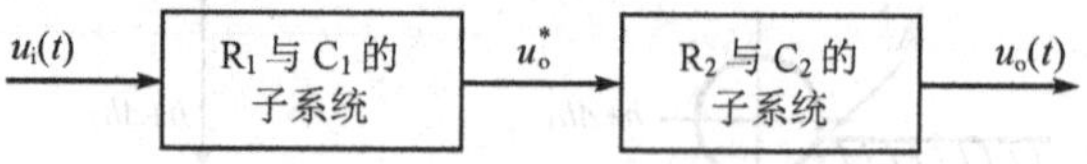

$u_i(t)$ → [R_1与C_1的子系统] → u_o^* → [R_2与C_2的子系统] → $u_o(t)$

图3.34 两级RC网络的物理框图

$$G_1(s)=\frac{U_o^*(s)}{U_i(s)}=\frac{1}{R_1C_1s+1} \tag{3.34}$$

$$G_2(s)=\frac{U_o(s)}{U_o^*(s)}=\frac{1}{R_2C_2s+1} \tag{3.35}$$

直接将式（3.34）和式（3.35）代入图3.34中，由此做出的系统传递函数方框图如图3.35所示，

由此得到的系统传递函数

$$G(s)=G_1(s)\cdot G_2(s)=\frac{1}{R_1C_1s+1}\cdot\frac{1}{R_2C_2s+1} \tag{3.36}$$
$$=\frac{1}{R_1C_1R_2C_2s^2+(R_1C_1+R_2C_2)s+1}$$

显然是错误的。只有组成整个系统的物理元件（物理环节或子系统）之间无负载效应时，上述代入才是正确的，物理框图与传递函数方框图才是一致的。

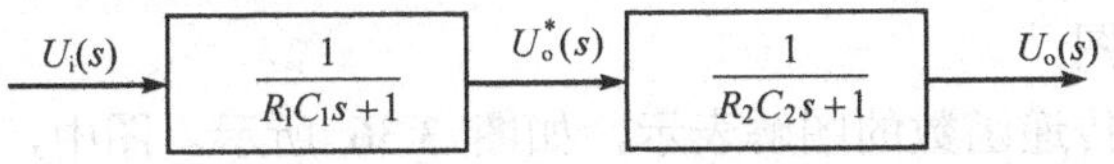

$U_i(s)$ → $\frac{1}{R_1C_1s+1}$ → $U_o^*(s)$ → $\frac{1}{R_2C_2s+1}$ → $U_o(s)$

图 3.35　两级 RC 网络的系统传递函数方框图（未考虑负载效应）

③ 同一个物理元件（物理环节或子系统）在不同系统中的作用不同时，其传递函数也可能不同，因为传递函数同所选择的输入、输出物理量的类型有关，并不是不可改变的。例如，微分环节的微分方程和传递函数分别为

$$x_o(t)=K\frac{dx_i(t)}{dt}\qquad G(s)=\frac{X_o(s)}{X_i(s)}=Ks$$

如果取速度 $x_i'(t)$ 作为输入，则有

$$x_o(t)=Kx_i'(t)\qquad G(s)=\frac{X_o(s)}{X_i'(s)}=K$$

显然，该环节就成为一个比例环节。

3.3　系统方框图及其简化

一个系统，特别是复杂系统，总是由若干个环节按一定的关系所组成，将这些环节用方框来表示，其间用相应的变量及其信号流向联系起来，就构成了系统的方框图。系统方框图具体而形象地表示了系统内部各环节的数学模型、各变量之间的相互关系及信号的流向。系统方框图本身就是控制系统数学模型的一种图解表示方法，它提供了关于系统动态性能的有关信息，并且可以揭示和评价每个组成环节对系统的影响。

控制系统的图解数学模型常用的有三种：方框图、信号流图，以及由它而派生出来的状态变量图。方框图不仅适用于线性控制系统，而且也适用于非线性控制系统和其他非工程系统（如社会系统、经济系统等）。信号流图符号简单、易于绘制和应用，而且有梅森（Mason）公式便于求取任意两个变量之间的传递函数，但是它只适用于线性系统。由信号流图派生出来的状态变量图，可以图示线性系统的状态空间模型，而且还能适合于计算机仿真的需要。这三种图解模型都是控制系统的图形化数学模型。它们不仅能定性而且能定量地将系统的结构和信号的传递、变换，以及各环节的控制关系用图形表示出来，既形象直观又可避免繁杂的数学运算，便可求得系统的数学模型。因此，这些图解数学模型是分析研究系统的有效工具，在实际中得到了广泛应用。

3.3.1 系统传递函数的方框图表示

根据系统方框图，通过一定的运算变换可求得系统的传递函数。故系统方框图对于系统的描述、分析和计算是很方便的，因而在控制工程中被广泛应用。

1. 方框图的结构要素

（1）传递函数方框图

传递函数方框图是传递函数的图解表示，如图 3.36 所示。图中，指向方框的箭头表示输入信号的拉氏变换；离开方框的箭头表示输出信号的拉氏变换；方框中表示的是该环节的传递函数。所以，方框输出的拉氏变换等于方框中的传递函数乘以其输入的拉氏变换，即

$$X_o(s) = G(s)X_i(s)$$

而输出信号的量纲等于输入信号的量纲与传递函数量纲的乘积。

（2）相加点

相加点是信号之间代数求和运算的图解表示，如图 3.37 所示。在相加点处，输出信号等于各输入信号的代数和，每一个指向相加点的箭头前方的+号或-号表示该输入信号在代数运算中的符号。在相加点处加减的信号必须是同种变量，运算时的量纲也要相同。相加点可以有多个输入，但输出是唯一的。

（3）分支点

分支点表示同一信号向不同方向的传递，如图 3.38 所示。在分支点引出的信号不仅量纲相同，而且量值也相同。

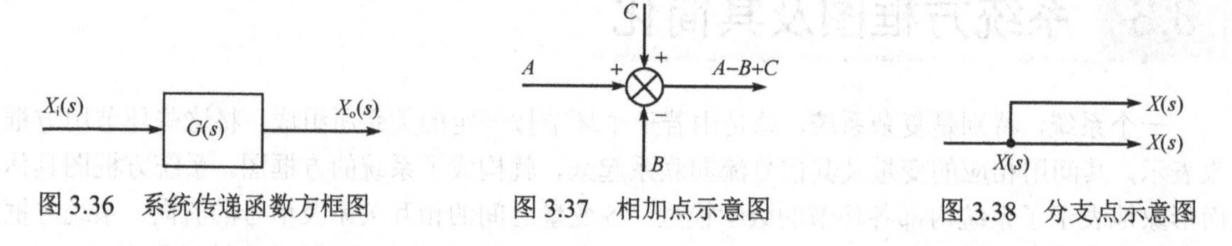

图 3.36　系统传递函数方框图　　图 3.37　相加点示意图　　图 3.38　分支点示意图

2. 系统方框图的建立

建立系统方框图的一般步骤如下。

① 首先根据系统的工作原理和特性将系统划分为若干个环节；

② 建立各个环节的原始微分方程；

③ 对所建立的各个环节原始微分方程进行拉氏变换，分别建立其传递函数和绘制环节的方框图；

④ 按照信号在系统中传递、变换的关系，依次将各传递函数方框图连接起来（同一变量的信号通路连接在一起），系统输入量置于左端，输出量置于右端，便可得到系统的传递函数方框图。

必须强调指出，虽然系统方框图是从系统各个环节的数学模型中得到的，而各个环节是由相应的物理元件所构成的，但方框图中的方框与实际系统的物理元件并非是一一对应的。一个实际物理元件可以用一个方框或几个方框表示，而一个方框也可以代表几个物理元件或一个子

系统，甚至是一个大的复杂系统。

同时，在推导环节的传递函数时，隐含地假定环节的输出不受后面连接环节的影响，或者说，认为各个环节之间没有负载效应。

【例 3.21】 画出如图 3.39 所示的两级 RC 滤波网络的方框图。

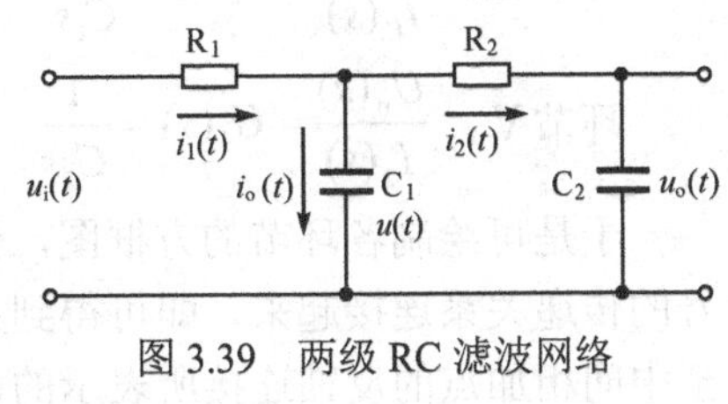

图 3.39 两级 RC 滤波网络

解：如图 3.39 所示的系统为两级 RC 串联电路，第一级 RC 电路由 R_1、C_1 组成，第二级 RC 电路由 R_2、C_2 组成。第二级 RC 电路是第一级 RC 电路的负载，于是第一级的输出值将受到第二级 RC 电路的影响，即这两级之间存在负载效应问题。而环节（方框图）之间应无负载效应问题。于是在环节的划分上有两种处理方法。

① 将整个系统作为一个环节来处理。

根据基尔霍夫定律可列写出系统的微分方程如下：

$$
\begin{aligned}
&\frac{1}{C_1}\int\left[i_1(t)-i_2(t)\right]\mathrm{d}t+i_1(t)R_1=u_\mathrm{i}(t)\\
&\frac{1}{C_1}\int\left[i_2(t)-i_1(t)\right]\mathrm{d}t+i_2(t)R_2=-\frac{1}{C_2}\int i_2(t)\mathrm{d}t=-u_\mathrm{o}(t)
\end{aligned}
\tag{3.37}
$$

在零初始条件下对式（3.37）取拉氏变换，有

$$
\begin{aligned}
&\frac{I_1(s)-I_2(s)}{C_1 s}+R_1 I_1(s)=U_\mathrm{i}(s)\\
&\frac{I_2(s)-I_1(s)}{C_1 s}+R_2 I_2(s)=\frac{-I_2(s)}{C_2 s}=-U_\mathrm{o}(s)
\end{aligned}
$$

消去中间变量 $I_1(s)$ 和 $I_2(s)$，便可得该系统的传递函数为

$$
\begin{aligned}
G(s)=\frac{U_\mathrm{o}(s)}{U_\mathrm{i}(s)}&=\frac{1}{(R_1C_1s+1)(R_2C_2s+1)+R_1C_2s}\\
&=\frac{1}{R_1C_1R_2C_2s^2+(R_1C_1+R_2C_2+R_1C_2)s+1}
\end{aligned}
\tag{3.38}
$$

其中，分母的 R_1C_2s 项就是由于两级 RC 电路之间的负载效应而产生的。于是可绘制该系统的方框图，如图 3.40 所示。

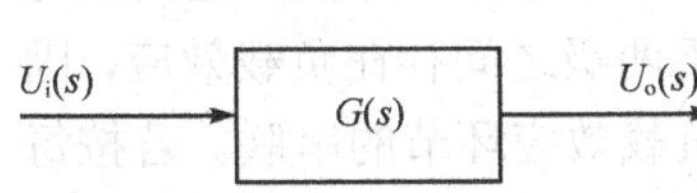

图 3.40 两级 RC 网络的方框图

② 将整个系统划分为若干个无负载效应的环节来处理。

由式（3.37）可将该系统划分为若干个无负载效应的环节，各环节的微分方程如下：

$$
\begin{aligned}
&u_\mathrm{i}(t)=i_1(t)R_1+u(t) && \left[u_\mathrm{i}(t)-u(t)\right]/R_1=i_1(t)\\
&i_1(t)-i_2(t)=i_\mathrm{C}(t) && i_1(t)-i_2(t)=i_\mathrm{C}(t)\\
&u(t)=\frac{1}{C_1}\int i_\mathrm{C}(t)\mathrm{d}t \quad\quad \text{或} && \frac{1}{C_1}\int i_\mathrm{C}(t)\mathrm{d}t=u(t)\\
&u(t)=i_2(t)R_2+u_\mathrm{o}(t) && \left[u(t)-u_\mathrm{o}(t)\right]/R_2=i_2(t)\\
&u_\mathrm{o}(t)=\frac{1}{C_2}\int i_2(t)\mathrm{d}t && \frac{1}{C_2}\int i_2(t)\mathrm{d}t=u_\mathrm{o}(t)
\end{aligned}
$$

然后对上述方程取拉氏变换并令初始条件等于零，则可得各环节的传递函数为

环节Ⅰ：$\dfrac{I_1(s)}{U_i(s)-U(s)}=G_1(s)=\dfrac{1}{R_1}$　　环节Ⅱ：$I_C(s)=I_1(s)-I_2(s)$

环节Ⅲ：$\dfrac{U(s)}{I_C(s)}=G_2(s)=\dfrac{1}{C_1 s}$　　环节Ⅳ：$\dfrac{I_2(s)}{U(s)-U_o(s)}=G_3(s)=\dfrac{1}{R_2}$

环节Ⅴ：$\dfrac{U_o(s)}{I_2(s)}=G_4(s)=\dfrac{1}{C_2 s}$

于是可绘制各环节的方框图，分别如图3.41（a）～（e）所示。将各环节的方框图按照信号的传递关系连接起来，即可得到系统的方框图如图3.41（f）所示，在图中的上方由 $I_2(s)$引至中间相加点的反馈连接所表示的，就是第二级RC电路对第一级的负载效应。

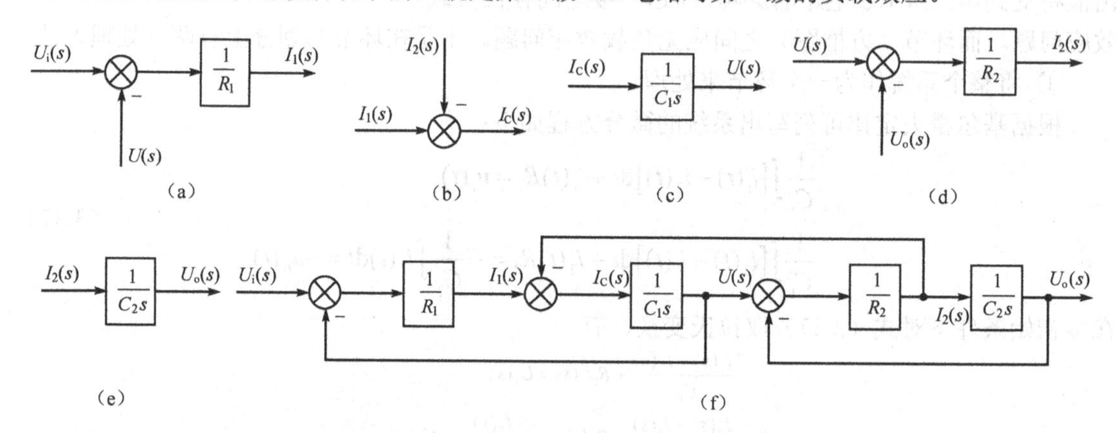

图3.41　两级RC电路的另一种形式的方框图

从上述分析中，可以得出以下的结论。

① 系统的方框图不是唯一的。由于分析研究的角度不同或者所划分的环节不同，对于同一控制系统可以绘制多种不同形式的方框图。如图3.40和图3.41（f）所示，就是同一系统的两种不同形式的方框图，但是它们所描述的系统的输入、输出特性或传递函数则是一致的。

② 各环节的方框间应无负载效应。在系统的方框图中各方框（即各环节方框）之间应无负载效应问题。图3.39所示的虽然是两级RC串联电路，但是由于两级之间存在负载效应，因而不能按每级RC电路来划分环节，应将该电路视为这两个存在负载效应环节的串联。若按每级RC电路来划分，它们的传递函数分别为$1/(R_1C_1s+1)$和$1/(R_2C_2s+1)$，而该电路的传递函数并不等于这两个串联环节传递函数的乘积。

【例3.22】 求如图3.9所示的伺服系统的传递函数，并画出系统的方框图。

已知参数如下：

r=参考输入轴的角位移（rad）；

c=输出轴的角位移（rad）；

θ=电动机的角位移（rad）；

K_0=电位计式误差监测器的增益=24π（V/rad）；

K_1=放大器增益=10（V/V）；

e_a=电枢电压（V）；

e_b=反电动势（V）；

R_a=电枢绕组的电阻=0.2（Ω）；

L_a=电枢绕组的电感（可忽略不计）；

i_a=电枢绕组的电流（A）；

K_3=反电势常数=5.5×10^{-2}（V • s/rad）；

K_2=电动机的力矩常数 $=6\times10^{-5}$（N • m/A）；

J_m=折合到电动机轴上的电动机的转动惯量=1×10^{-5}（kg • m^2）；

b_m=折合到电动机轴上的电动机的黏性摩擦系数（可忽略不计）；

J_L=折合到输出轴上的负载的转动惯量=4.4×10^{-3}（kg • m^2）；

b_L=折合到输出轴上的负载的黏性摩擦系数 $=4\times10^{-2}$（N • m/rad/s）；

n=齿轮的传动比，N_1/N_2=0.1。

解：从例 3.9 式（3.16）可得，电动机转角位移θ与误差电压 e_v之间输入、输出微分方程为

$$L_aJ_0\frac{\mathrm{d}^3\theta}{\mathrm{d}t^3}+(L_ab_0+R_aJ_0)\frac{\mathrm{d}^2\theta}{\mathrm{d}t^2}+(R_ab_0+K_2K_3)\frac{\mathrm{d}\theta}{\mathrm{d}t}=K_1K_2e_v \tag{3.39}$$

对上式两边进行拉氏变换，并整理得到该伺服系统的传递函数为

$$\frac{\theta(s)}{E_v(s)}=\frac{K_1K_2}{s(L_as+R_a)(J_0s+b_0)+K_2K_3s} \tag{3.40}$$

式中，$\theta(s)=L[\theta(t)]$，$E_v(s)=L[e_v(t)]$。假设齿轮传动装置的传动比是这样设计的，即它使得输出轴的转数是电动机轴转数的 n 倍。因此

$$C(s)=n\theta(s) \tag{3.41}$$

式中，$C(s)=L[c(t)]$，$c(t)$为输出轴的角位移。$E_v(s)$、$R(s)$和$C(s)$之间的关系为

$$E_v(s)=K_0[R(s)-C(s)]=K_0E(s) \tag{3.42}$$

式中，$R(s)=L[r(t)]$。根据式（3.40）～式（3.42），可以得出该系统的方框图如图 3.42 所示。

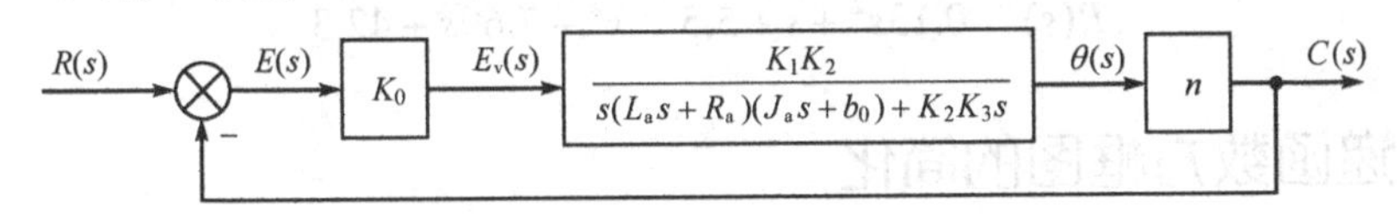

图 3.42　系统方框图

该系统前向通路的传递函数为

$$\begin{aligned}G(s)&=\frac{K_0K_1K_2n}{s[R_a(J_0s+b_0)+K_2K_3]}\\&=\frac{K_0K_1K_2n/R_a}{J_0s^2+s\left(b_0+\dfrac{K_2K_3}{R_a}\right)}\end{aligned} \tag{3.43}$$

式中，$s[b_0+(K_2K_3/R_a)]$一项表明，电动机的反电势有效地增大了系统的黏性摩擦。转动惯量 J_0 和黏性摩擦系数$b_0+(K_2K_3/R_a)$都是折合到电动机轴上的物理量。当 J_0 和$b_0+(K_2K_3/R_a)$乘以$1/n^2$时，转动惯量和黏性摩擦系数便被折合到输出轴上。下面引进一些新参量，定义如下：

$$J=J_0/n^2 \text{ 折合到输出轴上的转动惯量}$$

$$B=[b_0+(K_2K_3/R_a)]/n^2 \text{ 折合到输出轴上的黏性摩擦系数}$$

$$K=K_0K_1K_2/nR_a$$

于是由式（3.43）给出的传递函数$G(s)$可以简化为

$$G(s)=\frac{K}{Js^2+Bs}$$

即

$$G(s)=\frac{K_m}{s(T_m s+1)}$$

式中

$$K_m=\frac{K}{B},\quad T_m=\frac{J}{B}=\frac{R_a J_0}{R_a b_0+K_2K_3}$$

根据已知参数，折合到电动机轴上的等效转动惯量和等效黏性摩擦系数分别为

$$J_0=J_m+n^2J_L=1\times10^{-5}+4.4\times10^{-5}=5.4\times10^{-5}$$

$$b_0=b_m+n^2b_L=4\times10^{-4}$$

$$K_m=\frac{K_0K_1K_2n}{R_a b_0+K_2K_3}=\frac{7.64\times10\times6\times10^{-5}\times0.1}{(0.2)(4\times10^{-4})+(6\times10^{-5})(5.5\times10^{-2})}=5.5$$

$$T_m=\frac{R_a J_0}{R_a b_0+K_2K_3}=\frac{(0.2)(5.4\times10^{-5})}{(0.2)(4\times10^{-4})+(6\times10^{-5})(5.5\times10^{-2})}=0.13$$

于是

$$G(s)=\frac{C(s)}{E(s)}=\frac{5.5}{s(0.13s+1)}$$

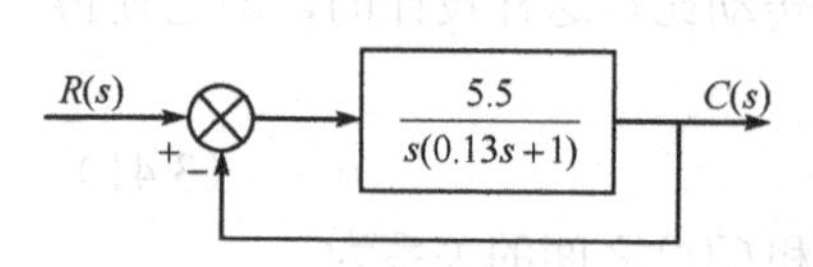

图 3.43 系统的简化方框图

故图 3.42 所示的系统方框图可以简化为如图 3.43 所示的方框图。

系统的闭环传递函数为

$$\frac{C(s)}{R(s)}=\frac{5.5}{0.13s^2+s+5.5}=\frac{42.3}{s^2+7.69s+42.3}$$

3.3.2 传递函数方框图的简化

对于实际工程应用中的复杂控制系统，系统方框图通常用多回路的方框图表示，其结构相当复杂。为了便于分析、研究与计算这类复杂的控制系统，常常需要利用传递函数方框图的等效变换原则对系统方框图进行简化，如例 3.21 中图 3.41 所示。

一个复杂系统方框图的基本连接方式有串联、并联和反馈连接。因此，方框图简化的一般方法是移动引出点或比较点，交换比较点，进行方框运算，将串联、并联和反馈连接的方框合并，即对系统传递函数方框图进行等效变换。

传递函数方框图的等效变换原则是，变换前后前向通道中传递函数的乘积应保持不变，回路中传递函数的乘积应保持不变，即变换前后整个系统的输入、输出传递函数保持不变。

1. 串联环节的等效变换规则

前一环节的输出为后一环节输入的连接方式称为串联，如图 3.44 所示。当各环节之间不存在（或可忽略）负载效应时，串联后的传递函数为

$$G(s)=\frac{X_o(s)}{X_i(s)}=\frac{X_1(s)}{X_i(s)}\frac{X_o(s)}{X_1(s)}=G_1(s)G_2(s)\tag{3.44}$$

故串联时等效传递函数等于各串联环节的传递函数之积。

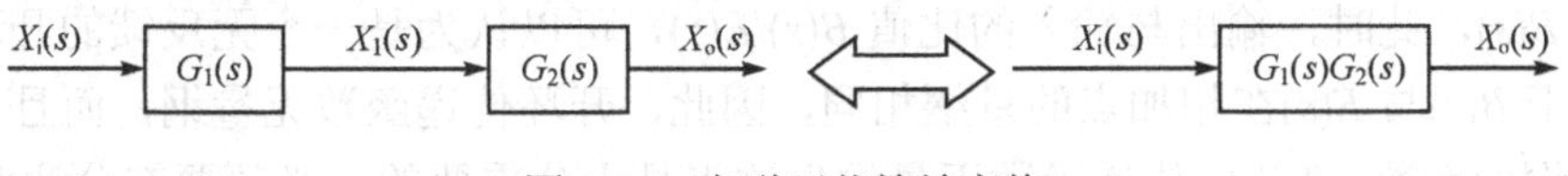

图 3.44 串联环节等效变换

2. 并联环节的等效变换规则

各环节的输入相同，输出为各环节输出的代数和，这种连接方式称为并联，如图 3.45 所示，则并联后的传递函数为

$$G(s)=\frac{X_{\rm o}(s)}{X_{\rm i}(s)}=\frac{X_{\rm o1}(s)}{X_{\rm i}(s)}\pm\frac{X_{\rm o2}(s)}{X_{\rm i}(s)}=G_1(s)\pm G_2(s) \tag{3.45}$$

故并联时等效传递函数等于各并联环节的传递函数之和。

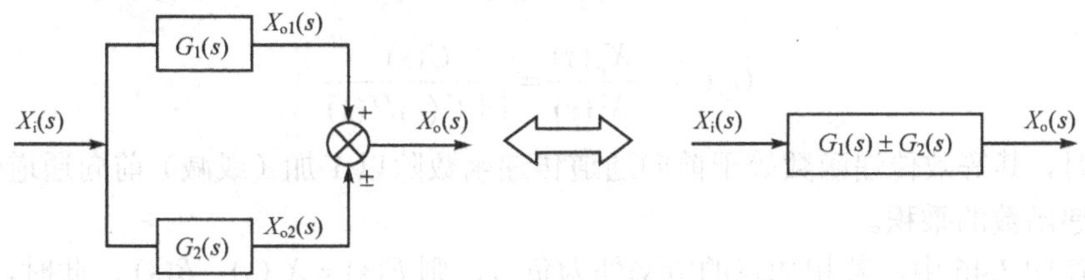

图 3.45 并联环节等效变换

3. 反馈连接及其等效变换规则

如图 3.46 所示的控制系统回路称为反馈连接，实际上它也是闭环系统传递函数方框图的最基本形式。单输入作用的闭环系统，无论组成系统的环节有多复杂，其传递函数方框图总可以简化成如图 3.46 所示的基本形式。

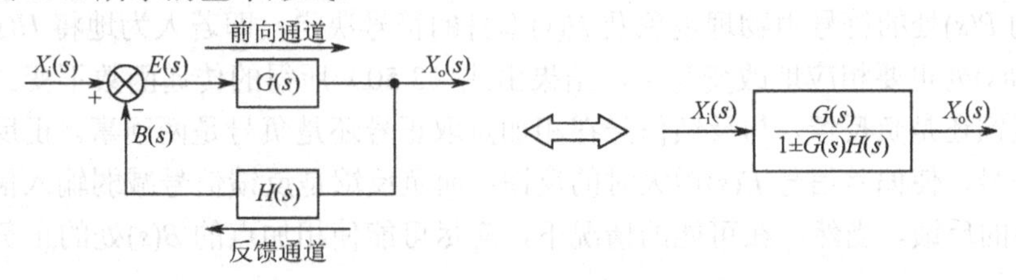

图 3.46 反馈环节等效变换

图 3.46 中，$G(s)$称为前向通道传递函数，它是输出 $X_{\rm o}(s)$与偏差 $E(s)$之比，即

$$G(s)=\frac{X_{\rm o}(s)}{E(s)} \tag{3.46}$$

$H(s)$称为反馈回路传递函数，即

$$H(s)=\frac{B(s)}{X_{\rm o}(s)} \tag{3.47}$$

前向通道传递函数 $G(s)$与反馈回路传递函数 $H(s)$之积定义为系统的开环传递函数 $G_{\rm K}(s)$，它也是反馈信号 $B(s)$与偏差 $E(s)$之比，即

$$G_{\rm K}(s)=\frac{B(s)}{E(s)}=G(s)H(s) \tag{3.48}$$

开环传递函数可以理解为，封闭回路在相加点断开以后，以$E(s)$作为输入，经$G(s)$、$H(s)$而产生输出$B(s)$，此时，输出与输入的比值$B(s)/E(s)$，可以认为是一个无反馈的开环系统的传递函数。由于$B(s)$与$E(s)$在相加点的量纲相同，因此，开环传递函数无量纲，而且$H(s)$的量纲是$G(s)$的量纲的倒数。“开环传递函数无量纲”这点是十分重要的，必须要充分注意。

输出信号$X_o(s)$与输入信号$X_i(s)$之比，定义为系统的闭环传递函数$G_B(s)$，即

$$G_B(s)=\frac{X_o(s)}{X_i(s)} \tag{3.49}$$

由图3.46可知

$$\begin{aligned}E(s)&=X_i(s)\mp B(s)=X_i(s)\mp X_o(s)H(s)\\X_o(s)&=G(s)E(s)=G(s)[X_i(s)\mp X_o(s)H(s)]\\&=G(s)X_i(s)\mp G(s)X_o(s)H(s)\end{aligned}$$

由此可得

$$G_B(s)=\frac{X_o(s)}{X_i(s)}=\frac{G(s)}{1\pm G(s)H(s)} \tag{3.50}$$

故反馈连接时，其等效传递函数等于前向通道传递函数除以1加（或减）前向通道传递函数与反馈回路传递函数的乘积。

注意：在图3.46中，若相加点的$B(s)$处为负号，则$E(s)=X_i(s)-B(s)$，此时，式（3.50）变为

$$G_B(s)=\frac{X_o(s)}{X_i(s)}=\frac{G(s)}{1+G(s)H(s)}$$

若相加点的$B(s)$处为正号，则$E(s)=X_i(s)+B(s)$，此时，式（3.50）变为

$$G_B(s)=\frac{X_o(s)}{X_i(s)}=\frac{G(s)}{1-G(s)H(s)}$$

相加点的$B(s)$处的符号由物理现象及$H(s)$本身的符号决定，即若人为地将$H(s)$改变符号，则相加点的$B(s)$处也要相应地改变符号，结果由式（3.50）所得的传递函数不变。但闭环系统的反馈是正反馈还是负反馈，与反馈信号在相加点取正号还是负号是两回事。正反馈是反馈信号加强输入信号，使偏差信号$E(s)$增大时的反馈；而负反馈是反馈信号减弱输入信号，使偏差信号$E(s)$减小的反馈。当然，在可能的情况下，应尽可能使相加点的$B(s)$处的正负号与反馈的正负号相一致。

闭环传递函数的量纲决定于$X_o(s)$与$X_i(s)$的量纲，两者可以相同也可以不相同。若反馈回路传递函数$H(s)=1$，则称为单位反馈。此时的系统称为单位反馈系统，其传递函数：

$$G_B(s)=\frac{G(s)}{1\pm G(s)} \tag{3.51}$$

4．分支点移动规则

若分支点由方框之后移到方框之前，为了保持移动后分支信号$X_3(s)$不变，应在分支路上串入具有相同传递函数的方框，如图3.47（a）所示。

若分支点由方框之前移到方框之后，为了保持移动后分支信号$X_3(s)$不变，应在分支路上串入具有相同传递函数倒数的方框，如图3.47（b）所示。

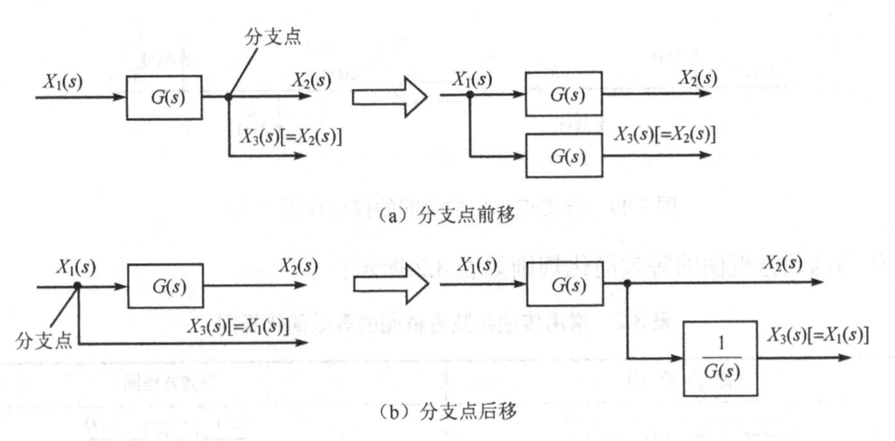

（a）分支点前移

（b）分支点后移

图 3.47　分支点移动规则

5．相加点移动规则

若相加点由方框之前移到方框之后，为了保持总的输出信号 $X_3(s)$不变，应在移动的支路上串入具有相同传递函数的方框，如图 3.48（a）所示。

若相加点由方框之后移到方框之前，应在移动的支路上串入具有相同传递函数倒数的方框，如图 3.48（b）所示。

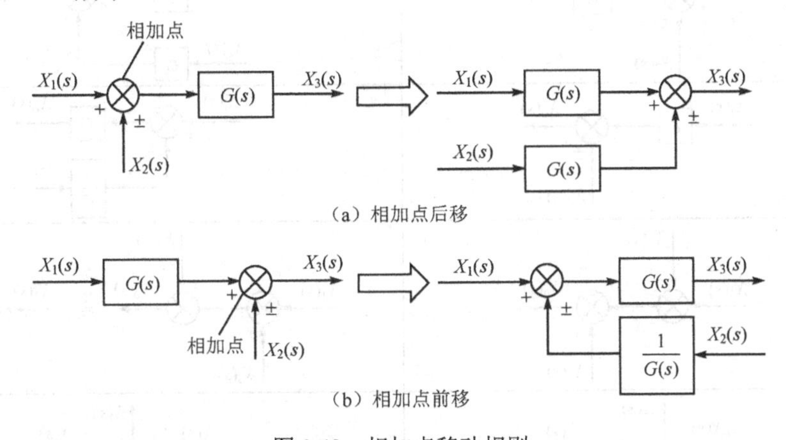

（a）相加点后移

（b）相加点前移

图 3.48　相加点移动规则

6．分支点与分支点之间、相加点与相加点之间相互移动规则

分支点与分支点、相加点与相加点间的相互移动，均不改变原有的传递函数关系，因此，可以相互移动，如图 3.49（a）、（b）所示，但分支点与相加点之间不能相互移动，因为这种移动不是等效移动。

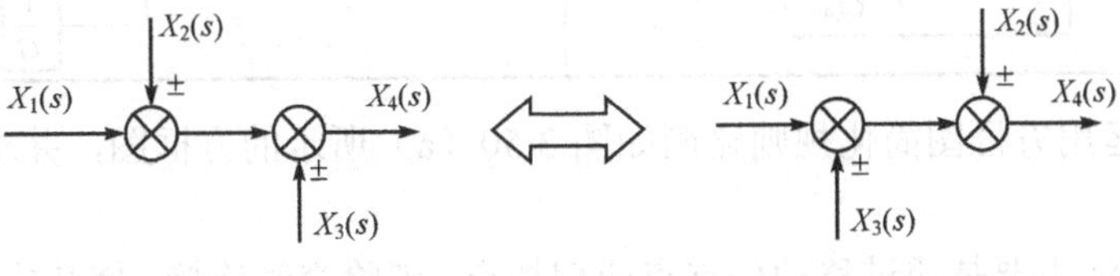

（a）

图 3.49　分支点、相加点间的移动规则

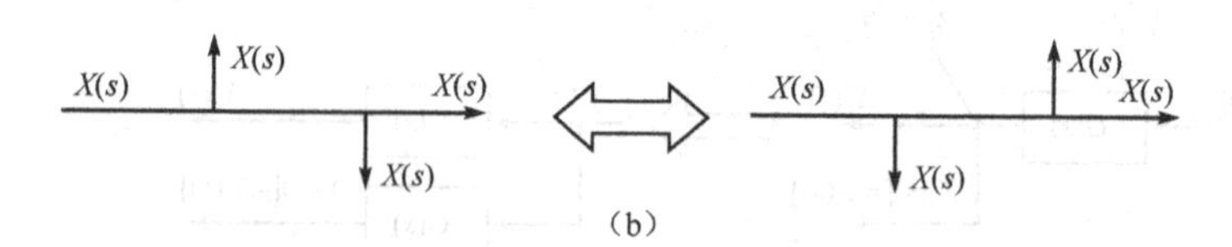

图 3.49 分支点、相加点间的移动规则（续）

常用传递函数方框图的等效简化规则如表 3.2 所示。

表 3.2 常用传递函数方框图的等效简化规则

序号	原 方 框 图	等效方框图
1	$X_i(s)$ G_1 G_2 $X_o(s)$	$X_i(s)$ G_1G_2 $X_o(s)$
2	$X_i(s)$ G_1 G_2 + ± $X_o(s)$	$X_i(s)$ $G_1 \pm G_2$ $X_o(s)$
3	$X_i(s)$ + m G H $X_o(s)$	$X_i(s)$ $\dfrac{G}{1 \pm GH}$ $X_o(s)$
4	$X_i(s)$ + ± $X_2(s)$ G $X_o(s)$	$X_i(s)$ G $X_2(s)$ G + ± $X_o(s)$
5	$X_i(s)$ G + ± $X_2(s)$ $X_o(s)$	$X_i(s)$ + ± G $\dfrac{1}{G}$ $X_2(s)$ $X_o(s)$
6	$X_2(s)$ ± $X_1(s)$ ± $X_3(s)$ $X_o(s)$	$X_1(s)$ ± $X_3(s)$ ± + $X_2(s)$ $X_o(s)$ 或 $X_1(s)$ + ± $X_2(s)$ ± $X_3(s)$ $X_o(s)$
7	$X(s)$ $X(s)$ $X(s)$ $X(s)$	$X(s)$ $X(s)$ $X(s)$ $X(s)$
8	$X_i(s)$ G $X_o(s)$ $X_o(s)$	$X_i(s)$ G $X_o(s)$ G $X_o(s)$
9	$X_i(s)$ G $X_o(s)$ $X_o(s)$	$X_i(s)$ G $X_o(s)$ $\dfrac{1}{G}$ $X_i(s)$

【例 3.23】 运用方框图简化规则化简如图 3.50（a）所示的方框图，并求系统的闭环传递函数。

解： 化简的方法主要是通过移动分支点或相加点，消除交叉连接，使其成为独立的小回路，以便用串、并联和反馈连接的等效规则进一步化简，一般应先解内回路，再逐步向外回路，一环环简化，最后求得系统的闭环传递函数。对图 3.50（a）所示的系统，其简化步骤如下。

① 相加点前移，如图 3.50（a）→（b）所示。

② 将小回路化为单一向前传递函数，如图 3.50（b）→（c）所示。注意，若没有图 3.50（a）→（b）的相加点前移，就不能进行此步，因为在图 3.50（a）中 $G_1(s)$、$G_2(s)$间还要加入其他环节的作用。

③ 再消去第二个闭环回路，使之成为单位反馈的单环回路，如图 3.50（c）→（d）所示。

④ 最后消去单位反馈回路，得到单一向前传递函数，即系统的闭环传递函数。

必须说明的是，方框图的简化途径并不是唯一的。

从上面的例题中，我们可以得出传递函数简化的一般步骤。

① 确定系统的输入量和输出量。如果作用在系统的输入量有多个，则必须分别对每一个输入量（此时，假设其他输入均为零）逐个进行方框图的简化，求得各自的传递函数。对于具有多个输出量的情况，也要分别进行变换，求取各自的传递函数。

② 若方框图中无交叉的多个回路，则按照先里后外的原则，逐个化简，直到简化成一个方框的形式为止。若方框图中有交叉连接，可采用公式法化简系统方框图或使用梅森增益公式进行化简。

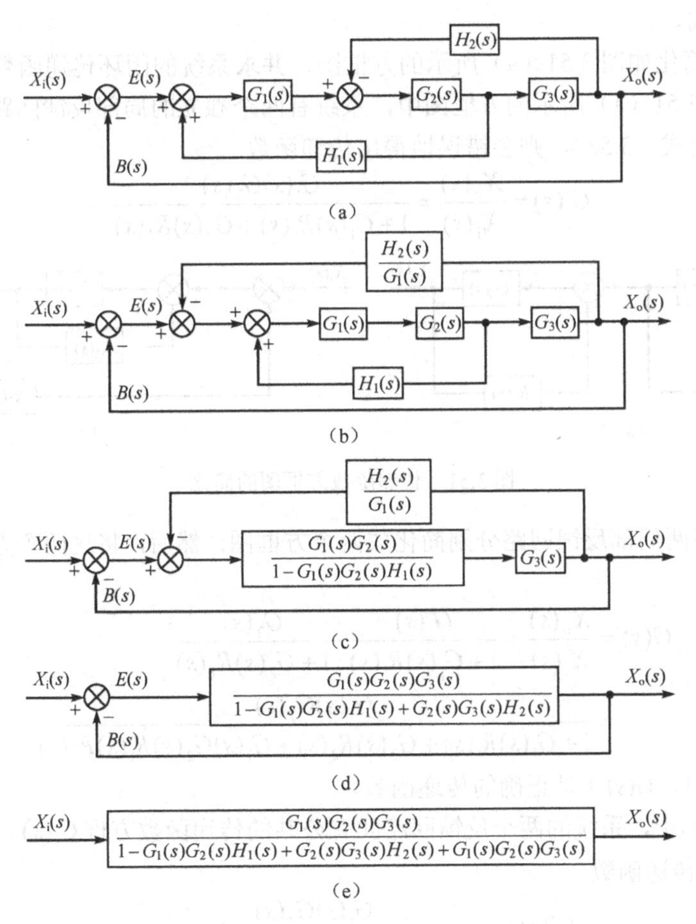

图 3.50　传递函数框图简化

3.3.3 公式法化简系统方框图

若系统的传递函数方框图同时满足以下两个条件：

条件一，整个系统方框图中只有一条前向通道；

条件二，各局部反馈回路间存在公共的传递函数方框。

则可以直接用下列公式求得

$$G_B(s)=\frac{X_o(s)}{X_i(s)}=\frac{\text{前向通道的传递函数之积}}{1+\Sigma\,[\text{每一反馈回路的开环传递函数}]} \tag{3.52}$$

括号内每一项的符号是这样确定的：在相加点处，反馈信号为相加时取负号，反馈信号为相减时取正号，即正反馈时取负号，负反馈时取正号。

如果系统的传递函数方框图不能同时满足以上两个条件，则可通过相加点、分支点的前后移动等规则，将系统传递函数方框图化为同时满足以上两个条件的形式，然后应用式（3.52）即可。

对于更为复杂的系统传递函数方框图，可利用梅森增益公式进行简化，详见3.4节信号流图与梅森增益公式。

【例 3.24】 简化如图3.51（a）所示的方框图，并求系统的闭环传递函数。

解：在如图 3.51（a）所示的方框图中，系统有两个独立的局部反馈回路，其间没有公共的方框。若直接用式（3.52），则会错误地得出传递函数

$$G'(s)=\frac{X_o(s)}{X_i(s)}=\frac{G_1(s)G_2(s)}{1+G_1(s)R_1(s)+G_2(s)R_2(s)}$$

（a）（b）

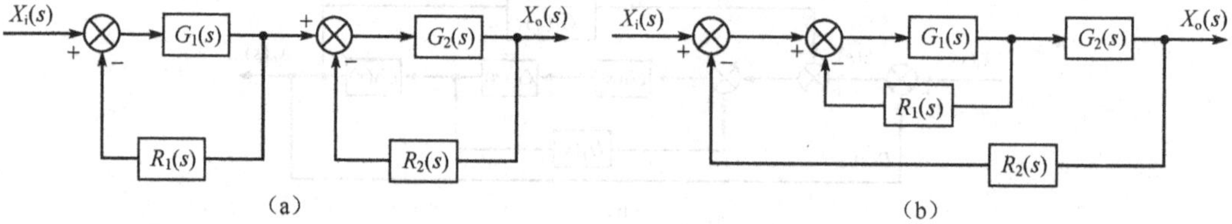

图3.51 传递函数方框图的简化

显然，应先将两局部反馈回路分别简化成两个方框图，然后，将这两个方框串联，得到传递函数

$$G(s)=\frac{X_o(s)}{X_i(s)}=\frac{G_1(s)}{1+G_1(s)R_1(s)}\cdot\frac{G_2(s)}{1+G_2(s)R_2(s)}$$

$$=\frac{G_1(s)G_2(s)}{1+G_1(s)R_1(s)+G_2(s)R_2(s)+G_1(s)G_2(s)R_1(s)R_2(s)}$$

显然，$G'(s)\neq G(s)$，$G(s)$才是正确的传递函数。

在图3.51（b）中，系统的两个反馈回路间有公共的传递函数方框$G_1(s)$，因此，可直接利用式（3.52）得出传递函数

$$G'(s)=\frac{G_1(s)G_2(s)}{1+G_1(s)R_1(s)+G_1(s)G_2(s)R_2(s)}$$

如果不利用式（3.52），可先将局部反馈回路的传递函数简化为$\dfrac{G_1(s)}{1+G_1(s)R_1(s)}$，于是，得到系统的传递函数

$$G(s)=\frac{\dfrac{G_1(s)}{1+G_1(s)R_1(s)}G_2(s)}{1+\dfrac{G_1(s)}{G_1(s)R_1(s)}G_2(s)R_2(s)}=\frac{G_1(s)G_2(s)}{1+G_1(s)R_1(s)+G_1(s)G_2(s)R_2(s)}$$

此时，$G'(s)=G(s)$，两种方法所得的结果相同。

3.4 信号流图与梅森增益公式

3.4.1 信号流图

信号流图是系统中各元器件功能与信号流向的另一种图解表示，即信号流程图，简称信号流图。它是与方框图等价的、描述控制变量间相互关系的图形表示方法。与方框图相比较，信号流图更适用于复杂系统的简化与分析，其简化方法与方框图的简化方法类似。图 3.52（a）所示的系统方框图也可以采用图 3.52（b）所示的系统信号流图来表示。

信号流图同样能包含方框图中所包含的所有信息。如果用信号流图表示控制系统，则可以采用梅森增益公式，得到系统中各控制变量之间的关系，而不必对信号流图进行简化。

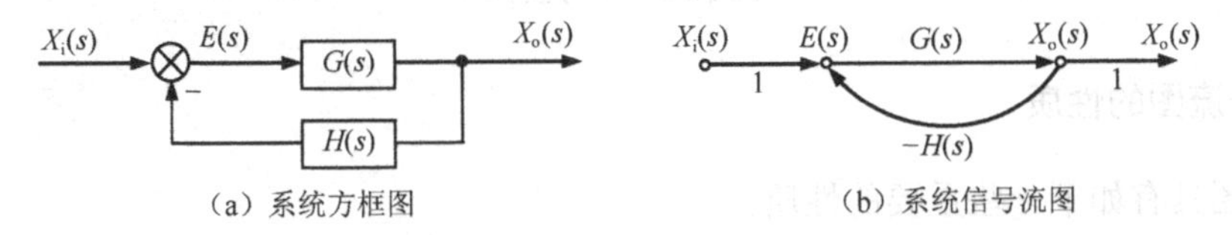

图 3.52　系统方框图与系统信号流图

1. 信号流图的结构要素

（1）源节点

在源节点上，只有信号的输出支路，没有信号的输入支路，它一般代表系统的输入变量，也称输入节点。图 3.53 中的节点 $X_i(s)$就是源节点。

（2）阱节点

在阱节点上，只有信号的输入支路，没有信号的输出支路，它一般代表系统的输出变量，也称输出节点。图 3.53 中的节点 $X_o(s)$就是阱节点。

（3）混合节点

在混合节点上，既有信号的输入支路也有信号的输出支路。图 3.53 中的节点 $X_1(s)$、$X_2(s)$、$X_3(s)$、$X_4(s)$就是混合节点。

若从混合节点引出一条具有单位增益的支路，可将混合节点变为阱节点，成为系统的输出变量。如图 3.53 中用单位增益支路引出的节点 $X_o(s)$。

（4）前向通路

信号从输入节点到输出节点传递时，每个节点只通过一次的通路，称为前向通路。前向通路上各支路增益之积，称为前向通路总增益，用 P_k 表示。

在图 3.53 中，从源节点 $X_i(s)$到阱节点 $X_o(s)$共有两条前向通路：一条是 $X_i(s)\rightarrow X_1(s)\rightarrow X_2(s)\rightarrow X_3(s)\rightarrow X_4(s)\rightarrow X_o(s)$，其前向通路总增益 $P_1=abc$；另一条是 $X_i(s)\rightarrow X_1(s)\rightarrow X_4(s)\rightarrow X_o(s)$，其前向通路总增益 $P_2=d$。

（5）回路

起点和终点在同一节点，且信号通过每一节点不多于一次的闭合通路称为单独回路，简称回路。回路中所有支路增益之积称为回路增益，用 L_k 表示。

在图 3.53 中，共有三个回路：第一个是起于节点 $X_1(s)$，经过节点 $X_2(s)$最后回到节点 $X_1(s)$的回路，其回路增益 $L_1=ae$；第二个起于节点 $X_2(s)$，经过节点 $X_3(s)$最后回到节点 $X_2(s)$的回路，其回路增益 $L_2=bf$；第三个起于节点 $X_o(s)$，并回到节点 $X_o(s)$的自回路，其回路增益 $L_3=g$。

（6）不接触回路

回路间没有公共节点时，这种回路称为不接触回路。在信号流图中，可以有两个或两个以上不接触回路。在图 3.53 中，有两对不接触回路：一对是 $X_1(s)\rightarrow X_2(s)\rightarrow X_1(s)$和 $X_4(s)\rightarrow X_o(s)$；另一对是 $X_2(s)\rightarrow X_3(s)\rightarrow X_2(s)$ 和 $X_4(s)\rightarrow X_o(s)$。

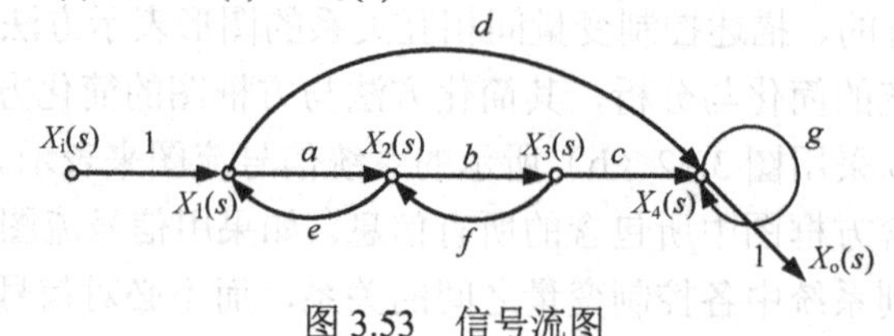

图 3.53　信号流图

2．信号流图的性质

信号流图具有如下一些重要的性质。

（1）支路表示一个信号对另一个信号的传递关系，即信号的流向。信号只能沿着支路上的箭头方向传递。

（2）节点可以把所有支路的信号叠加，并把叠加后的信号传递到所有输出支路。

（3）既有信号的输入支路，又有信号的输出支路的混合节点，通过增加一个具有单位增益的支路，可以把它变成阱节点（输出节点）来处理，如图 3.53 中，具有单位增益的支路 $X_4(s)\rightarrow X_o(s)$。应当指出，用这种方法不能将混合节点改变成源节点。

（4）对于给定的系统，信号流图不是唯一的。由于节点变量的设置不同，信号流图的表示形式并不唯一。

3.4.2　梅森增益公式

对于较复杂的系统，当方框图或信号流图的变换和简化方法都很烦琐时，可以通过梅森（Mason）增益公式直接求取从源节点到阱节点的传递函数，而不需要简化信号流图，这就为信号流图的广泛应用提供了方便。由于系统方框图与信号流图之间有对应关系，因此，梅森增益公式也可以直接用于系统方框图的简化。

梅森增益公式可以表示为

$$P=\frac{1}{\Delta}\sum_{k=1}^{n}P_k\Delta_k \tag{3.53}$$

式中 P——从源节点到阱节点的传递函数（或总增益）；

P_k——从源节点到阱节点的第 k 条前向通道的传递函数（或增益）；

Δ——信号流图的特征式，是信号流图所表示的方程组的系数行列式，其表达式为

$$\Delta=1-\Sigma L_1+\Sigma L_2-\Sigma L_3+\cdots+(-1)^m\Sigma L_m \tag{3.54}$$

式中 ΣL_1——所有不同回路的传递函数（或增益）乘积之和；

ΣL_2——每两个互不接触回路的传递函数（或增益）乘积之和；

ΣL_3——每三个互不接触回路的传递函数（或增益）乘积之和；

ΣL_m——每 m 个互不接触回路的传递函数（或增益）乘积之和；

Δ_k——第 k 条前向通道特征式的余因式，即对于信号流图的特征式 Δ，将第 k 条前向通道相接触的回路传递函数（或增益）代以零值，余下的 Δ 即为 Δ_k。

【例 3.25】 图 3.54 所示的两级 RC 滤波网络可以表示为图 3.55 所示的信号流图，试求传递函数 $\frac{U_o(s)}{U_i(s)}$。

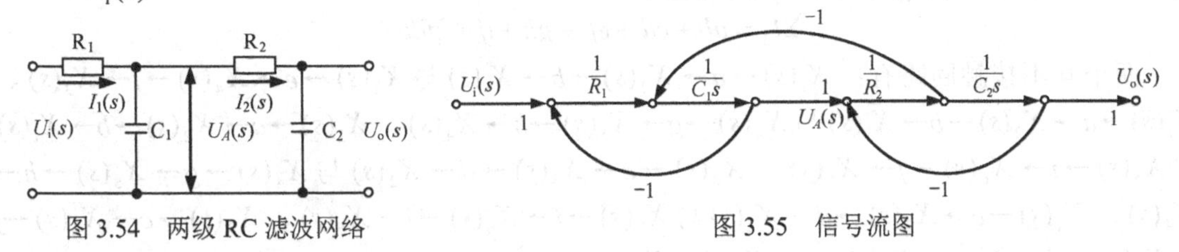

图 3.54 两级 RC 滤波网络　　图 3.55 信号流图

解：从信号流图中可知，该系统有三个回路，第一个回路：$\frac{1}{R_1}\to\frac{1}{C_1s}\to-1$，传递函数乘积为$-\frac{1}{R_1C_1s}$；第二个回路：$\frac{1}{C_1s}\to\frac{1}{R_2}\to-1$，传递函数乘积为$-\frac{1}{R_2C_1s}$；第三个回路：$\frac{1}{R_2}\to\frac{1}{C_2s}\to-1$，传递函数乘积为$-\frac{1}{R_2C_2s}$。因此

$$\Sigma L_1=-\frac{1}{R_1C_1s}-\frac{1}{R_2C_1s}-\frac{1}{R_2C_2s}$$

两个互不接触回路有 $\frac{1}{R_1}\to\frac{1}{C_1s}\to-1$ 和 $\frac{1}{R_2}\to\frac{1}{C_2s}\to-1$，所以

$$\Sigma L_2=\frac{1}{R_1C_1s}\cdot\frac{1}{R_2C_2s}$$

可求得信号流图的特征式

$$\Delta=1-\Sigma L_1+\Sigma L_2=1+\frac{1}{R_1C_1s}+\frac{1}{R_2C_1s}+\frac{1}{R_2C_2s}+\frac{1}{R_1R_2C_1C_2s^2}$$

该系统只有一条前向通道（n=1），即 $U_i(s)\to1\to\frac{1}{R_1}\to\frac{1}{C_1s}\to1\to\frac{1}{R_2}\to\frac{1}{C_2s}\to1\to U_o(s)$，它与所有的回路均有接触，因此有

$$P_1=\frac{1}{R_1R_2C_1C_2s^2},\quad \Delta=1$$

根据梅森增益公式（3.53），得

$$\frac{U_o(s)}{U_i(s)}=\frac{1}{\Delta}\sum_{k=1}^{1}P_k\Delta_k=\frac{P_1\Delta_1}{\Delta}=\frac{1}{R_1R_2C_1C_2s^2+(R_1C_1+R_2C_2+R_1C_2)+1}$$

【例 3.26】 对图 3.56 所示的信号流图，试用梅森增益公式求其传递函数$\dfrac{U_o(s)}{U_i(s)}$。

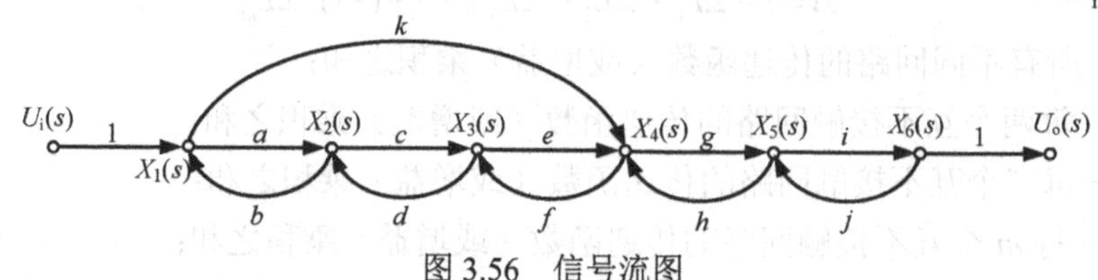

图 3.56 信号流图

解： 从信号流图中可知，该系统有六个回路，分别为$X_1(s)\to a\to X_2(s)\to b\to X_1(s)$、$X_2(s)\to c\to X_3(s)\to d\to X_2(s)$、$X_3(s)\to e\to X_4(s)\to f\to X_3(s)$、$X_4(s)\to g\to X_5(s)\to h\to X_4(s)$、$X_5(s)\to i\to X_6(s)\to j\to X_5(s)$和$X_1(s)\to k\to X_4(s)\to f\to X_3(s)\to d\to X_2(s)\to b\to X_1(s)$；其传递函数乘积分别为$ab$、$cd$、$ef$、$gh$、$ij$和$kfdb$。因此

$$\Sigma L_1=ab+cd+ef+gh+ij+kfdb$$

两个互不接触回路有：$X_1(s)\to a\to X_2(s)\to b\to X_1(s)$与$X_3(s)\to e\to X_4(s)\to f\to X_3(s)$、$X_1(s)\to a\to X_2(s)\to b\to X_1(s)$与$X_4(s)\to g\to X_5(s)\to h\to X_4(s)$、$X_1(s)\to a\to X_2(s)\to b\to X_1(s)$与$X_5(s)\to i\to X_6(s)\to j\to X_5(s)$、$X_2(s)\to c\to X_3(s)\to d\to X_2(s)$与$X_4(s)\to g\to X_5(s)\to h\to X_4(s)$、$X_2(s)\to c\to X_3(s)\to d\to X_2(s)$与$X_5(s)\to i\to X_6(s)\to j\to X_5(s)$、$X_3(s)\to e\to X_4(s)\to f\to X_3(s)$与$X_5(s)\to i\to X_6(s)\to j\to X_5(s)$、$X_1(s)\to k\to X_4(s)\to f\to X_3(s)\to d\to X_2(s)\to b\to X_1(s)$与$X_5(s)\to i\to X_6(s)\to j\to X_5(s)$；其传递函数乘积分别为$abef$、$abgh$、$abij$、$cdgh$、$cdij$、$efij$和$kfdbij$。因此

$$\Sigma L_2=abef+abgh+abij+cdgh+cdij+efij+kfdbij$$

三个互不接触回路有：$X_1(s)\to a\to X_2(s)\to b\to X_1(s)$、$X_3(s)\to e\to X_4(s)\to f\to X_3(s)$和$X_5(s)\to i\to X_6(s)\to j\to X_5(s)$。因此

$$\Sigma L_3=abefij$$

可求得信号流图的特征式

$$\Delta=1-\Sigma L_1+\Sigma L_2-\Sigma L_3$$

该系统从源节点到阱节点有两条前向通道（n=2），一条是$U_i(s)\to 1\to X_1(s)\to a\to X_2(s)\to c\to X_3(s)\to e\to X_4(s)\to g\to X_5(s)\to i\to X_6(s)\to 1\to U_o(s)$，它与所有的回路均有接触，因此

$$P_1=acegi,\quad \Delta_1=1$$

另一条前向通道是$U_i(s)\to 1\to X_1(s)\to k\to X_4(s)\to g\to X_5(s)\to i\to X_6(s)\to 1\to U_o(s)$，它不与回路$X_2(s)\to c\to X_3(s)\to d\to X_2(s)$接触，因此

$$P_2=kgi,\quad \Delta_2=1-cd$$

根据梅森增益公式（3.53），得

$$\frac{U_o(s)}{U_i(s)}=\frac{1}{\Delta}\sum_{k=1}^{2}P_k\Delta_k=\frac{P_1\Delta_1+P_2\Delta_2}{1-\Sigma L_1+\Sigma L_2-\Sigma L_3}$$

$$=\frac{acegi+kgi(1-cd)}{1-(ab+cd+ef+gh+ij+kfab)+(abef+abgh+abij+cdgh+cdij+efij+kfdbi)-abefij}$$

3.5 输入和干扰同时作用下的系统传递函数

在实际工程应用中，控制系统在工作过程中常常会受到两类输入信号的作用，一类是有用信号的输入，简称有用输入 $x_i(t)$，也称给定输入、参考输入或理想输入等；另一类输入是干扰信号的输入，简称干扰 $n(t)$，也称扰动，这是控制系统中不需要但又不可避免的输入。

给定输入 $x_i(t)$ 通常加在控制系统的输入端，而干扰 $n(t)$ 一般作用在控制系统中，有时也直接作用在被控对象上。为了尽可能消除干扰对系统输入的影响，一般采用反馈控制的方式，将系统设计成闭环控制系统。一个考虑干扰作用下的反馈控制系统的典型结构可用图 3.57 所示的方框图来表示。

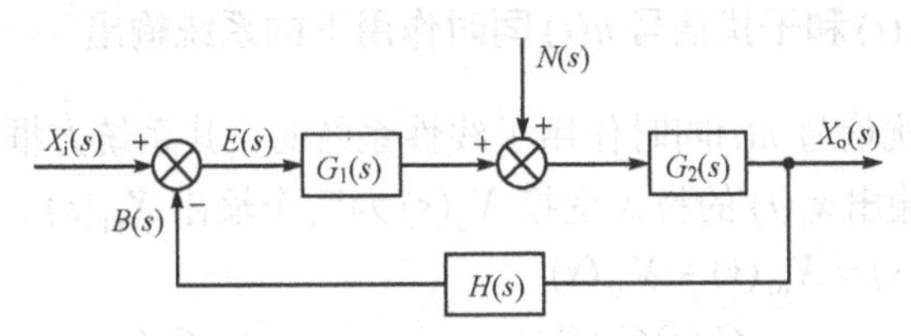

图 3.57　反馈控制系统的典型方框图

1．给定输入信号 $x_i(t)$ 作用下的系统传递函数

令系统的干扰信号 $n(t)=0$，则系统方框图如图 3.58 所示。系统的闭环传递函数 $G_B(s)$ 为

$$G_B(s)=\frac{X_{o1}(s)}{X_i(s)}=\frac{G_1(s)G_2(s)}{1+G_1(s)G_2(s)H(s)} \tag{3.55}$$

系统的开环传递函数 $G_K(s)$ 为

$$G_K(s)=G_1(s)G_2(s)H(s) \tag{3.56}$$

系统在给定输入 $x_i(t)$ 作用下的输出 $x_{o1}(t)$ 的拉氏变换 $X_{o1}(s)$ 为

$$X_{o1}(s)=G_B(s)X_i(s)=\frac{G_1(s)G_2(s)}{1+G_1(s)G_2(s)H(s)}X_i(s) \tag{3.57}$$

从上式可见，在给定输入 $x_i(t)$ 作用下系统的输出 $x_{o1}(t)$ 只取决于系统的闭环传递函数 $G_B(s)$ 和给定输入 $x_i(t)$ 的形式。

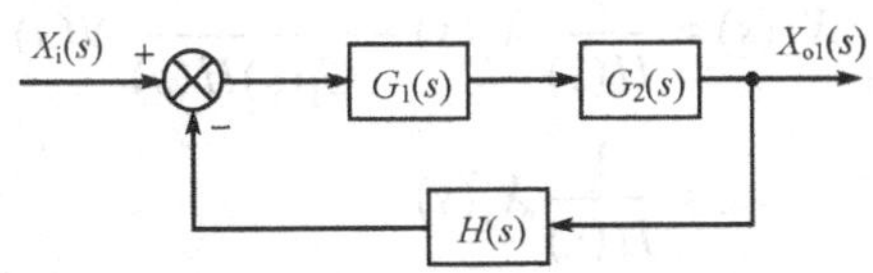

图 3.58　给定输入 $x_i(t)$作用下的系统方框图

2．干扰信号 $n(t)$ 作用下的系统传递函数

令系统的给定输入信号 $x_i(t)=0$，则系统方框图如图3.59所示。系统的输出 $X_{o2}(s)$ 与干扰 $N(s)$ 之间的闭环传递函数 $\Phi_B(s)$ 为

$$\Phi_B(s)=\frac{X_{o2}(s)}{N(s)}=\frac{G_2(s)}{1+G_1(s)G_2(s)H(s)} \tag{3.58}$$

同样，可求得在干扰 $n(t)$ 作用下系统输出 $x_{o2}(t)$ 的拉氏变换 $X_{o2}(s)$ 为

$$X_{o2}(s)=\Phi_B(s)N(s)=\frac{G_2(s)}{1+G_1(s)G_2(s)H(s)}N(s) \tag{3.59}$$

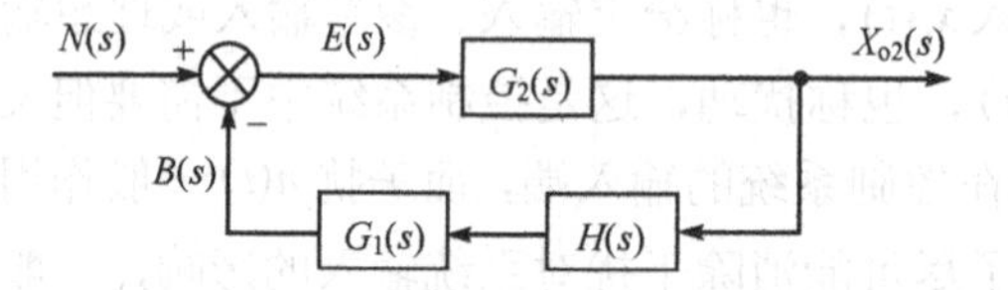

图3.59　干扰信号 $n(t)$ 作用下的系统方框图

3．给定输入信号 $x_i(t)$ 和干扰信号 $n(t)$ 同时作用下的系统输出

输入信号 $x_i(t)$ 和干扰信号 $n(t)$ 同时作用于线性系统时，其系统方框图如图3.57所示。根据叠加原理，这时系统总输出 $x_o(t)$ 的拉氏变换 $X_o(s)$ 为两个输出 $X_{o1}(s)$、$X_{o2}(s)$ 的线性叠加

$$\begin{aligned}X_o(s)&=X_{o1}(s)+X_{o2}(s)\\&=\frac{G_1(s)G_2(s)}{1+G_1(s)G_2(s)H(s)}X_i(s)+\frac{G_2(s)}{1+G_1(s)G_2(s)H(s)}N(s)\end{aligned} \tag{3.60}$$

即

$$X_o(s)=\frac{G_2(s)}{1+G_1(s)G_2(s)H(s)}[G_1(s)X_i(s)+N(s)] \tag{3.61}$$

如果在系统设计中确保 $|G_1(s)G_2(s)H(s)|>>1$ 和 $|G_1(s)H(s)|>>1$，从式（3.59）可得，干扰信号 $n(t)$ 引起的输出 $X_{o2}(s)$ 为

$$\begin{aligned}X_{o2}(s)&=\frac{G_2(s)}{1+G_1(s)G_2(s)H(s)}N(s)\approx\frac{G_2(s)}{G_1(s)G_2(s)H(s)}N(s)\\&\approx\frac{1}{G_1(s)H(s)}N(s)\end{aligned} \tag{3.62}$$

从式（3.62）可知，闭环系统能使干扰 $n(t)$ 引起的输出 $X_{o2}(s)$ 很小。

这时，系统的总输出 $X_o(s)$ 为

$$\begin{aligned}X_o(s)&\approx\frac{1}{H(s)}X_i(s)+\frac{1}{G_1(s)H(s)}N(s)\\&\approx\frac{1}{H(s)}X_i(s)\end{aligned} \tag{3.63}$$

显然，式（3.63）表明，通过反馈回路组成的闭环系统能使总输出 $X_o(s)$ 只随 $X_i(s)$ 变化，不管外来干扰 $N(s)$ 如何变化，$X_o(s)$ 总是保持不变或变化很小。

如果系统没有反馈回路，即 $H(s)=0$，则系统成为一个开环系统，这时，干扰 $n(t)$ 引起的

输出 $X_{o2}(s)=G_2(s)N(s)$ 将无法消除，全部形成误差从系统输出。

通过上述分析，我们可以得出这样的结论：通过负反馈回路所组成的闭环控制系统具有较强的抗干扰能力，即干扰信号对输出的影响很小。同时，系统的输出主要取决于反馈回路的传递函数和输入信号，与前向通路的传递函数几乎无关。特别地，当 $H(s)=1$ 时，即单位负反馈系统，这时系统的输出 $X_o(s)\approx X_i(s)$，从而系统几乎实现了对输入信号的完全复现。这在实际工程设计中是十分有意义的。由于干扰是不可避免的，但只要对控制系统中的元器件选择合适的参数，就可以使干扰影响最小，这正是负反馈控制系统的基本特点。

4．反馈控制系统中的误差传递函数

由于反馈控制系统的工作原理是以偏差信号 $E(s)$ 进行控制的，因此，在对控制系统进行分析时，不仅要分析系统输出的变化规律，也要分析系统误差信号的变化规律，因为系统误差信号的变化直接反映了控制系统的工作精度。对于如图 3.57 所示的负反馈控制系统，其误差信号 $e(t)$ 为

$$e(t)=x_i(t)-b(t) \tag{3.64}$$

则

$$E(s)=X_i(s)-B(s) \tag{3.65}$$

（1）给定输入信号 $x_i(t)$ 作用下的系统误差传递函数

令系统的干扰信号 $n(t)=0$，系统方框图如图 3.60 所示。则系统的误差传递函数 $G_e(s)$ 为

$$G_e(s)=\frac{E(s)}{X_i(s)}=\frac{1}{1+G_1(s)G_2(s)H(s)} \tag{3.66}$$

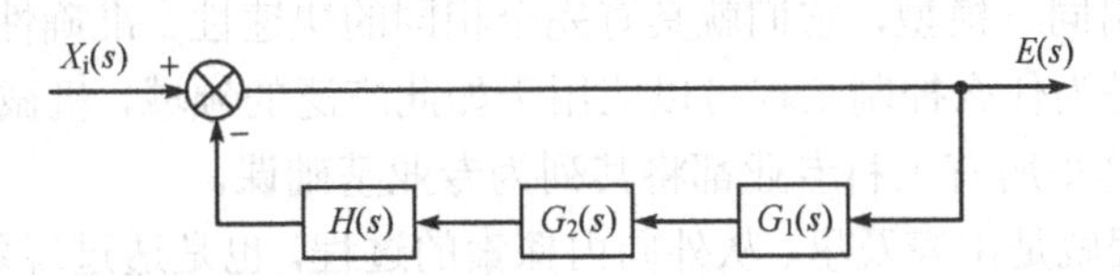

图 3.60　给定输入信号作用下误差输出的系统方框图

（2）干扰信号 $n(t)$ 作用下的系统误差传递函数

令系统的给定输入信号 $x_i(t)=0$，系统方框图如图 3.61 所示。则系统的误差传递函数 $\Phi_e(s)$ 为

$$\Phi_e(s)=\frac{E(s)}{N(s)}=\frac{-G_2(s)H(s)}{1+G_1(s)G_2(s)H(s)} \tag{3.67}$$

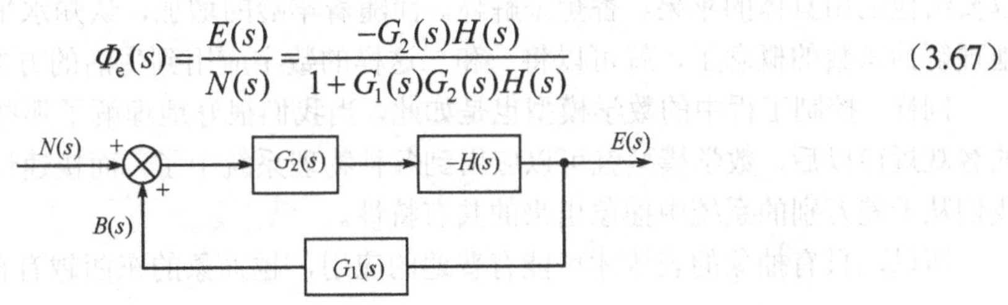

图 3.61　干扰信号作用下误差输出的系统方框图

（3）给定输入信号 $x_i(t)$ 和干扰信号 $n(t)$ 同时作用下的系统误差传递函数

如果输入信号 $x_i(t)$ 和干扰信号 $n(t)$ 同时作用于控制系统，根据叠加原理，则系统的总误差信号 $e(t)$ 的拉氏变换 $E(s)$ 为

$$
\begin{aligned}
E(s) &= G_{\mathrm{e}}(s)X_{\mathrm{i}}(s)+\Phi_{\mathrm{e}}(s)N(s) \\
&= \frac{1}{1+G_1(s)G_2(s)H(s)}X_{\mathrm{i}}(s)+\frac{-G_2(s)H(s)}{1+G_1(s)G_2(s)H(s)}N(s)
\end{aligned} \tag{3.68}
$$

在式（3.68）中，如果$|G_1(s)G_2(s)H(s)|>>1$，且$|G_1(s)|>>1$，则

$$
E(s)\approx 0 \tag{3.69}
$$

以上表明，在设计控制系统时，只要对组成系统的元器件选择合适的参数，控制系统就可以获得较高的工作精度。

3.6 思政元素

在 3.1.4 中讲述了系统的相似性，通过例 3.2 和例 3.5 可以看到，机械系统和电气系统这两种物理性质完全不同的系统，通过数学的抽象表达，最终可以用同一个数学模型来描述。

在之后章节的分析中，我们会发现，系统特性主要由数学模型的结构和模型中的相关参数决定，这些参数本身没有具体的物理意义，它们是从真实的物理系统中抽象出来的。比如阻尼比，在机械系统中由质量、弹簧系数及阻尼系数决定；在电气系统中，阻尼比由电容、电感和电阻决定。在抽象的数学模型中，阻尼比这个参数没有具体的物理意义，但它决定着这个数学模型所代表系统反应的快速性及平稳性。

所以，控制工程这门学科，只针对模型，不关心模型所代表的真实系统，任何不同物理性质的系统，只要抽象出同一模型，它们就具有完全相同的快速性、准确性及稳定性。这就是抽象的意义所在，这也是为什么控制工程可以应用于如此广泛的领域，机械、电器、冶金、化工、生物、环境，等等，几乎所有工科专业都将其列为专业基础课。

其实，抽象的过程就是由表及里、从外向内探索的过程，也是透过现象看本质的研究过程，通过这种深入的研究，从看似千差万别的事物中寻找出它们所共同遵循的客观规律，把这个客观规律从千丝万缕中抽象出来，以一种数学关系来表达，这就是抽象的建模过程。

抽象是一种高层次的思维，随着人们认知水平的提高，人们的思维方式才会从事物具体的、表象的、浅层的，向抽象的、本质的、深层的转换。如幼儿无法理解抽象的一和二的概念，所以要给他们用具体的苹果、香蕉来解释。而随着年龄的增加，认知水平的提高，人们能够很好地理解抽象数的概念了，就可以将一和二这样的数字应用到生活的方方面面了。

同样，控制工程中的数学模型也是如此，当我们很好地理解了那些抽象的数学关系所代表的客观规律以后，数学模型就可以应用到各种物理系统中了，而快速性、准确性和稳定性即是我们从千差万别的系统中抽象出来的共有特性。

所以，只有抽象的表达才可能有普遍的应用，越抽象的东西越有普遍性。

本章小结

本章要求熟练掌握系统各种数学模型的建立方法。对于线性定常系统，能正确列写其输入、输出微分方程，并求出其传递函数，根据系统的传递函数，绘制系统方框图，并掌握方框图的变换与简化方法。

（1）数学模型是描述系统动态特性的数学表达式，是系统分析的基础，又是综合设计控制系统的依据。用解析法建立控制系统的数学模型时，要分析系统的工作原理，忽略系统的一些次要因素，根据系统所遵循的运动规律和物理定律，求得既简单又有足够精度的系统数学模型，以反映系统动态特性。

（2）传递函数是控制系统的数学模型之一，也是经典控制理论中的重要分析方法。其定义为：当输入、输出的初始条件为零时，线性定常系统（环节或元件）输出 $x_o(t)$的拉氏变换 $X_o(s)$与输入 $X_i(t)$的拉氏变换 $X_i(s)$之比。

（3）根据复杂系统的运动规律和动态特性的共同特征，可将复杂系统划分为几个典型环节的组合，为分析、研究和设计复杂系统带来极大的方便。

（4）系统方框图是控制系统数学模型的一种图解表示方法，它提供了关于系统动态性能的有关信息，并且可以揭示和评价每个组成环节对系统的影响。

（5）对于复杂系统，应用信号流图更为简便。梅森增益公式能直接求取系统中任意两个控制变量间的传递关系。

习题 3

3.1　求如题 3.1 图所示系统的微分方程，图中 $f(t)$ 为输入力，$y(t)$ 为输出位移。

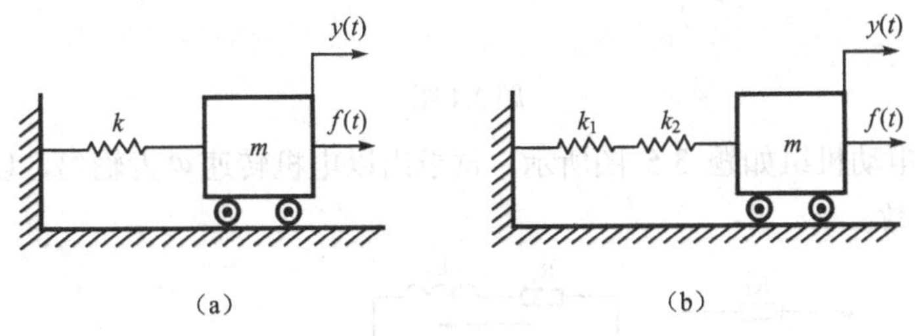

题 3.1 图

3.2　求如题 3.2 图所示系统的微分方程，图中 $x(t)$ 为输入位移，$y(t)$ 为输出位移。

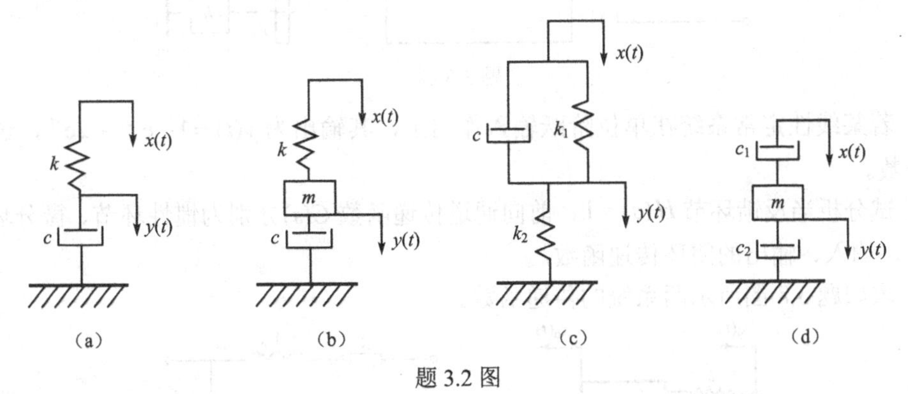

题 3.2 图

3.3　求如题 3.3 图所示电网络系统的微分方程，图中 $u_i(t)$ 为输入电压，$u_o(t)$ 为输出电压。

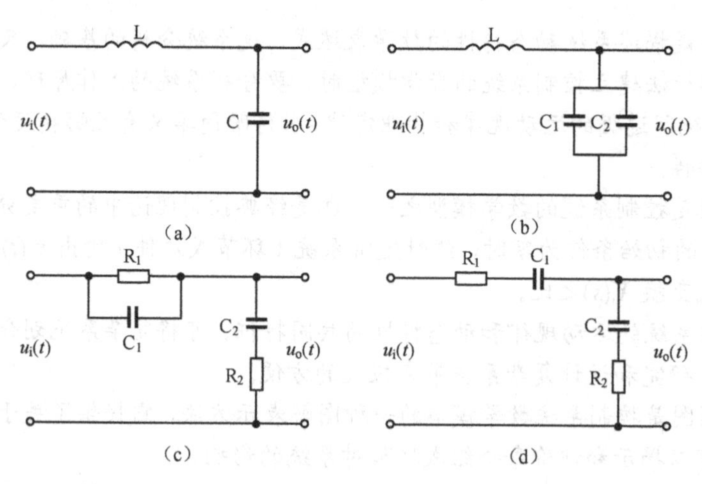

题 3.3 图

3.4 求如题 3.4 图所示机械系统的微分方程，图中 M 为输入转矩，C_m 为圆周阻尼，J 为转动惯量。

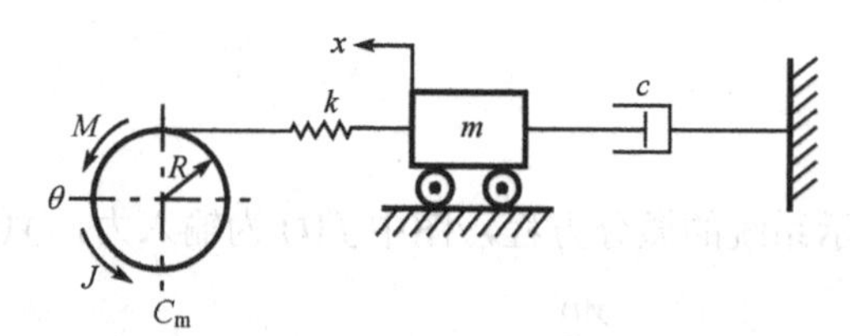

题 3.4 图

3.5 发电机-电动机组如题 3.5 图所示，试求出以电机转速 ω 为输出，以干扰力矩 M_H 为输入的系统传递函数。

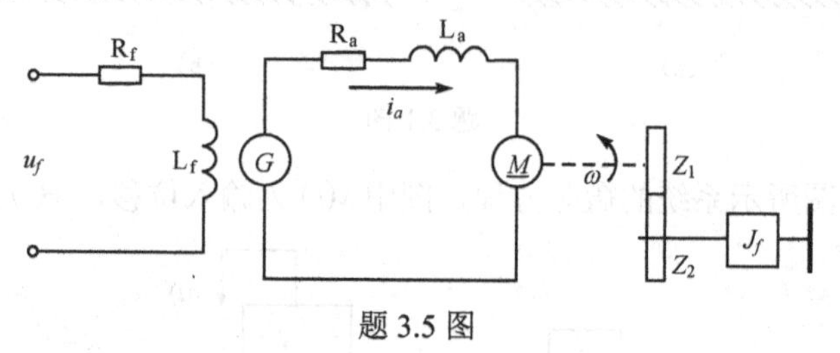

题 3.5 图

3.6 若某线性定常系统在单位阶跃输入作用下，其输出为 $y(t)=1-e^{-2t}+2e^{-t}$，试求系统的传递函数。

3.7 试分析当反馈环节 $H(s)=1$，前向通道传递函数 $G(s)$ 分别为惯性环节、微分环节、积分环节时，输入、输出的闭环传递函数。

3.8 求如题 3.8 图所示两系统的传递函数。

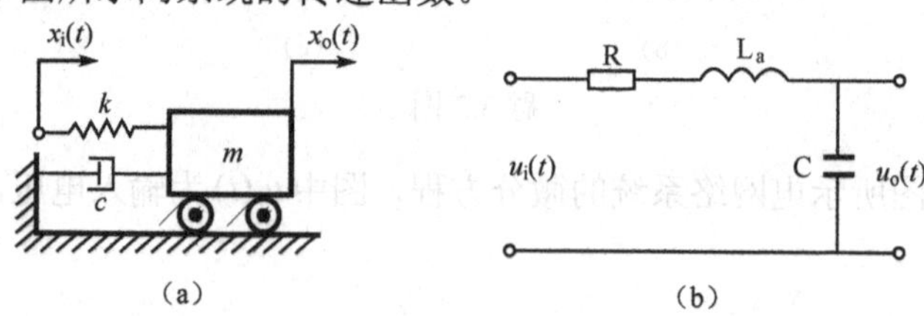

题 3.8 图

3.9　求如题 3.9 图所示系统的传递函数（$f(t)$ 为输入，$y_2(t)$ 为输出）。

3.10　若系统传递函数方框图如题 3.10 图所示，求：

（1）以 $R(s)$ 为输入，当 $N(s)=0$ 时，分别以 $C(s)$、$Y(s)$、$B(s)$ 和 $E(s)$ 为输出的闭环传递函数；

（2）以 $N(s)$ 为输入，当 $R(s)=0$ 时，分别以 $C(s)$、$Y(s)$、$B(s)$ 和 $E(s)$ 为输出的闭环传递函数；

（3）比较以上各传递函数的分母，从中可以得出什么结论？

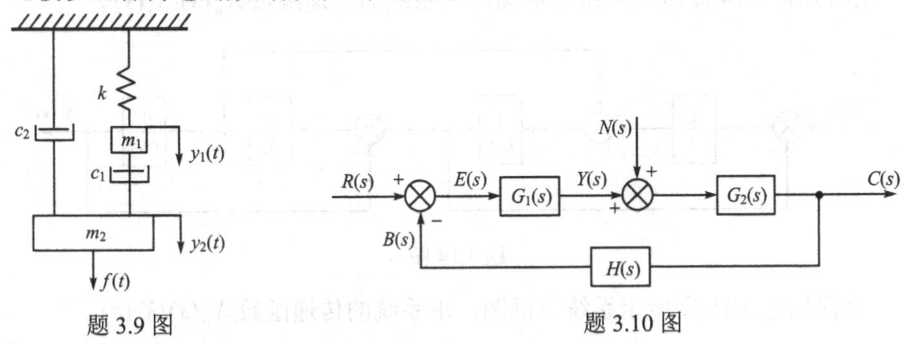

题 3.9 图　　　　题 3.10 图

3.11　已知某系统的传递函数方框图如题 3.11 图所示，其中，$X_i(s)$ 为输入，$X_o(s)$ 为输出，$N(s)$ 为干扰，试求：$G(s)$ 为何值时，系统可以消除干扰的影响。

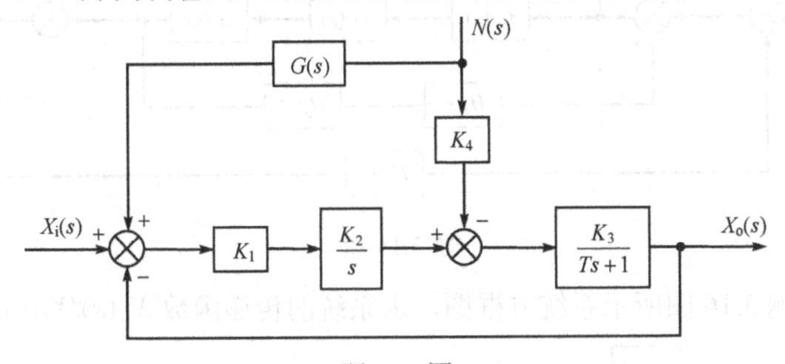

题 3.11 图

3.12　化简如题 3.12 图所示系统方框图，求系统的传递函数 $X_o(s)/X_i(s)$。

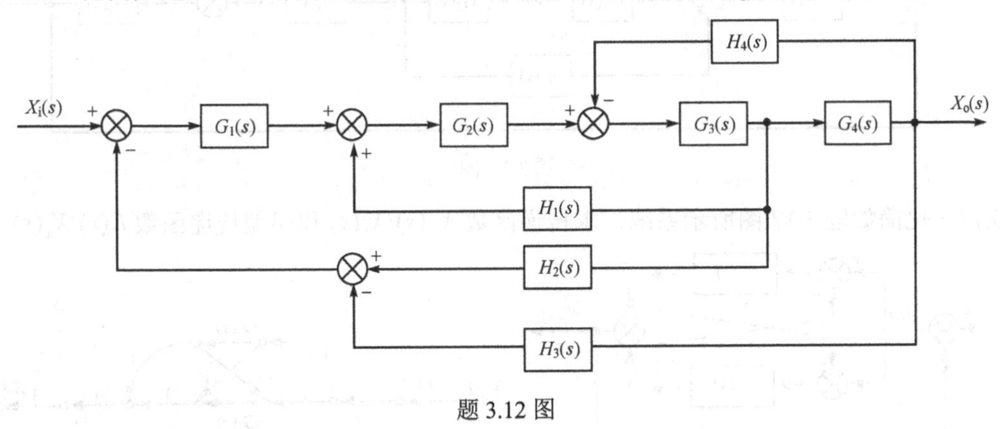

题 3.12 图

3.13　化简如题 3.13 图所示系统方框图，求系统的传递函数 $X_o(s)/X_i(s)$。

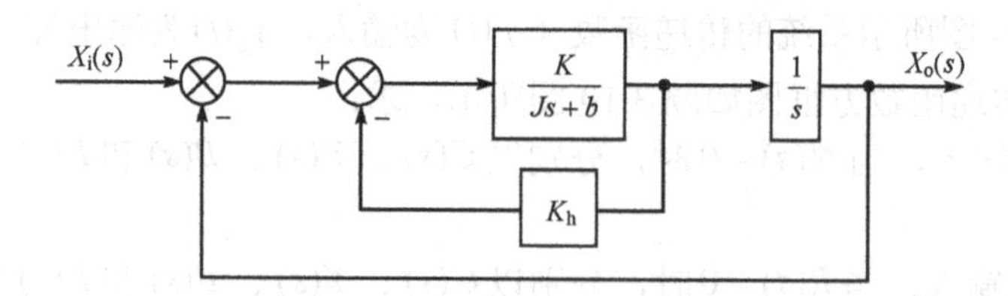

题 3.13 图

3.14 化简如题 3.14 图所示系统方框图，求系统的传递函数 $X_o(s)/X_i(s)$。

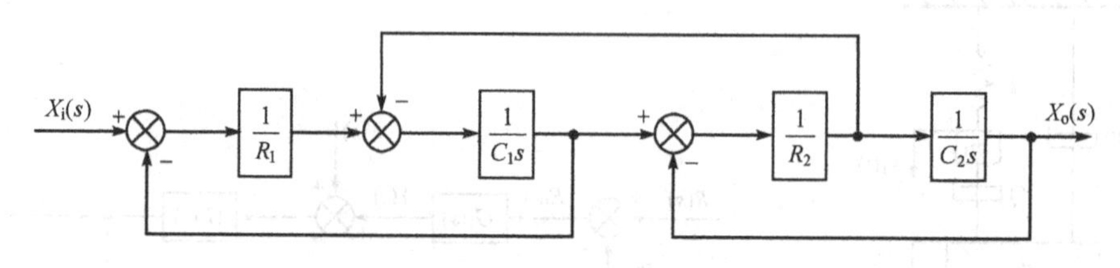

题 3.14 图

3.15 化简如题 3.15 图所示系统方框图，求系统的传递函数 $X_o(s)/X_i(s)$。

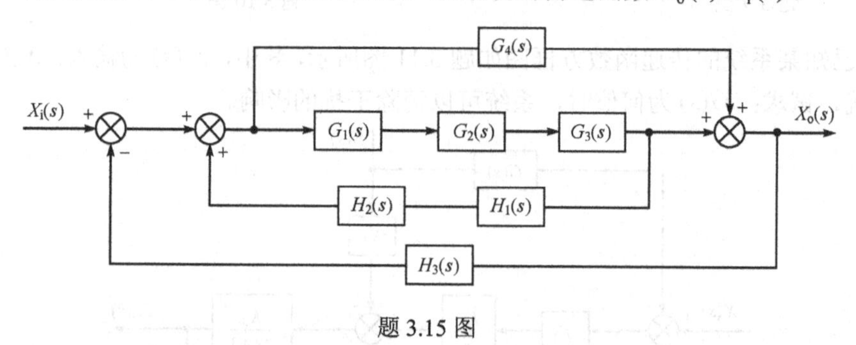

题 3.15 图

3.16 化简如题 3.16 图所示系统方框图，求系统的传递函数 $X_o(s)/X_i(s)$。

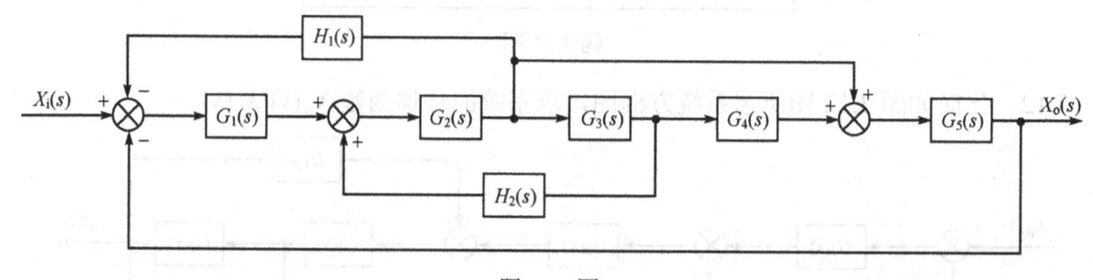

题 3.16 图

3.17 化简如题 3.17 图所示系统，求传递函数 $X_o(s)/X_i(s)$ 和误差传递函数 $E(s)/X_i(s)$。

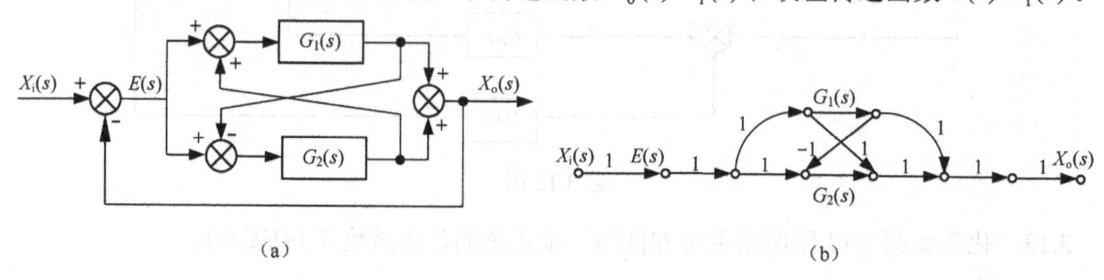

题 3.17 图

3.18　求如题 3.18 图所示系统的传递函数 $X_{\mathrm{o}}(s)/X_{\mathrm{i}}(s)$。

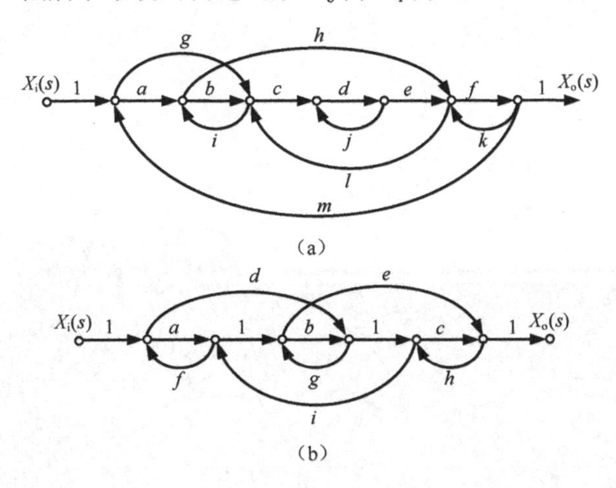

题 3.18 图

Chapter 4

第4章 时间响应分析

学习要点

了解时间响应的概念、组成及常用的典型输入信号；掌握一阶系统的基本参数、时间响应曲线的基本形状及意义；掌握线性系统中存在微分或积分关系的输入，其输出也存在微分或积分关系的基本结论；掌握二阶系统的定义和基本参数，掌握二阶系统单位阶跃响应曲线的基本形状及振荡情况与系统阻尼比之间的关系；掌握二阶系统性能指标的定义、计算及其与系统特征参数之间的关系；掌握系统误差的基本概念、误差与偏差的关系、稳态误差的计算方法、稳态误差与输入信号及系统类型的关系。

在实际控制系统的数学模型建立之后，就可以采用不同的方法对控制系统的动态性能和稳态性能进行分析，进而得出改进系统性能的方法。对于线性定常系统，常用的工程方法有时域分析法、频域分析法和根轨迹法。本章主要研究线性定常系统的时域分析法。

4.1 概述

时域分析法就是根据系统的微分方程，对一个特定的输入信号，通过拉氏变换，直接解出系统的时间响应，再根据响应的表达式及对应曲线分析系统的性能，如稳定性、准确性、快速性等。用时域分析法分析系统性能具有直接、准确、易于理解等特点，它是经典控制理论中进行系统性能分析的一种重要方法。

4.1.1　时间响应及其组成

在输入信号作用下，系统输出随时间变化的过程称为系统时间响应。一个实际系统的时间响应由两部分组成：瞬态响应和稳态响应，如图 4.1 所示。

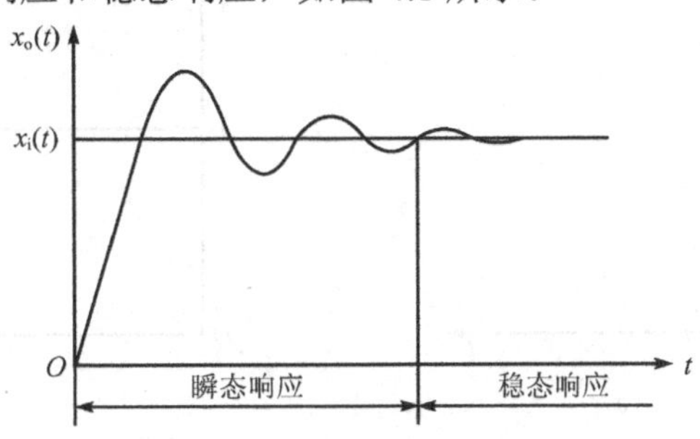

图 4.1　系统的时间响应

瞬态响应：系统在某一输入信号作用下，其输出量从初始状态到稳定状态的响应过程，也称动态响应，反映了控制系统的稳定性和快速性。

稳态响应：当某一信号输入时，系统在时间 t 趋于无穷大时的输出状态，也称静态响应，反映了系统的准确性。

4.1.2　典型试验信号

系统时间响应是评价控制系统动态性能的依据，而时间响应不仅取决于系统本身的特性，还与输入信号的形式有关。在一般情况下，控制系统实际输入信号是未知且多数情况下可能是随机的。为了便于对系统进行分析和设计，就需要假定一些典型输入信号作为系统试验信号，据此对系统性能做出评价。

典型试验信号一般应具备两个条件：信号数学表达式简单，便于数学分析和处理；信号易于在实验室中获得。

在控制工程中，常用以下五种信号作为典型输入信号。

1．脉冲信号

脉冲信号可视为一个持续时间极短的信号，如图 4.2（a）所示。它的数学表达式为

$$x_{\mathrm{i}}(t)=\begin{cases}0 & t<0,t>\varepsilon \\ \dfrac{A}{\varepsilon} & 0<t<\varepsilon\end{cases} \tag{4.1}$$

式中，A 为常数，当 A=1，$\varepsilon\to 0$ 时，称为单位脉冲信号，用 $\delta(t)$ 表示。

单位脉冲信号的拉氏变换为

$$L\left[\delta(t)\right]=1$$

2．阶跃信号

阶跃信号表示参考输入量的一个瞬间突变过程，如图 4.2（b）所示。它的数学表达式为

$$x_{\mathrm{i}}(t)=\begin{cases}0 & t<0\\ A & t\geqslant 0\end{cases} \tag{4.2}$$

式中，A 为常数，当 A=1 时，称为单位阶跃信号，用 $u(t)$ 表示。

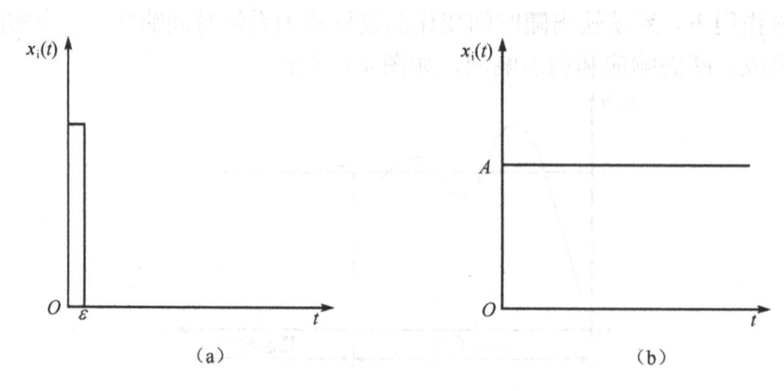

图 4.2 典型输入信号（一）

单位阶跃信号的拉氏变换为

$$L[u(t)]=\frac{1}{s}$$

3．斜坡信号

斜坡信号表示由零值开始随时间 t 做线性增长，也称恒速信号，如图 4.3（a）所示。它的数学表达式为

$$x_{\mathrm{i}}(t)=\begin{cases}0 & t<0\\ At & t\geqslant 0\end{cases} \tag{4.3}$$

式中，A 为常数，当 A=1 时，称为单位斜坡信号，用 $r(t)$ 表示。

单位斜坡信号的拉氏变换为

$$L[r(t)]=\frac{1}{s^2}$$

4．抛物线信号

抛物线信号表示输入变量是等加速度变化的，也称加速度信号，如图 4.3（b）所示。它的数学表达式为

$$x_{\mathrm{i}}(t)=\begin{cases}0 & t<0\\ \dfrac{1}{2}At^2 & t\geqslant 0\end{cases} \tag{4.4}$$

式中，A 为常数，当 A=1 时，称为单位抛物线信号。

单位抛物线信号的拉氏变换为

$$L\left[\frac{1}{2}t^2\right]=\frac{1}{s^3}$$

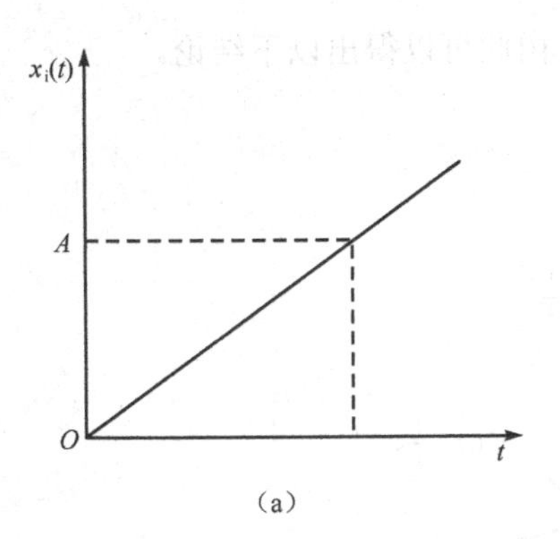

（a）

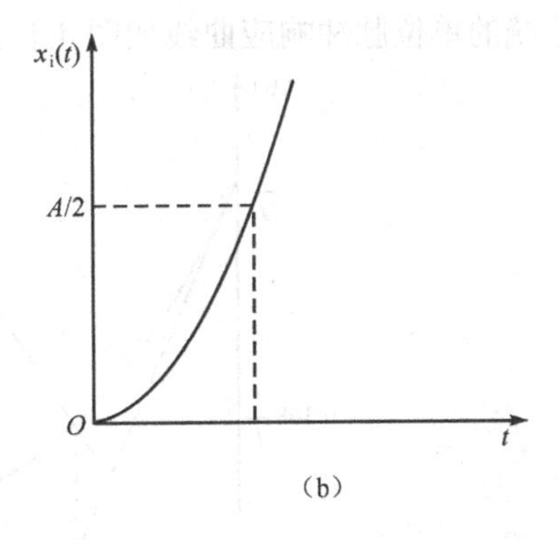

（b）

图 4.3 典型输入信号（二）

5. 正弦信号

用正弦函数作为输入信号，它的数学表达式为

$$x_i(t)=\begin{cases}0 & t<0 \\ A\sin\omega t & t\geqslant 0\end{cases} \tag{4.5}$$

正弦信号主要用于求取系统的频率响应，以此分析和设计控制系统。

4.2 一阶系统时间响应

能够用一阶微分方程描述的系统为一阶系统，它的典型形式是一阶惯性环节，其微分方程和传递函数的表达式为

$$T\frac{\mathrm{d}x_o(t)}{\mathrm{d}t}+x_o(t)=x_i(t)$$
$$G(s)=\frac{X_o(s)}{X_i(s)}=\frac{1}{Ts+1} \tag{4.6}$$

式中，T为一阶系统的时间常数，反映了系统的固有特性，称为一阶系统的特征参数。

4.2.1 一阶系统单位脉冲响应

系统在单位脉冲信号作用下的输出称为单位脉冲响应。

当一阶系统的输入信号$x_i(t)=\delta(t)$时，$X_i(s)=L[\delta(t)]=1$，则

$$X_o(s)=G(s)X_i(s)=\frac{1}{Ts+1}\times 1$$

对上式进行拉氏逆变换得

$$x_o(t)=L^{-1}\left[X_o(s)\right]=L^{-1}\left[\frac{1}{Ts+1}\right]$$

则

$$x_o(t)=\frac{1}{T}\mathrm{e}^{-\frac{1}{T}t} \quad (t\geqslant 0) \tag{4.7}$$

一阶系统的单位脉冲响应曲线如图 4.4 所示。由此可以得出以下结论。

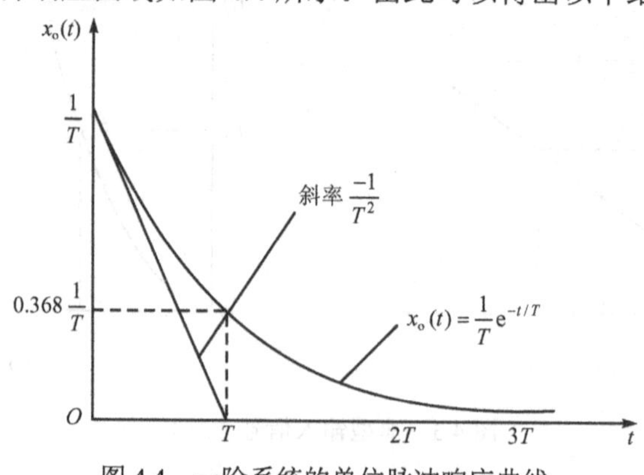

图 4.4 一阶系统的单位脉冲响应曲线

① 响应曲线是一条单调下降的指数曲线，初值为$\frac{1}{T}$，当 t 趋于无穷大时，其值趋于零，故稳态分量为零。

② 指数曲线衰减到初值的 2%之前的过程定义为过渡过程，相应的时间为 $4T$，此时间称为过渡过程时间或调整时间 t_s。

③ 时间常数 T 越小，调整时间越短，说明系统的惯性越小，对输入信号反应的快速性越好。

4.2.2 一阶系统单位阶跃响应

系统在单位阶跃信号作用下的输出称为单位阶跃响应。

当一阶系统的输入信号 $x_i(t)=u(t)$ 时，$X_i(s)=L[u(t)]=\frac{1}{s}$，则

$$X_o(s)=G(s)X_i(s)=\frac{1}{Ts+1}\cdot\frac{1}{s}$$

上式取拉氏逆变换后得

$$x_o(t)=L^{-1}[X_o(s)]=1-e^{-\frac{1}{T}t} \quad (t\geqslant 0) \tag{4.8}$$

根据式（4.8）可得出表 4.1 中的数据，一阶系统的单位阶跃响应曲线如图 4.5 所示。由此可以得出以下结论。

① 单位阶跃响应曲线是一条单调上升的指数曲线，稳态值为 1，瞬态响应过程平稳，无振荡。

② 当 $t=T$ 时，响应为稳态值的 63.2%，因此用实验方法测出响应曲线到达稳态值的 63.2%时所用的时间即为惯性环节的时间常数 T。

③ 当 $t=0$ 时，响应曲线的切线斜率等于 $1/T$，这是确定时间常数 T 的另一种方法。

④ 当 $t\geqslant 4T$ 时，响应曲线已达到稳态值的 98%以上，工程上认为瞬态响应过程结束，系统的过渡过程时间 $t_s=4T$。这与单位脉冲响应的过渡过程时间相同，说明时间常数 T 反映了一阶系统的固有特性，T 越小，系统的惯性越小，响应过程越快。

表 4.1 一阶系统的单位阶跃响应

t	0	T	$2T$	$3T$	$4T$	$5T$	…	∞
$x_o(t)$	0	0.632	0.865	0.95	0.982	0.993	…	1

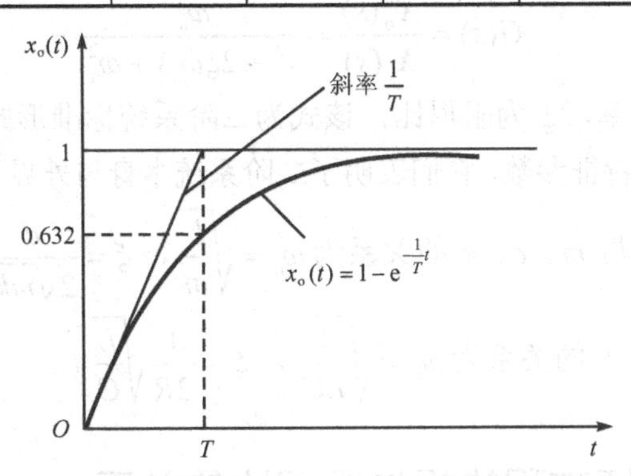

图 4.5 一阶系统的单位阶跃响应曲线

通过以上分析可知，无论输入信号是单位脉冲信号还是单位阶跃信号，一阶系统都是一个稳定的系统，一阶系统过渡过程时间都为 $4T$，系统快速性只由系统本身的时间常数 T 来决定。所以，输入信号不同，系统的响应形式不同［见式（4.7）与式（4.8）］，但系统响应特性与输入信号无关，只与系统本身的结构和参数有关。

4.2.3 单位脉冲响应和单位阶跃响应的关系

从单位脉冲响应和单位阶跃响应的表达式可以看出两者之间存在积分和微分关系，而单位脉冲信号和单位阶跃信号之间也存在积分和微分关系，由此可以得出线性定常系统的一个重要性质，即如果系统的输入信号存在积分和微分关系，则系统的时间响应也存在对应的积分和微分关系。

由于单位阶跃信号的积分为单位斜坡信号，利用这个性质，对单位阶跃响应积分后可得出一阶系统单位斜坡响应为

$$x_o(t)=t-T\left(1-e^{-\frac{1}{T}t}\right)$$

4.3 二阶系统时间响应

4.3.1 二阶系统标准形式

能够用二阶微分方程描述的系统为二阶系统，其典型形式是振荡环节。很多实际系统都是二阶系统，许多高阶系统在一定条件下也可以近似地简化为二阶系统来研究。因此，分析二阶系统响应具有重要的实际意义。二阶系统的微分方程为

$$\frac{d^2x_o(t)}{dt^2}+2\xi\omega_n\frac{dx_o(t)}{dt}+\omega_n^2x_o(t)=\omega_n^2x_i(t)$$

对上式取拉氏变换

$$s^2X_o(s)+2\xi\omega_n sX_o(s)+\omega_n^2X_o(s)=\omega_n^2X_i(s)$$

得到传递函数

$$G(s)=\frac{X_o(s)}{X_i(s)}=\frac{\omega_n^2}{s^2+2\xi\omega_n s+\omega_n^2} \tag{4.9}$$

式中，ω_n 为无阻尼固有频率，ξ 为阻尼比，该式为二阶系统标准形式。

ω_n 和 ξ 是二阶系统的特征参数，它们表明了二阶系统本身与外界无关的特性。例如，例 3.18 机械系统中对应的 ξ 和 ω_n 与 m、c、k 的关系为 $\omega_n=\sqrt{\frac{k}{m}}$，$\xi=\frac{c}{2\sqrt{mk}}$，以及例 3.19 电气系统中对应的 ξ 和 ω_n 与 L、C、R 的关系为 $\omega_n=\sqrt{\frac{1}{LC}}$，$\xi=\frac{1}{2R}\sqrt{\frac{L}{C}}$。

4.3.2 二阶系统特征方程的根与阻尼比的关系

令二阶系统传递函数的分母等于 0，得到系统特征方程：

$$s^2+2\xi\omega_n s+\omega_n^2=0$$

对于一元二次方程

$$as^2+bs+c=0$$

其根与系数的关系为

$$s_{1,2}=\frac{-b\pm\sqrt{b^2-4ac}}{2a}$$

由此求得特征方程的两个特征根为

$$s_{1,2}=-\xi\omega_n\pm\omega_n\sqrt{\xi^2-1} \tag{4.10}$$

可见，随着阻尼比 ξ 取值的不同，二阶系统的特征方程根也不同，如表 4.2 所示。

表 4.2 阻尼比与特征方程根的关系

判断		特征方程根	系统形式
$b^2<4ac$	$0<\xi<1$	一对共轭复根	欠阻尼系统
	$\xi=0$	一对共轭虚根	无阻尼系统
$b^2=4ac$	$\xi=1$	两个相等的实根	临界阻尼系统
$b^2>4ac$	$\xi>1$	两个不等的实根	过阻尼系统

① 当 $0<\xi<1$ 时，为欠阻尼系统，特征方程根为一对共轭复数，即系统具有一对共轭复数极点

$$s_{1,2}=-\xi\omega_n\pm \mathrm{j}\omega_n\sqrt{1-\xi^2}=-\xi\omega_n\pm \mathrm{j}\omega_d$$

式中，$\omega_d=\omega_n\sqrt{1-\xi^2}$，称为二阶系统的有阻尼固有频率。

② 当 $\xi=1$ 时，为临界阻尼系统，特征根为两个相等的负实数，即系统具有两个相等的负实数极点

$$s_{1,2}=-\omega_n$$

③ 当 $\xi>1$ 时，为过阻尼系统，特征根为两个不相等的实数，即系统具有两个不相等的负

实数极点

$$s_{1,2} = -\xi\omega_n \pm \omega_n\sqrt{\xi^2-1}$$

④ 当ξ=0 时，为无阻尼系统，特征根为一对共轭纯虚数，即系统具有一对共轭虚数极点

$$s_{1,2} = \pm j\omega_n$$

4.3.3 二阶系统单位脉冲响应

与一阶系统一样，二阶系统在单位脉冲信号作用下的输出称为单位脉冲响应。当输入信号$x_i(t)=\delta(t)$时，$X_i(s)=L[\delta(t)]=1$，则

$$X_o(s)=G(s)X_i(s)=\frac{\omega_n^2}{s^2+2\xi\omega_n s+\omega_n^2}\cdot 1 \tag{4.11}$$

上式取拉氏逆变换后得到时间响应

$$x_o(t)=L^{-1}\left[X_o(s)\right]=L^{-1}\left[\frac{\omega_n^2}{s^2+2\xi\omega_n s+{\omega_n}^2}\right]$$

下面分别讨论二阶系统不同阻尼比时的单位脉冲响应。

（1）0<ξ<1（欠阻尼）

根据特征根可将式（4.11）写为

$$X_o(s)=\frac{\omega_n^2}{(s+\xi\omega_n-j\omega_d)(s+\xi\omega_n+j\omega_d)}=\frac{\omega_n^2}{(s+\xi\omega_n)^2+\omega_d^2}$$

$$=\frac{\omega_n}{\sqrt{1-\xi^2}}\cdot\frac{\omega_n\sqrt{1-\xi^2}}{(s+\xi\omega_n)^2+{\omega_d}^2}=\frac{\omega_n}{\sqrt{1-\xi^2}}\cdot\frac{\omega_d}{(s+\xi\omega_n)^2+{\omega_d}^2}$$

对上式取拉氏逆变换

$$x_o(t)=L^{-1}\left[X_o(s)\right]=L^{-1}\left[\frac{\omega_n}{\sqrt{1-\xi^2}}\cdot\frac{\omega_d}{(s+\xi\omega_n)^2+{\omega_d}^2}\right]$$

由正弦函数的拉氏变换和拉氏变换的位移性质，得

$$x_o(t)=\frac{\omega_n}{\sqrt{1-\xi^2}}e^{-\xi\omega_n t}\sin\omega_d t \quad (t\geqslant 0) \tag{4.12}$$

（2）ξ=1（临界阻尼）

将式（4.11）写为

$$X_o(s)=\frac{\omega_n^2}{(s+\omega_n)^2}$$

具有重极点，利用式（2.69）对上式进行拉氏逆变换，得到时间响应

$$x_o(t)=L^{-1}\left[\frac{\omega_n^2}{(s+\omega_n)^2}\right]=\omega_n^2 te^{-\omega_n t} \quad (t\geqslant 0) \tag{4.13}$$

（3）ξ>1（过阻尼）

根据特征根将式（4.11）写为

$$X_o(s)=\frac{\omega_n^2}{(s+\xi\omega_n-\omega_n\sqrt{\xi^2-1})(s+\xi\omega_n+\omega_n\sqrt{\xi^2-1})}$$

利用式（2.52）将上式展开成部分分式之和

$$X_o(s)=\frac{a_1}{(s+\xi\omega_n-\omega_n\sqrt{\xi^2-1})}+\frac{a_2}{(s+\xi\omega_n+\omega_n\sqrt{\xi^2-1})}$$

根据式（2.53）可求得

$$a_1=\frac{\omega_n}{2\sqrt{\xi^2-1}},\quad a_2=\frac{-\omega_n}{2\sqrt{\xi^2-1}}$$

即

$$X_o(s)=\frac{\omega_n\Big/\left(2\sqrt{\xi^2-1}\right)}{s+(\xi\omega_n-\omega_n\sqrt{\xi^2-1})}-\frac{\omega_n\Big/\left(2\sqrt{\xi^2-1}\right)}{s+(\xi\omega_n+\omega_n\sqrt{\xi^2-1})}$$

利用式（2.54）对上式进行拉氏逆变换，得到时间响应

$$x_o(t)=L^{-1}[X_o(s)]=\frac{\omega_n}{2\sqrt{\xi^2-1}}\left[e^{-\left(\xi-\sqrt{\xi^2-1}\right)\omega_n t}-e^{-\left(\xi+\sqrt{\xi^2-1}\right)\omega_n t}\right]\quad (t\geqslant 0) \tag{4.14}$$

（4）$\xi=0$（无阻尼）

将式（4.11）写为

$$X_o(s)=\frac{\omega_n^2}{s^2+\omega_n^2}$$

对上式进行拉氏逆变换，得到时间响应

$$x_o(t)=L^{-1}\left[\frac{\omega_n^2}{s^2+\omega_n^2}\right]=L^{-1}\left[\omega_n\cdot\frac{\omega_n}{s^2+\omega_n^2}\right]=\omega_n\sin\omega_n t\quad (t\geqslant 0) \tag{4.15}$$

ξ 取不同值时，二阶系统的单位脉冲响应曲线如图 4.6 所示。

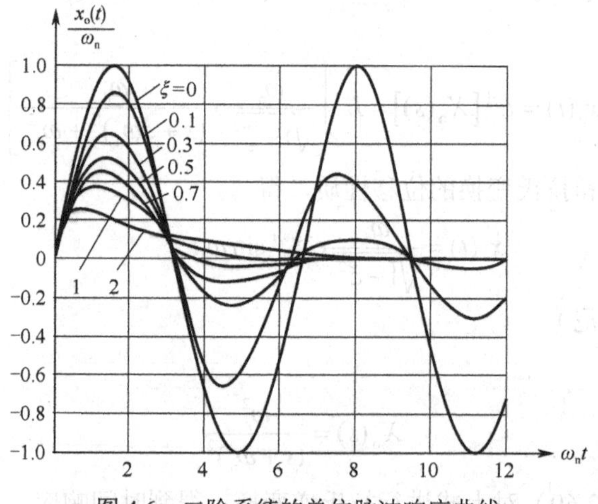

图 4.6 二阶系统的单位脉冲响应曲线

由图可知，二阶系统单位脉冲响应由两部分组成：稳态分量和瞬态分量。其中，稳态分量为 0；瞬态分量因 ξ 取值不同其响应形式也不同。

$0<\xi<1$ 时的欠阻尼系统，响应曲线的瞬态分量是一条以 ω_d 为频率的衰减正弦振荡曲线，ξ 越小，振荡越强烈，衰减越慢，振荡频率 ω_d 越大。故欠阻尼系统又称二阶振荡系统，其幅值衰减的快慢取决于衰减指数 $\xi\omega_n$ 。

$\xi=1$ 时的临界阻尼系统，响应曲线的瞬态分量整体上为没有振荡的单调衰减指数曲线。

$\xi>1$ 时的过阻尼系统，响应曲线的瞬态分量也为没有振荡的单调衰减指数曲线。

$\xi=0$ 时的无阻尼系统，响应曲线的瞬态分量为一条等幅正弦振荡曲线，此时的二阶系统为不稳定系统。

注意：$\xi=1$ 时的临界阻尼系统瞬态响应曲线表达式如式（4.13）所示，式中 t 是一个线性上升函数，$e^{-\omega_n t}$ 为指数衰减函数，为什么两者相乘最终结果为指数衰减曲线？（解释见 4.5.1 节中的小故事）

4.5.1 节中的小故事告诉我们，指数函数的上升（或衰减）速度是惊人的，所以一个线性增长函数和一个指数衰减函数相乘，随着时间的推移，线性增长速度与指数衰减速度相比，是可以忽略不计的，因此 $\xi=1$ 时的临界阻尼系统单位脉冲响应最终为指数衰减曲线。

4.3.4　二阶系统单位阶跃响应

当二阶系统的输入信号为 $x_i(t)=u(t)$ 时，$X_i(s)=L[u(t)]=\dfrac{1}{s}$，则

$$X_o(s)=G(s)X_i(s)=\frac{\omega_n^2}{s^2+2\xi\omega_n s+\omega_n^2}\cdot\frac{1}{s}$$

利用式（2.55）将上式展开为部分分式之和

$$X_o(s)=\frac{a_1 s+a_2}{s^2+2\xi\omega_n s+\omega_n^2}+\frac{a_3}{s}$$

由式（2.53）、式（2.57）和式（2.58）求得

$$X_o(s)=\frac{1}{s}-\frac{s+2\xi\omega_n}{s^2+2\xi\omega_n s+\omega_n^2} \tag{4.16}$$

拉氏逆变换后得到时间响应

$$x_o(t)=L^{-1}[X_o(s)]=L^{-1}\left[\frac{1}{s}-\frac{s+2\xi\omega_n}{s^2+2\xi\omega_n s+\omega_n^2}\right] \tag{4.17}$$

下面分别讨论二阶系统不同阻尼比时的单位阶跃响应。

（1）$0<\xi<1$（欠阻尼）

利用特征方程根将式（4.16）写为

$$\begin{aligned}X_o(s)&=\frac{1}{s}-\frac{s+2\xi\omega_n}{(s+\xi\omega_n-j\omega_d)(s+\xi\omega_n+j\omega_d)}\\&=\frac{1}{s}-\frac{s+2\xi\omega_n}{(s+\xi\omega_n)^2+\omega_d^2}\\&=\frac{1}{s}-\frac{s+\xi\omega_n}{(s+\xi\omega_n)^2+\omega_d^2}-\frac{\xi\omega_n}{(s+\xi\omega_n)^2+\omega_d^2}\\&=\frac{1}{s}-\frac{s+\xi\omega_n}{(s+\xi\omega_n)^2+\omega_d^2}-\frac{\xi}{\sqrt{1-\xi^2}}\cdot\frac{\omega_n\sqrt{1-\xi^2}}{(s+\xi\omega_n)^2+\omega_d^2}\\&=\frac{1}{s}-\frac{s+\xi\omega_n}{(s+\xi\omega_n)^2+\omega_d^2}-\frac{\xi}{\sqrt{1-\xi^2}}\cdot\frac{\omega_d}{(s+\xi\omega_n)^2+\omega_d^2}\end{aligned}$$

利用正弦、余弦函数的拉氏变换和拉氏变换的性质，对上式求拉氏逆变换，有

$$x_o(t)=L^{-1}\left[X_o(s)\right]=1-e^{-\xi\omega_n t}\cos\omega_d t+\frac{\xi}{\sqrt{1-\xi^2}}e^{-\xi\omega_n t}\sin\omega_d t$$

整理得

$$x_o(t)=1-e^{-\xi\omega_n t}\left(\cos\omega_d t+\frac{\xi}{\sqrt{1-\xi^2}}\sin\omega_d t\right)\quad (t\geqslant 0)\qquad (4.18)$$

或

$$x_o(t)=1-\frac{e^{-\xi\omega_n t}}{\sqrt{1-\xi^2}}\left(\sqrt{1-\xi^2}\cos\omega_d t+\xi\sin\omega_d t\right)\quad (t\geqslant 0)$$

利用正弦函数和角公式得

$$x_o(t)=1-\frac{e^{-\xi\omega_n t}}{\sqrt{1-\xi^2}}\sin\left(\omega_d t+\arctan\frac{\sqrt{1-\xi^2}}{\xi}\right)\quad (t\geqslant 0)\qquad (4.19)$$

（2）$\xi=1$（临界阻尼）

将式（4.16）写为

$$X_o(s)=\frac{1}{s}-\frac{s+2\omega_n}{(s+\omega_n)^2}$$

利用式（2.64）将上式展开为部分分式之和

$$X_o(s)=\frac{1}{s}-\frac{s+2\omega_n}{(s+\omega_n)^2}=\frac{1}{s}-\frac{a_2}{(s+\omega_n)^2}-\frac{a_1}{(s+\omega_n)}$$

根据式（2.68）的递推公式，求得

$$a_2=\left[(s+\omega_n)^2\frac{s+2\omega_n}{(s+\omega_n)^2}\right]_{s=-\omega_n}=\omega_n$$

$$a_1=\frac{d}{ds}\left[(s+\omega_n)^2\frac{s+2\omega_n}{(s+\omega_n)^2}\right]_{s=-\omega_n}=1$$

即

$$X_o(s)=\frac{1}{s}-\frac{\omega_n}{(s+\omega_n)^2}-\frac{1}{(s+\omega_n)}$$

利用式（2.69）对上式进行拉氏逆变换，得到时间响应

$$x_o(t)=L^{-1}\left[X_o(s)\right]=1-\omega_n t e^{-\omega_n t}+e^{-\omega_n t}$$

整理得

$$x_o(t)=1-(1+\omega_n t)e^{-\omega_n t}\quad (t\geqslant 0)\qquad (4.20)$$

（3）$\xi>1$（过阻尼）

由特征根将式（4.16）写为

$$X_o(s)=\frac{1}{s}-\frac{s+2\xi\omega_n}{(s+\xi\omega_n-\omega_n\sqrt{\xi^2-1})(s+\xi\omega_n+\omega_n\sqrt{\xi^2-1})}$$

利用式（2.52）将上式展开成部分分式之和

$$X_o(s)=\frac{1}{s}-\left[\frac{a_1}{s+\xi\omega_n-\omega_n\sqrt{\xi^2-1}}+\frac{a_2}{s+\xi\omega_n+\omega_n\sqrt{\xi^2-1}}\right] \tag{4.21}$$

根据式（2.53）求得

$$a_1=\frac{1}{2\sqrt{\xi^2-1}(\xi-\sqrt{\xi^2-1})}$$

$$a_2=\frac{-1}{2\sqrt{\xi^2-1}(\xi+\sqrt{\xi^2-1})}$$

对式（4.21）进行拉氏逆变换，得到时间响应

$$x_o(t)=L^{-1}[X_o(s)]=1-\frac{1}{2\sqrt{\xi^2-1}(\xi-\sqrt{\xi^2-1})}\mathrm{e}^{-\left(\xi-\sqrt{\xi^2-1}\right)\omega_n t}+\frac{1}{2\sqrt{\xi^2-1}(\xi+\sqrt{\xi^2-1})}\mathrm{e}^{-\left(\xi+\sqrt{\xi^2-1}\right)\omega_n t}\quad (t\geqslant 0) \tag{4.22}$$

（4）$\xi=0$（无阻尼）

将式（4.16）写为

$$X_o(s)=\frac{1}{s}-\frac{s}{s^2+\omega_n^2}$$

拉氏逆变换后，得到时间响应

$$x_o(t)=L^{-1}\left[\frac{1}{s}-\frac{s}{s^2+\omega_n^2}\right]=1-\cos\omega_n t\quad (t\geqslant 0) \tag{4.23}$$

ξ 取不同值时，二阶系统的单位阶跃响应曲线如图 4.7 所示。

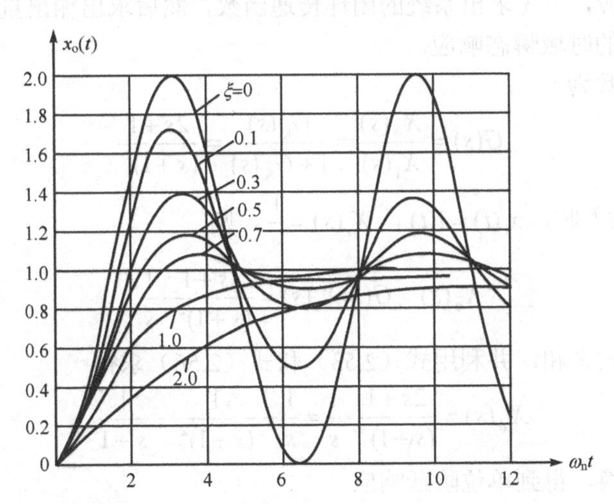

图 4.7　二阶系统的单位阶跃响应曲线

由图可知，二阶系统单位阶跃响应由两部分组成：稳态分量和瞬态分量。其中，稳态分量为 1；瞬态分量因 ξ 取值不同其响应形式也不同。

$0<\xi<1$ 时的欠阻尼系统，响应曲线的瞬态分量是一条以 ω_d 为频率的衰减正弦振荡曲线。ξ 越小，振荡越强烈，衰减越慢，振荡频率 ω_d 越大。故欠阻尼系统又称二阶振荡系统，其幅值衰减的快慢取决于衰减指数 $\xi\omega_n$。

ξ=1 时的临界阻尼系统，响应曲线的瞬态分量整体上为没有振荡的单调上升指数曲线，系统没有超调，过渡过程时间较长。

ξ>1 时的过阻尼系统，响应曲线的瞬态分量也为没有振荡的单调上升指数曲线，系统没有超调，且ξ越大上升速度越慢，过渡过程时间越长。

ξ=0 时的无阻尼系统，响应曲线的瞬态分量为一条等幅正弦振荡曲线，此时的二阶系统为不稳定系统。

由以上分析可知，瞬态响应反映了系统过渡过程特性（或称动态特性），而瞬态响应形式由系统特征参数 ω_n 和ξ值决定，所以选择合适的系统特征参数 ω_n 和ξ值，是系统获得满意动态特性的关键。

一般工程上希望二阶系统工作在ξ=0.4～0.8 的欠阻尼状态，ξ=0.707 称为工程最佳参数。因为当ξ=0.4～0.8 时，其过渡过程时间比临界阻尼系统的过渡过程时间短，且振荡幅值相对较小，所以此时系统的快速性和平稳性相对较好。

通过以上二阶系统单位脉冲响应和二阶系统单位阶跃响应的分析可以发现，同一个系统，输入信号不同，其响应的稳态分量会不同，但响应的瞬态分量是相同的。也就是说，二阶系统响应的瞬态分量与系统输入信号无关，只与二阶系统本身的特征参数有关，而二阶系统动态特性是由系统响应瞬态分量来决定的，所以，二阶系统的动态特性只取决于系统本身的结构和特征参数，与前面一阶系统得到了相同的结论。

【例 4.1】 设单位反馈系统的开环传递函数为

$$G_K(s)=\frac{2s+1}{s^2}$$

试求该系统单位阶跃响应和单位脉冲响应。

解：欲求系统响应，可先求出系统的闭环传递函数，然后求出输出量的象函数，再进行拉氏逆变换，得到相应的时域瞬态响应。

系统闭环传递函数为

$$G(s)=\frac{X_o(s)}{X_i(s)}=\frac{G_K(s)}{1+G_K(s)}=\frac{2s+1}{(s+1)^2}$$

① 当单位阶跃输入时，$x_i(t)=1(t)$，$X_i(s)=\frac{1}{s}$，则

$$X_o(s)=G(s)X_i(s)=\frac{2s+1}{(s+1)^2}\cdot\frac{1}{s}$$

将上式展开为部分分式之和，并利用式（2.53）和式（2.56）求得

$$X_o(s)=\frac{2s+1}{(s+1)^2}\cdot\frac{1}{s}=\frac{1}{s}+\frac{1}{(s+1)^2}-\frac{1}{s+1}$$

对上式进行拉氏逆变换，得到单位阶跃响应

$$x_o(t)=1+te^{-t}-e^{-t}$$

② 当单位脉冲输入时，其响应可通过对单位阶跃响应求导得出

$$x_o(t)=\frac{d}{dt}\left[1+te^{-t}-e^{-t}\right]=2e^{-t}-te^{-t}$$

【例 4.2】 例 3.22 中的位置伺服系统为一单位反馈系统，其开环传递函数为

$$G_K(s)=\frac{5.5}{s(0.13s+1)}$$

求该系统单位阶跃响应和单位脉冲响应。

解：系统闭环传递函数为

$$G(s)=\frac{X_{\text{o}}(s)}{X_{\text{i}}(s)}=\frac{G_{\text{K}}(s)}{1+G_{\text{K}}(s)}=\frac{42.3}{s^2+7.69s+42.3}$$

$$=\frac{6.5^2}{s^2+2\times0.592\times6.5s+6.5^2}$$

其中，ω_{n}=6.5，ξ=0.592，则 $\omega_{\text{d}}=\omega_{\text{n}}\sqrt{1-\xi^2}=6.5\sqrt{1-0.592^2}=5.24$。

① 当单位阶跃输入时，$x_{\text{i}}(t)=1(t)$，$X_{\text{i}}(s)=\dfrac{1}{s}$，则

$$X_{\text{o}}(s)=G(s)X_{\text{i}}(s)=\frac{42.3}{s^2+7.69s+42.3}\cdot\frac{1}{s}$$

由式（4.18）得

$$x_{\text{o}}(t)=1-\text{e}^{-\xi\omega_{\text{n}}t}\left(\cos\omega_{\text{d}}t+\frac{\xi}{\sqrt{1-\xi^2}}\sin\omega_{\text{d}}t\right)$$

$$=1-\text{e}^{-3.85t}(\cos5.24t+0.73\sin5.24t)$$

② 当单位脉冲输入时，由式（4.12）或对上式求导，得出

$$x_{\text{o}}(t)=\frac{\omega_{\text{n}}}{\sqrt{1-\xi^2}}\text{e}^{-\xi\omega_{\text{n}}t}\sin\omega_{\text{d}}t=8\text{e}^{-3.85t}\sin5.24t$$

4.3.5　二阶系统响应的性能指标

如前所述，对控制系统的基本要求是响应过程的稳定性、准确性和快速性。评价这些性能总要用一定的性能指标来衡量。二阶系统的性能指标以系统在欠阻尼状态下的单位阶跃响应形式给出，如图 4.8 所示，主要有上升时间 t_{r}、峰值时间 t_{p}、最大超调量 M_{p}、调整时间 t_{s}，以及振荡次数 N。

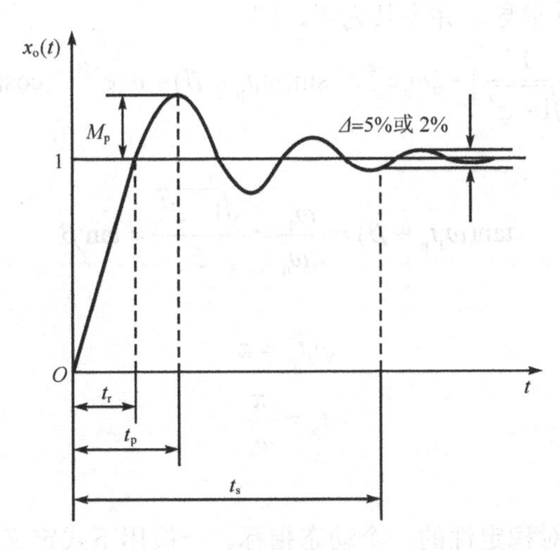

图 4.8　二阶系统响应的性能指标

（1）上升时间 t_r

响应曲线从原始工作状态出发，第一次达到稳态值所需要的时间定义为上升时间。对于过阻尼系统，上升时间定义为响应曲线从稳态值的10%上升到90%所需的时间。

由式（4.19）可知

$$x_o(t)=1-\frac{e^{-\xi\omega_n t}}{\sqrt{1-\xi^2}}\sin\left(\omega_d t+\arctan\frac{\sqrt{1-\xi^2}}{\xi}\right)\qquad (t\geqslant 0)$$

将 $x_o(t_r)=1$ 代入，得

$$1=1-\frac{e^{-\xi\omega_n t_r}}{\sqrt{1-\xi^2}}\sin\left(\omega_d t_r+\arctan\frac{\sqrt{1-\xi^2}}{\xi}\right)$$

因

$$e^{-\xi\omega_n t_r}\neq 0$$

又令

$$\beta=\arctan\frac{\sqrt{1-\xi^2}}{\xi}$$

有

$$\sin(\omega_d t_r+\beta)=0$$

由于 t_r 为 $x_o(t)$ 首次达到其稳态值的时间，故

$$\omega_d t_r+\beta=\pi$$

得

$$t_r=\frac{\pi-\beta}{\omega_d}\tag{4.24}$$

由 $\omega_d=\omega_n\sqrt{1-\xi^2}$ 可知，当 ξ 一定时，ω_n 增大，t_r 则减小；当 ω_n 一定时，ξ 增大，t_r 则增大。

（2）峰值时间 t_p

响应曲线达到第一个峰值所需的时间定义为峰值时间。

将式（4.19）对时间 t 求导，并令其为零，即

$$\left.\frac{dx_o(t)}{dt}\right|_{t=t_p}=-\frac{1}{\sqrt{1-\xi^2}}\left[-\xi\omega_n e^{-\xi\omega_n t_p}\sin(\omega_d t_p+\beta)+\omega_d e^{-\xi\omega_n t_p}\cos(\omega_d t_p+\beta)\right]=0\tag{4.25}$$

整理得

$$\tan(\omega_d t_p+\beta)=\frac{\omega_d}{\xi\omega_n}=\frac{\sqrt{1-\xi^2}}{\xi}=\tan\beta$$

因此

$$\omega_d t_p=\pi$$

$$t_p=\frac{\pi}{\omega_d}\tag{4.26}$$

（3）最大超调量 M_p

超调量是描述系统相对稳定性的一个动态指标。一般用下式定义系统的最大超调量：

$$M_p=\frac{x_o(t_p)-x_o(\infty)}{x_o(\infty)}\times 100\%\tag{4.27}$$

因为最大超调量发生在峰值时间，将 $t=t_p=\pi/\omega_d$ 及式（4.18）和 $x_o(\infty)=1$ 代入式（4.27），求得

$$M_p = -e^{-\xi\omega_n\pi/\omega_d}\left(\cos\pi + \frac{\xi}{\sqrt{1-\xi^2}}\sin\pi\right)\times 100\%$$

$$= e^{\frac{-\xi\pi}{\sqrt{1-\xi^2}}}\times 100\% \tag{4.28}$$

式（4.28）表明超调量 M_p 仅与阻尼比 ξ 有关，而与无阻尼固有频率 ω_n 无关。因此，M_p 的大小直接说明系统的阻尼特性。当二阶系统的阻尼比 ξ 确定后，就可求得与其对应的最大超调量，反之亦然。当 ξ 为 0.4～0.8 时，相应的超调量 M_p 为 25%～1.5%。

（4）调整时间 t_s

响应曲线开始进入偏离稳态值 $\pm\Delta$ 的误差范围（一般 Δ 取 5%或 2%），并一直保持在这一误差范围内所需要的时间，称为调整时间。当 $t>t_s$ 时，$x_o(t)$ 应满足不等式

$$\left|x_o(t)-x_o(\infty)\right| \leqslant \Delta\cdot x_o(\infty) \qquad (t\geqslant t_s)$$

由于 $x_o(\infty)=1$，因此

$$x_o(t)\leqslant 1\pm\Delta \tag{4.29}$$

将式（4.19）代入式（4.29）得

$$\left|\frac{e^{-\xi\omega_n t}}{\sqrt{1-\xi^2}}\sin\left(\omega_d t + \arctan\frac{\sqrt{1-\xi^2}}{\xi}\right)\right| \leqslant \Delta \tag{4.30}$$

由于 $\pm\frac{e^{-\xi\omega_n t}}{\sqrt{1-\xi^2}}$ 所表示的曲线是式（4.30）所描述的衰减正弦曲线的包络线，因此可将式（4.30）所表达的条件改写为

$$\frac{e^{-\xi\omega_n t}}{\sqrt{1-\xi^2}} \leqslant \Delta \qquad (t\geqslant t_s)$$

解得

$$t_s \geqslant \frac{1}{\xi\omega_n}\ln\frac{1}{\Delta\sqrt{1-\xi^2}} \tag{4.31}$$

若取 $\Delta=0.02$ 得

$$t_s \geqslant \frac{4+\ln\frac{1}{\sqrt{1-\xi^2}}}{\xi\omega_n} \tag{4.32}$$

若取 $\Delta=0.05$ 得

$$t_s \geqslant \frac{3+\ln\frac{1}{\sqrt{1-\xi^2}}}{\xi\omega_n} \tag{4.33}$$

当 $0<\xi<0.7$ 时，式（4.32）和式（4.33）近似取为

$$t_s \approx \frac{4}{\xi\omega_n} \qquad (\Delta=0.02) \tag{4.34}$$

$$t_s \approx \frac{3}{\xi\omega_n} \qquad (\Delta=0.05) \tag{4.35}$$

当阻尼比ξ一定时，ω_n增大，调整时间t_s就减小，系统的响应速度变快。若ω_n一定，以ξ为自变量，对t_s求极值，可得ξ=0.707时，t_s为极小值，所以在设计二阶系统时，一般取ξ=0.707作为最佳阻尼比。在此情况下，系统不仅调整时间t_s最小，超调量M_p也不大，这使二阶系统同时兼顾了快速性和稳定性两方面的要求。

（5）振荡次数N

在调整时间t_s内，$x_o(t)$穿越其稳态值$x_o(\infty)$次数的一半定义为振荡次数。

由式（4.19）可知，系统的振荡周期是$2\pi/\omega_d$，所以振荡次数为

$$N=\frac{t_s}{2\pi/\omega_d} \tag{4.36}$$

根据t_s取值不同，由式（4.34）和式（4.35）分别求得

$$N=\frac{2\sqrt{1-\xi^2}}{\pi\xi} \quad (\varDelta=0.02) \tag{4.37}$$

$$N=\frac{1.5\sqrt{1-\xi^2}}{\pi\xi} \quad (\varDelta=0.05) \tag{4.38}$$

可见，振荡次数N与M_p一样，只与系统的阻尼比ξ有关，而与无阻尼固有频率ω_n无关。阻尼比ξ越大，振荡次数N越小，系统的平稳性越好。因此，振荡次数N也直接反映了系统的阻尼特性。

由以上讨论，可得如下结论。

① 上升时间t_r、峰值时间t_p和调整时间t_s反映二阶系统时间响应的快速性，最大超调量M_p和振荡次数N则反映二阶系统时间响应的平稳性。

② 要使二阶系统具有满意的动态性能，必须合理地选择无阻尼固有频率ω_n和阻尼比ξ。提高ω_n，可以提高二阶系统的响应速度，减小上升时间t_r、峰值时间t_p和调整时间t_s；增大ξ，可以减小系统的振荡性能，即降低超调量M_p，减少振荡次数N，但上升时间t_r和峰值时间t_p会相应增大。

③ 系统的响应速度与振荡性能之间往往存在矛盾，在具体设计中，一般根据最大超调量M_p的要求确定阻尼比ξ，而调整时间t_s主要根据系统的无阻尼固有频率ω_n来确定。

【例4.3】 例4.2所示的位置伺服系统，其闭环传递函数为

$$G(s)=\frac{X_o(s)}{X_i(s)}=\frac{42.3}{s^2+7.69s+42.3}$$

试求该二阶系统单位阶跃响应的动态性能指标。

解： 该系统的ω_n=6.5，ξ=0.592，$\omega_d=\omega_n\sqrt{1-\xi^2}=5.24$，$\beta=\arctan(\sqrt{1-\xi^2}/\xi)=0.94$。根据欠阻尼二阶系统性能指标计算公式得出：

上升时间 $t_r=\dfrac{\pi-\beta}{\omega_d}=\dfrac{\pi-0.94}{5.24}\approx 0.42$（s）

峰值时间 $t_p=\dfrac{\pi}{\omega_d}=\dfrac{\pi}{5.24}\approx 0.6$（s）

最大超调量 $M_p=e^{\frac{-\xi\pi}{\sqrt{1-\xi^2}}}\times 100\%=e^{\frac{-0.592\times\pi}{\sqrt{1-0.592^2}}}\times 100\%\approx 10\%$

调整时间 Δ=0.02 时　　$t_s \approx \dfrac{4}{\xi\omega_n} = \dfrac{4}{0.592 \times 6.5} \approx 1.04$（s）

Δ=0.05 时　　$t_s \approx \dfrac{3}{\xi\omega_n} = \dfrac{3}{0.592 \times 6.5} \approx 0.78$（s）

振荡次数 Δ=0.02 时　　$N = \dfrac{2\sqrt{1-\xi^2}}{\pi\xi} = \dfrac{2\sqrt{1-0.592^2}}{0.592 \times \pi} = 0.87 \approx 1$

Δ=0.05 时　　$N = \dfrac{1.5\sqrt{1-\xi^2}}{\pi\xi} = \dfrac{1.5\sqrt{1-0.592^2}}{0.592 \times \pi} = 0.65 \approx 1$

【例 4.4】 如图 4.9（a）所示系统的单位阶跃响应曲线如图 4.9（b）所示，试求参数 K_1、K_2 和 a 的值。

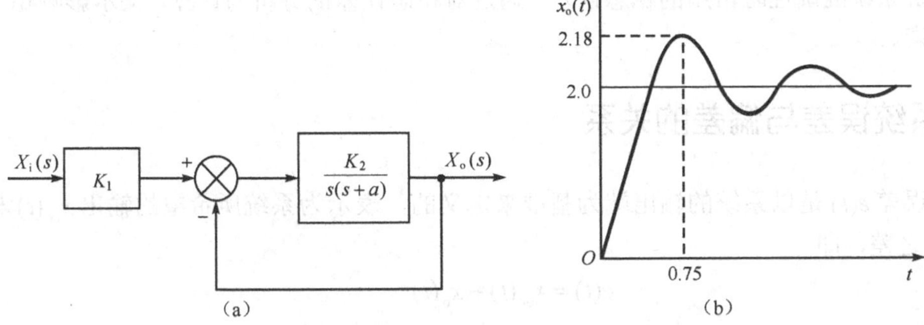

图 4.9　系统框图及其单位阶跃响应曲线

解： 该系统的闭环传递函数为

$$G(s) = \frac{X_o(s)}{X_i(s)} = \frac{K_1K_2}{s^2 + as + K_2} = K_1\left(\frac{K_2}{s^2 + as + K_2}\right)$$

式中，$\omega_n^2 = K_2$，$\xi = \dfrac{a}{2\omega_n}$，依题意 $x_o(\infty) = 2$，$M_p = 0.09$，$t_p = 0.75\text{s}$。

系统的输出为

$$X_o(s) = G(s)X_i(s) = \frac{K_1K_2}{s^2 + as + K_2} \cdot \frac{1}{s}$$

根据拉氏变换的终值定理，对应的稳态输出为

$$x_o(\infty) = \lim_{t \to \infty} x_o(t) = \lim_{s \to 0} sX_o(s) = \lim_{s \to 0} s\frac{K_1K_2}{s^2 + as + K_2} \cdot \frac{1}{s} = K_1$$

故 K_1=2。

根据 $M_p = e^{\frac{-\xi\pi}{\sqrt{1-\xi^2}}} = 0.09$ 得，ξ =0.6。

根据 $t_p = \dfrac{\pi}{\omega_n\sqrt{1-\xi^2}} = 0.75$ 得，ω_n =5.2s^{-1}。

因此，$K_2 = \omega_n^2 = 27.04$，$a = 2\xi\omega_n = 6.24$。

4.4 系统稳态误差分析

控制系统的性能是由动态性能和稳态性能两部分组成的。上面讲述的动态性能指标用来评价系统的快速性和平稳性。“准确性”是对控制系统提出的一个重要性能要求，对于实际系统来说，输出量常常不能绝对精确地达到所期望的数值，期望值与实际输出的差值即为误差。由于系统的响应由瞬态响应和稳态响应组成，因此系统的误差也由瞬态误差和稳态误差两部分组成。在过渡过程中，瞬态误差是误差的主要部分，但它随时间的增加而逐渐衰减，稳态误差将逐渐成为误差的主要部分。因此，稳态性能指标即准确性用系统的稳态误差 e_{ss} 来衡量。本节主要讨论评价系统准确性时常用的稳态误差，通过对稳态误差的分析与计算，揭示影响稳态误差的各种因素。

4.4.1 系统误差与偏差的关系

系统的误差 $e(t)$ 是以系统的输出端为基准来定义的，表示为系统所希望的输出 $x_{or}(t)$ 与实际输出 $x_o(t)$ 之差，即

$$e(t) = x_{or}(t) - x_o(t)$$

拉氏变换记为

$$E_1(s) = X_{or}(s) - X_o(s) \tag{4.39}$$

系统的偏差 $\varepsilon(t)$ 是以系统的输入端为基准来定义的，表示为系统的输入量 $x_i(t)$ 与反馈量 $b(t)$之差，即

$$\varepsilon(t) = x_i(t) - b(t)$$

其拉氏变换为

$$E(s) = X_i(s) - B(s) = X_i(s) - H(s)X_o(s) \tag{4.40}$$

式中，$H(s)$ 为反馈回路的传递函数。

下面讨论系统误差与偏差的关系。

如前所述，一个闭环控制系统之所以能够对输出 $X_o(s)$ 起自动控制作用，就在于运用偏差 $E(s)$ 进行控制。当偏差信号 $E(s)=0$ 时，控制系统无控制作用，此时系统的实际输出与希望的输出相等，即

$$X_o(s) = X_{or}(s)$$

将上式代入式（4.40）中

$$E(s) = X_i(s) - H(s)X_o(s) = X_i(s) - H(s)X_{or}(s) = 0$$

$$X_{or}(s) = \frac{X_i(s)}{H(s)} \tag{4.41}$$

将式（4.41）代入误差的拉氏变换式（4.39）中有

$$E_1(s) = X_{or}(s) - X_o(s) = \frac{X_i(s)}{H(s)} - X_o(s)$$

$$= \frac{X_i(s) - H(s)X_o(s)}{H(s)} = \frac{E(s)}{H(s)}$$

即

$$E_1(s)=\frac{E(s)}{H(s)} \tag{4.42}$$

式（4.42）为一般情况下误差与偏差之间的关系，如图 4.10 所示。由于误差在实际系统中有时无法测量，而偏差是可以测量的，因此求出偏差后，利用式（4.42）即可求出误差。对于单位反馈系统，$H(s)=1$，偏差就等于误差，可直接用偏差信号表示系统的误差信号。

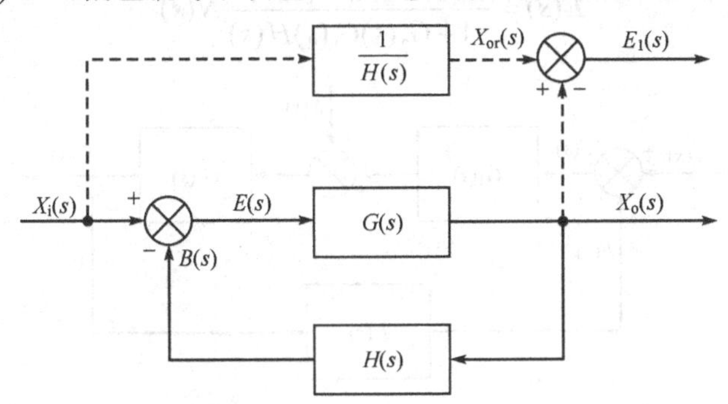

图 4.10　误差与偏差之间的关系

4.4.2　系统的稳态误差

实际控制系统中，不仅存在给定的输入信号 $x_i(t)$，还存在干扰信号 $n(t)$作用，要求出系统的稳态误差，可以根据线性系统的叠加原理，分别求出输入和干扰单独作用时，所引起的稳态误差，然后求其代数和。

1. 输入作用下的稳态误差

考虑如图 4.10 所示的反馈控制系统，系统的偏差

$$E(s)=\frac{1}{1+G(s)H(s)}X_i(s) \tag{4.43}$$

由拉氏变换的终值定理，得到系统的稳态偏差

$$\varepsilon_{ss}=\lim_{t\to\infty}\varepsilon(t)=\lim_{s\to 0}sE(s)=\lim_{s\to 0}s\frac{1}{1+G(s)H(s)}X_i(s) \tag{4.44}$$

而稳态误差

$$e_{ss}=\lim_{t\to\infty}e(t)=\lim_{s\to 0}sE_1(s)$$

将式（4.42）代入上式，得

$$e_{ss}=\lim_{s\to 0}s\frac{E(s)}{H(s)}=\lim_{s\to 0}s\frac{1}{H(s)}\cdot\frac{1}{1+H(s)G(s)}\cdot X_i(s) \tag{4.45}$$

比较式（4.44）和式（4.45），得到稳态误差与稳态偏差的关系为

$$e_{ss}=\frac{\varepsilon_{ss}}{H(0)} \tag{4.46}$$

对于单位反馈系统，$H(s)=1$，其稳态误差

$$e_{ss}=\varepsilon_{ss}=\lim_{s\to 0}s\frac{1}{1+G(s)}\cdot X_i(s) \tag{4.47}$$

由此可见，系统的稳态误差 e_{ss} 不仅与系统的结构参数有关，还与输入信号 $x_i(t)$ 的特性有关。

2. 干扰作用下的稳态误差

对于如图4.11所示的反馈控制系统，干扰信号单独作用于系统时，方框图如图4.12所示，系统的偏差

$$E(s)=-\frac{G_2(s)H(s)}{1+G_2(s)G_1(s)H(s)}N(s)$$

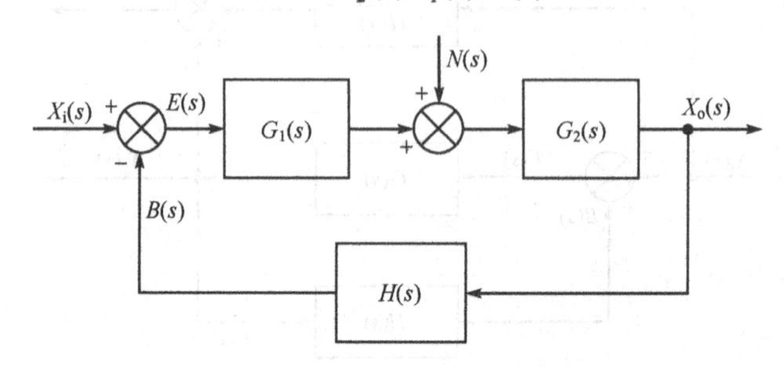

图4.11　考虑干扰的反馈控制系统

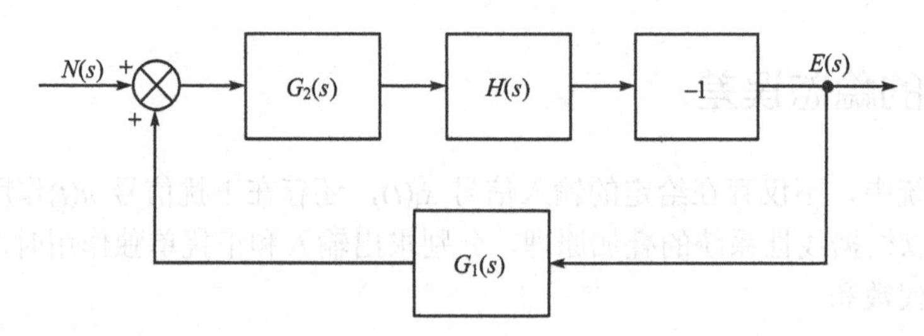

图4.12　干扰引起误差的系统方框图

稳态偏差

$$\varepsilon_{ss}=\lim_{t\to\infty}\varepsilon(t)=\lim_{s\to 0}sE(s)=-\lim_{s\to 0}s\cdot\frac{G_2(s)H(s)}{1+G_2(s)G_1(s)H(s)}N(s) \tag{4.48}$$

而稳态误差

$$e_{ss}=\lim_{s\to 0}sE_1(s)=\lim_{s\to 0}s\frac{E(s)}{H(s)}=-\lim_{s\to 0}s\frac{G_2(s)}{1+G_1(s)G_2(s)H(s)}N(s) \tag{4.49}$$

比较式（4.48）和式（4.49），得到稳态误差与稳态偏差的关系为

$$e_{ss}=\frac{\varepsilon_{ss}}{H(0)} \tag{4.50}$$

对于单位反馈系统，$H(s)=1$，其稳态误差

$$e_{ss}=\varepsilon_{ss}=-\lim_{s\to 0}s\frac{G_2(s)}{1+G_1(s)G_2(s)}N(s) \tag{4.51}$$

输入信号 $X_i(s)$ 和干扰信号 $N(s)$ 同时作用于系统，根据线性系统的叠加原理，系统总的稳态误差等于输入信号和干扰信号单独作用于系统所引起的稳态误差的线性叠加。

【例4.5】 若控制系统方框图如图4.13所示，已知输入信号 $x_i(t)=t$ 和干扰信号 $n(t)=-1(t)$，试计算该系统的稳态误差。

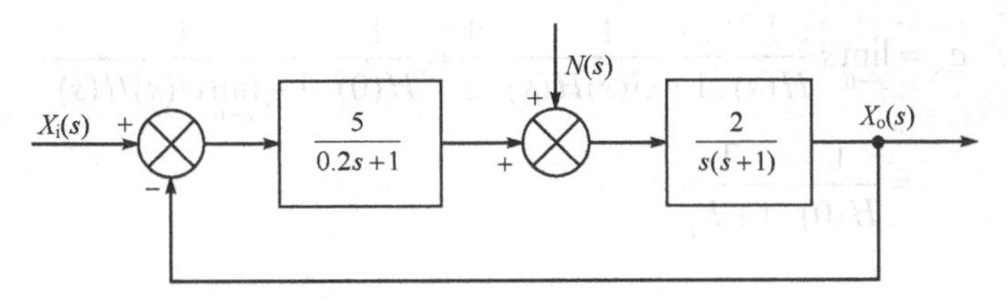

图 4.13　控制系统方框图

解：根据题意，设 $G_1(s)=\dfrac{5}{0.2s+1}$，$G_2(s)=\dfrac{2}{s(s+1)}$，系统有输入信号 $x_i(t)$和干扰信号 $n(t)$共同作用，即 $X_i(s)=\dfrac{1}{s^2}$，$N(s)=-\dfrac{1}{s}$。

① 求输入信号 $x_i(t)$引起的稳态误差 e_{ssi}。

该系统为单位反馈系统，$G(s)=G_1(s)G_2(s)$，由式（4.47）有

$$e_{ssi}=\lim_{s\to 0}s\frac{1}{1+G(s)}\cdot X_i(s)=\lim_{s\to 0}s\frac{1}{1+G_1(s)G_2(s)}\cdot\frac{1}{s^2}=0.1$$

② 设输入信号 $x_i(t)$=0，求由干扰信号 $n(t)$引起的稳态误差 e_{ssn}。

对于单位反馈系统，由式（4.51）有

$$e_{ssn}=-\lim_{s\to 0}s\frac{G_2(s)}{1+G_1(s)G_2(s)}N(s)=0.2$$

③ 根据线性叠加原理，求得系统在输入信号 $x_i(t)$和干扰信号 $n(t)$共同作用下的稳态误差：

$$e_{ss}=e_{ssi}+e_{ssn}=0.1+0.2=0.3$$

4.4.3　静态误差系数

1. 系统的结构特征

如图 4.10 所示的反馈控制系统，设其开环传递函数为

$$G(s)H(s)=\frac{K(\tau_1 s+1)(\tau_2 s+1)\cdots(\tau_m s+1)}{s^{\upsilon}(T_1 s+1)(T_2 s+1)\cdots(T_{n-\upsilon}s+1)}\tag{4.52}$$

式中，K 为系统的开环增益；τ_1，τ_2，…，τ_m 和 T_1，T_2，…，$T_{n-\upsilon}$ 为时间常数；υ 为开环传递函数中包含积分环节的个数。

工程上，通常根据 υ 来划分系统的类型。υ=0 的系统称为 0 型系统，υ=1 的系统称为 I 型系统，υ=2 的系统称为 II 型系统，以此类推。

稳态误差与系统的类型和输入信号有关，下面讨论在三种典型输入信号作用下系统的稳态误差。

2. 稳态误差系数

（1）静态位置误差系数 K_p

系统输入为单位阶跃信号时，$X_i(s)=\dfrac{1}{s}$，系统的稳态误差由式（4.45）得

$$e_{ss}=\lim_{s\to 0}s\frac{1}{H(s)}\cdot\frac{1}{1+G(s)H(s)}\cdot\frac{1}{s}=\frac{1}{H(0)}\cdot\frac{1}{1+\lim\limits_{s\to 0}G(s)H(s)}$$

$$=\frac{1}{H(0)}\cdot\frac{1}{1+K_p} \tag{4.53}$$

式中

$$K_p=\lim_{s\to 0}G(s)H(s) \tag{4.54}$$

定义为静态位置误差系数。

当系统为单位反馈控制系统时，有

$$e_{ss}=\frac{1}{1+K_p} \tag{4.55}$$

对于0型系统，$K_p=\lim\limits_{s\to 0}G(s)H(s)=\lim\limits_{s\to 0}\frac{K}{s^0}=K$［见式（4.52）］，$e_{ss}=\frac{1}{1+K}$，为有差系统。

对于Ⅰ型和Ⅱ型系统，$K_p=\lim\limits_{s\to 0}G(s)H(s)=\lim\limits_{s\to 0}\frac{K}{s^{\upsilon}}=\infty$［见式（4.52）］，$e_{ss}=0$，为位置无差系统。

（2）静态速度误差系数K_v

系统输入为单位斜坡信号时，$X_i(s)=\frac{1}{s^2}$，系统的稳态误差

$$e_{ss}=\lim_{s\to 0}s\frac{1}{H(s)}\cdot\frac{1}{1+G(s)H(s)}\cdot\frac{1}{s^2}=\frac{1}{H(0)}\cdot\lim_{s\to 0}\frac{1}{s+sG(s)H(s)}$$

$$=\frac{1}{H(0)}\cdot\frac{1}{\lim\limits_{s\to 0}sG(s)H(s)}=\frac{1}{H(0)}\cdot\frac{1}{K_v} \tag{4.56}$$

式中

$$K_v=\lim_{s\to 0}sG(s)H(s) \tag{4.57}$$

定义为静态速度误差系数。

当系统为单位反馈控制系统时，有

$$e_{ss}=\frac{1}{K_v} \tag{4.58}$$

对于0型系统，$K_v=\lim\limits_{s\to 0}sG(s)H(s)=\lim\limits_{s\to 0}s\cdot K=0$［见式（4.52）］，$e_{ss}=\frac{1}{K_v}=\infty$。

对于Ⅰ型系统，$K_v=\lim\limits_{s\to 0}sG(s)H(s)=\lim\limits_{s\to 0}s\frac{K}{s}=K$［见式（4.52）］，$e_{ss}=\frac{1}{K}$。

对于Ⅱ型系统，$K_v=\lim\limits_{s\to 0}sG(s)H(s)=\lim\limits_{s\to 0}\frac{K}{s}=\infty$［见式（4.52）］，$e_{ss}=0$。

上述分析表明，输入为斜坡信号时，0型系统不能跟随，Ⅰ型系统为有差系统，Ⅱ型及其以上系统为无差系统。

（3）静态加速度误差系数K_a

系统输入为单位加速度信号时，$X_i(s)=\frac{1}{s^3}$，系统的稳态误差

$$e_{ss}=\lim_{s\to 0}s\frac{1}{H(s)}\cdot\frac{1}{1+G(s)H(s)}\cdot\frac{1}{s^3}=\frac{1}{H(0)}\cdot\lim_{s\to 0}\frac{1}{s^2+s^2G(s)H(s)}$$

$$=\frac{1}{H(0)}\cdot\frac{1}{\lim\limits_{s\to 0}s^2G(s)H(s)}=\frac{1}{H(0)}\cdot\frac{1}{K_a} \tag{4.59}$$

式中

$$K_a=\lim_{s\to 0}s^2G(s)H(s) \tag{4.60}$$

定义为静态加速度误差系数。

当系统为单位反馈控制系统时，有

$$e_{ss}=\frac{1}{K_a} \tag{4.61}$$

对于0型，$K_a=\lim\limits_{s\to 0}s^2G(s)H(s)=\lim\limits_{s\to 0}s^2K=0$［见式（4.52）］，$e_{ss}=\dfrac{1}{K_a}=\infty$。

对于Ⅰ型系统，$K_a=\lim\limits_{s\to 0}s^2G(s)H(s)=\lim\limits_{s\to 0}sK=0$［见式（4.52）］，$e_{ss}=\dfrac{1}{K_a}=\infty$。

对于Ⅱ型系统，$K_a=\lim\limits_{s\to 0}s^2G(s)H(s)=K$［见式（4.52）］，$e_{ss}=\dfrac{1}{K}$。

可见，输入为加速度信号时，0型和Ⅰ型系统误差为∞不能跟随，Ⅱ型系统为有差系统，Ⅱ型以上系统为无差系统。

【例 4.6】 对例 4.2 所示的单位反馈系统，试确定静态位置误差系数、静态速度误差系数和当输入为$x_i(t)=2t$时，系统的稳态误差。

解：系统开环传递函数为

$$G_K(s)=\frac{5.5}{s(0.13s+1)}$$

静态位置误差系数由式（4.54）得

$$K_p=\lim_{s\to 0}G_K(s)=\lim_{s\to 0}\frac{5.5}{s(0.13s+1)}=\infty$$

静态速度误差系数由式（4.57）得

$$K_v=\lim_{s\to 0}sG_K(s)=\lim_{s\to 0}s\frac{5.5}{s(0.13s+1)}=5.5$$

当输入为$x_i(t)=2t$时，对于单位反馈系统，稳态误差

$$e_{ss}=\frac{2}{K_v}=\frac{2}{5.5}=0.36$$

3．小结

① 静态位置误差系数K_p、静态速度误差系数K_v和静态加速度误差系数K_a分别指系统在单位阶跃、单位斜坡和单位加速度输入下引起的稳态误差。

② 对于不同类型的单位反馈系统，在不同典型信号作用下的稳态误差见表 4.3。在表的对角线上，稳态误差为有限值；在对角线以上的部分，稳态误差为∞；在对角线以下的部分，稳态误差为0。由此可见，随着系统型号的增高，系统本身消除稳态误差的能力增强；增大系统的开环增益，稳态误差减小，准确度提高。但系统型号的增高或开环增益的增大，均会导致系

统的稳定性下降。

表4.3 不同输入信号作用下不同类型单位反馈系统的稳态误差

系统类型	系统输入		
	单位阶跃	单位斜坡	单位加速度
0型系统	$\frac{1}{1+K}$	∞	∞
I型系统	0	$\frac{1}{K}$	∞
II型系统	0	0	$\frac{1}{K}$

③ 对于单位反馈系统，稳态误差 e_{ss} 等于稳态偏差 ε_{ss}；对于非单位反馈系统，稳态误差 e_{ss} 和稳态偏差 ε_{ss} 的关系为

$$e_{ss}=\frac{\varepsilon_{ss}}{H(0)}$$

④ 根据线性系统的叠加原理，当输入信号由上述典型信号线性组合时，系统的稳态误差应为它们分别作用时的稳态误差之和。

4.5 思政元素

4.5.1 指数函数与国王下棋的故事

4.3.3节中 $\xi=1$ 时，临界阻尼系统瞬态响应曲线表达式由两个函数组成，一个是 t 线性上升函数，另一个是 $e^{-\omega_n t}$ 指数衰减函数，但结果最终为按指数规律衰减，为什么？

这里我们先看一个小故事，从前有个国王和他的一个大臣下棋，国王对大臣说："如果今天你能赢我这盘棋，你想要什么，我都会满足你。"经过一番较量后，大臣真的赢了，国王一言九鼎，说话算数，对大臣说："说吧，你想要什么？"大臣说："陛下，我要的东西其实很简单，在我们面前有一张棋盘，在这个棋盘上有64个格子，我只需陛下您，在这个棋盘的每一个格子上放一些大米。具体方法是这样：在第一个格子里放一粒米，在第二个格子里放两粒米，在第三个格子里放四粒米，以此类推，按 2^n 规律，放满这64个格子。"国王一听非常开心地说："你的要求不高嘛，传粮食大臣，把米拿来。"粮食大臣过来一算，呆住了，因为只最后一个格子里就要放 2^{63} 粒米，这是一个超乎我们想象的天文数字，即便把当时整个国家粮库的米全部拿出来，也达不到这样一个数字。这就是按指数级增长的速度。

这个故事告诉我们，指数函数的上升（或衰减）速度是惊人的，所以一个线性增长函数和一个指数衰减函数相乘，随着时间的推移，线性增长速度与指数衰减速度相比，是可以忽略不计的，因此 $\xi=1$ 时的临界阻尼系统单位脉冲响应，最终遵循指数衰减规律。

其实，在这个世界上很多事物都遵循这个规律，我们常说将功补过，但有时功却永远也无法弥补那个"过"，因为"过"所造成的损失成指数规律增长了，而"功"的结果却可能只是

按线性规律发展，“功”无法盖“过”。所以在我国《礼记·经解》中有一句著名的古语“君子慎始，差若毫厘，谬以千里。”

让我们记住，差之毫厘，谬以千里，因为在自然界中有一个规律，叫指数规律，一旦错误的结果进入这个规律，后果不堪设想，故君子慎始！

4.5.2　读一条曲线享豁达人生

曾经有一位学生，准备考取一个资格证，做了很多模拟题，有一天给我发来信息，情绪有些低落，对我说，做题的结果总是不稳定，在过与不过的线上波动。我把图 4.8 那条二阶系统单位阶跃响应曲线发给了她，让她看这条曲线，并解释说，这条曲线以系统最终希望输出结果为中心，上下波动，经过一段振荡过程后，很平稳地趋于了希望值。我告诉她，你现在就处于这个振荡时期，坚持下去，经历一段动态过程后，就会稳定在你希望的结果上。这位学生坚持了下来，最终顺利通过了考试。

多少年以后，我在朋友圈发了这条曲线，并写下了一段感想，这位学生看到后在下面留言说：“这条曲线，曾鼓舞我拿到了第一个资格证书，并在以后的很多事情中支撑鼓舞了我，这条曲线让我懂得，不要祈盼走向目标的那条道路平坦安稳，相反振荡前行是最好的路径，只要坚持，定能走过那个动态过程，走向心中向往的目标之地，这是一条可以带领我走向豁达人生的奇妙曲线。”

看到留言，我很感动，工程科学竟然也可以直指心灵，科学与人文竟然可以异曲同工。一条振荡前行、表达工程系统输出状态的科学曲线，竟然诠释了人生路中的波峰波谷、坎坎坷坷。一条工程曲线的动态过程及最终趋于的结果，竟然可以成为人们脚前的光，路上的灯，给人以希望和鼓舞，它预示了那个波波折折的过程终将结束，那个最终希望的结果一定能到来。

品读这条曲线，坦然面对人生中的坎坎坷坷；

品读这条曲线，淡然面对人生中的高峰低谷，因否极会泰来，因乐极会生悲。

其实，这条曲线诠释了世间很多事物的发展规律，振荡着趋于平衡是事情发展的理想轨迹。渺小如个人，宏大如宇宙，无不遵循此等规律。

4.5.3　科学与国学殊途同归

在 4.3.4 节二阶系统阶跃响应分析中，当 $\xi=0.707$ 时被称为工程最佳参数，但通过计算我们会发现，此时系统响应既不是最快的，也不是最平稳的，何谈最佳？

其实，系统的平稳性和快速性是一对相互制约的指标，提升快速性就会牺牲平稳性，反之亦然。所以，一味追求单一指标的最优化，并不能获得系统合理的工作状态。相反，在指标之间寻求一个平衡点，使每项指标都能保持在中等偏上水平，彼此兼顾方为最佳。$\xi=0.707$ 正是这个平衡点，故称工程最佳参数。

但不同的工程场合，也会有相对不同的要求，比如有些负载较大的场合，对传动平稳性要求较高，快速性要求较低，此时设计系统时，就可以适当牺牲一些快速性以保证平稳性；反之，一些负载小、灵活度高的场合，对快速性要求较高，平稳性可以适当降低，此时设计系统时，就可以牺牲一些平稳性来确保快速性。但前提条件是要保证被牺牲的指标一定在工程要求的正常值范围内。

所以，工程最佳参数适应于大部分的普通系统，特殊工程场合还要根据具体要求选取相关参数，即事物都有它的普遍性和特殊性，我们既不能一刀切，也不能以偏概全，具体问题具体分析。

工程系统如此，个人、家庭、国家发展均如此。盲目追求单一指标定会以牺牲其他指标为代价。一刀切地以普遍规则处理特殊事物，或者以偏概全地将特例方法应用到普遍场合，都是不科学的行为方式。

针对学生时代，每个学生都应该追求平衡发展，道德品质、公民素养、学习能力、交流与合作能力、运动与健康、审美与表现，这些是我们个人健康成长的保证，也是使我们成为合格栋梁之才的基石。但如何平衡这些指标，又如何尊重自身特点，也正是我们成长过程中需要思考的问题，希望控制工程的这节内容，能给大家以启迪。

其实在《论语》中就有“中庸之为德也，其至矣乎”，意思为中庸作为一种道德，该是最高的了。科学与国学殊途同归。

4.5.4 大道至简

4.4 节的核心任务是寻找稳态误差的求解方法，在 4.4.2 节中我们得到了式（4.47），$e_{ss}=\varepsilon_{ss}=\lim\limits_{s\to 0}s\dfrac{1}{1+G(s)}\cdot X_i(s)$，此时，就已经得到了稳态误差$e_{ss}$的求解方法，4.4 节内容到此可以结束，式（4.47）作为公式可以用来求解任何线性系统的稳态误差。

但此时 4.4 节的内容并没有结束，从 4.4.2 又延续出了 4.4.3，为什么？

因为控制工程学科的先驱们，要去寻找一种更简便直接求解稳态误差的方法。继续分析，他们发现式（4.47）中的稳态误差由系统传递函数$G(s)$和系统输入信号$X_i(s)$两者共同决定，通过研究它们的特点，提出了系统型的概念，定义了三个静态误差系数。由此，直接获得了三种输入信号，对应三种型号系统的九种稳态误差结果，列成表 4.3。这样，系统稳态误差的获得就变得如此简单，只需根据系统的传递函数和输入信号查表即可。

细细品读 4.4 节内容，静心体会稳态误差求取方法的推导过程，我们会感悟到科学家不满足于此的进取与探索精神，同时也会感悟到中国古代哲学中大道至简的思想内涵。

本章小结

（1）时域分析法通过直接求解系统在典型输入信号作用下的时域响应来分析系统性能。通常以系统阶跃响应的超调量、调整时间和稳态误差等性能指标来评价系统性能的优劣。

（2）二阶系统在欠阻尼时的响应虽有振荡，但只要阻尼比ξ取值适当（如ξ=0.7 左右），那么系统既有响应的快速性，又有过渡过程的平稳性，因而在控制工程中常把二阶系统设计为欠阻尼。

（3）系统的稳态误差是系统的稳态性能指标，它标志着系统的控制精度。稳态误差既与系统的结构和参数有关，又与控制信号的形式、大小和作用点有关。

习题 4

4.1　设温度计为一惯性环节，要求温度计在 1min 内指示出响应稳态值的 98%，求此温度计的时间常数。

4.2　一控制系统的单位阶跃响应为

$$x_o(t) = 1 + 0.2e^{-60t} - 1.2e^{-10t}$$

试求：（1）系统的闭环传递函数；（2）系统的无阻尼固有频率 ω_n 和阻尼比 ξ。

4.3　设单位反馈系统的开环传递函数为

$$G(s) = \frac{4}{s(s+5)}$$

求该系统的单位阶跃响应和单位脉冲响应。

4.4　已知单位反馈系统的开环传递函数

$$G(s) = \frac{K}{Ts+1}$$

试求：（1）K=20，T=0.2；（2）K=16，T=0.1；（3）K=2.5，T=1 时的单位阶跃响应，并分析开环增益 K 与时间常数 T 对系统性能的影响。

4.5　控制系统如题 4.5 图所示，要求系统的最大超调量 M_p=25%，峰值时间 t_p=2s，试确定 K 和 K_t 的值。

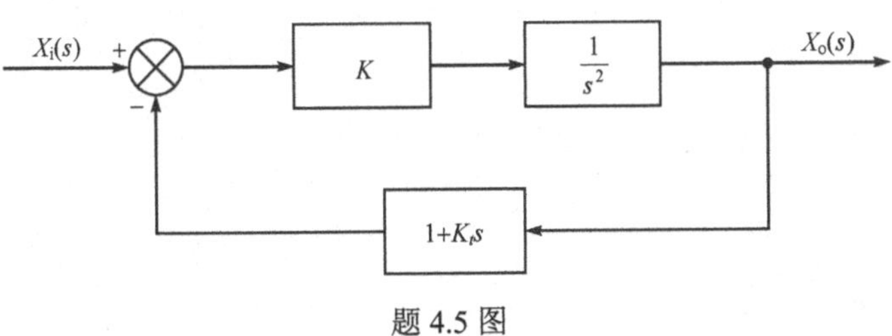

题 4.5 图

4.6　由实验测得二阶系统的单位阶跃响应曲线如题 4.6 图所示，试求：（1）求系统的无阻尼固有频率 ω_n 和阻尼比 ξ；（2）若该系统为单位反馈控制系统，试确定其开环传递函数。

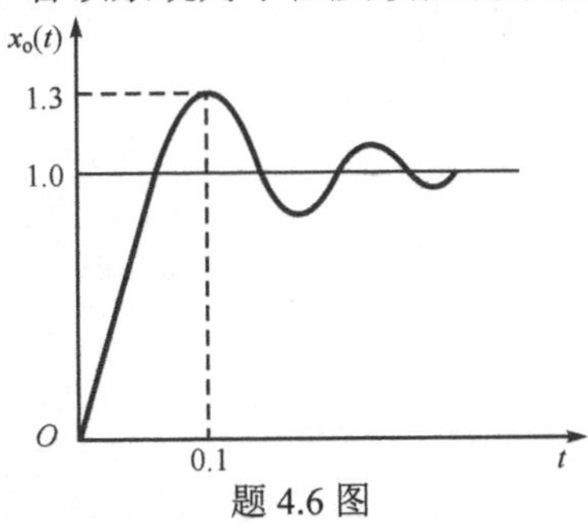

题 4.6 图

4.7　设单位反馈系统的开环传递函数为

$$G(s) = \frac{1}{s(s+1)}$$

求系统的上升时间 t_r、峰值时间 t_p、调整时间 t_s 和超调量 M_p。

4.8　一单位反馈系统的开环传递函数

$$G_K(s) = \frac{10}{s(0.1s+1)}$$

试求：（1）系统的静态误差系数 K_p、K_v 和 K_a；（2）输入为 $x_i(t) = a_0 + a_1 t + \frac{1}{2}a_2 t^2$ 时，系统的稳态误差。

4.9　单位反馈系统的开环传递函数

$$G(s) = \frac{K}{s(s+1)(s+5)}$$

当输入单位斜坡信号时，求系统的稳态误差 e_{ss}=0.01 时的 K 值。

4.10　控制系统如题 4.10 图所示，已知输入 $x_i(t) = t$，$n(t) = 1(t)$，求系统的稳态误差。

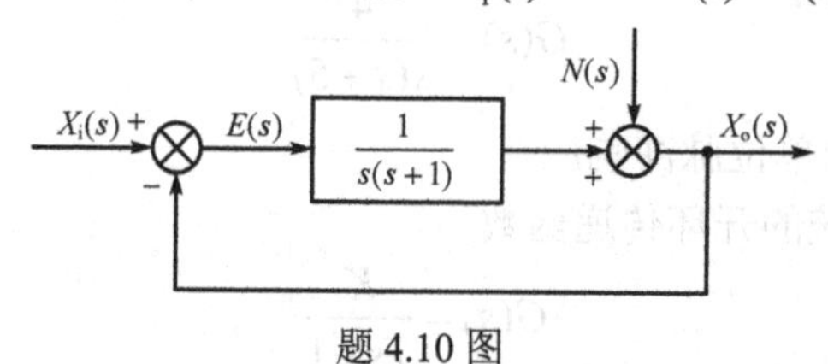

题 4.10 图

Chapter 5

第5章 系统频率响应分析

学习要点

了解频率响应及频率特性的概念、特点，以及频率特性与传递函数的关系；了解最小相位系统与非最小相位系统的概念；熟悉典型环节的Nyquist图和Bode图；掌握控制系统的Nyquist图和Bode图的一般绘制方法。

时域分析法是分析控制系统的直接方法，比较直观。但是，如果不借助计算机，分析高阶系统就比较困难。因此，需要发展其他方法来分析控制系统，其中频率响应分析就是工程上经常采用的分析和研究系统的一种间接方法。频率响应分析是经典控制理论中研究和分析系统特性的主要方法。利用此方法，可以将传递函数从复域引到具有明确物理概念的频域来分析。

5.1 频率特性概述

5.1.1 频率特性的概念

1. 频率响应

线性定常系统对正弦输入的稳态响应称为频率响应。

对于如图 5.1 所示的线性定常系统，若对其输入一正弦信号

$$x_i(t)=X_i\sin\omega t$$

根据微分方程解的理论，则系统稳态输出信号为

$$x_o(t)=X_o(\omega)\sin[\omega t+\varphi(\omega)]$$

该信号也是一个正弦信号，其频率与输入信号相同，但幅值和相位发生了变化，如图 5.2 所示。

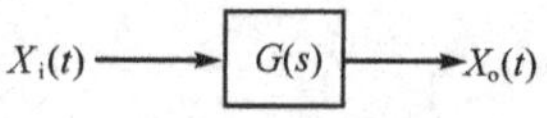

$X_i(t)$ → $G(s)$ → $X_o(t)$

图 5.1　线性定常系统

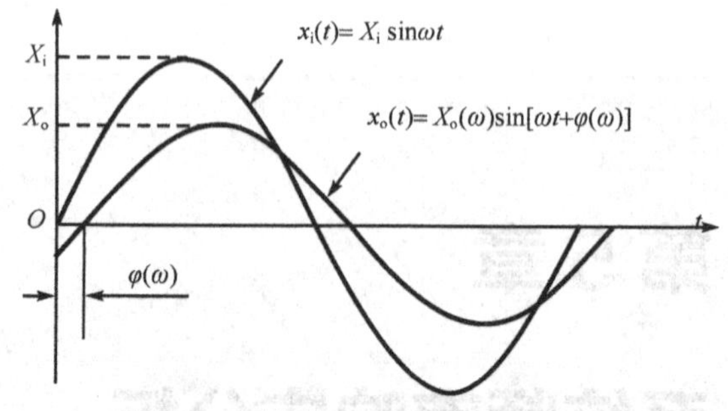

图 5.2　系统输入及稳态的输出波形

如图 5.1 所示的线性定常系统，假设其中传递函数为一阶系统

$$G(s)=\frac{K}{Ts+1}$$

输入信号为 $x_i(t)=X_i\sin\omega t$，则其拉氏变换为

$$x_i(s)=\frac{X_i\omega}{s^2+\omega^2}$$

因而有系统输出的拉氏变换

$$X_o(s)=G(s)x_i(s)=\frac{K}{Ts+1}\cdot\frac{X_i\omega}{s^2+\omega^2}$$

取拉氏逆变换并整理得

$$X_o(t)=\frac{X_iKT\omega}{1+T^2\omega^2}\cdot e^{-t/T}+\frac{X_iK}{\sqrt{1+T^2\omega^2}}\sin(\omega t-\arctan T\omega)$$

式中，$X_o(t)$ 即为由输入引起的响应。其中，右边第一项是瞬态分量，第二项是稳态分量。$-1/T$ 为 $G(s)$ 的极点或系统微分方程的特征根 s_i，因 s_i 为负值，随着时间的推移，即 $t\to\infty$ 时，瞬态分量迅速衰减至零，所以系统是稳定的，此时系统只剩下稳态输出

$$x_o(t)=\frac{X_iK}{\sqrt{1+T^2\omega^2}}\sin(\omega t-\arctan T\omega) \tag{5.1}$$

由式（5.1）可以看出，系统的稳态输出是一个与输入同频率的正弦信号，其幅值 $X_o(\omega)=\frac{X_iK}{\sqrt{1+T^2\omega^2}}$，相位 $\varphi(\omega)=-\arctan T\omega$。当正弦的频率 ω 变化时，幅值 $X_o(\omega)$ 与相位 $\varphi(\omega)$ 随之变化，所以线性定常系统对正弦输入的稳态响应被称为频率响应，式（5.1）为该系统的频率响应。

2．频率特性

综上所述，线性系统在正弦输入作用下，其稳态输出的幅值和相位随频率 ω 的变化而变化，

这恰好反映了系统本身的特性，我们将反映该特性的表达式 $\dfrac{X_o(\omega)}{X_i}$ 和 $-\arctan T\omega$ 称为系统的频率特性，记为

$$A(\omega)=\frac{X_o(\omega)}{X_i}$$
$$\varphi(\omega)=-\arctan T\omega \tag{5.2}$$

式中，$A(\omega)$ 称为系统的幅频特性；$\varphi(\omega)$ 称为系统的相频特性。

3. 频率特性与传递函数的关系

设描述系统的微分方程为

$$\begin{aligned}&a_n x_o^{n}(t)+a_{n-1}x_o^{(n-1)}(t)+\cdots+a_1\dot{x}_o(t)+a_0x_o(t)\\&=b_m x_i^{(m)}(t)+b_{m-1}x_i^{(m-1)}+\cdots+b_1\dot{x}_i(t)+b_0x_i(t)\end{aligned} \tag{5.3}$$

系统的传递函数为

$$G(s)=\frac{X_o(s)}{X_i(s)}=\frac{b_ms^m+b_{m-1}s^{m-1}+\cdots+b_1s+b_0}{a_ns^n+a_{n-1}s^{n-1}+\cdots+a_1s+a_0} \tag{5.4}$$

当输入信号为正弦信号，即 $x_i(t)=X_i\sin\omega t$ 时，其拉氏变换为

$$X_i(s)=\frac{X_i\omega}{s^2+\omega^2} \tag{5.5}$$

由式（5.4）和式（5.5）可得

$$X_o(s)=G(s)X_i(s)=\frac{b_ms^m+b_{m-1}s^{m-1}+\cdots+b_1s+b_0}{a_ns^n+a_{n-1}s^{n-1}+\cdots+a_1s+a_0}\cdot\frac{X_i\omega}{s^2+\omega^2} \tag{5.6}$$

若系统无重极点，则上式可写为

$$X_o(s)=\sum_{i=1}^{n}\frac{A_i}{s-s_i}+\left(\frac{B}{s-\mathrm{j}\omega}+\frac{B^*}{s+\mathrm{j}\omega}\right) \tag{5.7}$$

式中，s_i 为系统特征方程的根；A_i、B、B^*（B^* 为 B 的共轭复数）为待定系数。对上式进行拉氏逆变换可得系统的输出为

$$x_o(t)=\sum_{i=1}^{n}A_i\mathrm{e}^{s_it}+(B\mathrm{e}^{\mathrm{j}\omega t}+B^*\mathrm{e}^{-\mathrm{j}\omega t}) \tag{5.8}$$

对稳定系统而言，系统的特征根 s_i 均具有负实部，当 $t\to\infty$ 时，将衰减为零，则上式只剩下其稳态分量，故系统的稳态响应为

$$x_o(t)=B\mathrm{e}^{\mathrm{j}\omega t}+B^*\mathrm{e}^{-\mathrm{j}\omega t} \tag{5.9}$$

若系统含有 r 个重极点 s_j，则 $x_o(t)$ 将含有 $t^k\mathrm{e}^{s_jt}$（k=1,2,⋯,r−1）这样一系列项。对于稳定的系统，由于 s_j 的实部为负，t^k 的增长没有 e^{s_jt} 的衰减快。所以 $t^k\mathrm{e}^{s_jt}$ 的各项随着 $t\to\infty$ 也都趋于零。因此，对于稳定的系统不管系统是否有重极点，其稳态响应都如式（5.9）所示。式（5.9）中的待定系数 B 和 B^* 可根据 2.3 节中介绍的方法求得，即

$$B=G(s)\frac{X_i\omega}{(s-\mathrm{j}\omega)(s+\mathrm{j}\omega)}(s-\mathrm{j}\omega)\Big|_{s=\mathrm{j}\omega}=G(s)\frac{X_i\omega}{s+\mathrm{j}\omega}\Big|_{s=\mathrm{j}\omega}=G(\mathrm{j}\omega)\cdot\frac{X_i}{2\mathrm{j}}=\left|G(\mathrm{j}\omega)\right|\mathrm{e}^{\mathrm{j}\angle G(\mathrm{j}\omega)}\cdot\frac{X_i}{2\mathrm{j}}$$

同理可得

$$B^*\big|_{s=-j\omega}=G(-j\omega)\frac{X_i}{-2j}=|G(j\omega)|e^{-j\angle G(j\omega)}\cdot\frac{X_i}{-2j}$$

将B和B^*代入式（5.9）中，则系统的稳态响应为

$$\begin{aligned}x_o(t)&=|G(j\omega)|X_i\frac{e^{j[\omega t+\angle G(j\omega)]}-e^{-j[\omega t+\angle G(j\omega)]}}{2j}\\&=|G(j\omega)|X_i\sin[\omega t+\angle G(j\omega)]\end{aligned}\tag{5.10}$$

根据频率特性的定义可知，系统的幅频特性和相频特性分别为

$$\begin{aligned}A(\omega)&=\frac{X_o(\omega)}{X_i}=|G(j\omega)|\\\varphi(\omega)&=\angle G(j\omega)\end{aligned}\tag{5.11}$$

故$G(j\omega)=|G(j\omega)|e^{j\angle G(j\omega)}$就是系统的频率特性，它是将$G(s)$中的$s$用$j\omega$取代后的结果，是$\omega$的复变函数。显然，频率特性的量纲就是传递函数的量纲，也是输出信号与输入信号的量纲之比。

由于$G(j\omega)$是一个复变函数，故也可写成实部和虚部之和，即

$$G(j\omega)=\mathrm{Re}[G(j\omega)]+\mathrm{Im}[G(j\omega)]=u(\omega)+jv(\omega)\tag{5.12}$$

式中，$u(\omega)$是频率特性的实部，称实频特性（在测试技术中又称同相分量）；$v(\omega)$是频率特性的虚部，称虚频特性（在测试技术中又称异相分量）。

综上所述，一个系统可以用微分方程或传递函数来描述，也可以用频率特性来描述。它们之间的相互关系如图5.3所示。将微分方程的微分算子$\frac{d}{dt}$换成s后，由此方程就可获得传递函数；而将传递函数中的s换成$j\omega$，传递函数就变成了频率特性，反之亦然。

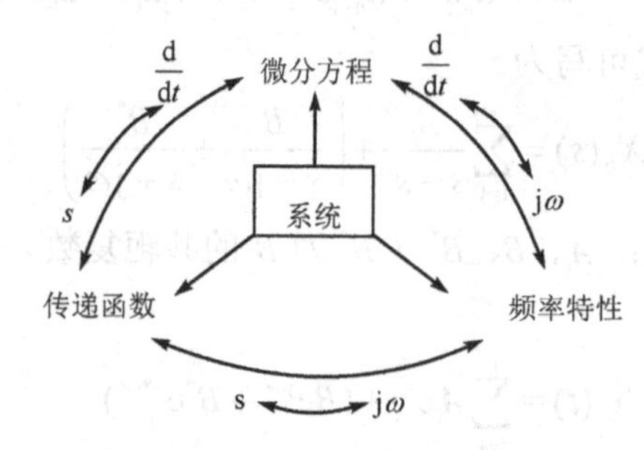

图5.3　系统的微分方程、传递函数和频率特性的相互转换

5.1.2　频率特性的特点和作用

1. 频率特性可通过频率响应试验求取

用试验法求取频率特性，这是实际系统中常用的重要方法。根据频率特性的定义，首先改变输入正弦信号$X_i e^{j\omega t}$的频率ω，并测出与此相应的输出幅值$X_o(\omega)$与相移$\varphi(\omega)$。然后做出幅值$\frac{X_o(\omega)}{X_i}$对频率ω的函数曲线，此即幅频特性曲线；做出相移$\varphi(\omega)$对频率ω的函数曲线，此即相频特性曲线。

2. 频率特性是单位脉冲响应函数的频谱

设某系统的输出为

$$X_o(s) = G(s)X_i(s)$$

根据频率特性与传递函数的关系有

$$X_o(j\omega) = G(j\omega)X_i(j\omega)$$

当 $x_i(t) = \delta(t)$ 时，

$$X_i(j\omega) = F[\delta(t)] = 1$$

故

$$X_o(j\omega) = G(j\omega)$$

或

$$F[X_o(t)] = G(j\omega)$$

这表明系统的频率特性就是单位脉冲响应函数的傅里叶变换或其频谱，所以对频率特性的分析就是对单位脉冲响应函数的频谱分析。

时间响应分析主要是通过分析线性系统过渡过程，以获得系统的动态特性；而频率特性分析则是通过分析不同的正弦输入时系统的稳态响应，来获得系统的动态特性。

在研究系统结构及参数的变化对系统性能的影响时，许多情况下（如对于单输入、单输出系统），在频域中分析比在时域中分析要容易。特别是根据频率特性可以比较方便地判别系统的稳定性和稳定性储备，并可通过频率特性进行参数选择或对系统进行校正，使系统达到预期的性能指标。从而更易于选择系统工作的频率范围，或者根据系统工作的频率范围，设计具有合适频率特性的系统。

若线性系统的阶次较高，求得系统的微分方程较困难时，用实验的方法获得频率特性会更方便。

例如，对于机械系统或液压系统，动柔度或动刚度这一动态性能是非常重要的。但是，当无法用分析法或不能较精确地用分析法求得系统的微分方程或传递函数时，这一动态性能也就无法求得。然而，用实验方法在系统的输入端加上一个按正弦规律变化的力信号，记录系统的位移，改变输入信号的频率可获得相应位移的稳态输出幅值与相位，从而获得系统的频率特性 $G(j\omega) = G(j\omega)e^{j\varphi(\omega)}$。

若系统的输入信号中带有严重的噪声干扰，则对系统采用频率特性分析法可设计出合适的通频带，以抑制噪声的影响。

可见，在经典控制理论中，频率特性分析比时间响应分析更具优越性。

频率特性分析法也有其不足。由于实际系统往往存在非线性，在机械工程中尤其如此，因此，即使能给出准确的输入正弦信号，系统的输出也常常不是一个严格的正弦信号。这使得建立在严格正弦信号基础上的频率特性分析与实际情况之间有一定的距离，使频率特性分析产生误差。

5.2 频率特性的极坐标图（Nyquist 图）

频率特性 $G(j\omega)$ 是复数，确切地说是一个实变的复值函数。所以 $G(j\omega)$ 随 ω 变化的情况可以用复平面上的矢量表示，矢量的长度为其幅值 $|G(j\omega)|$，与正实轴的夹角为其相角 $\varphi(\omega)$，在

实轴和虚轴上的投影分别为其实部和虚部。相角 $\varphi(\omega)$ 的符号规定为从正实轴开始，逆时针方向旋转为正，顺时针方向旋转为负。

如图 5.4 所示，其实部和虚部分别为

$$U(\omega)=\mathrm{Re}[G(\mathrm{j}\omega)] \qquad V(\omega)=\mathrm{Im}[G(\mathrm{j}\omega)]$$

幅值和相角分别表示为

$$A(\omega)=\sqrt{U^2(\omega)+V^2(\omega)} \qquad \varphi(\omega)=\arctan\frac{V(\omega)}{U(\omega)}$$

当 ω 从 0→∞时，$G(\mathrm{j}\omega)$ 的幅值和相角均会随着 ω 的变化而变化，其端点会在复平面上描绘出一个轨迹，该轨迹即为频率特性的极坐标图，或称 Nyquist 图，如图 5.5 所示，它不仅表示了幅频特性和相频特性，而且表示了实频特性和虚频特性。图中 ω 的箭头方向为 ω 从小到大的方向。

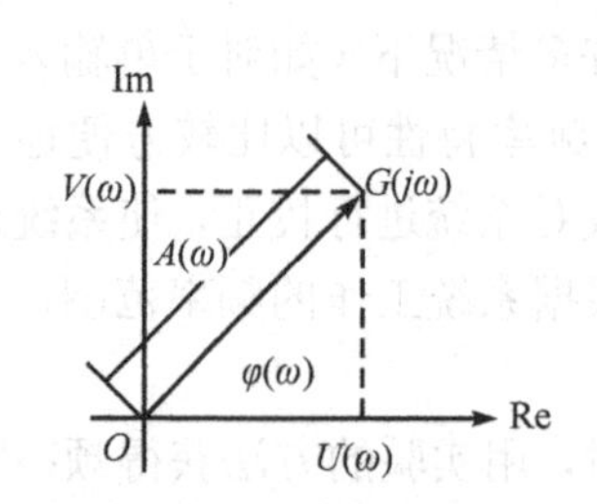

图 5.4 频率特性的几何表示

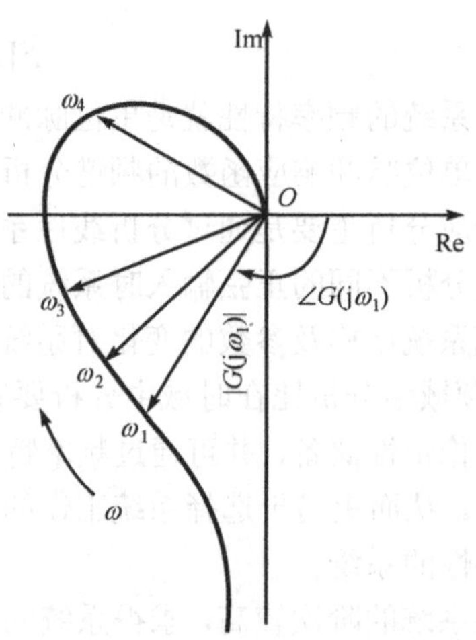

图 5.5 频率特性极坐标图

5.2.1 典型环节的 Nyquist 图

在 3.2.3 节中曾分析一般系统均由一些典型环节组成，并介绍了工程控制系统中常用典型环节的传递函数。同样，系统的频率特性也由一些典型环节的频率特性所组成，熟悉这些典型环节的频率特性是了解系统频率特性和分析系统性能的基础。

下面在 3.2.3 节中给出的传递函数的基础上，分别讨论这几种典型环节的 Nyquist 图。

1. 比例环节

因比例环节的传递函数 $$G(s)=\frac{X_\mathrm{o}(s)}{X_\mathrm{i}(s)}=K$$

故比例环节的频率特性为 $$G(\mathrm{j}\omega)=K$$

因此，该环节的实频特性恒为 K，虚频特性恒为 0。

幅频特性 $|G(\mathrm{j}\omega)|=K$，相频特性 $\angle G(\mathrm{j}\omega)=0$，所以比例环节频率特性的 Nyquist 图为实轴上的一个定点，其坐标为 $(K, \mathrm{j}0)$，如图 5.6 所示。

2．积分环节

因积分环节的传递函数 $G(s)=\dfrac{X_o(s)}{X_i(s)}=\dfrac{1}{Ts}$

故积分环节的频率特性为 $G(\mathrm{j}\omega)=\dfrac{1}{\mathrm{j}T\omega}$

因此，该环节的实频特性恒为 0，虚频特性则为$-\dfrac{1}{T\omega}$。

幅频特性$|G(\mathrm{j}\omega)|=\dfrac{1}{T\omega}$，相频特性$\angle G(\mathrm{j}\omega)=-90°$。

当ω从 0→∞时，$|G(\mathrm{j}\omega)|$从∞→0，相位总是−90°。

所以积分环节频率特性的 Nyquist 图是虚轴的下半轴，由无穷远点指向原点，如图 5.7 所示，积分环节具有恒定的相位滞后。

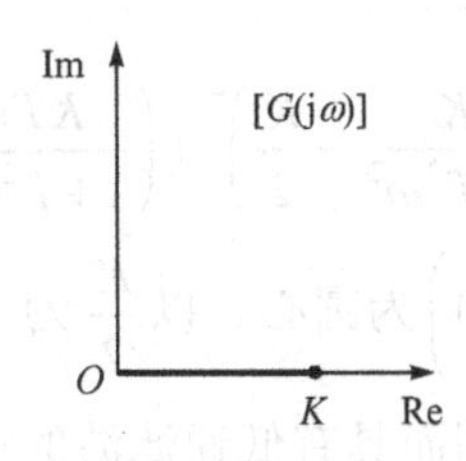

图 5.6 比例环节的 Nyquist 图

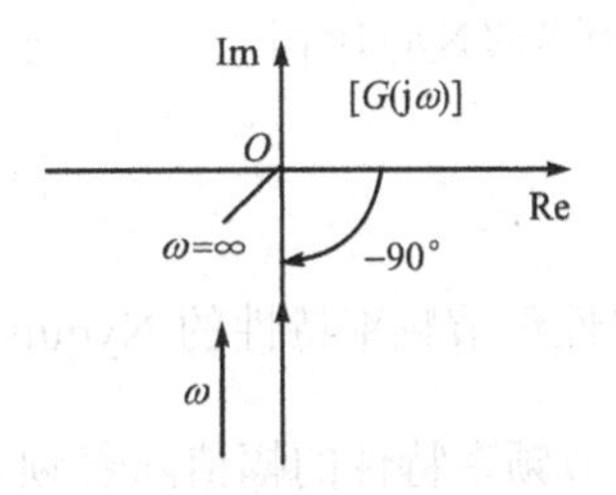

图 5.7 积分环节的 Nyquist 图

3．微分环节

因微分环节的传递函数 $G(s)=\dfrac{X_o(s)}{X_i(s)}=Ts$

故微分环节的频率特性为 $G(\mathrm{j}\omega)=\mathrm{j}T\omega$

因此，该环节的实频特性恒为 0，虚频特性则为$T\omega$。

幅频特性$|G(\mathrm{j}\omega)|=T\omega$，相频特性$\angle G(\mathrm{j}\omega)=90°$。

当ω从 0→∞时，$G(\mathrm{j}\omega)$的幅值由 0→∞，相位总是 90°。

所以微分环节频率特性的 Nyquist 图是虚轴的上半轴，由原点指向无穷远点，如图 5.8 所示，微分环节具有恒定的相位超前。

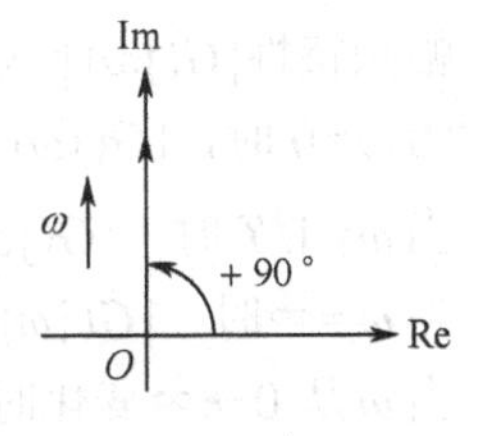

图 5.8 微分环节的 Nyquist 图

4．惯性环节

因惯性环节的传递函数 $G(s)=\dfrac{X_o(s)}{X_i(s)}=\dfrac{K}{Ts+1}$

故惯性环节的频率特性为

$$G(\mathrm{j}\omega)=\frac{K}{\mathrm{j}T\omega+1}=\frac{K}{1+T^2\omega^2}-\mathrm{j}\frac{KT\omega}{1+T^2\omega^2}$$

因此，该环节的实频特性$u(\omega)=\dfrac{K}{1+T^2\omega^2}$，虚频特性$v(\omega)=-\dfrac{KT\omega}{1+T^2\omega^2}$。

幅频特性$|G(j\omega)|=\dfrac{K}{\sqrt{1+T^2\omega^2}}$，相频特性$\angle G(j\omega)=-\arctan T\omega$。

当$\omega=0$时，$|G(j\omega)|=K$，$\angle G(j\omega)=0$;

当$\omega=1/T$时，$|G(j\omega)|=\dfrac{K}{\sqrt{2}}$，$\angle G(j\omega)=-45°$；

当$\omega=\infty$时，$|G(j\omega)|=0$，$\angle G(j\omega)=-90°$。

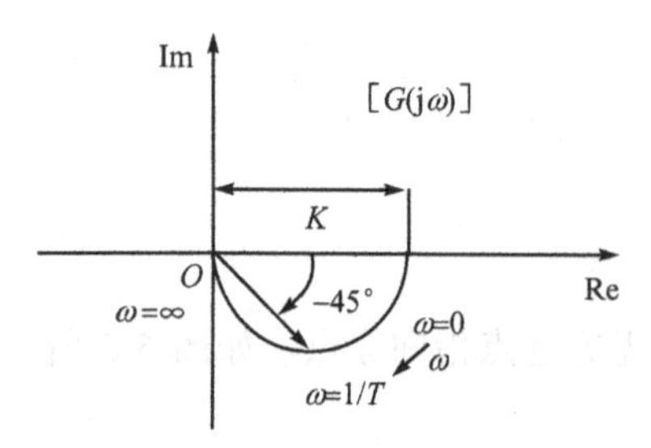

图 5.9 惯性环节的 Nyquist 图

当ω从$0\to\infty$时，惯性环节的 Nyquist 图为如图 5.9 所示的一个半圆。可证明如下：

因

$$u(\omega)=\frac{K}{1+T^2\omega^2}$$

$$v(\omega)=-\frac{KT\omega}{1+T^2\omega^2}$$

于是有

$$\left(U-\frac{K}{2}\right)^2+V^2=\left(\frac{K}{1+T^2\omega^2}-\frac{K}{2}\right)^2+\left(\frac{KT\omega}{1+T^2\omega^2}\right)^2=\left(\frac{K}{2}\right)^2$$

所以，惯性环节频率特性的 Nyquist 图是一个以$\left(\dfrac{K}{2},j0\right)$为圆心、以$\dfrac{K}{2}$为半径的圆。由图可知，惯性环节频率特性的幅值随着频率的增大而减小，因而具有低通滤波的性能。同时可以看出，它存在相位滞后，且滞后相位角随频率的增大而增大，最大相位滞后为90°。

5. 一阶微分环节

因一阶微分环节的传递函数 $G(s)=Ts+1$

故一阶微分环节的频率特性为 $G(j\omega)=Tj\omega+1$

因此，该环节的实频特性恒为1，虚频特性为$T\omega$。

幅频特性$|G(j\omega)|=\sqrt{1+T^2\omega^2}$，相频特性$\angle G(j\omega)=\arctan T\omega$。

当$\omega=0$时，$|G(j\omega)|=1$，$\angle G(j\omega)=0$;

当$\omega=1/T$时，$|G(j\omega)|=\sqrt{2}$，$\angle G(j\omega)=45°$；

当$\omega=\infty$时，$|G(j\omega)|=\infty$，$\angle G(j\omega)=90°$。

当ω从$0\to\infty$变化时，$G(j\omega)$的幅值由$1\to\infty$，其相位由$0\to 90°$。一阶微分环节的 Nyquist 图始于点（1, j0），平行于虚轴，是在第一象限的一条垂线，如图 5.10 所示。

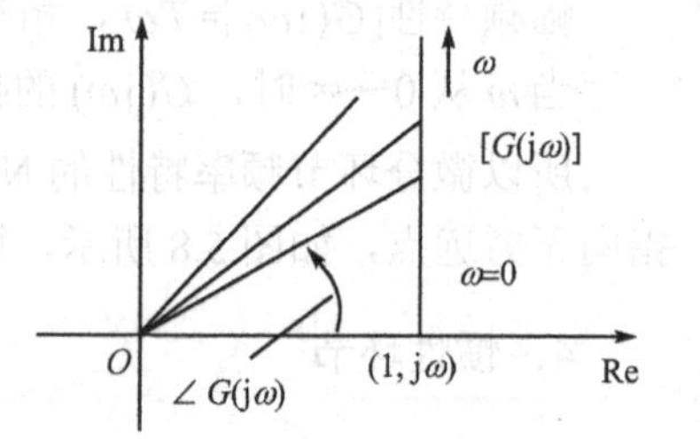

图 5.10 一阶微分环节的 Nyquist 图

6. 振荡环节

因振荡环节的传递函数

$$G(s)=\frac{X_o(s)}{X_i(s)}=\frac{1}{T^2s^2+2\xi Ts+1}=\frac{\omega_n^2}{s^2+2\xi\omega_n s+\omega_n^2}$$

式中，$\omega_n=\dfrac{1}{T}$，故振荡环节的频率特性为

$$G(\mathrm{j}\omega)=\frac{\omega_{\mathrm{n}}^2}{-\omega^2+\omega_{\mathrm{n}}^2+\mathrm{j}2\xi\omega_{\mathrm{n}}\omega}=\frac{1}{\left(1-\frac{\omega^2}{\omega_{\mathrm{n}}^2}\right)+\mathrm{j}2\xi\frac{\omega}{\omega_{\mathrm{n}}}}\qquad(0<\xi<1)$$

令 $\omega/\omega_{\mathrm{n}}=\lambda$，得

$$G(\mathrm{j}\omega)=\frac{1}{(1-\lambda^2)+\mathrm{j}2\xi\lambda}=\frac{1-\lambda^2}{(1-\lambda^2)^2+4\xi^2\lambda^2}-\mathrm{j}\frac{2\xi\lambda}{(1-\lambda^2)^2+4\xi^2\lambda^2}$$

因此，该环节的实频特性为$\dfrac{1-\lambda^2}{(1-\lambda^2)^2+4\xi^2\lambda^2}$，虚频特性为$-\dfrac{2\xi\lambda}{(1-\lambda^2)^2+4\xi^2\lambda^2}$；幅频特性$|G(\mathrm{j}\omega)|=\dfrac{1}{\sqrt{(1-\lambda^2)^2+4\xi^2\lambda^2}}$，相频特性$\angle G(\mathrm{j}\omega)=-\arctan\dfrac{2\xi\lambda}{1-\lambda^2}$。

当 $\lambda=0$，即 $\omega=0$ 时，$|G(\mathrm{j}\omega)|=1$，$\angle G(\mathrm{j}\omega)=0$；

当 $\lambda=1$，即 $\omega=\omega_{\mathrm{n}}$ 时，$|G(\mathrm{j}\omega)|=\dfrac{1}{2\xi}$，$\angle G(\mathrm{j}\omega)=-90°$；

当 $\lambda=\infty$，即 $\omega=\infty$ 时，$|G(\mathrm{j}\omega)|=0$，$\angle G(\mathrm{j}\omega)=-180°$。

当 ω 从 $0\to\infty$（即 λ 从 $0\to\infty$）时，$G(\mathrm{j}\omega)$ 的幅值由 $1\to0$，其相位由 $0\to-180°$。振荡环节的 Nyquist 图始于点$(1,\mathrm{j}0)$，终于点$(0,\mathrm{j}0)$，曲线和虚轴交点的频率就是无阻尼固有频率 ω_{n}，此时的幅值是$\dfrac{1}{2\xi}$，曲线在第三、四象限，如图 5.11（a）所示。ξ 取值不同，$G(\mathrm{j}\omega)$ 的 Nyquist 图的形状也不同，如图 5.12 所示。

当阻尼比 $\xi<0.707$ 时，幅频特性$|G(\mathrm{j}\omega)|$在频率为 ω_{r}（或频率比 $\lambda_{\mathrm{r}}=\omega_{\mathrm{r}}/\omega_{\mathrm{n}}$）处出现峰值，如图 5.11（b）所示。此峰值称为谐振峰值，对应的频率 ω_{r} 称为谐振频率。ω_{r} 可用如下方法求得：

由
$$\left.\frac{\partial|G(\mathrm{j}\omega)|}{\partial\lambda}\right|_{\lambda=\lambda_{\mathrm{r}}}=0$$

得
$$\lambda_{\mathrm{r}}=\sqrt{1-2\xi^2}\quad 或\quad \omega_{\mathrm{r}}=\omega_{\mathrm{n}}\sqrt{1-2\xi^2}$$

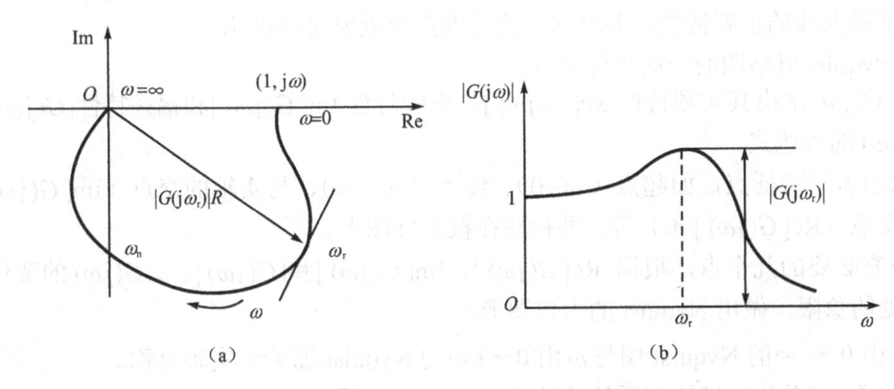

图 5.11　振荡环节的 Nyquist 图及其幅频图

从而可得
$$|G(\mathrm{j}\omega_{\mathrm{r}})|=\frac{1}{2\xi\sqrt{1-\xi^2}}$$

$$\angle G(\mathrm{j}\omega_{\mathrm{r}})=-\arctan\frac{\sqrt{1-2\xi^2}}{\xi}$$

当阻尼比 $\xi\geqslant0.707$ 时，一般认为 ω_{r} 不再存在。

7．延时环节

因延时环节的传递函数　　$G(s)=\mathrm{e}^{-\tau s}$

故延时环节的频率特性为

$$G(\mathrm{j}\omega)=\mathrm{e}^{-\mathrm{j}\tau\omega}=\cos\tau\omega-\mathrm{j}\sin\tau\omega$$

因此，该环节的实频特性为$\cos\tau\omega$，虚频特性为$-\sin\tau\omega$。

幅频特性$|G(\mathrm{j}\omega)|=1$，相频特性$\angle G(\mathrm{j}\omega)=-\tau\omega$。

所以，延时环节频率特性的 Nyquist 图是单位圆。其幅值恒为 1，而相位$\angle G(\mathrm{j}\omega)$则随$\omega$顺时针方向的变化成正比变化，即端点在单位圆上无限循环，如图 5.13 所示。

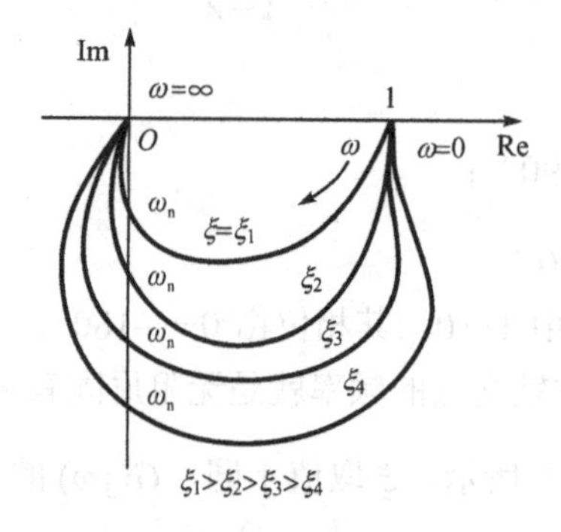

图 5.12　振荡环节ξ不同取值的 Nyquist 图

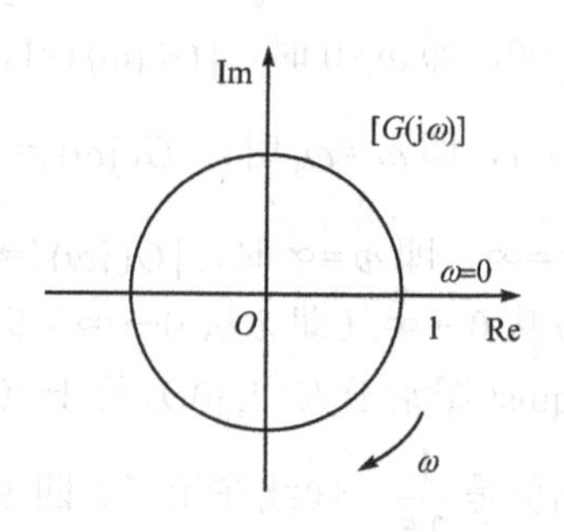

图 5.13　延时环节的 Nyquist 图

5.2.2 Nyquist 图的一般绘制方法

一般情况下只有借助计算机才可以绘制出比较精确的 Nyquist 图，但在频率特性分析中概略的 Nyquist 图即可满足要求，所以我们只需绘制概略的 Nyquist 曲线，但 Nyquist 的概略曲线应保持其准确曲线的重要特性，并且在一些关键点附近要足够准确。

绘制 Nyquist 概略图的一般步骤如下。

① 由$G(\mathrm{j}\omega)$求出其实频特性$\mathrm{Re}[G(\mathrm{j}\omega)]$、虚频特性$\mathrm{Im}[G(\mathrm{j}\omega)]$和幅频特性$|G(\mathrm{j}\omega)|$、相频特性$\angle G(\mathrm{j}\omega)$的表达式。

② 求出若干特征点，如起点（$\omega=0$）、终点（$\omega=\infty$）、与实轴的交点（$\mathrm{Im}[G(\mathrm{j}\omega)]=0$）、与虚轴的交点（$\mathrm{Re}[G(\mathrm{j}\omega)]=0$）等，并标注在极坐标图上。

③ 补充必要的几个点，根据$\mathrm{Re}[G(\mathrm{j}\omega)]$、$\mathrm{Im}[G(\mathrm{j}\omega)]$和$|G(\mathrm{j}\omega)|$、$\angle G(\mathrm{j}\omega)$的变化趋势及$G(\mathrm{j}\omega)$所处的象限，做出 Nyquist 的大致图形。

④ ω由$0\to-\infty$的 Nyquist 图与ω由$0\to+\infty$的 Nyquist 图关于实轴对称。

【例 5.1】 某单位反馈控制系统的结构如图 5.14 所示（$T_1>T_2$），试绘制其开环 Nyquist 图。

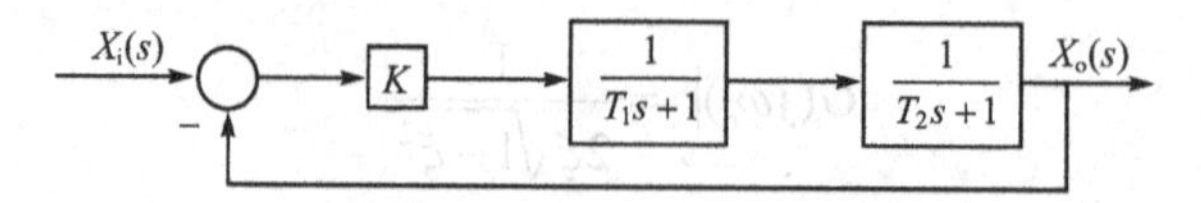

图 5.14　某单位反馈控制系统

解：系统的开环传递函数为

$$G(s)=\frac{K}{(T_1s+1)(T_2s+1)}$$

故开环频率特性为

$$G(\mathrm{j}\omega)=\frac{K}{(\mathrm{j}\omega T_1+1)(\mathrm{j}\omega T_2+1)}$$

开环幅频、相频特性为

$$|G(\mathrm{j}\omega)|=\frac{K}{\sqrt{1+\omega^2T_1^2}\sqrt{1+\omega^2T_2^2}}$$

$$\varphi(\omega)=-\arctan\omega T_1-\arctan\omega T_2$$

当 $\omega=0$ 时，
$$\begin{cases}|G(\mathrm{j}\omega)|=K\\ \varphi(\omega)=0\end{cases}$$

当 $\omega=\infty$ 时，
$$\begin{cases}|G(\mathrm{j}\omega)|=0\\ \varphi(\omega)=-\pi\end{cases}$$

若取 T_1=1，T_2=0.5，则 Nyquist 图如图 5.15 所示。

【例 5.2】 已知系统开环传递函数为$G(s)=\dfrac{5.5}{s(0.13s+1)}$，试绘制其 Nyquist 图。

解：系统开环频率特性为

$$G(\mathrm{j}\omega)=\frac{5.5}{\mathrm{j}\omega(\mathrm{j}0.13\omega+1)}$$

系统由一个比例环节、一个积分环节和一个惯性环节组成，其幅频特性为

$$|G(\mathrm{j}\omega)|=\frac{5.5}{\omega\sqrt{(0.13\omega)^2+1}}$$

相频特性为

$$\angle G(\mathrm{j}\omega)=-90^\circ-\arctan 0.13\omega$$

当 $\omega=0$ 时，$|G(\mathrm{j}\omega)|=\infty$，$\angle G(\mathrm{j}\omega)=-90^\circ$；

当 $\omega=\infty$ 时，$|G(\mathrm{j}\omega)|=0$，$\angle G(\mathrm{j}\omega)=-180^\circ$。

因此，当 ω 由 0→+∞ 变化时，系统的 Nyquist 曲线在第三象限，如图 5.16 所示。

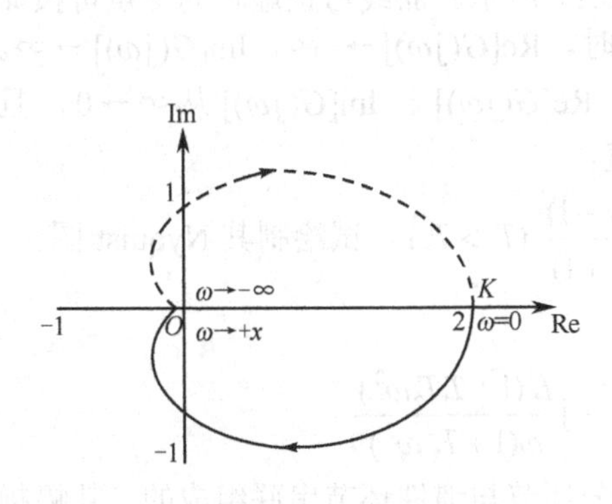

图 5.15 例 5.1 的 Nyquist 图

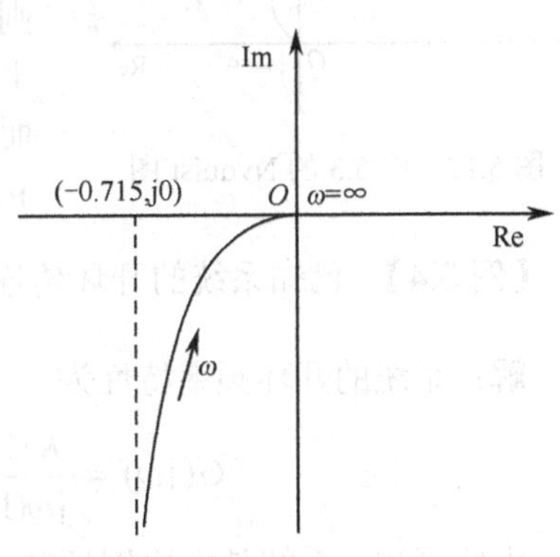

图 5.16 例 5.2 的 Nyquist 图

【例 5.3】 已知系统的开环传递函数为$G(s)=\dfrac{K}{s^2(T_1s+1)(T_2s+1)}$，试绘制其 Nyquist 图。

解：系统开环频率特性为

$$G(\mathrm{j}\omega)=\frac{K}{(\mathrm{j}\omega)^2(\mathrm{j}T_1\omega+1)(\mathrm{j}T_2\omega+1)}$$

系统由一个比例环节、两个积分环节和两个惯性环节组成，其幅频特性为

$$|G(\mathrm{j}\omega)|=\frac{K}{\omega^2\sqrt{1+T_1^2\omega^2}\sqrt{1+T_2^2\omega^2}}$$

相频特性为

$$\angle G(\mathrm{j}\omega)=-180^\circ-\arctan T_1\omega-\arctan T_2\omega$$

于是有

当$\omega=0$时，$|G(\mathrm{j}\omega)|=\infty$，$\angle G(\mathrm{j}\omega)=-180^\circ$；

当$\omega=\infty$时，$|G(\mathrm{j}\omega)|=0$，$\angle G(\mathrm{j}\omega)=-360^\circ$。

又有

$$\begin{aligned}G(\mathrm{j}\omega)&=\frac{K}{-\omega^2(\mathrm{j}T_1\omega+1)(\mathrm{j}T_2\omega+1)}\\&=\frac{K(1-T_1T_2\omega^2)}{-\omega^2(1+T_1^2\omega^2)(1+T_2^2\omega^2)}-\mathrm{j}\frac{K(T_1+T_2)}{\omega(1+T_1^2\omega^2)(1+T_2^2\omega^2)}\end{aligned}$$

由此可得实频、虚频特性

$$\mathrm{Re}[G(\mathrm{j}\omega)]=\frac{K(1-T_1T_2\omega^2)}{-\omega^2(1+T_1^2\omega^2)(1+T_2^2\omega^2)}$$

$$\mathrm{Im}[G(\mathrm{j}\omega)]=\frac{K(T_1+T_2)}{\omega(1+T_1^2\omega^2)(1+T_2^2\omega^2)}$$

令$\mathrm{Re}[G(\mathrm{j}\omega)]=0$，得$\omega=\dfrac{1}{\sqrt{T_1T_2}}$，代入$\mathrm{Im}[G(\mathrm{j}\omega)]$，得

$$\mathrm{Im}[G(\mathrm{j}\omega)]=\frac{K(T_1T_2)^{3/2}}{T_1+T_2}$$

系统 Nyquist 曲线在第Ⅱ和第Ⅰ象限，若取$T_1=1$，$T_2=0.5$，则 Nyquist 曲线如图 5.17 所示。曲线与正虚轴的交点可按如下方法求得：当$\omega\to0$时，$\mathrm{Re}[G(\mathrm{j}\omega)]\to-\infty$，$\mathrm{Im}[G(\mathrm{j}\omega)]\to\infty$。而当$\omega$从$0\to\infty$时，$\mathrm{Re}[G(\mathrm{j}\omega)]$、$\mathrm{Im}[G(\mathrm{j}\omega)]$从$\infty\to0$，且$\mathrm{Im}[G(\mathrm{j}\omega)]$始终为正值。

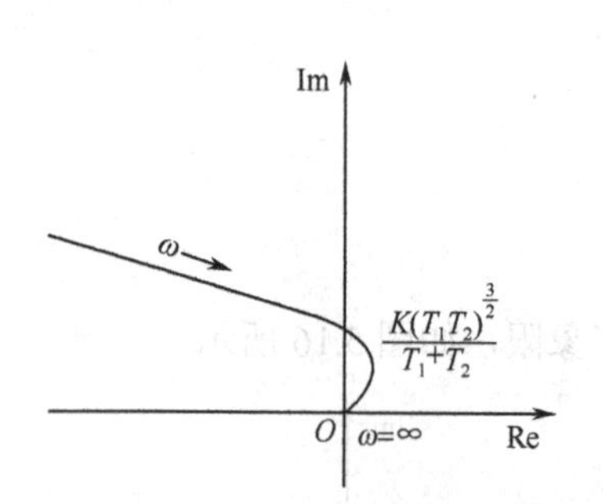

图 5.17 例 5.3 的 Nyquist 图

【例 5.4】 已知系统的开环传递函数为$G(s)=\dfrac{K(T_1s+1)}{s(T_2s+1)}$ $(T_1>T_2)$，试绘制其 Nyquist 图。

解：系统的开环频率特性为

$$G(\mathrm{j}\omega)=\frac{K(1+\mathrm{j}T_1\omega)}{\mathrm{j}\omega(1+\mathrm{j}T_2\omega)}=\frac{K(T_1-T_2)}{1+T_2^2\omega^2}-\mathrm{j}\frac{K(1+T_1T_2\omega^2)}{\omega(1+T_2^2\omega^2)}$$

由此可知，系统是由比例环节、积分环节、一阶微分环节与惯性环节串联组成的，其幅频特性为

$$|G(j\omega)| = \frac{K\sqrt{1+T_1^2\omega^2}}{\omega\sqrt{1+T_2^2\omega^2}}$$

相频特性为

$$\angle G(j\omega) = \arctan T_1\omega - 90^\circ - \arctan T_2\omega$$

于是有

当 $\omega=0$ 时，$|G(j\omega)|=\infty$，$\angle G(j\omega)=-90^\circ$；

当 $\omega=\infty$ 时，$|G(j\omega)|=0$，$\angle G(j\omega)=-90^\circ$。

并且，$T_1>T_2$，故 $\mathrm{Re}[G(j\omega)]>0$，$\mathrm{Im}[G(j\omega)]<0$。

系统的 Nyquist 图如图 5.18 所示。由图可知，若传递函数有一阶微分环节，则 Nyquist 图发生弯曲，即相位可能非单调变化。

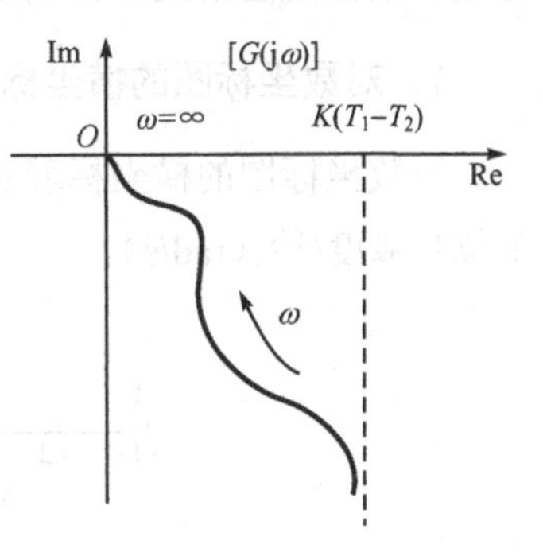

图 5.18 例 5.4 的 Nyquist 图

由以上例题分析可知，Nyquist 图的起点与系统的型号有关，0 型系统始于实轴上的 K 点；Ⅰ型系统始于负虚轴的无穷远处；Ⅱ型系统始于负实轴的无穷远处。而 Nyquist 图的终点永远为原点，只是进入原点的方向因传递函数结构不同而不同。

因此，总结出 Nyquist 图的一般形状特点，一般系统的频率特性通式可表示为

$$G(j\omega) = \frac{K(1+j\tau_1\omega)(1+j\tau_2\omega)\cdots(1+j\tau_m\omega)}{(j\omega)^v(1+jT_1\omega)(1+jT_2\omega)\cdots(1+jT_{n-v}\omega)} \quad (n>m)$$

式中，分母次数为 n，分子次数为 m，K 称为系统的放大系数或增益。如 4.4.3 节中所述，当 v=0,1,2…时，系统分别称为 0 型、Ⅰ型、Ⅱ型……系统。对于不同结构的系统，其 Nyquist 图的一般形状有如下特点。

① 0 型系统

当 $\omega=0$ 时，$|G(j\omega)|=K$，$\angle G(j\omega)=0$；

当 $\omega=\infty$ 时，$|G(j\omega)|=0$，$\angle G(j\omega)=-(n-m)\times 90^\circ$。

所以 0 型系统 Nyquist 曲线起始于正实轴上的 K 点，终止于原点，由第几象限趋于原点取决于 $\angle G(j\omega)=-(n-m)\times 90^\circ$。

② Ⅰ型系统

当 $\omega=0$ 时，$|G(j\omega)|=\infty$，$\angle G(j\omega)=-90^\circ$；

当 $\omega=\infty$ 时，$|G(j\omega)|=0$，$\angle G(j\omega)=-(n-m)\times 90^\circ$。

所以Ⅰ型系统 Nyquist 曲线的渐近线在低频段趋于负虚轴，在高频段趋于原点，由第几象限趋于原点取决于 $\angle G(j\omega)=-(n-m)\times 90^\circ$。

③ Ⅱ型系统

当 $\omega=0$ 时，$|G(j\omega)|=\infty$，$\angle G(j\omega)=-180^\circ$；

当 $\omega=\infty$ 时，$|G(j\omega)|=0$，$\angle G(j\omega)=-(n-m)\times 90^\circ$。

所以Ⅱ型系统 Nyquist 曲线的渐近线在低频段趋于负实轴，在高频段趋于原点，由第几象限趋于原点取决于 $\angle G(j\omega)=-(n-m)\times 90^\circ$。

④ 当 $G(s)$ 包含振荡环节时，上述结论不变。

⑤ 当 $G(s)$ 包含一阶微分环节时，相位非单调下降，Nyquist 曲线发生“弯曲”。

5.3 频率特性的对数坐标图（Bode图）

5.3.1 概述

频率特性的对数坐标图又称Bode图（来历见5.7.1节）。对数坐标图由对数幅频特性图和对数相频特性图组成，分别表示幅频特性和相频特性。

1．对数坐标图的横坐标

对数坐标图的横坐标表示频率ω，但按对数（$\lg\omega$）分度，如图5.19坐标轴的上面标注，单位是弧度/秒（rad/s）。

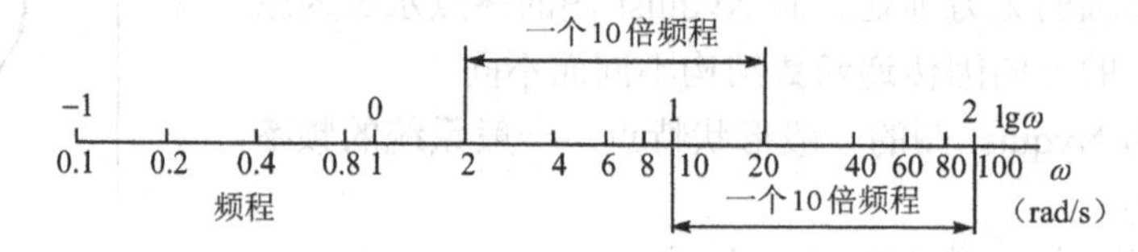

图5.19　Bode图横坐标

在坐标轴的下面标注出相应的ω坐标，从图中可知，ω的数值每变化10倍，在对数坐标上变化一个单位。即频率ω从任一数值ω_0增加（或减小）到$\omega_1=10\omega_0$（或$\omega_1=\omega_0/10$）时的频带宽度在对数坐标上为一个单位，该频带宽度称为十倍频程，通常以“dec”表示（注：为了方便，其横坐标虽然是对数分度，但是习惯上其刻度值不标$\lg\omega$值，而是标真数ω值）。

2．对数幅频特性图的纵坐标

对数幅频特性图的纵坐标表示$G(\mathrm{j}\omega)$的幅值，用对数$20\lg|G(\mathrm{j}\omega)|$表示（单位是分贝dB），在坐标轴上采用线性刻度分度，如图5.20（a）所示。

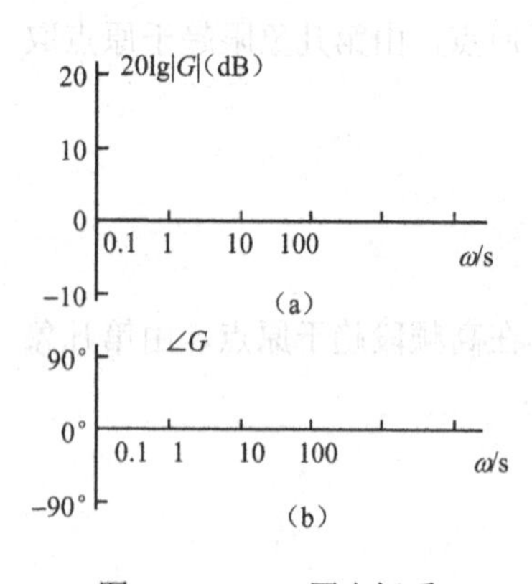

图5.20　Bode图坐标系

分贝的由来见5.7.1节，名称源于电信技术，表示某一信号功率相对于一个基准信号的衰减程度。例如，信号N_2相对于基准信号N_1的衰减程度可表示为$\lg\frac{N_2}{N_1}$，若$\lg\frac{N_2}{N_1}=-1$，说明N_2相对于基准信号N_1衰减了1B（贝）（即N_2是N_1的0.1倍）；若$\lg\frac{N_2}{N_1}=0$，说明N_2相对于基准信号N_1没有衰减，两者相等；若$\lg\frac{N_2}{N_1}=1$，则说明N_2与N_1的相对值是1B（贝）（即N_2是N_1的10倍）。后来，在其他技术领域也采用此概念并将其记为$20\lg N$，单位为dB。

3. 对数相频特性图的纵坐标

对数相频特性图的纵坐标表示 $G(\mathrm{j}\omega)$ 的相位，单位是度，也是按线性分度，如图 5.20（b）所示。

4. 用 Bode 图表示频率特性的优点

① 可将串联环节幅值的乘除化为幅值的加减，因此简化了计算与作图的过程。

② 可用近似方法作图。先分段用直线做出对数幅频特性的渐近线，再用修正曲线对渐近线进行修正，就可得到较准确的对数幅频特性图。

③ 可分别做出各个环节的 Bode 图，然后用叠加方法得出系统的 Bode 图，并由此可以看出各个环节对系统总特性的影响。

④ 横坐标采用对数分度，能紧凑地表示出较宽的频率范围。在分析和研究系统时，其低频特性很重要，而 ω 轴采用对数分度对于突出频率特性的低频段很方便。因采用对数分度，所以横坐标的起点可根据实际所需的最低频率来决定。

5.3.2 典型环节的 Bode 图

下面讨论 5.2.1 节中的几种典型环节频率特性的 Bode 图。

1. 比例环节

比例环节的频率特性为 $G(\mathrm{j}\omega)=K$

其对数幅频特性和相频特性分别为

$$20\lg|G(\mathrm{j}\omega)|=20\lg K$$

$$\angle G(\mathrm{j}\omega)=0$$

所以，比例环节的对数幅频特性曲线，随 ω 的增加，在对数坐标中是一条高度为 $20\lg K$ 的水平直线；对数相频特性曲线是与 0° 重合的一条直线，其 Bode 图如图 5.21 所示（图中 K=10）。当 K 值改变时，只是对数幅频特性上下移动，而对数相频特性不变。

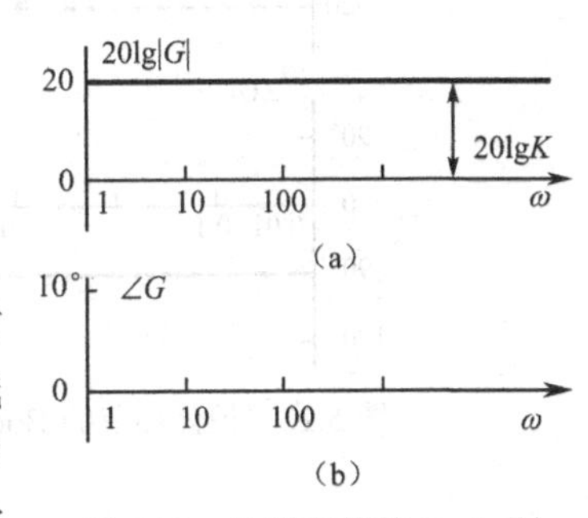

图 5.21　比例环节的 Bode 图

2. 积分环节

积分环节的频率特性为 $G(\mathrm{j}\omega)=\dfrac{1}{\mathrm{j}\omega}$

其幅频特性和相频特性分别为

$$|G(\mathrm{j}\omega)|=\frac{1}{\omega}，\ \angle G(\mathrm{j}\omega)=-90°$$

对数幅频特性为

$$20\lg|G(\mathrm{j}\omega)|=20\lg\frac{1}{\omega}=-20\lg\omega$$

由上式可知，每当频率 ω 增加 10 倍，对数幅频特性就下降 20dB，所以，积分环节的对数

幅频特性曲线在整个频率范围内是一条斜率为-20dB/dec 的直线。当 $\omega=1$ 时，$20\lg|G(\mathrm{j}\omega)|=0$，即在此频率时，积分环节的对数幅频特性曲线与 0dB 线相交。

积分环节的对数相频特性曲线在整个频率范围内为一条−90° 的水平线。积分环节的 Bode 图如图 5.22 所示。

3. 微分环节

微分环节的频率特性为 $G(\mathrm{j}\omega)=\mathrm{j}\omega$

其幅频特性和相频特性分别为

$$|G(\mathrm{j}\omega)|=\omega，\angle G(\mathrm{j}\omega)=90^\circ$$

对数幅频特性为 $20\lg|G(\mathrm{j}\omega)|=20\lg\omega$

由上式可知，每当频率增加 10 倍，对数幅频特性就增加 20dB，所以，微分环节的对数幅频特性曲线在整个频率范围内是一条斜率为 20dB/dec 的直线。当 $\omega=1$ 时，$20\lg|G(\mathrm{j}\omega)|=0$，即在此频率时，微分环节的对数幅频特性曲线与 0dB 线相交。

微分环节的对数相频特性曲线在整个频率范围内为一条 90° 的水平线。微分环节的Bode 图如图 5.23 所示。

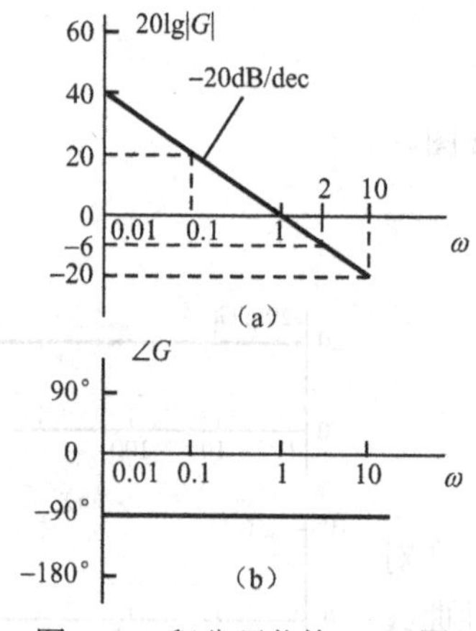

图 5.22 积分环节的 Bode 图

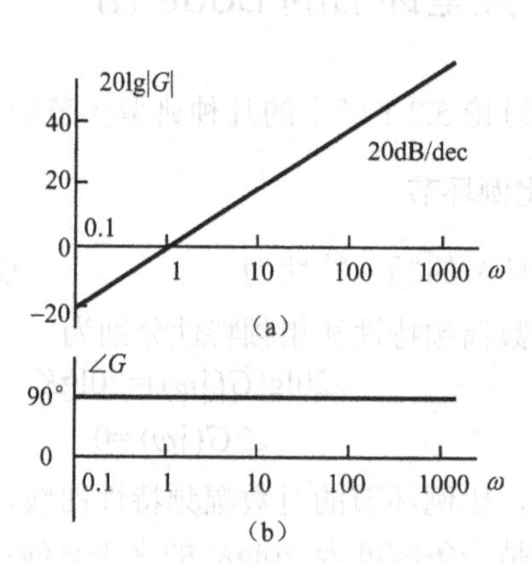

图 5.23 微分环节的 Bode 图

4. 惯性环节

惯性环节的频率特性为

$$G(\mathrm{j}\omega)=\frac{1}{T\mathrm{j}\omega+1}$$

若令 $\omega_\mathrm{T}=\dfrac{1}{T}$，则有

$$G(\mathrm{j}\omega)=\frac{1}{1+\mathrm{j}\dfrac{\omega}{\omega_\mathrm{T}}}=\frac{\omega_\mathrm{T}}{\omega_\mathrm{T}+\mathrm{j}\omega}$$

其幅频特性和相频特性分别为

$$|G(\mathrm{j}\omega)|=\frac{\omega_\mathrm{T}}{\sqrt{\omega_\mathrm{T}^2+\omega_2^{\ 2}}}$$

$$\angle G(\mathrm{j}\omega)=-\arctan\frac{\omega}{\omega_{\mathrm{T}}}$$

对数幅频特性为

$$20\lg|G(\mathrm{j}\omega)|=20\lg\omega_{\mathrm{T}}-20\lg\sqrt{\omega_{\mathrm{T}}^{2}+\omega^{2}} \tag{5.13}$$

当 $\omega \ll \omega_{\mathrm{T}}$ 时，对数幅频特性为

$$20\lg|G(\mathrm{j}\omega)|\approx 20\lg\omega_{\mathrm{T}}-20\lg\omega_{\mathrm{T}}=0\mathrm{dB} \tag{5.14}$$

当 $\omega \gg \omega_{\mathrm{T}}$ 时，对数幅频特性为

$$20\lg|G(\mathrm{j}\omega)|\approx 20\lg\omega_{\mathrm{T}}-20\lg\omega \tag{5.15}$$

若将 $\omega=\omega_{\mathrm{T}}$ 代入上式，得

$$20\lg|G(\mathrm{j}\omega_{\mathrm{T}})|=0\mathrm{dB}$$

所以，对数幅频特性在 $\omega \ll \omega_{\mathrm{T}}$ 的低频段近似为 0dB 水平线，称为低频渐近线。

在 $\omega \gg \omega_{\mathrm{T}}$ 的高频段近似为一条斜率为 −20 dB/dec 的直线，称为高频渐近线。

显然，ω_{T} 是低频渐近线和高频渐近线交点处的频率，称为转角频率。

由惯性环节的相频特性 $\angle G(\mathrm{j}\omega)=-\arctan\dfrac{\omega}{\omega_{\mathrm{T}}}$，有

$\omega=0$ 时，$\angle G(\mathrm{j}\omega)=0$；

$\omega=\omega_{\mathrm{T}}$ 时，$\angle G(\mathrm{j}\omega)=-45°$；

$\omega=\infty$ 时，$\angle G(\mathrm{j}\omega)=-90°$。

所以对数相频特性对称于点（$\omega_{\mathrm{T}},-45°$），而且在 $\omega=0$ 时，$\angle G(\mathrm{j}\omega)\to 0$；在 $\omega=\infty$ 时，$\angle G(\mathrm{j}\omega)\to -90°$。

惯性环节的 Bode 图如图 5.24 所示，从图中可以看出，惯性环节有低通滤波器的特性，当输入频率 $\omega>\omega_{\mathrm{T}}$ 时，其输出很快衰减，即滤掉输入信号的高频部分。在低频段，输出能较准确地反映输入。

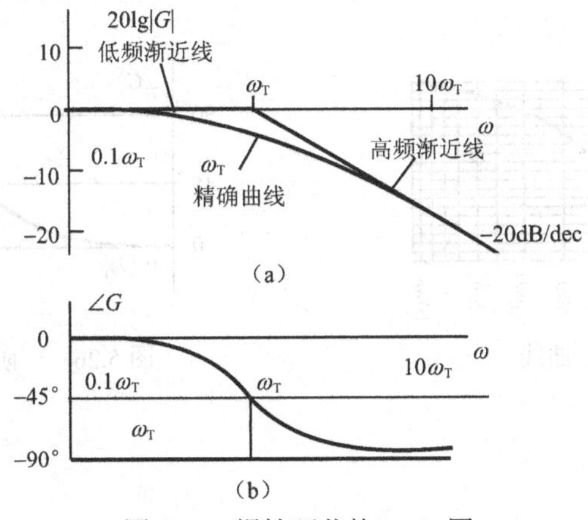

图 5.24　惯性环节的 Bode 图

渐近线与精确的对数幅频特性曲线之间有误差 $e(\omega)$，由式（5.13）～式（5.15）可知：

在低频段误差为

$$e(\omega)=20\lg\omega_{\mathrm{T}}-20\lg\sqrt{\omega_{\mathrm{T}}^{2}+\omega^{2}} \tag{5.16}$$

在高频段误差为

$$e(\omega)=20\lg\omega-20\lg\sqrt{\omega_T^2+\omega^2} \tag{5.17}$$

根据式（5.16）、式（5.17），做出不同频率的误差修正曲线，如图 5.25 所示。由图可知，最大误差发生在转角频率 ω_T 处，为−3 dB。在 $2\omega_T$ 或 $\omega_T/2$ 处，$e(\omega)$ 为−0.91dB，即约为−1dB；而在 $10\omega_T$ 或 $\omega_T/10$ 处，$e(\omega)$ 接近于 0dB，据此，可在 $0.1\omega_T$～$10\omega_T$ 范围内对渐近线进行修正。

5. 一阶微分环节

一阶微分环节的频率特性为

$$G(j\omega)=Tj\omega+1=\frac{\omega_T+j\omega}{\omega_T} \qquad \left(\omega_T=\frac{1}{T}\right)$$

其对数幅频特性为

$$20\lg|G(j\omega)|=20\lg\sqrt{\omega_T^2+\omega^2}-20\lg\omega_T$$

相频特性为

$$\angle G(j\omega)=\arctan\frac{\omega}{\omega_T}$$

它与惯性环节的对数幅频特性和相频特性比较，仅相差一个符号，所以一阶微分环节的对数频率特性与惯性环节的对数频率特性呈镜像关系对称于横轴，如图 5.26 所示。其中，ω_T 为转角频率。

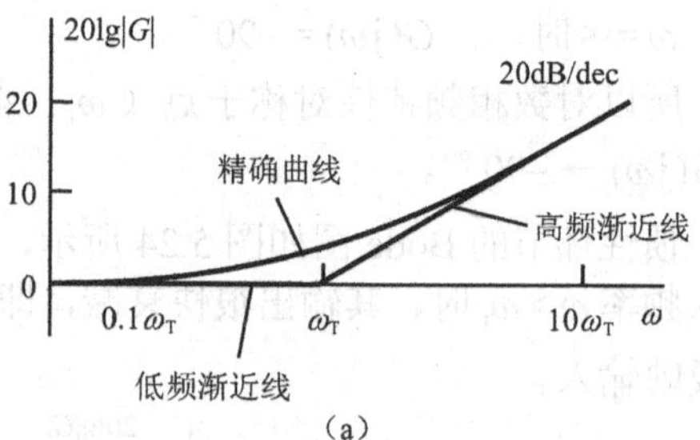

(a)

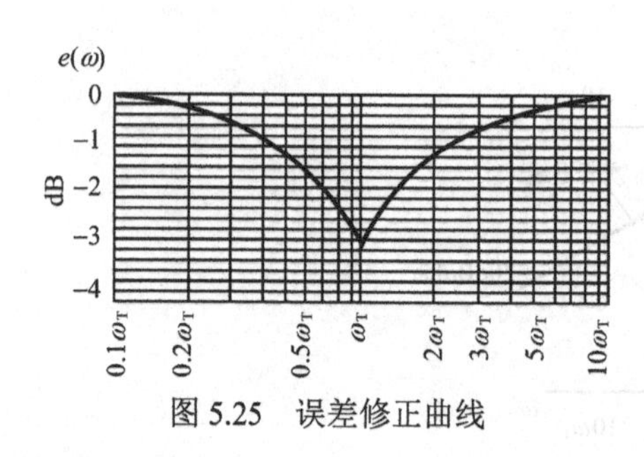

图 5.25 误差修正曲线

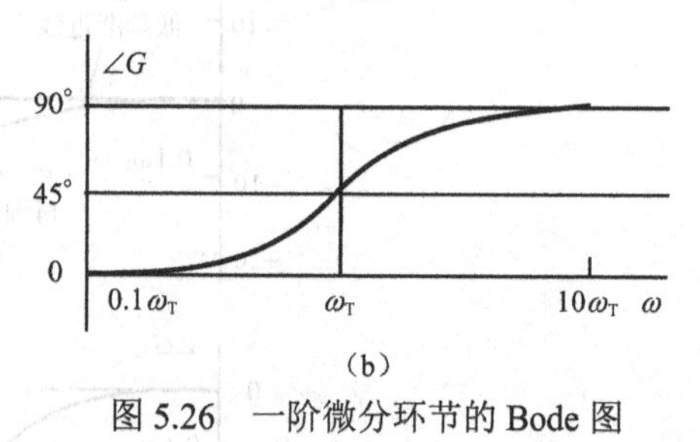

(b)

图 5.26 一阶微分环节的 Bode 图

6. 振荡环节

振荡环节的传递函数为

$$G(s)=\frac{\omega_n^2}{s^2+2\xi\omega_n s+\omega_n^2} \qquad (0<\xi<1)$$

振荡环节的频率特性为

$$G(j\omega)=\frac{\omega_n^2}{-\omega^2+\omega_n^2+j2\xi\omega_n\omega}=\frac{1}{(1-\lambda^2)+j2\xi\lambda} \qquad (0<\xi<1)$$

式中，$\lambda=\dfrac{\omega}{\omega_{\mathrm{n}}}$。

于是幅频特性为

$$|G(\mathrm{j}\omega)|=\frac{1}{\sqrt{(1-\lambda^2)^2+4\xi^2\lambda^2}}$$

相频特性为

$$\angle G(\mathrm{j}\omega)=-\arctan\frac{2\xi\lambda}{1-\lambda^2}$$

对数幅频特性为

$$20\lg|G(\mathrm{j}\omega)|=-20\lg\sqrt{(1-\lambda^2)^2+4\lambda^2\xi^2}$$

当$\omega \ll \omega_{\mathrm{n}}$（$\lambda\approx 0$）时，$20\lg|G(\mathrm{j}\omega)|\approx 0\mathrm{dB}$。

当$\omega \gg \omega_{\mathrm{n}}$（$\lambda \gg 1$）时，忽略 1 与$4\lambda^2\xi^2$，得$20\lg|G(\mathrm{j}\omega)|\approx -40\lg\lambda=-40\lg\omega+40\lg\omega_{\mathrm{n}}$。

所以，在$\omega \ll \omega_{\mathrm{n}}$的低频段，频率特性是 0dB 水平线。在$\omega \gg \omega_{\mathrm{n}}$的高频段，频率特性是一条始于点（$\omega_{\mathrm{n}}$,0）、斜率为-40dB/dec 的直线，$\omega_{\mathrm{n}}$是振荡环节的转角频率。

由振荡环节的相频特性$\angle G(\mathrm{j}\omega)=-\arctan\dfrac{2\xi\lambda}{1-\lambda^2}$，有

当ω=0，即λ=0 时，$\angle G(\mathrm{j}\omega)=0$；

当$\omega=\omega_{\mathrm{n}}$，即$\lambda$=1 时，$\angle G(\mathrm{j}\omega)=-90^\circ$；

当$\omega=\infty$，即$\lambda=\infty$时，$\angle G(\mathrm{j}\omega)=-180^\circ$。

所以，振荡环节的对数相频特性对称于点(ω_{n},-90°)。振荡环节的 Bode 图如图 5.27 所示。

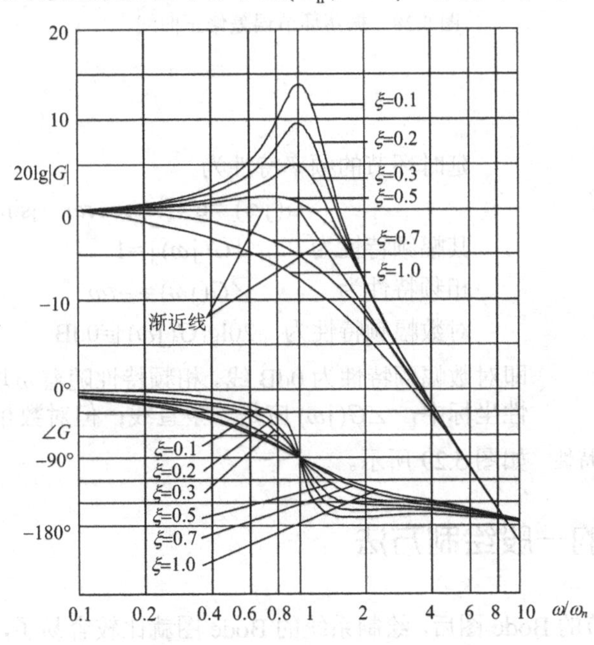

图 5.27 振荡环节的 Bode 图

渐近线与精确的对数幅频特性曲线之间有误差$e(\lambda,\xi)$，它不仅与λ有关，而且与ξ也有关。ξ越小，ω_{n}（即$\lambda=\omega/\omega_{\mathrm{n}}$=1 处）或它附近的峰值越高，精确曲线与渐近线之间的误差就越大。根据上述分析可得：

当 $\lambda \leqslant 1$ 时

$$e(\lambda,\xi) = -20\lg\sqrt{(1-\lambda^2)^2 + 4\lambda^2\xi^2}$$

当 $\lambda > 1$ 时

$$e(\lambda,\xi) = 40\lg\lambda - 20\lg\sqrt{(1-\lambda^2)^2 + 4\lambda^2\xi^2}$$

λ 和 ξ 取不同值时，可做出如图 5.28 所示的振荡环节误差修正曲线。根据此修正曲线，一般在 $0.1\lambda \sim 10\lambda$ 范围内对渐近线进行修正，即可得到如图 5.27 所示的较精确的对数幅频特性曲线。

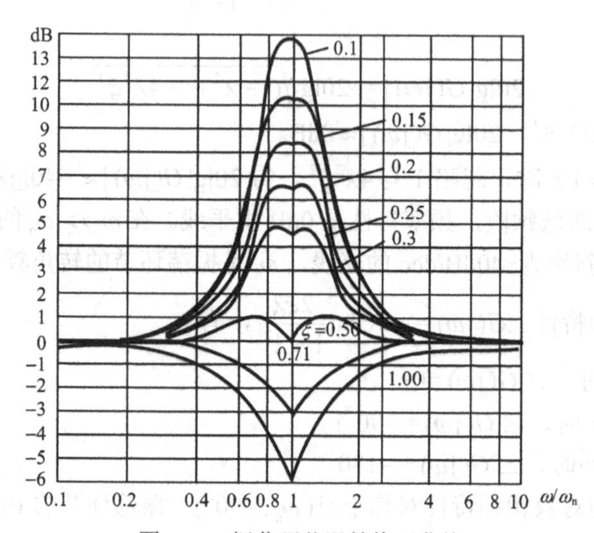

图 5.28　振荡环节误差修正曲线

7．延时环节

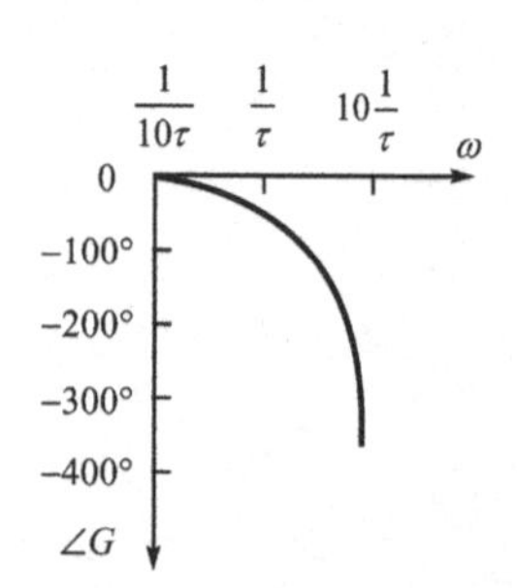

图 5.29　延时环节的相频特性

延时环节的频率特性为

$$G(\mathrm{j}\omega) = \mathrm{e}^{-\mathrm{j}\tau\omega} = \cos\tau\omega - \mathrm{j}\sin\tau\omega$$

其幅频特性为 $|G(\mathrm{j}\omega)| = 1$

相频特性为 $\angle G(\mathrm{j}\omega) = -\tau\omega$

对数幅频特性为 $20\lg|G(\mathrm{j}\omega)| = 0\mathrm{dB}$

即对数幅频特性为 0dB 线。相频特性随着 ω 增加而线性增加，在线性坐标中，$\angle G(\mathrm{j}\omega)$ 应是一条直线；但对数相频特性是一条曲线，如图 5.29 所示。

5.3.3 Bode 图的一般绘制方法

在熟悉了典型环节的 Bode 图后，绘制系统的 Bode 图就比较容易了，特别是按渐近线绘制 Bode 图很方便。

绘制系统 Bode 图的一般步骤如下。

① 将系统传递函数 $G(s)$ 转化为若干个标准形式环节的传递函数（即惯性、一阶微分、振荡的传递函数中常数项均为 1）的乘积形式。

② 由传递函数 $G(s)$ 求出频率特性 $G(\mathrm{j}\omega)$。

③ 确定各典型环节的转角频率。

④ 做出各环节的对数幅频特性的渐近线。

⑤ 根据误差修正曲线对渐近线进行修正，得出各环节的对数幅频特性的精确曲线。

⑥ 将各环节的对数幅频特性叠加（不包括系统总的增益 K）。

⑦ 将叠加后的曲线垂直移动 $20\lg K$，得到系统的对数幅频特性。

⑧ 做各环节的对数相频特性曲线，然后叠加而得到系统总的对数相频特性。

⑨ 有延时环节时，对数幅频特性不变，对数相频特性则应加上 $-\tau\omega$。

【例 5.5】 作传递函数为 $G(s)=\dfrac{24(0.25s+0.5)}{(5s+2)(0.05s+2)}$ 系统的 Bode 图。

解：① 将 $G(s)$ 中各环节的传递函数转化为标准形式，得

$$G(s)=\frac{3(0.5s+1)}{(2.5s+1)(0.025s+1)}$$

此式表明，系统由一个比例环节（K=3，亦为系统的总增益）、一个一阶微分环节、两个惯性环节串联组成。

② 系统的频率特性为

$$G(\mathrm{j}\omega)=\frac{3(1+\mathrm{j}0.5\omega)}{(1+\mathrm{j}2.5\omega)(1+\mathrm{j}0.025\omega)}$$

③ 求出各环节的转角频率 ω_{T}。

惯性环节 $\dfrac{1}{(1+\mathrm{j}2.5\omega)}$ 的 $\omega_{\mathrm{T_1}}=\dfrac{1}{2.5}=0.4$；

惯性环节 $\dfrac{1}{1+\mathrm{j}0.025\omega}$ 的 $\omega_{\mathrm{T_2}}=\dfrac{1}{0.025}=40$；

一阶微分环节 $1+\mathrm{j}0.5\omega$ 的 $\omega_{\mathrm{T_3}}=\dfrac{1}{0.5}=2$。

注意：各环节的时间常数 T 的单位为 s 时，其倒数 $1/T=\omega_{\mathrm{T}}$ 的单位为 s^{-1}。

④ 做出各环节的对数幅频特性渐近线，如图 5.30 所示。

⑤ 对渐近线用误差修正曲线修正。

⑥ 除比例环节外，将各环节的对数幅频特性叠加得 a'。

⑦ 将 a' 上移 9.5dB（即系统总增益的分贝数 20lg3），得到系统的对数幅频特性 a。

⑧ 做各环节的对数相频特性曲线，叠加后得到系统的对数相频特性曲线，如图 5.30 所示。

【例 5.6】 已知某系统的频率特性为 $G(\mathrm{j}\omega)=\dfrac{10(\mathrm{j}\omega+3)}{\mathrm{j}\omega(\mathrm{j}\omega+2)[(\mathrm{j}\omega)^2+\mathrm{j}\omega+2]}$，试绘制其 Bode 图。

解：系统的频率特性可写为

$$G(\mathrm{j}\omega)=\frac{7.5\left(\dfrac{1}{3}\mathrm{j}\omega+1\right)}{\mathrm{j}\omega\left(\dfrac{1}{2}\mathrm{j}\omega+1\right)\left[\left(\dfrac{1}{\sqrt{2}}\right)^2(\mathrm{j}\omega)^2+2\dfrac{1}{2\sqrt{2}}\dfrac{1}{\sqrt{2}}\mathrm{j}\omega+1\right]}$$

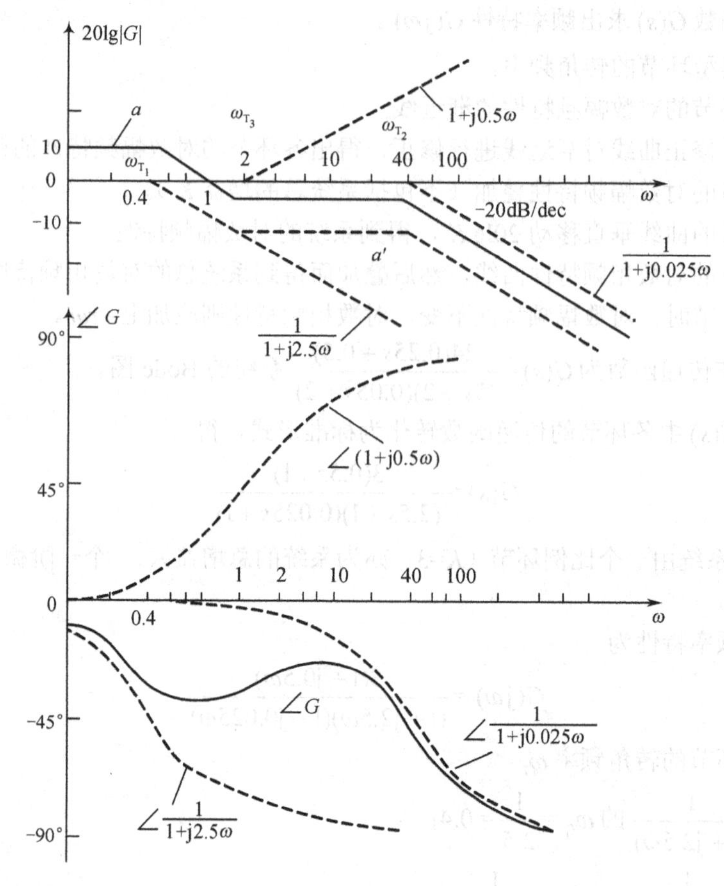

图 5.30 例 5.5 的 Bode 图

故系统由五个典型环节组成。

比例环节：$G_1(\mathrm{j}\omega)=7.5$；

积分环节：$G_2(\mathrm{j}\omega)=\dfrac{1}{\mathrm{j}\omega}$；

振荡环节：$G_3(\mathrm{j}\omega)=\dfrac{1}{\left(\dfrac{1}{\sqrt{2}}\right)^2(\mathrm{j}\omega)^2+2\dfrac{1}{2\sqrt{2}}\dfrac{1}{\sqrt{2}}\mathrm{j}\omega+1}$；

惯性环节：$G_4(\mathrm{j}\omega)=\dfrac{1}{\dfrac{1}{2}\mathrm{j}\omega+1}$；

一阶微分环节：$G_5(\mathrm{j}\omega)=\left(\dfrac{1}{3}\mathrm{j}\omega+1\right)$。

这五个典型环节的对数幅频特性为：

$20\lg|G_1(\mathrm{j}\omega)|=20\lg 7.5$；

$20\lg|G_2(\mathrm{j}\omega)|=-20\lg\omega$；

$$20\lg|G_3(\mathrm{j}\omega)|=-20\lg\sqrt{\left[1-\left(\frac{1}{\sqrt{2}}\omega\right)^2\right]^2+\left(\frac{1}{2}\omega\right)^2}=-20\lg\sqrt{\left(1-\frac{1}{2}\omega^2\right)^2+\frac{\omega^2}{4}}；$$

$$20\lg|G_4(\mathrm{j}\omega)| = -20\lg\sqrt{1+\left(\frac{1}{2}\omega\right)^2}\text{；}$$

$$20\lg|G_5(\mathrm{j}\omega)| = 20\lg\sqrt{1+\left(\frac{1}{3}\omega\right)^2}\text{。}$$

系统总的对数幅频、相频特性为

$$20\lg|G(\mathrm{j}\omega)| = 20\lg|G_1(\mathrm{j}\omega)| + 20\lg|G_2(\mathrm{j}\omega)| + 20\lg|G_3(\mathrm{j}\omega)| + 20\lg|G_4(\mathrm{j}\omega)| + 20\lg|G_5(\mathrm{j}\omega)|$$

$$\varphi(\omega) = \arctan\frac{1}{3}\omega - \frac{\pi}{2} - \arctan\frac{1}{2}\omega - \arctan\frac{\frac{\omega}{2}}{1-\frac{1}{2}\omega^2}$$

系统的转角频率分别为 $\sqrt{2}$ 、2、3，系统的 Bode 图如图 5.31 所示。

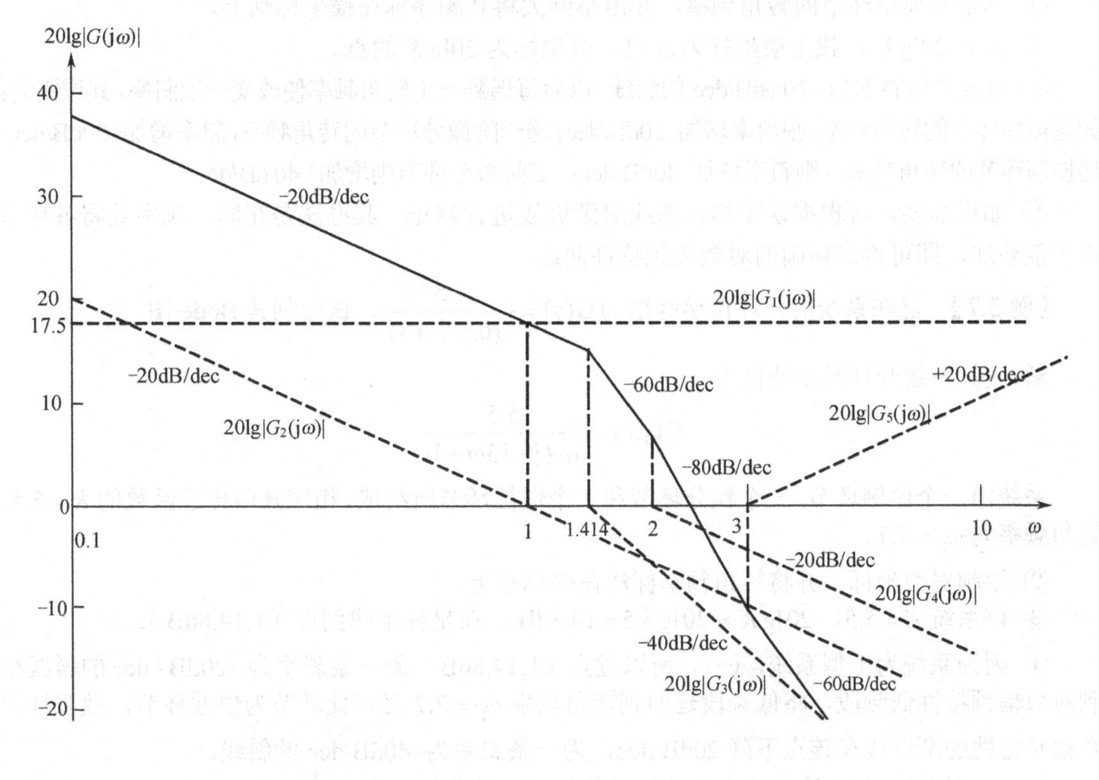

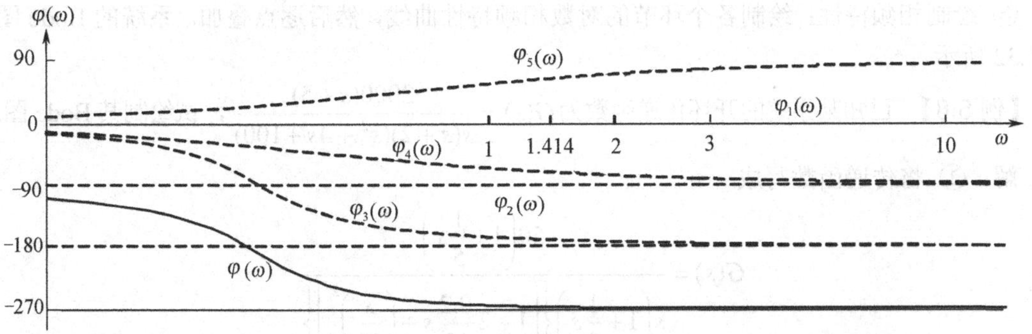

图 5.31 例 5.6 的 Bode 图

由以上例题可知，若系统的频率特性为

$$G(\mathrm{j}\omega)=\frac{K(1+\mathrm{j}\tau_1\omega)(1+\mathrm{j}\tau_2\omega)\cdots(1+\mathrm{j}\tau_m\omega)}{(\mathrm{j}\omega)^{\nu}(1+\mathrm{j}T_1\omega)(1+\mathrm{j}T_2\omega)\cdots(1+\mathrm{j}T_{n-\nu}\omega)}\quad (n>m)$$

则系统的Bode图具有以下特点。

① 系统在低频段的频率特性为$\frac{K}{(\mathrm{j}\omega)^{\nu}}$，因此，其对数幅频特性在低频段表现为过点（1，$20\lg K$）、斜率为$-20\nu$dB/dec的直线。

② 在各个环节的转角频率处，对数幅频特性渐近线的斜率会发生变化，其变化量等于相应的典型环节在其转角频率处斜率的变化量（即其高频渐近线的斜率）。

③ 当$G(\mathrm{j}\omega)$包含振荡环节时，不改变上述结论。

根据上述特点，便可以直接绘制系统的对数幅频特性，其一般步骤如下。

① 将系统传递函数写成标准形式，并求出其频率特性。

② 确定各典型环节的转角频率，并由小到大将其顺序标在横坐标轴上。

③ 计算$20\lg K$，找出横坐标为$\omega=1$、纵坐标为$20\lg K$的点。

④ 过该点做斜率为-20νdB/dec的斜线，以后每遇到一个转角频率便改变一次斜率，其原则为：如遇惯性环节的转角频率，则斜率增加-20dB/dec；遇一阶微分环节的转角频率，斜率增加+20dB/dec；遇振荡环节的转角频率，则斜率增加-40dB/dec；二阶微分环节则增加+40 dB/dec。

⑤ 如果需要，可根据误差修正曲线对渐近线进行修正，其办法是在同一频率处将各环节误差值叠加，即可得到精确的对数幅频特性曲线。

【例5.7】 已知系统的开环传递函数为$G(s)=\frac{5.5}{s(0.13s+1)}$，试绘制其Bode图。

解：① 系统开环频率特性为

$$G(\mathrm{j}\omega)=\frac{5.5}{\mathrm{j}\omega(\mathrm{j}0.13\omega+1)}$$

系统由一个比例环节、一个积分环节和一个惯性环节所组成，相应开环传递函数的$K=5.5$，转角频率为$\omega_1=7.7$。

② 绘制对数坐标，并将转角频率标注在坐标轴上。

③ 该系统$K=5.5$，$20\lg K=20\lg 5.5=14.8\text{dB}$，在坐标中找到点（1,14.8dB）。

④ 因为系统为Ⅰ型系统，ν=1，所以过点（1,14.8dB）做一条斜率为-20dB / dec的斜线得到对数幅频特性低频段，将低频段延伸到转角频率$\omega_1=7.7$处，此环节为惯性环节，故开环对数幅频特性的渐近线在该点下降20dB/dec，为一条斜率为-40dB/dec的斜线。

⑤ 绘制相频特性：绘制各个环节的对数相频特性曲线，然后逐点叠加。系统的Bode图如图5.32所示。

【例5.8】 已知某系统的开环传递函数为$G(s)=\frac{2000(s+5)}{s(s+2)(s^2+4s+100)}$，试绘制其Bode图。

解：① 将传递函数写成

$$G(s)=\frac{50\left(1+\frac{1}{5}s\right)}{s\left(1+\frac{1}{2}s\right)\left\{\left[1+2\frac{0.2}{10}s+\left(\frac{s}{10}\right)^2\right]\right\}}$$

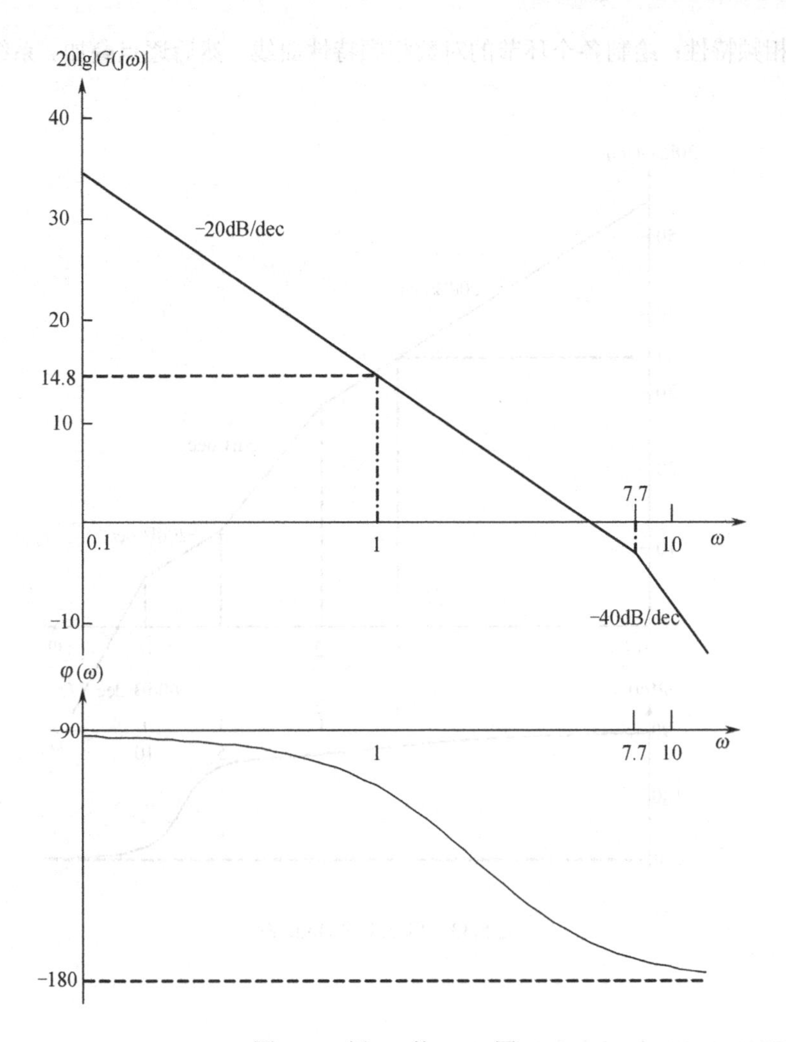

图 5.32 例 5.7 的 Bode 图

系统的开环频率特性为

$$G(\mathrm{j}\omega)=\frac{50\left(1+\frac{1}{5}\mathrm{j}\omega\right)}{\mathrm{j}\omega\left(1+\frac{1}{2}\mathrm{j}\omega\right)\left\{\left[1+2\frac{0.2}{10}\mathrm{j}\omega+\left(\frac{\mathrm{j}\omega}{10}\right)^2\right]\right\}}$$

则开环传递函数的 $K=50$，转角频率为 $\omega_1=2$，$\omega_2=5$，$\omega_3=10$。

② 绘制对数坐标，并将各个转角频率标注在坐标轴上。

③ 该系统 $K=50$，$20\lg K=20\lg 50=34\text{dB}$，在坐标中找到点（1,34dB）。

④ 因为该系统为 I 型系统，v=1，所以过点（1,34dB）做一条斜率为 −20dB / dec 的斜线得到对数幅频特性低频段，将低频段延伸到第一个转角频率 $\omega_1=2$ 处，此环节为惯性环节，故开环对数幅频特性的渐近线在该点下降 20dB/dec；然后继续延伸到第二个转角频率，此环节为一阶微分环节，故开环对数幅频特性的渐近线在该点增加 20dB/dec；再继续延伸到第三个转角频率 $\omega_3=10$，此环节为振荡环节，故开环对数幅频特性的渐近线在该点下降 40dB/dec。

⑤ 绘制相频特性：绘制各个环节的对数相频特性曲线，然后逐点叠加。系统的 Bode 图如图 5.33 所示。

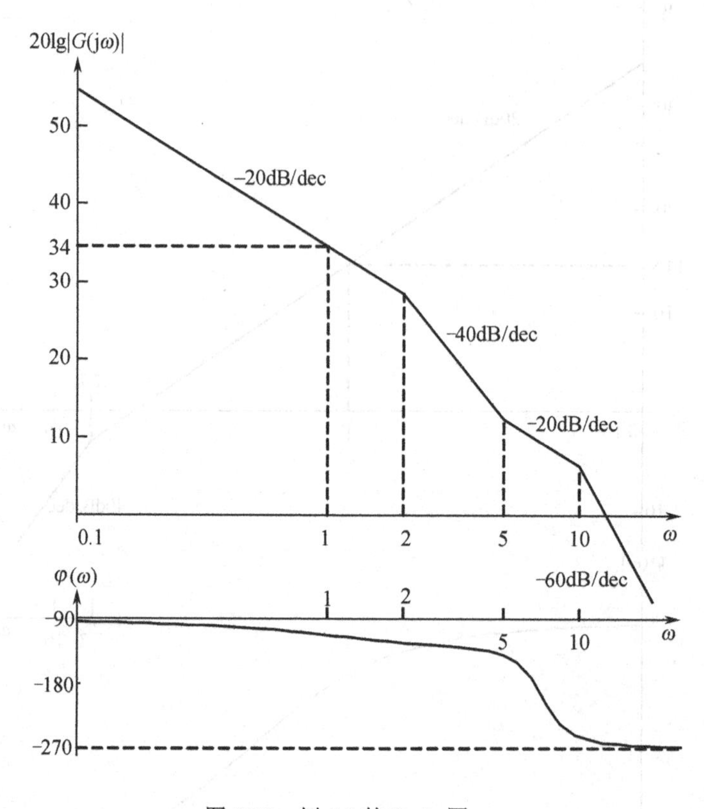

图 5.33　例 5.8 的 Bode 图

5.4 闭环频率特性

本节主要阐述如何由系统的开环频率特性得到系统的闭环频率特性。对于如图 5.34 所示的单位反馈系统，易知其闭环频率特性 $G_B(j\omega)$ 与开环频率特性 $G_K(j\omega)$ 的关系为

$$G_B(j\omega)=\frac{X_o(j\omega)}{X_i(j\omega)}=\frac{G_K(j\omega)}{1+G_K(j\omega)}$$

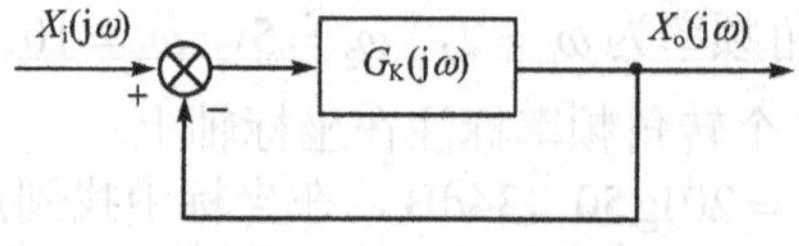

图 5.34　闭环频率特性框图

由于 $G_B(j\omega)$、$G_K(j\omega)$ 均是 ω 的复变函数，所以 $G_B(j\omega)$ 的幅值和相位可分别写为

$$|G_B(j\omega)|=\frac{|G_K(j\omega)|}{|1+G_K(j\omega)|}=A_B(\omega)$$

$$\angle G_B(j\omega)=\angle G_K(j\omega)-\angle[1+G_K(j\omega)]=\varphi_B(\omega)$$

若逐点取 ω，计算出对应的 $G_B(j\omega)$ 的幅值 $A_B(\omega)$ 和相位 $\varphi_B(j\omega)$ 的值，则可做出闭环幅频特性图和相频特性图。

实际上，系统的闭环频率特性图极容易由计算机来完成，具体可参见第 9 章。

5.5 最小相位系统与非最小相位系统

在复平面[s]右半平面上没有极点和零点的传递函数称为最小相位传递函数；反之，在[s]右半平面上有极点和（或）零点的传递函数称为非最小相位传递函数。具有最小相位传递函数的系统称为最小相位系统；反之，具有非最小相位传递函数的系统称为非最小相位系统。

例如，有两个系统，其传递函数分别为

$$G_1(s)=\frac{Ts+1}{T_1s+1} \qquad G_2(s)=\frac{-Ts+1}{T_1s+1} \qquad (0<T<T_1)$$

显然，$G_1(s)$ 的零点为 $z=-\frac{1}{T}$，极点为 $p=-\frac{1}{T_1}$，如图 5.35（a）所示。$G_2(s)$ 的零点为 $z=\frac{1}{T}$，极点为 $p=-\frac{1}{T_1}$，如图 5.35（b）所示。根据最小相位系统的定义，具有 $G_1(s)$ 的系统是最小相位系统，而具有 $G_2(s)$ 的系统是非最小相位系统。

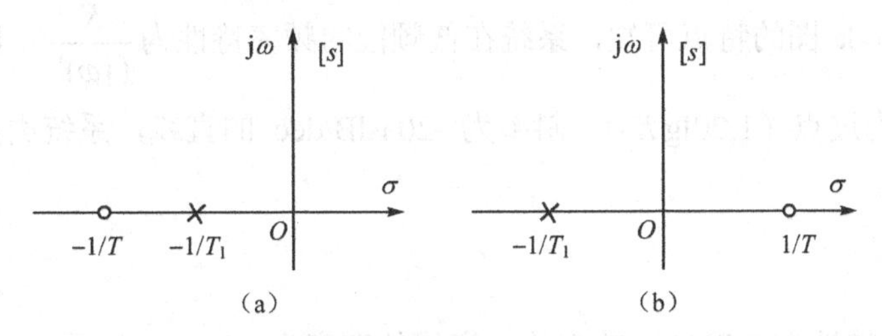

图 5.35　最小相位系数和非最小相位系数

对于稳定系统而言，根据最小相位传递函数的定义可推知，最小相位系统的相位变化范围最小，这是因为

$$G(j\omega)=\frac{K(1+j\tau_1\omega)(1+j\tau_2\omega)\cdots(1+j\tau_m\omega)}{(1+jT_1\omega)(1+jT_2\omega)\cdots(1+jT_n\omega)} \qquad (n\geqslant m)$$

对于稳定系统，T_1，T_2，…，T_n 均为正值，τ_1，τ_2，…，τ_m 可正可负，而最小相位系统的 τ_1，τ_2，…，τ_m 均为正值，从而有

$$\angle G_1(j\omega)=\sum_{i=1}^{m}\arctan\tau_i\omega-\sum_{j=1}^{n}\arctan T_j\omega$$

非最小相位系统若有 q 个零点在[s]平面的右半平面，则有

$$\angle G_2(j\omega)=\sum_{i=q+1}^{m}\arctan\tau_i\omega-\sum_{k=1}^{q}\arctan\tau_k\omega-\sum_{j=1}^{n}\arctan T_j\omega$$

最小相位系统和非最小相位系统的相频特性如图 5.36 所示，从图中可知，稳定系统中最小相位系统的相位变化范围最小。

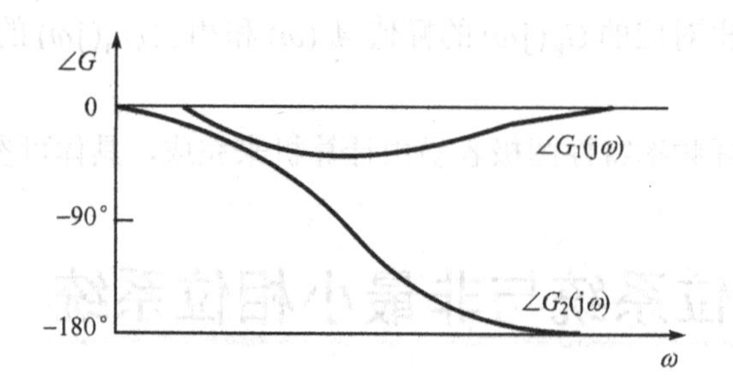

图 5.36 最小相位系统和非最小相位系统的相频特性

5.6 根据频率特性曲线估计系统传递函数

对于最小相位系统，若已知幅频特性，则其相频特性就可以被唯一地确定，因此可根据系统的对数幅频特性曲线估计最小相位系统的传递函数。

5.6.1 确定放大倍数 K

由 5.3.3 节中 Bode 图的特点可知，系统在低频段的频率特性为 $\dfrac{K}{(\mathrm{j}\omega)^{\nu}}$，因此，其对数幅频特性在低频段表现为过点（1,20lg K）、斜率为 $-20\,\nu$dB/dec 的直线，系统类型不同，ν 的取值也不同。

1. 0 型系统

$\nu=0$，其低频段特性为 0dB/dec 的直线，直线的高度为 20lg$K$，如图 5.37 所示，由此可以求得放大倍数 K。

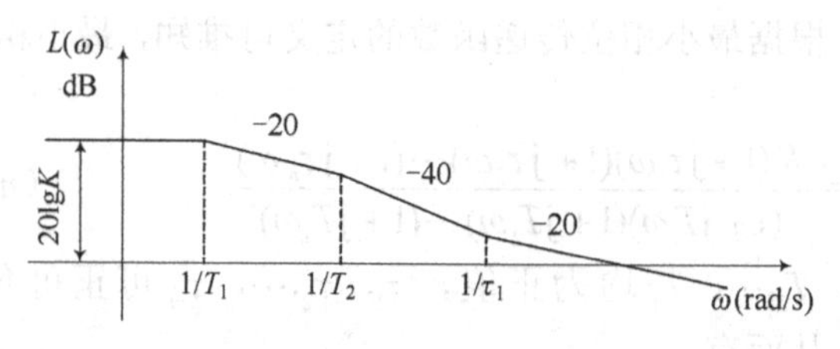

图 5.37 0 型系统 Bode 图低频高度的确定

2. Ⅰ型系统

$\nu=1$，其低频段特性为–20dB/dec，如图 5.38 所示。可见，如果系统各转角频率均为 $\omega>1$，Ⅰ型系统幅频特性 Bode 图在 $\omega=1$ 处的高度为 20lg$K$。如果系统有的转角频率 $\omega<1$，则首段 -20dB/dec 斜率线的延长线与 $\omega=1$ 线的交点高度为 20lg$K$。

设-20dB/dec 的延长线与 0dB 线交于（ω,0）点，如图 5.38 所示，则有 $\dfrac{20\lg K}{\lg\omega-\lg 1}=20$，所以 $K=\omega$。

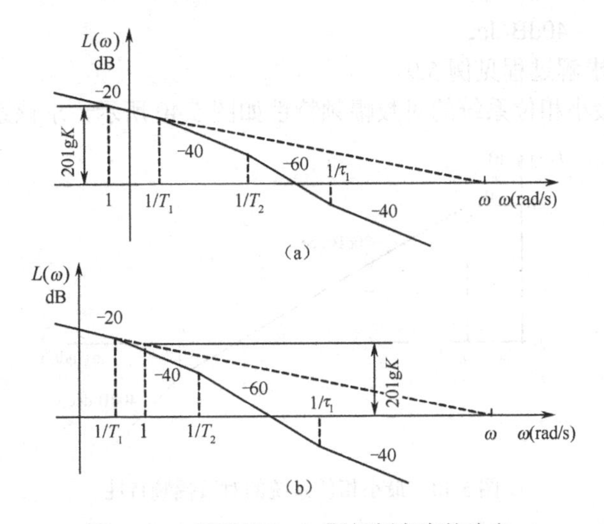

图 5.38 I 型系统 Bode 图低频高度的确定

3. II 型系统

v=2，其低频段特性为–40dB/dec，该斜线或其延长线在 ω=1 处为 20lg$K$，如图 5.39 所示，该线段的延长线与 0dB 线交于（ω,0）点，有 $\dfrac{20\lg K}{\lg\omega-\lg 1}=40$，所以 $K=\omega^2$。

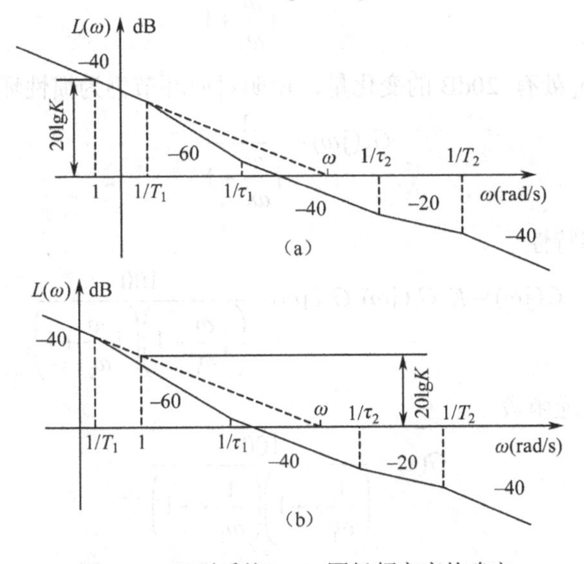

图 5.39 II 型系统 Bode 图低频高度的确定

5.6.2 各环节传递函数的确定

根据 Bode 图幅频特性中的转角频率及其对应的线段斜率可确定传递函数。由 5.3.3 节中 Bode 图的特点②可知，Bode 图在其转角频率处的变化量等于相应环节的变化量，其变化原则为：

惯性环节　　–20dB/dec
一阶微分环节　　20dB/dec

振荡环节　　　　–40dB/dec

具体传递函数的求解过程见例 5.9。

【例 5.9】 已知最小相位系统的对数幅频特性如图 5.40 所示，求该系统的开环传递函数。

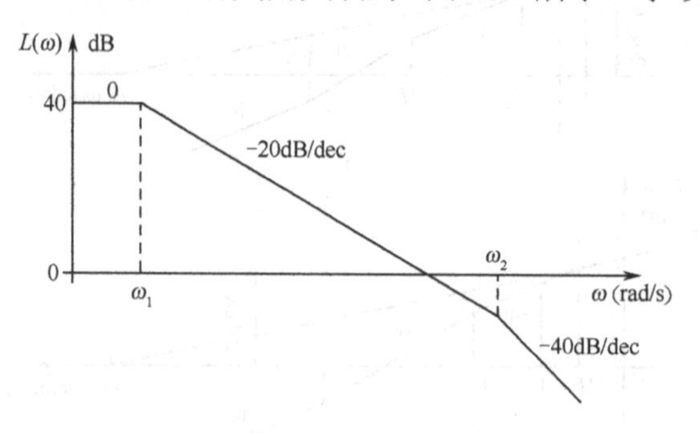

图 5.40　最小相位系统的对数幅频特性

解：从 Bode 图可知，低频段为 0dB/dec，因此，系统为 0 型系统。

20lg K =40dB，所以 K=100。

特性在转角频率 ω_1 处有–20dB 的变化量，说明对应环节为惯性环节，其频率特性为

$$G_1(\mathrm{j}\omega)=\frac{1}{\mathrm{j}\omega T_1+1},\ T_1=\frac{1}{\omega_1}$$

所以

$$G_1(\mathrm{j}\omega)=\frac{1}{\mathrm{j}\dfrac{\omega}{\omega_1}+1}$$

特性在转角频率 ω_2 处有–20dB 的变化量，说明对应环节仍为惯性环节，其频率特性为

$$G_2(\mathrm{j}\omega)=\frac{1}{\mathrm{j}\dfrac{\omega}{\omega_2}+1}$$

所以，系统的频率特性

$$G(\mathrm{j}\omega)=K\ G_1(\mathrm{j}\omega)\ G_2(\mathrm{j}\omega)=\frac{100}{\left(\mathrm{j}\dfrac{\omega}{\omega_1}+1\right)\left(\mathrm{j}\dfrac{\omega}{\omega_2}+1\right)}$$

由此可得系统的传递函数

$$G(s)=\frac{100}{\left(\dfrac{1}{\omega_1}s+1\right)\left(\dfrac{1}{\omega_2}s+1\right)}$$

5.7 思政元素

5.7.1 Bode 图与分贝的由来

在 5.3 节中，我们遇到两个名词，一个是 bode，另一个是“分贝”。这两个名词之所以能

出现在这里，都与大名鼎鼎的贝尔实验室有关。

首先 Bode 图由来自贝尔实验室的荷兰裔科学家 Bode 在 1940 年提出。Bode 发明了一种简单但准确的方法，来绘制增益及相位的图，这样的图后来被称为伯德图。而分贝则是起源于贝尔实验室的创始人贝尔，分贝是从贝尔演变来的。

19 世纪末“电话公司”面世，为衡量电信号传输的损失，美国电报电话公司（AT&T）和英国邮政局开始使用“标准线材英里数”作为单位，此种方法考虑因素多，数值书写麻烦。后来人们找到了一种简单方法，以贝尔的名字，命名了一个单位，用来表示电话信号在线路传输中的幅值和损耗，贝尔是一个相对值（或者说是一个比值）单位。

如果用 p_1 表示被测量的功率，p_2 表示参考功率，则有

$$N = \lg\frac{p_1}{p_2}\text{，单位为贝尔（B）。}$$

取对数的目的是简化数值表示，比如两者比值为 10000，取对数后就变为 5。同样还是从数值表示的角度考虑，后来人们又将

$$N = \lg\frac{p_1}{p_2}\text{，变为了 } N = 10\lg\frac{p_1}{p_2}\text{，单位为分贝（dB）}$$

分贝即十分之一贝尔（decibel）。如果比值不是信号的功率而是信号的幅值就乘 20，单位仍然是分贝。

用分贝来表示信号的强度，以及用 bode 图来绘制信号的幅值和相位随频率变化的规律，这样的方法慢慢被很多领域接受。

在控制工程领域，则有

$$G(s) = 20\lg\frac{X_o}{X_i}\text{，单位为分贝（dB）}$$

式中 X_o 为系统输出信号幅值，X_i 为系统输入信号幅值。

以上我们讲述的仅仅是两个名词的由来，但这里体现出了一种创造和探索的科学精神。看似很简单的改进，源于人们对当时信号表达及表述方法的不满足，源于科学工作者积极探索的精神。这样的一个改进最终形成了信号领域里信号表达的国际标准，规范了所有领域信号强度的计量方法和单位，规范了信号幅值和相位随频率变化的表达方式。

我们中国也有一句古话叫“勿以善小而不为”，小善可以积聚成利天下的大善，当时因一个小小计量单位带来了麻烦，人们从中做出了改进，使分贝单位一直延续百年，成为信号领域的“度量衡”。

5.7.2 一个近似，一种智慧

5.3.2 节中，惯性环节 bode 图幅频特性绘制的处理方法，是一种非常智慧的方法，bode 图的特点就是绘制简单，但惯性环节对数幅频特性表达式，让我们无法简单判断其形状，如果用数值一个个带入，就失去了 bode 图绘制简单的特点。bode 做了非常智慧的处理，它首先做了一个很不精确的近似，只要 $\omega > \omega_T$ 就认为远大于，只要 $\omega < \omega_T$ 就认为远小于，这样处理后，表达式就变得非常简单，特性形状一目了然。

当然，这样的近似在 ω_T 附近造成了很大的误差，作为一种科学方法，这是不允许的。但 bode 做了非常巧妙的处理，他专门对这部分误差进行了计算，并将其绘制成了一条修正曲线，

这条曲线成为作图的一个工具，作图时按简单方法绘制好后，只需用修正曲线修正一下即可，使作图变得非常简单。

这种处理方法启示我们，无论做什么事，遇到难以解决的问题时，要打破固有思维模式，寻找一种超乎寻常的处理方式。

本章小结

（1）线性定常系统对正弦输入的稳态响应称为频率响应，该响应的频率与输入信号的频率相同，幅值和相位相对于输入信号随频率 ω 的变化而变化，反映这种变化特性的表达式 $\dfrac{X_o(\omega)}{X_i}$ 和 $-\arctan T\omega$ 称为系统的频率特性，它与系统传递函数的关系是将 $G(s)$ 中的 s 用 $j\omega$ 取代，$G(j\omega)$ 即为系统的频率特性。

（2）当 ω 从 $0\to\infty$ 时，系统频率特性 $G(j\omega)$ 端点的轨迹即为频率特性的 Nyquist 图。系统 Nyquist 图的起点（$\omega=0$）由系统的型号决定，系统 Nyquist 图的终点($\omega=\infty$)趋于原点，由第几象限趋于原点取决于 $G(j\omega)=-(n-m)\times 90^\circ$。

（3）系统频率特性的对数坐标图称为 Bode 图，Bode 图由对数幅频特性和相频特性组成。绘制 Bode 图的关键是确定各典型环节的转角频率及根据系统的型号确定低频段渐近线的斜率，其斜率为 $-20\,v$dB/dec，v 为不同系统型号对应的值。

习题 5

5.1 试求下列函数的幅频特性 $A(\omega)$、相频特性 $\varphi(\omega)$、实频特性 $u(\omega)$、虚频特性 $v(\omega)$。

（1）$G(j\omega)=\dfrac{5}{30j\omega+1}$　　（2）$G(j\omega)=\dfrac{1}{j\omega(0.1j\omega+1)}$

5.2 某单位反馈系统的闭环传递函数为 $G(s)=\dfrac{10}{s+1}$，试求有下列输入时，输出 x_o 的稳态响应表达式。

（1）$x_i(t)=\sin(t+30^\circ)$　　（2）$x_i(t)=2\cos(2t-45^\circ)$

5.3 单位反馈系统的开环传递函数为 $G(s)=\dfrac{K}{s(Ts+1)}$，已知在正弦信号 $x_i(t)=\sin 10t$ 作用下，闭环系统的稳态输出 $x_o(t)=\sin(10t-90^\circ)$，试计算参数 K 和 T 的值。

5.4 若系统单位阶跃响应为 $x_i(t)=1-1.8e^{-4t}+0.8e^{-9t}$，试求系统的频率特性。

5.5 试绘制具有下列传递函数的各系统的 Nyquist 图。

（1）$G(s)=\dfrac{1}{1+0.1s}$

（2）$G(s)=\dfrac{10}{(1+0.2s)(1+0.1s)}$

（3）$G(s)=\dfrac{5}{s(s+1)(0.25s+1)}$

（4）$G(s)=\dfrac{50}{s^2(0.2s+1)(0.1s+1)}$

5.6　试绘制具有下列传递函数的各系统的Bode图。

（1）$G(s)=\dfrac{1}{1+0.01s}$

（2）$G(s)=\dfrac{100}{s(s+1)(s+4)}$

（3）$G(s)=\dfrac{10}{(1+0.5s)(1+0.1s)}$

（4）$G(s)=\dfrac{160(s+1)}{s(s^2+6s+16)}$

（5）$G(s)=\dfrac{15(0.5s+1)}{s^2(0.2s+1)(0.1s+1)}$

5.7　某最小相位系统的对数幅频特性的渐近线如题5.7图所示，试确定该系统的传递函数。

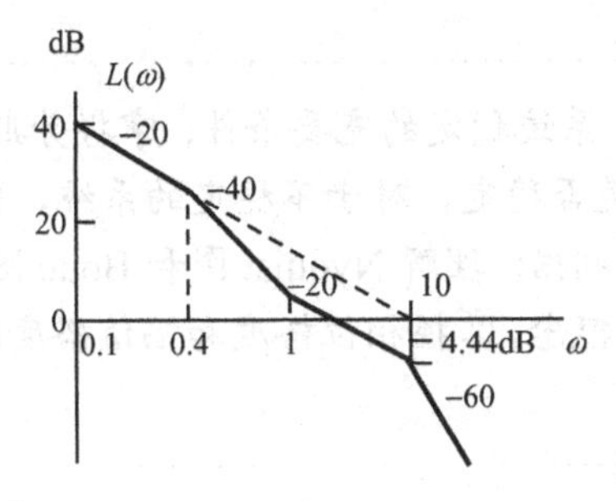

题5.7图

Chapter 6

第6章 系统稳定性分析

学习要点

了解系统稳定性的定义、系统稳定的充要条件；掌握劳斯判据的必要条件和充要条件，学会应用劳斯判据评定系统是否稳定，对于不稳定的系统，能够指出系统包含不稳定特征根的个数；掌握 Nyquist 稳定判据；理解 Nyquist 图和 Bode 图之间的关系，掌握 Bode 稳定判据；理解系统相对稳定性的概念，掌握相位裕度和幅值裕度的定义及求法，并能在 Nyquist 图和 Bode 图上表示。

稳定是控制系统正常工作的首要条件，也是控制系统的重要性能指标之一。分析系统的稳定性是经典控制理论的重要组成部分。经典控制理论对判断一个线性定常系统是否稳定提供了多种方法。本章首先介绍线性定常系统稳定性的基本概念和条件，然后重点讨论劳斯稳定判据、Nyquist 稳定判据和 Bode 稳定判据，最后介绍系统的相对稳定性及其表示形式。

6.1 系统稳定的概念和条件

6.1.1 系统稳定的基本概念

如果一个系统受到扰动，偏离了原来的平衡状态，当扰动取消后，系统的状态可能为如下形式：

① 系统衰减振荡收敛于原平衡状态，如图 6.1（a）所示；

② 系统按指数规律衰减于原平衡状态，如图 6.1（b）所示；

③ 系统等幅或发散振荡远离了原平衡状态，如图 6.1（c）所示；

④ 系统按指数规律增加远离了原平衡状态，如图 6.1（d）所示。

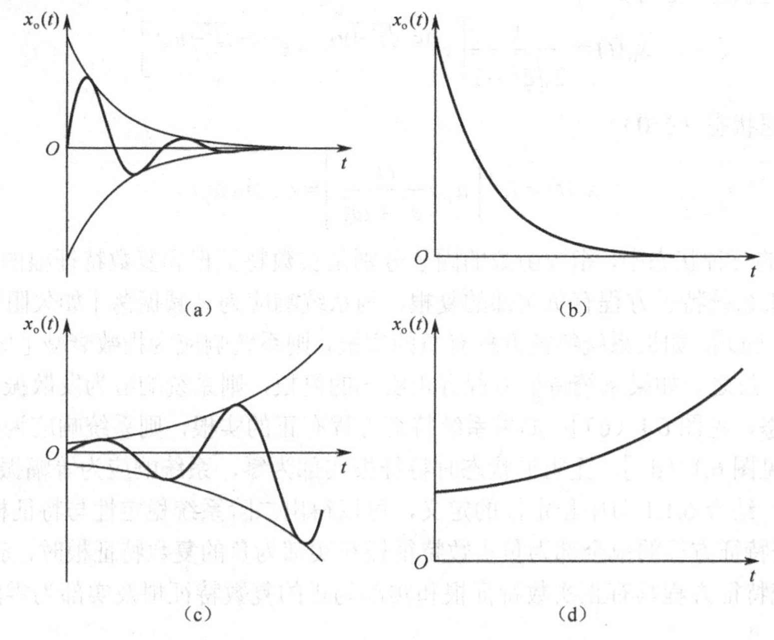

图 6.1　控制系统稳定性

对于图 6.1（a）、(b)，当扰动消失后，系统能逐渐恢复到原平衡状态，称系统是稳定的；对于图 6.1（c）、(d)，当扰动消失后，系统远离了原平衡状态，则称系统是不稳定的。

所以，稳定性反映干扰消失后过渡过程的性质，是系统自身的一种恢复能力，它是系统的固有特性。这种固有特性只与系统的结构参数有关，而与输入无关。这样，干扰消失的时刻，系统与平衡状态的偏差可以看作是系统的初始偏差。因此，系统的稳定性可以定义如下：若控制系统在初始偏差的作用下，其过渡过程随着时间的推移，逐渐衰减并趋于零，则称系统为稳定；否则，称系统为不稳定。

6.1.2　系统稳定性与特征根的关系

在 4.3.2 节中，二阶系统的特征方程为

$$s^2+2\xi\omega_n s+\omega_n^2=0$$

特征方程的根为

$$s_1,s_2=-\xi\omega_n\pm\omega_n\sqrt{\xi^2-1}$$

阻尼比 ξ 不同时，二阶系统特征根的形式不同，见表 4.2，而二阶系统特征根的形式又决定了系统的响应形式，对于单位脉冲响应（见 4.3.3 节）：

（1）欠阻尼状态（$0<\xi<1$）

$$x_o(t)=\frac{\omega_n}{\sqrt{1-\xi^2}}e^{-\xi\omega_n t}\sin\omega_d t$$

（2）临界阻尼状态（ξ=1）

$$x_{\mathrm{o}}(t)=L^{-1}\left[\frac{\omega_{\mathrm{n}}^{2}}{(s+\omega_{\mathrm{n}})^{2}}\right]=\omega_{\mathrm{n}}^{2}t\mathrm{e}^{-\omega_{\mathrm{n}}t}$$

（3）过阻尼状态（ξ>1）

$$x_{\mathrm{o}}(t)=\frac{\omega_{\mathrm{n}}}{2\sqrt{\xi^{2}-1}}\left[\mathrm{e}^{-(\xi-\sqrt{\xi^{2}-1})\omega_{\mathrm{n}}t}-\mathrm{e}^{-(\xi+\sqrt{\xi^{2}-1})\omega_{\mathrm{n}}t}\right]$$

（4）无阻尼状态（ξ=0）

$$x_{\mathrm{o}}(t)=L^{-1}\left[\omega_{\mathrm{n}}\cdot\frac{\omega_{\mathrm{n}}}{s^{2}+\omega_{\mathrm{n}}^{2}}\right]=\omega_{\mathrm{n}}\sin\omega_{\mathrm{n}}t$$

上述ξ>0的三种状态中，指数函数的因子分别是实数特征根和复数特征根的实部，从式中可以看出，如果系统特征方程有负实部的复根，则系统响应为衰减振荡［如欠阻尼和临界阻尼状态，见图6.1（a）］；如果系统特征方程有负的实根，则系统响应为指数衰减［如过阻尼状态，见图6.1（b）］。反之，如果系统特征方程有正实部的复根，则系统响应为发散振荡［如欠阻尼和临界阻尼状态，见图6.1（c）］；如果系统特征方程有正的实根，则系统响应为指数增加［如过阻尼状态，见图6.1（d）］，无阻尼状态时特征根实部为零，系统响应为等幅振荡。

综上所述，结合6.1.1节中稳定性的定义，可以得出二阶系统稳定性与特征根的关系为：

① 当系统特征方程的根全部为负实数特征根和实部为负的复数特征根时，系统是稳定的。

② 当系统特征方程具有正实数特征根和实部为正的复数特征根及实部为零的虚根时，系统是不稳定的。

6.1.3 系统稳定的充分必要条件

设线性定常系统的微分方程为

$$\begin{aligned}&a_{n}\frac{\mathrm{d}^{n}}{\mathrm{d}t^{n}}x_{\mathrm{o}}(t)+a_{n-1}\frac{\mathrm{d}^{n-1}}{\mathrm{d}t^{n-1}}x_{\mathrm{o}}(t)+\cdots+a_{1}\frac{\mathrm{d}}{\mathrm{d}t}x_{\mathrm{o}}(t)+a_{0}x_{\mathrm{o}}(t)\\&=b_{m}\frac{\mathrm{d}^{m}}{\mathrm{d}t^{m}}x_{\mathrm{i}}(t)+b_{m-1}\frac{\mathrm{d}^{m-1}}{\mathrm{d}t^{m-1}}x_{\mathrm{i}}(t)+\cdots+b_{1}\frac{\mathrm{d}}{\mathrm{d}t}x_{\mathrm{i}}(t)+b_{0}x_{\mathrm{i}}(t)\qquad(n\geqslant m)\end{aligned}\tag{6.1}$$

对上式进行拉氏变换，得

$$X_{\mathrm{o}}(s)=\frac{M(s)}{D(s)}X_{\mathrm{i}}(s)+\frac{N(s)}{D(s)}\tag{6.2}$$

式中，

$$M(s)=b_{m}s^{m}+b_{m-1}s^{m-1}+\cdots+b_{1}s+b_{0}$$
$$D(s)=a_{n}s^{n}+a_{n-1}s^{n-1}+\cdots+a_{1}s+a_{0}$$

$\frac{M(s)}{D(s)}=G(s)$为系统的传递函数；$N(s)$是与初始条件有关的s多项式。

根据稳定性定义，研究系统在初始状态下的时间响应（即零输入响应），取$X_{\mathrm{i}}(s)=0$，得到

$$X_{\mathrm{o}}(s)=\frac{N(s)}{D(s)}$$

若 s_i 为系统特征方程 $D(s)=0$ 的根（即系统传递函数的极点，$i=1,2,\cdots,n$），且 s_i 各不相同，则有

$$X_o(t)=L^{-1}[X_o(s)]=L^{-1}\left[\frac{N(s)}{D(s)}\right]=\sum_{i=1}^{n}A_i e^{s_i t} \tag{6.3}$$

式中，A_i 是与初始条件有关的系数。

若系统所有特征根 s_i 的实部 $\mathrm{Re}[s_i]<0$，则零输入响应随着时间的增长将衰减到零，即

$$\lim_{t\to\infty} x_o(t)=0$$

此时系统是稳定的。反之，若特征根中有一个或多个根具有正实部，则零输入响应随着时间的增长而发散，即

$$\lim_{t\to\infty} x_o(t)=\infty$$

此时系统是不稳定的。

若系统的特征根具有重根，只要满足 $\mathrm{Re}[s_i]<0$，有 $\lim_{t\to\infty} x_o(t)=0$，系统就是稳定的。

由此可见，系统稳定的充分必要条件是系统特征方程的根全部具有负实部。系统的特征根就是系统闭环传递函数的极点，因此，系统稳定的充分必要条件还可以表述为：系统闭环传递函数的极点全部位于[s]平面的左半平面。

若系统有一对共轭极点位于虚轴上或有一极点位于原点，其余极点均位于[s]平面的左半平面，则零输入响应趋于等幅振荡或恒定值，此时系统处于临界稳定状态。由于临界稳定状态往往会导致系统的不稳定，因此，临界稳定系统属于不稳定系统。

6.2 劳斯（Routh）稳定判据

线性定常系统稳定的充分必要条件是系统的特征根全部具有负实部。为此，要判断系统的稳定性，就要求解系统的特征根，看这些根是否具有负实部。但当系统的阶数高于 4 阶时，求解特征根就比较困难。为了避免对特征方程的直接求解，可讨论特征根的分布，看其是否全部具有负实部，以此来判断系统的稳定性，由此产生了一系列稳定性判据。其中最主要的一个判据就是 1884 年由 E. J. Routh 提出的劳斯（Routh）判据。

劳斯稳定判据也称代数判据，它是基于方程式根与系数的关系建立的，通过对系统特征方程式的各项系数进行代数运算，得出全部特征根具有负实部的条件，以此来判断系统的稳定性。

6.2.1 系统稳定的必要条件

设系统的特征方程为

$$\begin{aligned}D(s)&=a_n s^n+a_{n-1}s^{n-1}+\cdots+a_1 s+a_0=0\\&=a_n\left(s^n+\frac{a_{n-1}}{a_n}s^{n-1}+\cdots+\frac{a_1}{a_n}s+\frac{a_0}{a_n}\right)=a_n(s-s_1)(s-s_2)\cdots(s-s_n)=0\end{aligned} \tag{6.4}$$

式中，s_1，s_2，…，s_n 为系统的特征根。

由根与系数的关系可求得

$$\left.\begin{aligned}
&\frac{a_{n-1}}{a_n}=-(s_1+s_2+\cdots+s_n)\\
&\frac{a_{n-2}}{a_n}=+(s_1s_2+s_1s_3+\cdots+s_{n-1}s_n)\\
&\frac{a_{n-3}}{a_n}=-(s_1s_2s_3+s_1s_2s_4+\cdots+s_{n-2}s_{n-1}s_n)\\
&\cdots\\
&\frac{a_0}{a_n}=(-1)^n(s_1s_2\cdots s_n)
\end{aligned}\right\} \tag{6.5}$$

从式（6.5）可知，要使全部特征根 s_1，s_2，…，s_n 均具有负实部，就必须满足以下两个条件：

① 特征方程的各项系数 a_i（i=0,1,2,…,n）都不等于零。因为若有一个系数为零，则必出现实部为零的特征根或实部有正有负的特征根，才能满足式（6.5）中的各式，此时系统为临界稳定（根在虚轴上）或不稳定（根具有正实部）。

② 特征方程的各项系数 a_i 的符号都相同，才能满足式（6.5）中的各式。按习惯，a_n 一般取正值，因此上述两个条件可归结为系统稳定的一个必要条件，即 $a_i>0$。但这只是一个必要条件，即使上述条件已满足，系统仍可能不稳定，因为它不是充分条件。

6.2.2 系统稳定的充要条件

设系统的特征方程为

$$D(s)=a_ns^n+a_{n-1}s^{n-1}+\cdots+a_1s+a_0=0$$

将上式中的各项系数，按下面的格式排成劳斯表：

$$\begin{array}{c|ccccc}
s^n & a_n & a_{n-2} & a_{n-4} & a_{n-6} & \cdots\\
s^{n-1} & a_{n-1} & a_{n-3} & a_{n-5} & a_{n-7} & \cdots\\
s^{n-2} & A_1 & A_2 & A_3 & A_4 & \cdots\\
s^{n-3} & B_1 & B_2 & B_3 & B_4 & \cdots\\
\vdots & \vdots & \vdots & \vdots & \vdots & \\
s^2 & D_1 & D_2 & & & \\
s^1 & E_1 & & & & \\
s^0 & F_1 & & & &
\end{array}$$

表中，$A_1=\dfrac{-\begin{vmatrix}a_n & a_{n-2}\\ a_{n-1} & a_{n-3}\end{vmatrix}}{a_{n-1}}$，$A_2=\dfrac{-\begin{vmatrix}a_n & a_{n-4}\\ a_{n-1} & a_{n-5}\end{vmatrix}}{a_{n-1}}$，$A_3=\dfrac{-\begin{vmatrix}a_n & a_{n-6}\\ a_{n-1} & a_{n-7}\end{vmatrix}}{a_{n-1}}\cdots$

$B_1=\dfrac{-\begin{vmatrix}a_{n-1} & a_{n-3}\\ A_1 & A_2\end{vmatrix}}{A_1}$，$B_2=\dfrac{-\begin{vmatrix}a_{n-1} & a_{n-5}\\ A_1 & A_3\end{vmatrix}}{A_1}$，$B_3=\dfrac{-\begin{vmatrix}a_{n-1} & a_{n-7}\\ A_1 & A_4\end{vmatrix}}{A_1}\cdots$

每一行的元素计算到零为止。用同样的方法，求取表中其余行的元素，一直到第 n+1 行排完为止。

劳斯稳定判据给出系统稳定的充分必要条件为：劳斯表中第一列各元素均为正值，且不为零。

劳斯稳定判据还指出，劳斯表中第一列各元素符号改变的次数等于系统特征方程具有正实部特征根的个数。

对于较低阶的系统，劳斯判据可以化为如下简单形式，以便于应用。

① 二阶系统（n=2），特征方程为$D(s)=a_2s^2+a_1s+a_0=0$，劳斯表为

$$\begin{array}{c|cc} s^2 & a_2 & a_0 \\ s^1 & a_1 & \\ s^0 & a_0 & \end{array}$$

根据劳斯判据，二阶系统稳定的充要条件是

$$a_2>0，a_1>0，a_0>0 \tag{6.6}$$

② 三阶系统（n=3），特征方程为$D(s)=a_3s^3+a_2s^2+a_1s+a_0=0$，劳斯表为

$$\begin{array}{c|cc} s^3 & a_3 & a_1 \\ s^2 & a_2 & a_0 \\ s^1 & \dfrac{a_2a_1-a_3a_0}{a_2} & 0 \\ s^0 & a_0 & 0 \end{array}$$

由劳斯判据，三阶系统稳定的充要条件为

$$a_3>0，a_2>0，a_1>0，a_0>0，a_1a_2>a_0a_3 \tag{6.7}$$

【例 6.1】 例 4.2 所示系统的特征方程为

$$D(s)=s^2+7.69s+42.3=0$$

试用劳斯判据判别该系统的稳定性。

解：已知 a_2=1，a_1=7.69，a_0=42.3，各项系数均大于 0，由二阶系统劳斯判据式（6.6）可知，该系统稳定。

【例 6.2】 设系统的特征方程为

$$D(s)=s^4+2s^3+3s^2+4s+3=0$$

试用劳斯判据判断系统的稳定性。

解：由特征方程的各项系数可知，系统已满足稳定的必要条件。列劳斯表

$$\begin{array}{c|ccc} s^4 & 1 & 3 & 3 \\ s^3 & 2 & 4 & 0 \\ s^2 & 1 & 3 & \\ s^1 & -2 & & \\ s^0 & 3 & & \end{array}$$

由劳斯表的第一列可看出，系数符号不全为正值，从+1→−2→+3，符号改变两次，说明闭环系统有两个正实部的根，即在[s]的右半平面有两个极点，所以控制系统不稳定。

【例 6.3】 已知反馈控制系统的特征方程为

$$D(s)=s^3+5Ks^2+(2K+3)s+10=0$$

试确定使该系统稳定的 K 值。

解： 根据特征方程的各项系数，列出劳斯表

$$\begin{array}{c|cc} s^3 & 1 & 2K+3 \\ s^2 & 5K & 10 \\ s^1 & \dfrac{2K^2+3K-2}{K} & 0 \\ s^0 & 10 & 0 \end{array}$$

由劳斯判据可知，若系统稳定，特征方程各项系数必须大于0，且劳斯表中第一列的系数均为正值。据此得

$$\begin{cases} 5K>0 \\ 2K+3>0 \\ \dfrac{2K^2+3K-2}{K}>0 \end{cases}$$

解得 $K>0.5$ 即为所求。

6.2.3 劳斯判据的特殊情况

在应用劳斯判据判别系统稳定性时，有时会遇到以下两种特殊情况。

① 劳斯表中某一行的第一列元素为零，但该行其余元素不全为零，则在计算下一行第一个元素时，该元素必将趋于无穷，劳斯表的计算将无法进行。这时可以用一个很小的正数 ε 来代替第一列等于零的元素，然后再计算表中其他各元素。

【例 6.4】 设某系统的特征方程为 $D(s)=s^4+2s^3+s^2+2s+1=0$，试用劳斯判据判别系统的稳定性。

解： 根据特征方程的各项系数，列出劳斯表

$$\begin{array}{c|ccc} s^4 & 1 & 1 & 1 \\ s^3 & 2 & 2 & 0 \\ s^2 & 0\approx\varepsilon & 1 & \\ s^1 & 2-\dfrac{2}{\varepsilon} & & \\ s^0 & 1 & & \end{array}$$

当 $\varepsilon\to 0$ 时，$(2-2/\varepsilon)<0$，劳斯表中第一列各元素符号不全为正，因此系统不稳定。第一列各元素符号改变两次，说明系统有两个具有正实部的根。

② 劳斯表中某一行的元素全部为零，这时可利用该行的上一行元素构成一个辅助多项式，并利用这个多项式方程导数的系数组成劳斯表中的下一行，然后继续进行计算。

【例 6.5】 已知系统的特征方程为

$$D(s)=s^6+2s^5+8s^4+12s^3+20s^2+16s+16=0$$

试用劳斯判据判别系统的稳定性。

解：根据特征方程的各项系数，列出劳斯表

$$\begin{array}{c|cccc} s^6 & 1 & 8 & 20 & 16 \\ s^5 & 2 & 12 & 16 & 0 \\ s^4 & 2 & 12 & 16 & 0 \\ s^3 & 0 & 0 & 0 & \end{array}$$

由于 s^3 行的元素全为零，由其上一行构成辅助多项式为

$$A(s) = 2s^4 + 12s^2 + 16$$

$A(s)$ 对 s 求导，得一新方程

$$\frac{\mathrm{d}A(s)}{\mathrm{d}s} = 8s^3 + 24s$$

用上式各项系数作为 s^3 行的各项元素，并根据此行再计算劳斯表中 s^2～s^0 行各项元素，得到劳斯表

$$\begin{array}{c|cccc} s^6 & 1 & 8 & 20 & 16 \\ s^5 & 2 & 12 & 16 & 0 \\ s^4 & 2 & 12 & 16 & 0 \\ s^3 & 0 \to 8 & 0 \to 24 & 0 & \\ s^2 & 6 & 16 & 0 & \\ s^1 & 8/3 & 0 & & \\ s^0 & 16 & 0 & & \end{array}$$

表中第一列各元素符号都为正，说明系统没有右根，但是因为 s^3 行的各项系数全为零，说明虚轴上有共轭虚根，其根可解辅助方程

$$2s^4 + 12s^2 + 16 = 0$$

得

$$s_{1,2} = \pm\sqrt{2}\mathrm{j}，\quad s_{3,4} = \pm 2\mathrm{j}$$

由此可见，系统处于临界稳定状态。

6.3 Nyquist 稳定判据

Nyquist 稳定判据也是根据系统稳定的充分必要条件导出的一种稳定判别方法。它利用系统开环 Nyquist 图来判断系统闭环后的稳定性，是一种几何判据。

应用 Nyquist 稳定判据不必求解闭环系统的特征根就可以判别系统的稳定性，同时还可以得知系统的稳定储备——相对稳定性及指出改善系统稳定性的途径。因此，在控制工程中，得到了广泛的应用。

6.3.1 米哈伊洛夫定理

米哈伊洛夫定理是证明 Nyquist 稳定判据的一个引理，它研究系统特征方程的频率特性，根据系统相角的变化，判断系统的稳定性。

设系统的特征方程为

$$D(s)=a_n s^n+a_{n-1}s^{n-1}+\cdots+a_1 s+a_0=0 \tag{6.8}$$

$$D(s)=a_n(s-s_1)(s-s_2)\cdots(s-s_n)=0 \tag{6.9}$$

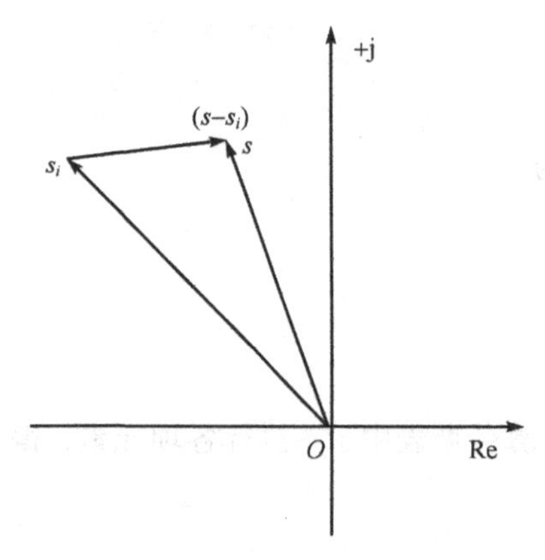

图 6.2 [s]平面上向量的表示

式中，s_1，s_2，…，s_n为系统的特征根。假设已知根 s_i 在[s]平面上的位置，则可以从坐标原点引出 s_i 和 s 的向量，s_i 和 s 间的连线即向量（$s-s_i$），如图 6.2 所示。

在式（6.9）中，令 s=jω，得到特征方程的频率特性

$$D(\mathrm{j}\omega)=a_n(\mathrm{j}\omega-s_1)(\mathrm{j}\omega-s_2)\cdots(\mathrm{j}\omega-s_n) \tag{6.10}$$

在图 6.3 中从各 s_i 点引到 jω 的向量即表示（j$\omega-s_i$）。式（6.10）是一个复数，它的模和相角分别为

$$|D(\mathrm{j}\omega)|=a_n|\mathrm{j}\omega-s_1||\mathrm{j}\omega-s_2|\cdots|\mathrm{j}\omega-s_n|$$

$$\angle D(\mathrm{j}\omega)=\angle(\mathrm{j}\omega-s_1)+\angle(\mathrm{j}\omega-s_2)+\cdots+\angle(\mathrm{j}\omega-s_n) \tag{6.11}$$

当 ω 变化时，jω 沿着虚轴变化，向量 D(jω)的矢端就沿着虚轴滑动，$\angle D$(jω)也相应变化。当 ω 由$-\infty$变到$+\infty$时，如果向量(j$\omega-s_i$)的矢端（根 s_i）位于[s]平面的左半边，那么$\angle$(j$\omega-s_i$)逆时针旋转$+\pi$ 角度；如果向量(j$\omega-s_k$)的矢端（根 s_k）位于[s]平面的右半边，那么$\angle$(j$\omega-s_k$)顺时针旋转$-\pi$ 角度，如图 6.4 所示。

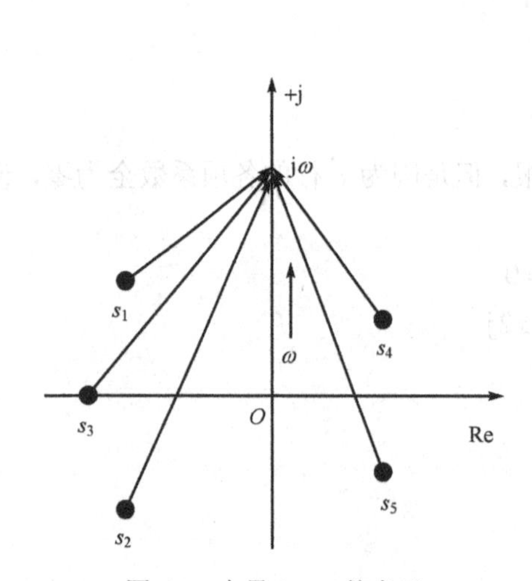

图 6.3 向量(j$\omega-s_i$)的表示

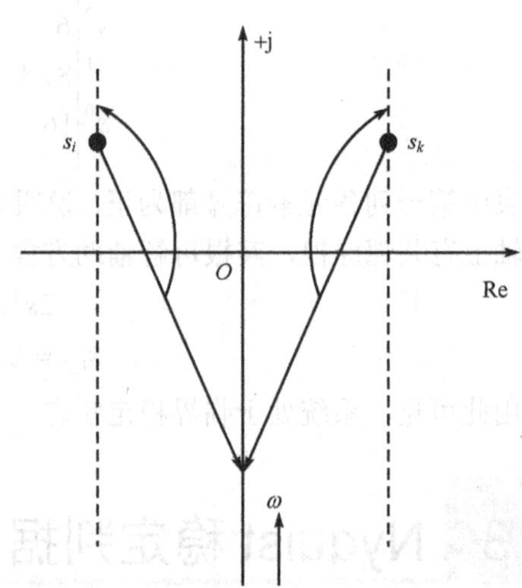

图 6.4 向量(j$\omega-s_i$)的相角变化

现假定 n 阶特征方程 D(jω)有 p 个根在[s]平面的右半平面，（$n-p$）个根在左半平面，则当 ω 由$-\infty$变到$+\infty$时，向量 D(jω)的相角变化为

$$\underset{-\infty\leqslant\omega\leqslant+\infty}{\Delta\angle D(\mathrm{j}\omega)}=(n-2p)\pi \tag{6.12}$$

这就是米哈伊洛夫定理。

在式（6.8）中，令 s=jω，得到特征方程

$$D(\mathrm{j}\omega)=a_n(\mathrm{j}\omega)^n+a_{n-1}(\mathrm{j}\omega)^{n-1}+\cdots+a_1(\mathrm{j}\omega)+a_0=0$$

将实部和虚部分开，得

$$D(\mathrm{j}\omega)=U(\omega)+\mathrm{j}V(\omega) \tag{6.13}$$

式中

$$\left.\begin{aligned}U(\omega)&=a_0-a_2\omega^2+a_4\omega^4-\cdots\\V(\omega)&=a_1\omega-a_3\omega^3+a_5\omega^5-\cdots\end{aligned}\right\}$$

由于

$$\left.\begin{aligned}U(\omega)&=U(-\omega)\\V(\omega)&=-V(-\omega)\end{aligned}\right\}$$

故

$$D(-\mathrm{j}\omega)=U(\omega)-\mathrm{j}V(\omega) \tag{6.14}$$

由式（6.13）和式（6.14）可知，向量 $D(\mathrm{j}\omega)$在$[s]$平面上是关于实轴对称的，所以米哈伊洛夫定理的式（6.12）还可以写成

$$\underset{0\leqslant\omega\leqslant+\infty}{\Delta\angle D(\mathrm{j}\omega)}=(n-2p)\frac{\pi}{2} \tag{6.15}$$

如果系统是稳定的，它的特征根应全部位于$[s]$平面的左半平面，即 $p=0$，式（6.15）变为

$$\underset{0\leqslant\omega\leqslant+\infty}{\Delta\angle D(\mathrm{j}\omega)}=n\frac{\pi}{2} \tag{6.16}$$

6.3.2　Nyquist 稳定判据的证明

设反馈控制系统如图 6.5 所示，开环传递函数为

$$G_{\mathrm{K}}(s)=G(s)H(s)=\frac{M_{\mathrm{K}}(s)}{D_{\mathrm{K}}(s)}$$

而其闭环传递函数

$$G_{\mathrm{B}}(s)=\frac{G(s)}{1+G_{\mathrm{K}}}=\frac{G(s)}{1+\dfrac{M_{\mathrm{K}}(s)}{D_{\mathrm{K}}(s)}}=\frac{G(s)D_{\mathrm{K}}(s)}{D_{\mathrm{K}}(s)+M_{\mathrm{K}}(s)}$$

令

$$F(s)=1+G_{\mathrm{K}}=\frac{D_{\mathrm{K}}(s)+M_{\mathrm{K}}(s)}{D_{\mathrm{K}}(s)}=\frac{D_{\mathrm{B}}(s)}{D_{\mathrm{K}}(s)} \tag{6.17}$$

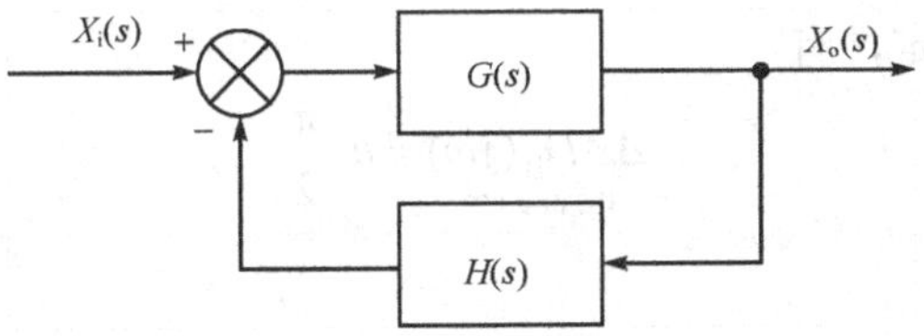

图 6.5　闭环反馈控制系统

$F(s)$是新引进的函数，其分母是开环系统的特征方程 $D_{\mathrm{K}}(s)$，而分子是闭环系统的特征方程 $D_{\mathrm{B}}(s)$。由于系统开环传递函数分母阶次大于等于分子阶次，故式（6.17）分子、分母阶次相同，均为 n 阶。当 ω 从 0 变到$+\infty$时，$F(\mathrm{j}\omega)$相角变化为

$$\Delta\angle F(\mathrm{j}\omega)=\Delta\angle[1+G_{\mathrm{K}}(\mathrm{j}\omega)]=\Delta\angle D_{\mathrm{B}}(\mathrm{j}\omega)-\Delta\angle D_{\mathrm{K}}(\mathrm{j}\omega) \tag{6.18}$$

1．开环稳定的系统

如果开环系统稳定，即开环系统的特征根均在[s]的左半平面，根据米哈伊洛夫定理

$$\underset{0\leqslant\omega\leqslant+\infty}{\Delta\angle D_{\mathrm{K}}(\mathrm{j}\omega)}=n\cdot\frac{\pi}{2}$$

这时如果闭环系统稳定，有

$$\underset{0\leqslant\omega\leqslant+\infty}{\Delta\angle D_{\mathrm{B}}(\mathrm{j}\omega)}=n\cdot\frac{\pi}{2}$$

则由式（6.18）有

$$\underset{0\leqslant\omega\leqslant+\infty}{\Delta\angle F(\mathrm{j}\omega)}=\Delta\angle D_{\mathrm{B}}(\mathrm{j}\omega)-\Delta\angle D_{\mathrm{K}}(\mathrm{j}\omega)=n\cdot\frac{\pi}{2}-n\cdot\frac{\pi}{2}=0$$

上式说明，当ω从0变到$+\infty$时，$F(\mathrm{j}\omega)$相角变化为0，即$F(\mathrm{j}\omega)$的Nyquist图不包围原点，则闭环系统稳定。由于$F(\mathrm{j}\omega)=1+G_{\mathrm{K}}(\mathrm{j}\omega)$，所以$G_{\mathrm{K}}(\mathrm{j}\omega)$的Nyquist图不包围（−1,j0）点，闭环系统稳定，如图6.6所示。

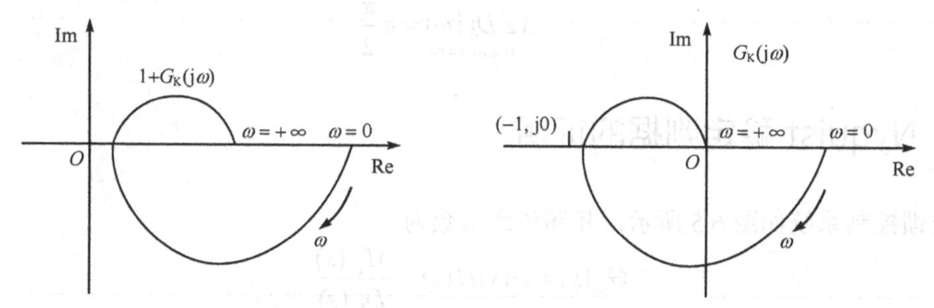

图6.6 $G_{\mathrm{K}}(\mathrm{j}\omega)$与$1+G_{\mathrm{K}}(\mathrm{j}\omega)$图的比较

2．开环不稳定的系统

如果开环系统不稳定，设开环系统有p个特征根在[s]的右半平面，$(n-p)$个根在左半平面，根据米哈伊洛夫定理

$$\underset{0\leqslant\omega\leqslant+\infty}{\Delta\angle D_{\mathrm{K}}(\mathrm{j}\omega)}=(n-2p)\frac{\pi}{2}$$

这时如果闭环系统稳定，有

$$\underset{0\leqslant\omega\leqslant+\infty}{\Delta\angle D_{\mathrm{B}}(\mathrm{j}\omega)}=n\cdot\frac{\pi}{2}$$

则由式（6.18）得

$$\underset{0\leqslant\omega\leqslant+\infty}{\Delta\angle F(\mathrm{j}\omega)}=\Delta\angle[1+G_{\mathrm{K}}(\mathrm{j}\omega)]=n\cdot\frac{\pi}{2}-(n-2p)\cdot\frac{\pi}{2}=p\pi$$

上式说明，当ω从0变到$+\infty$时，$F(\mathrm{j}\omega)$相角逆时针变化$p\pi$，即$F(\mathrm{j}\omega)$的Nyquist图逆时针方向包围原点$p/2$次，则闭环系统稳定。而相应的$G_{\mathrm{K}}(\mathrm{j}\omega)$的Nyquist图逆时针方向包围（−1,j0）点$p/2$次，闭环系统稳定。

综上所述，可以将Nyquist稳定判据表述如下：

如果开环传递函数$G(s)H(s)$在[s]的右半平面有p个极点，当ω从0变化到$+\infty$时，其开环

频率特性 $G(j\omega)H(j\omega)$逆时针方向包围（-1,j0）点 $p/2$ 次，则闭环系统稳定；反之，闭环系统就不稳定。

对于开环稳定的系统，即 $p=0$，此时闭环系统稳定的充分必要条件是，系统的开环频率特性 $G(j\omega)H(j\omega)$不包围（-1,j0）点。

【例 6.6】 单位反馈控制系统的开环传递函数为

$$G_K(s)=\frac{K}{Ts-1}$$

试讨论该闭环系统的稳定性。

解：这是一个不稳定的惯性环节，开环特征方程在[s]的右半平面有一个根，即 $p=1$。

当 $K>1$ 时，开环 Nyquist 曲线如图 6.7 中的 a，当 ω 从$-\infty$变到$+\infty$时，$G_K(j\omega)$ 逆时针方向包围（-1,j0）点一圈，由 Nyquist 稳定判据知闭环系统稳定。

当 $0<K<1$ 时，开环 Nyquist 曲线如图 6.7 中的 b，当 ω 从$-\infty$变到$+\infty$时，$G_K(j\omega)$不包围(-1,j0)点，故此时闭环系统不稳定。

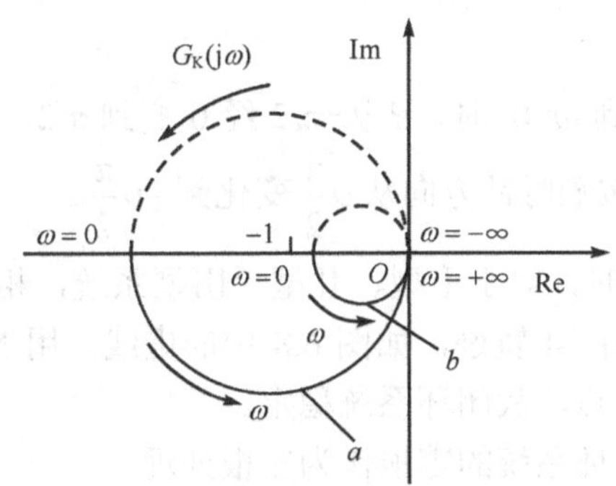

图 6.7 例 6.6 的 Nyquist 图

6.3.3 开环含有积分环节的 Nyquist 图

开环系统中含有积分环节，即有零特征根时，设开环传递函数为

$$G_K(j\omega)=\frac{M_K(j\omega)}{(j\omega)^{\upsilon}D_K(j\omega)} \tag{6.19}$$

对于Ⅰ型系统（含有一个积分环节）：$\omega=0$ 时，$G_K(0)=-j\infty$；$\omega=\infty$时，$G_K(\infty)=0$，如图 6.8（a）中的实线。

对于Ⅱ型系统：$\omega=0$ 时，$G_K(0)=-\infty$；$\omega=\infty$时，$G_K(\infty)=0$，如图 6.8（b）中的实线。

对于Ⅲ型系统：$\omega=0$ 时，$G_K(0)=+j\infty$；$\omega=\infty$时，$G_K(\infty)=0$，如图 6.8（c）中的实线。

当 $\omega=\infty$时，$G_K(\infty)=0$，$\angle G_K(j\omega)=(m-n)\times\frac{\pi}{2}$。

上述情况，开环特性在 $\omega=0$ 处，$G_K(j\omega)\to\infty$，Nyquist 轨迹不连续，很难说明是否包围(-1,j0)点。这时可做如下处理。把沿 $j\omega$ 轴闭环的路线在原点处做一修改，以 $\omega=0$ 为圆心，r 为半径，在右半平面作很小的半圆，如图 6.9 所示。小半圆的表达式为

$$s=re^{j\theta}$$

令 $r\to0$，下面来研究此时幅相频特性将怎样变化。

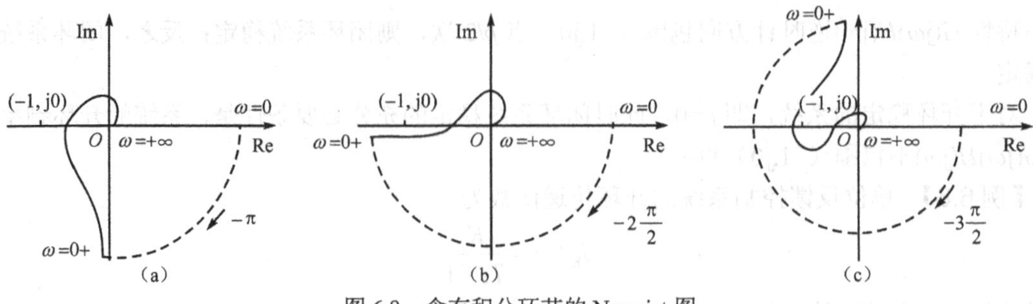

图 6.8 含有积分环节的 Nyquist 图

将 $s=r\mathrm{e}^{\mathrm{j}\theta}$ 代入式（6.19）得

$$G_{\mathrm{K}}(s)=\frac{K\prod\limits_{j=1}^{m}(T_j r\mathrm{e}^{\mathrm{j}\theta}+1)}{r^{\upsilon}\mathrm{e}^{\mathrm{j}\upsilon\theta}\prod\limits_{i=1}^{n-\upsilon}(T_i r\mathrm{e}^{\mathrm{j}\theta}+1)}=\frac{K}{r^{\upsilon}}\mathrm{e}^{-\mathrm{j}\upsilon\theta}=\infty\mathrm{e}^{-\mathrm{j}\upsilon\theta}$$

即幅相频特性为 $\infty\mathrm{e}^{-\mathrm{j}\upsilon\theta}$。

当 s 沿小半圆从 ω=0−变到 ω=0+时，θ 从−π/2 经 0 变到 π/2。这时向量 $\boldsymbol{G}_{\mathbf{K}}(\mathrm{j}\omega)$的模为∞，Nyquist 轨迹将沿无穷大半径按顺时针方向从 $\upsilon\frac{\pi}{2}$ 变化到 $-\upsilon\frac{\pi}{2}$。

显然，当 ω 从 0−变到 0+时，对于Ⅰ型、Ⅱ型、Ⅲ型系统，相角分别由 0 转到−π/2、−π 和 −3π/2，得到了连续变化的 Nyquist 轨迹，如图 6.8 中的虚线。用 Nyquist 稳定判据很容易看出图中的轨迹都不包围（−1,j0）点，故闭环系统稳定。

所以，今后习惯上可把开环系统的零根作为左根处理。

【例 6.7】 控制系统的开环传递函数为

$$G(s)H(s)=\frac{K(s+3)}{s(s-1)}$$

试用 Nyquist 稳定判据判断该闭环系统的稳定性。

解： 开环系统在[s]右半平面有一个极点 s=1，即 p=1。Nyquist 曲线如图 6.10 所示，当 ω 从−∞变到+∞时，$G(\mathrm{j}\omega)H(\mathrm{j}\omega)$逆时针方向包围（−1,j0）点一圈，故闭环系统是稳定的。显然，此时的开环系统是非最小相位系统。

本例中，由于 $G(s)H(s)$含有一个积分环节，所以 Nyquist 图有一个从−π/2 到+π/2、半径为∞的圆弧。

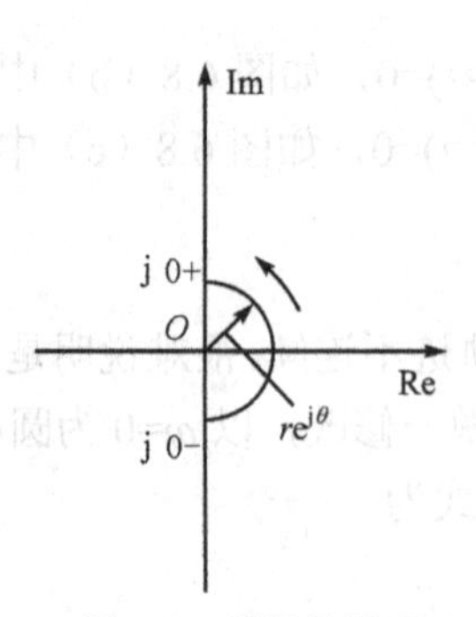

图 6.9 零根的处理

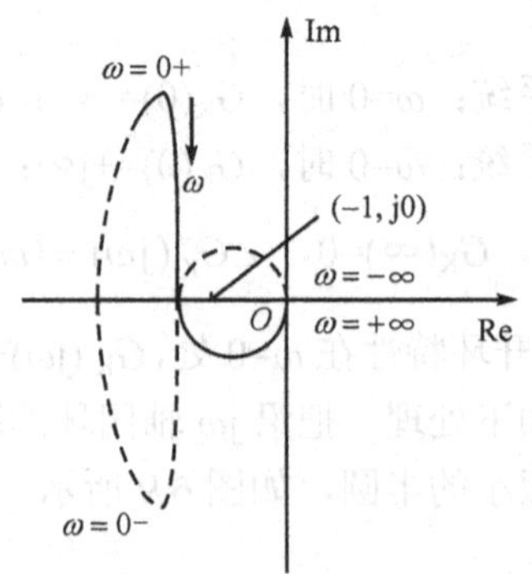

图 6.10 例 6.7 的 Nyquist 图

6.3.4 具有延时环节的系统稳定性分析

延时环节是线性环节，在机械工程的许多系统中存在着延时环节，这将给系统的稳定性带来不利的影响。通常延时环节串联在闭环系统的前向通道或反馈通道中。

如图 6.11 所示为一具有延时环节的系统方框图，其中 $G_1(s)$是除延时环节外的前向通道传递函数。这时整个系统的开环传递函数为

$$G_K(s)=G_1(s)e^{-\tau s}$$

其开环频率特性为

$$G_K(j\omega)=G_1(j\omega)e^{-j\tau\omega}$$

幅频特性 $$|G_K(j\omega)|=|G_1(j\omega)|$$

相频特性 $$\angle G_K(j\omega)=\angle G_1(j\omega)-\tau\omega$$

由此可见，延时环节不改变系统的幅频特性，而仅使相频特性发生改变，使滞后增加，且 τ 越大，产生的滞后越多。

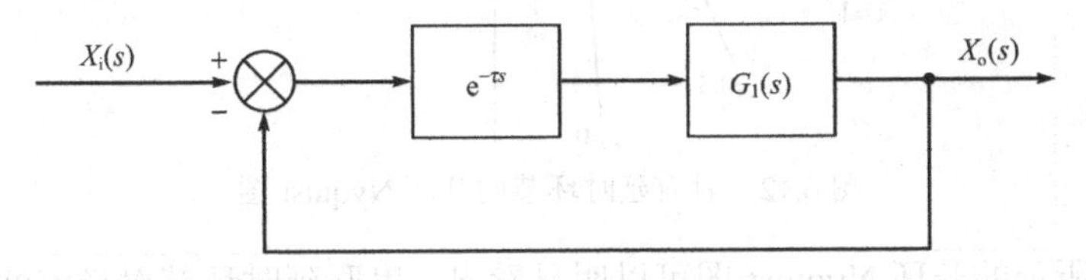

图 6.11 具有延时环节的系统方框图

【例 6.8】 在如图 6.11 所示的系统中，若

$$G_1(s)=\frac{1}{s(s+1)}$$

则开环传递函数和开环频率特性为

$$G_K(s)=\frac{1}{s(s+1)}e^{-\tau s}$$

$$G_K(j\omega)=\frac{1}{j\omega(j\omega+1)}e^{-j\tau\omega}$$

其开环 Nyquist 图如图 6.12 所示。

由图 6.12 可见，当 τ=0，即无延时环节时，Nyquist 图的相位不超过-180°，只局限在第三象限，此二阶系统是稳定的。随着 τ 值增加，相位也增加，Nyquist 图向左上方偏转，进入第二和第一象限。当 τ 增加到使 Nyquist 图包围（-1,j0）点时，闭环系统就不稳定了。

该系统的闭环传递函数为

$$G_B(s)=\frac{G_1(s)e^{-\tau s}}{1+G_1(s)e^{-\tau s}}$$

则系统的特征方程为

$$1+G_1(s)e^{-\tau s}=0$$

当 $G_1(s)e^{-\tau s}=-1$时，系统处于临界稳定状态，则有

$$|G_1(\mathrm{j}\omega)|=\frac{1}{\omega}\cdot\frac{1}{\sqrt{1+\omega^2}}=1 \tag{6.20}$$

$$\angle G_1(\mathrm{j}\omega)-\tau\omega=-\frac{\pi}{2}-\arctan\omega-\tau\omega=-\pi \tag{6.21}$$

由式（6.20）解出 ω=0.786，代入式（6.21）得 τ=1.15。所以，当 τ<1.15 时，闭环系统稳定；τ>1.15 时，闭环系统不稳定。

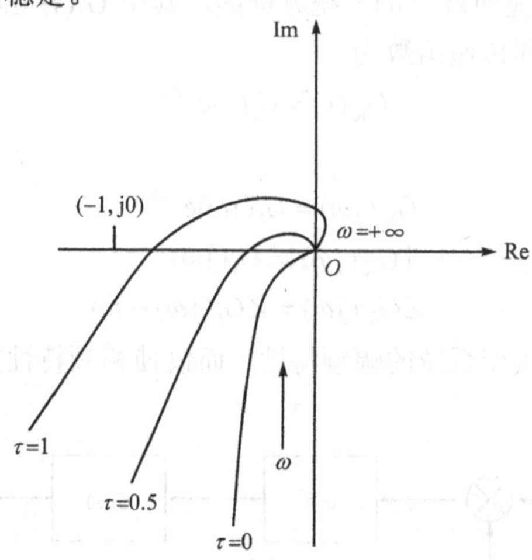

图 6.12　具有延时环节的开环 Nyquist 图

由如图 6.12 所示的开环 Nyquist 图可以明显看出，串联延时环节对稳定性是不利的。虽然一阶或二阶系统总是稳定的，但若存在延时环节，系统可能变为不稳定。因此，对存在延时环节的一阶或二阶系统，为了保证这些系统的稳定性，其开环放大系数 K 就只能限制在很低的范围内，同时，还应尽可能地减小延时 τ。

6.3.5　Nyquist 稳定判据的应用举例

【例 6.9】 设系统的开环传递函数为

$$G(s)H(s)=\frac{K}{(1+T_1s)(1+T_2s)}$$

试判别该闭环系统的稳定性。

解：当 ω=0 时，$|G(\mathrm{j}\omega)H(\mathrm{j}\omega)|=K$，$\angle G(\mathrm{j}\omega)H(\mathrm{j}\omega)=0^\circ$；

当 ω=∞时，$|G(\mathrm{j}\omega)H(\mathrm{j}\omega)|=0$，$\angle G(\mathrm{j}\omega)H(\mathrm{j}\omega)=-180^\circ$，其开环 Nyquist 特性曲线如图 6.13 所示。

由于 $G(\mathrm{j}\omega)H(\mathrm{j}\omega)$在[$s$]的右半平面无极点，即 p=0，且 $G(\mathrm{j}\omega)H(\mathrm{j}\omega)$不包围点（−1,j0），故不论 K 取何正值，系统总是稳定的。

在本例中可以看出，当 ω=∞时，相位由两个−90° 相加。那么当 ω 由 0 变化到+∞时，相位最多不超过−180° ，可见曲线到不了第二象限，故不可能包围点（−1,j0）；而当 ω 由−∞变化到 0 时，虽然曲线在第一、二象限，但因为它与 ω 由 0 变化到+∞时的曲线关于实轴对称，所以也不会包围点（−1,j0），故系统是稳定的。

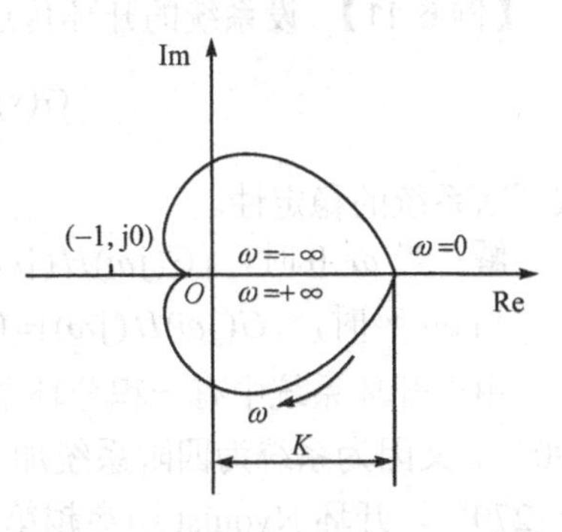

图 6.13　例 6.9 的开环 Nyquist 曲线

【例 6.10】 控制系统的开环传递函数为

$$G(s)H(s)=\frac{K}{s(1+T_1s)(1+T_2s)}$$

① 求不同 K 值时系统的稳定性。

② 若 T_1=0.2，T_2=0.1，试判断 K=2、15、40 时系统的稳定性。

解：①系统开环幅、相频特性为

$$G(\mathrm{j}\omega)H(\mathrm{j}\omega)=\frac{K}{\mathrm{j}\omega(1+T_1\mathrm{j}\omega)(1+T_2\mathrm{j}\omega)}=U(\omega)+\mathrm{j}V(\omega)$$

对应于不同 K 值，系统的 Nyquist 特性曲线如图 6.14（a）所示。

开环 Nyquist 特性曲线与负实轴交点处的频率为 ω_2，令虚部 $V(\omega)$=0，可得

$$\omega_2=\frac{1}{\sqrt{T_1T_2}}$$

若使系统稳定，必须满足开环 Nyquist 曲线不包围点（−1,j0），即

$$U(\omega)=-\frac{K(T_1T_2)}{(T_1+T_2)}>-1$$

解得

$$K<\frac{T_1+T_2}{T_1T_2}$$

由此可见，当 $K<\dfrac{T_1+T_2}{T_1T_2}$ 时，开环 Nyquist 特性曲线不包围点（−1,j0），闭环系统稳定；当 $K=\dfrac{T_1+T_2}{T_1T_2}$ 时，Nyquist 特性曲线刚好通过点（−1,j0）；当 $K>\dfrac{T_1+T_2}{T_1T_2}$ 时，开环 Nyquist 特性曲线包围了点（−1,j0），闭环系统不稳定。

② T_1=0.2，T_2=0.1，$\dfrac{T_1+T_2}{T_1T_2}=15$，故 K=2 时，闭环系统稳定；K=15 时，闭环系统临界稳定；K=40 时，闭环系统不稳定，对应的 Nyquist 图如图 6.14（b）所示。

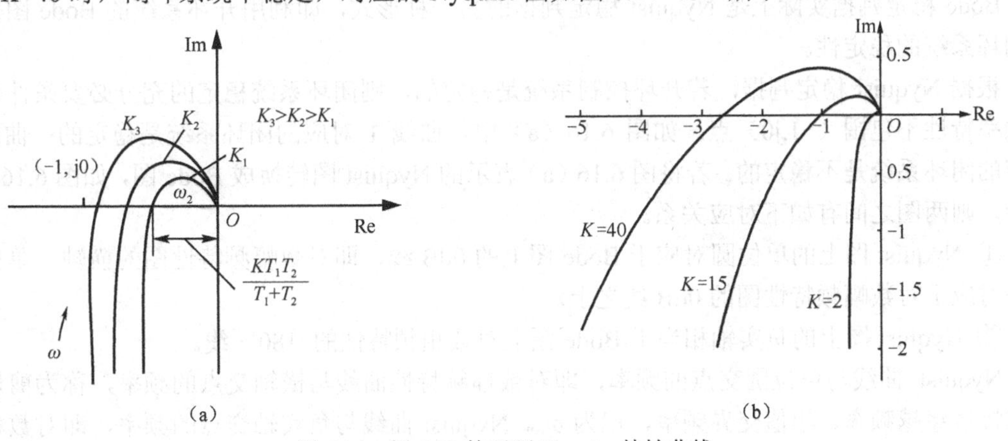

图 6.14　例 6.10 的开环 Nyquist 特性曲线

【例 6.11】 设系统的开环传递函数为

$$G(s)H(s)=\frac{K(1+T_4 s)}{s(1+T_1 s)(1+T_2 s)(1+T_3 s)}$$

试判断系统的稳定性。

解：当 ω=0 时，$|G(\mathrm{j}\omega)H(\mathrm{j}\omega)|=\infty$，$\angle G(\mathrm{j}\omega)H(\mathrm{j}\omega)=-90°$；

当 ω=∞时，$|G(\mathrm{j}\omega)H(\mathrm{j}\omega)|=0$，$\angle G(\mathrm{j}\omega)H(\mathrm{j}\omega)=-270°$。

由于开环系统中有一积分环节，故开环 Nyquist 曲线（如图 6.15 所示）在 $\omega\to0$ 时始于 -90°。又因为系统为四阶系统加一导前环节，因此 $G(\mathrm{j}\omega)H(\mathrm{j}\omega)$的 Nyquist 曲线在 $\omega\to\infty$时，止于-270°，开环 Nyquist 图穿越第三、二象限。由于开环在[s]的右半平面无极点，即 p=0，故：

① 当导前环节作用小，即 T_4 小时，$G(\mathrm{j}\omega)H(\mathrm{j}\omega)$曲线包围（-1,j0）点，闭环系统不稳定，如图 6.15 中的曲线 1；

② 当导前环节作用大，即 T_4 大时，相位减小，$G(\mathrm{j}\omega)H(\mathrm{j}\omega)$曲线不包围（-1,j0）点，闭环系统稳定，如图 6.15 中的曲线 2。

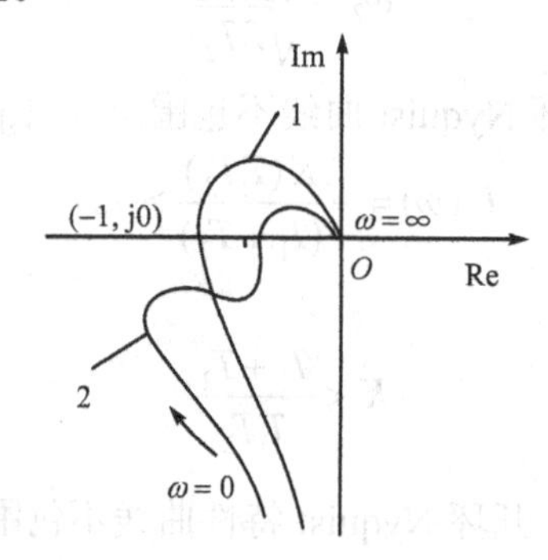

图 6.15 例 6.11 的开环 Nyquist 曲线

6.4 Bode 稳定判据

Bode 稳定判据实际上是 Nyquist 稳定判据的另一种形式，即利用开环系统的 Bode 图来判别闭环系统的稳定性。

根据 Nyquist 稳定判据，若开环控制系统是稳定的，则闭环系统稳定的充分必要条件是开环频率特性不包围（-1,j0）点。如图 6.16（a）中，曲线 1 对应的闭环系统是稳定的；曲线 2 对应的闭环系统是不稳定的。若将图 6.16（a）表示的 Nyquist 图转换成 Bode 图，如图 6.16（b）所示，则两图之间有如下对应关系。

① Nyquist 图上的单位圆对应于 Bode 图上的 0dB 线，即对数幅频特性图的横轴。单位圆之外对应于对数幅频特性图的 0dB 线之上。

② Nyquist 图上的负实轴相当于 Bode 图上对数相频特性的-180°线。

Nyquist 曲线与单位圆交点的频率，即对数幅频特性曲线与横轴交点的频率，称为剪切频率或幅值穿越频率、幅值交界频率，记为 ω_c。Nyquist 曲线与负实轴交点的频率，即对数相频特性曲线与-180°线交点的频率，称为相位穿越频率或相位交界频率，记为 ω_g。

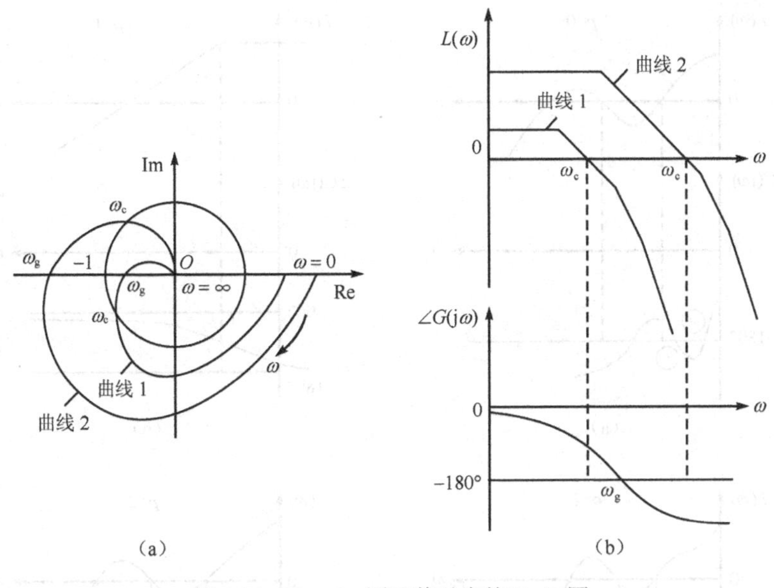

图 6.16　Nyquist 图及其对应的 Bode 图

开环 Nyquist 曲线在点（−1,j0）以左穿过负实轴称为“穿越”，这相当于在 $L(\omega)\geqslant 0$ 的所有频率范围内，对数相频特性穿过−180° 线。当 ω 增加时，开环 Nyquist 曲线自上而下（相位增加）穿过点（−1,j0）以左的负实轴称为正穿越；反之为负穿越。当 ω 增加时，开环 Nyquist 曲线自点（−1,j0）以左的负实轴开始向下称为半次正穿越；反之为半次负穿越。

对应于 Bode 图，在 $L(\omega)\geqslant 0$ 的所有频率范围内，沿 ω 增加方向，对数相频特性曲线自下而上穿过−180° 线为正穿越；反之为负穿越。若对数相频特性曲线自−180° 线开始向上，为半次正穿越；反之为半次负穿越，如图 6.17 所示。

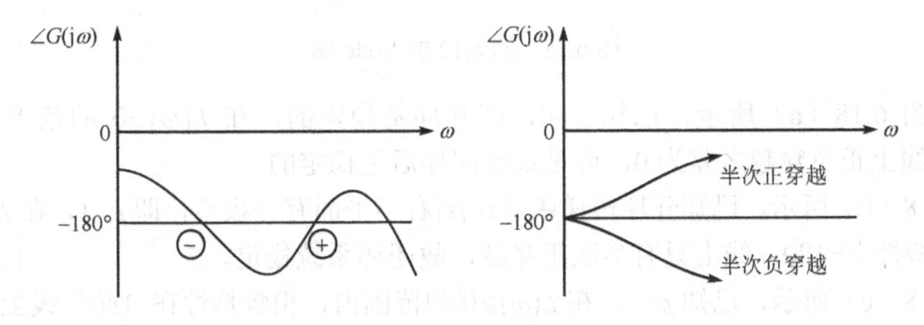

图 6.17　穿越的概念

根据 Nyquist 稳定判据与上述对应关系，Bode 稳定判据可表述如下：

如果系统开环是稳定的，即 $p=0$，则在开环对数幅频特性为正值的频率范围内，其对数相频特性曲线不超过−180° 线，闭环系统稳定。

如果系统在开环状态下，在[s]的右半平面有 p 个极点，则闭环系统稳定的充要条件是，在开环对数幅频特性为正值的频率范围内，其对数相频特性曲线在−180° 线上正负穿越次数之差为 $p/2$。

【例 6.12】 如图 6.18 所示的四种开环 Bode 图，试用 Bode 稳定判据判断系统闭环后的稳定性。

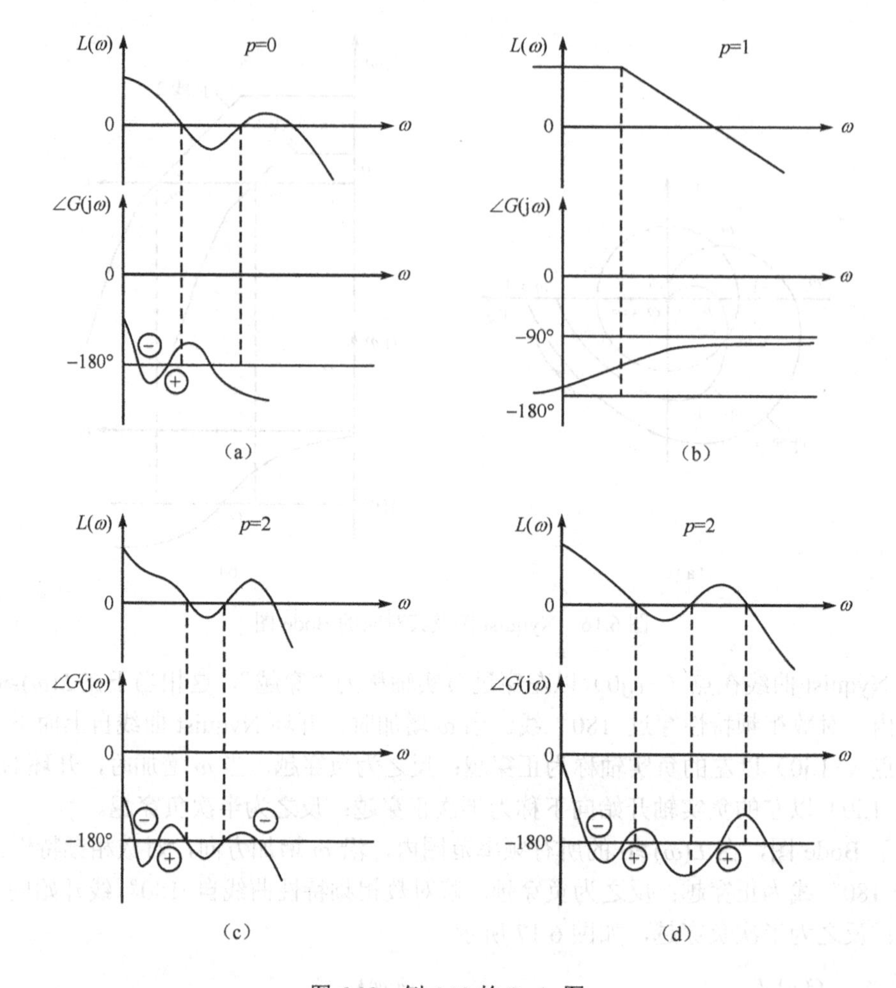

图 6.18 例 6.12 的 Bode 图

解：如图 6.18（a）所示，已知 p=0，即开环是稳定的，在 $L(\omega)\geqslant 0$ 的范围内，相频特性在−180° 线上正负穿越之差为 0，可见系统闭环后是稳定的。

如图 6.18（b）所示，已知开环传递函数在[s]右半平面有一极点，即 p=1，在 $L(\omega)\geqslant 0$ 的范围内，相频特性在−180° 线上只有半次正穿越，故闭环系统稳定。

如图 6.18（c）所示，已知 p=2，在 $L(\omega)\geqslant 0$ 的范围内，相频特性在−180° 线上正负穿越之差为 $1-2=-1\neq p/2$，系统闭环后不稳定。

如图 6.18（d）所示，已知 p=2，在 $L(\omega)\geqslant 0$ 的范围内，相频特性在−180° 线上正负穿越之差为 $2-1=1=p/2$，系统闭环后稳定。

采用 Bode 稳定判据判别稳定性与采用 Nyquist 稳定判据判别稳定性相比，具有如下优点。

① Bode 图可以采用渐近线的方法做出，比较简便；

② 在 Bode 图上的渐近线，可以粗略地判别系统的稳定性；

③ 在 Bode 图中，可以分别做出各环节的对数幅频、对数相频特性曲线，以便明确哪些环节是造成不稳定的主要因素，从而对其中的参数进行合理选择或校正；

④ 在调整开环增益 K 时，只需将 Bode 图中的对数幅频特性曲线上下平移即可，因此很容易看出为保证稳定性所需的增益值。

6.5 系统的相对稳定性

在设计控制系统时，为了使系统能可靠地工作，不仅要求系统稳定，而且还希望系统有足够的稳定裕量。从 Nyquist 稳定判据可知，若开环为 p=0 的闭环系统稳定，开环 Nyquist 曲线离点（-1,j0）越远，则其闭环系统的稳定性越高；开环 Nyquist 曲线离点（-1,j0）越近，则其闭环系统的稳定性越低。这就是通常所说的系统的相对稳定性，它通过开环 Nyquist 曲线对点（-1,j0）的靠近程度来表征，其定量表示为相位裕度 γ 和幅值裕度 K_g，如图 6.19（a）、（b）所示。

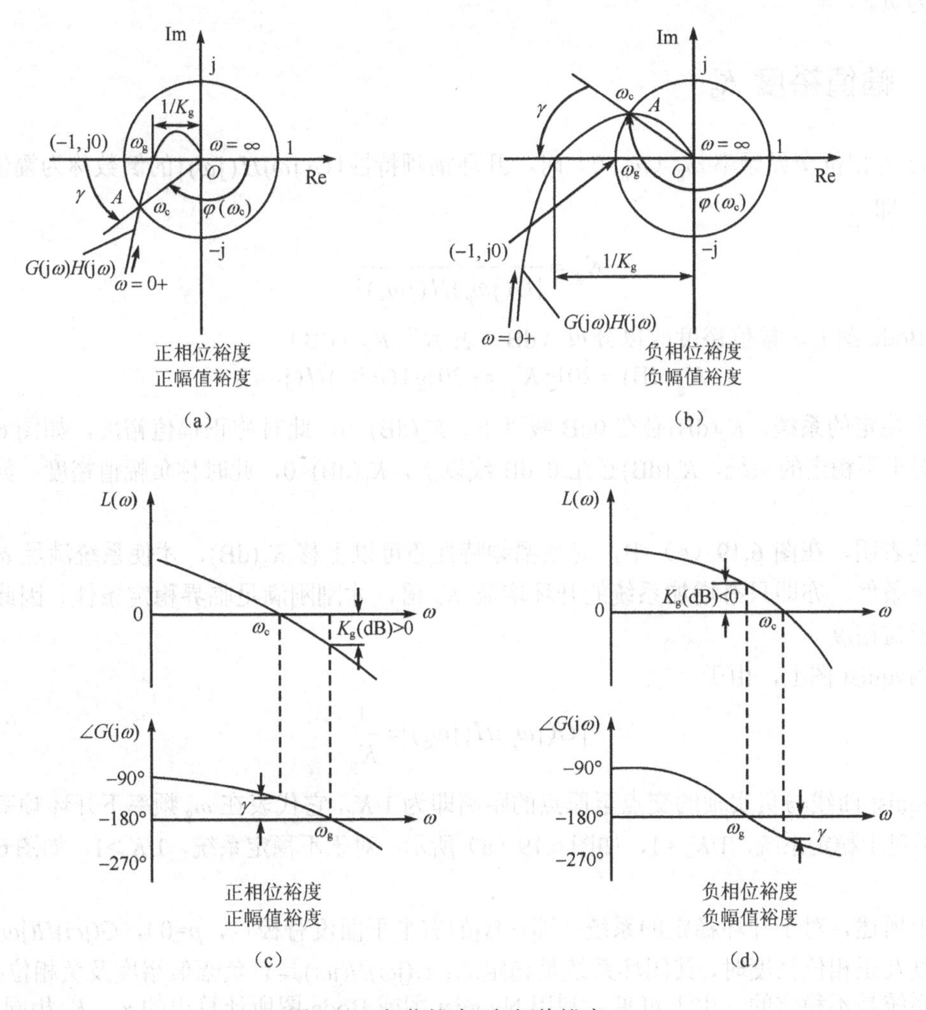

图 6.19　相位裕度 γ 与幅值裕度 K_g

6.5.1　相位裕度 γ

在 ω 为剪切频率 ω_c（ω_c >0）时，相频特性距-180° 线的相位差 γ 叫作相位裕度。如图 6.19（c）

所示的具有正相位裕度的系统不仅稳定，而且还有相当的稳定性储备，它可以在 ω_c 的频率下，允许相位再增加 γ 才达到 $\omega_c=\omega_g$ 的临界稳定条件。因此相位裕度也叫相位稳定性储备。

对于稳定的系统，γ 必在 Bode 图-180° 线以上，这时称为正相位裕度，即有正的稳定性储备，如图 6.19（c）所示；对于不稳定的系统，γ 必在 Bode 图-180° 线以下，这时称为负相位裕度，即有负的稳定性储备，如图 6.19（d）所示。因此

$$\gamma = 180^\circ + \varphi(\omega_c) \tag{6.22}$$

相应地，在 Nyquist 图中，如图 6.19（a）、（b）所示，γ 即为 Nyquist 曲线与单位圆的交点 A 对负实轴的相位差。对于稳定的系统，γ 必在 Nyquist 图负实轴以下，如图 6.19（a）所示；对于不稳定的系统，γ 必在 Nyquist 图负实轴以上，如图 6.19（b）所示。例如，当 $\varphi(\omega_c) = -150^\circ$ 时，$\gamma = 180^\circ - 150^\circ = 30^\circ$，相位裕度为正；而当 $\varphi(\omega_c) = -210^\circ$ 时，$\gamma = 180^\circ - 210^\circ = -30^\circ$，相位裕度为负。

6.5.2 幅值裕度 K_g

在 ω 为相位交界频率 ω_g（$\omega_g>0$）时，开环幅频特性 $|G(j\omega)H(j\omega)|$ 的倒数称为幅值裕度，记作 K_g，即

$$K_g = \frac{1}{|G(j\omega_g)H(j\omega_g)|} \tag{6.23}$$

在 Bode 图上，幅值裕度改以分贝（dB）表示为 K_g（dB）。

$$K_g(\mathrm{dB}) = 20\lg K_g = -20\lg|G(j\omega)H(j\omega)| \tag{6.24}$$

对于稳定的系统，K_g(dB)必在 0dB 线以下，$K_g(\mathrm{dB})>0$，此时称正幅值裕度，如图 6.19（c）所示；对于不稳定的系统，K_g(dB)必在 0 dB 线以上，$K_g(\mathrm{dB})<0$，此时称负幅值裕度，如图 6.19（d）所示。

上述表明，在图 6.19（c）中，对数幅频特性还可以上移 K_g(dB)，才使系统满足 $\omega_c=\omega_g$ 的临界稳定条件，亦即只有增加系统的开环增益 K_g 倍，才刚刚满足临界稳定条件。因此幅值裕度也叫增益裕度。

在 Nyquist 图上，由于

$$|G(j\omega_g)H(j\omega_g)| = \frac{1}{K_g}$$

所以 Nyquist 曲线与负实轴的交点至原点的距离即为 $1/K_g$，它代表在 ω_g 频率下开环频率特性的模。显然对于稳定系统，$1/K_g<1$，如图 6.19（a）所示；对于不稳定系统，$1/K_g>1$，如图 6.19（b）所示。

综上所述，对于开环稳定的系统（即在[s]的右半平面没有极点，$p=0$），$G(j\omega)H(j\omega)$ 具有正幅值裕度及正相位裕度时，其闭环系统是稳定的；$G(j\omega)H(j\omega)$ 具有负幅值裕度及负相位裕度时，其闭环系统是不稳定的。由上可见，利用 Nyquist 图或 Bode 图所计算出的 γ、K_g 相同。

在工程实践中，为使上述系统有满意的稳定性储备，一般希望

$$\gamma = 30^\circ \sim 60^\circ;$$

$$K_g(\mathrm{dB})>6\mathrm{dB}，即\ K_g>2$$

应当着重指出，为了确定上述系统的相对稳定性，必须同时考虑相位裕度和幅值裕度两个

指标，只应用其中一个指标，不足以充分说明系统的相对稳定性。

【例 6.13】 设系统的开环传递函数为

$$G(s)H(s)=\frac{\omega_n^2}{s(s^2+2\xi\omega_n s+\omega_n^2)}$$

试分析当阻尼比很小（$\xi\approx0$）时，该闭环系统的稳定性。

解：当 ξ 很小时，此系统的 $G(j\omega)H(j\omega)$ 特性曲线如图 6.20 所示，其相位裕度 γ 很大，但幅值裕度 K_g 很小。这是由于 ξ 很小时，二阶振荡环节的幅频特性峰值很高。也就是说，$G(j\omega)H(j\omega)$ 的剪切频率 ω_c 虽然较低，相位裕度 γ 较大，但在频率 ω_g 附近，幅值裕度 K_g 太小，曲线很靠近（-1,j0）点。所以，如果仅以相位裕度 γ 来评定该系统的相对稳定性，就会得出系统稳定程度很高的结论，而系统的实际稳定程度绝不是高，而是低。若同时根据相位裕度和幅值裕度全面地评价系统的相对稳定性，就可避免得出不符合实际的结论。

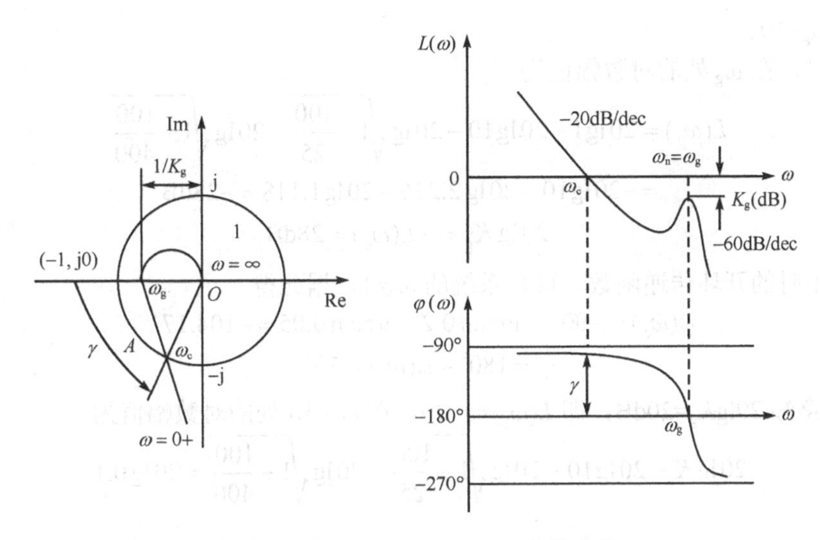

图 6.20　例 6.13 的 $G(j\omega)H(j\omega)$ 特性曲线

由于在最小相位系统的开环幅频特性与开环相频特性之间具有一定的对应关系，相位裕度 γ=30°～60° 表明开环对数幅频特性在剪切频率 ω_c 上的斜率应大于-40dB/dec（此斜率称为剪切率）。因此为保证有合适的相位裕度，一般希望剪切率等于-20dB/dec。如果剪切率等于-40dB/dec，则闭环系统可能稳定，也可能不稳定，但即使稳定，其相对稳定性也将很差。如果剪切率等于-60dB/dec 或更陡，则闭环系统是不稳定的。在设计系统时，开环对数幅频特性的剪切率与系统相对稳定性的这一关系通常是很有用的。

【例 6.14】 已知一单位反馈系统的开环传递函数为

$$G(s)=\frac{K}{s(1+0.2s)(1+0.05s)}$$

试求：①K=1 时，系统的相位裕度和幅值裕度；②要求调整增益 K，使系统的幅值裕度 $20\lg K_g$=20dB，相位裕度 $\gamma\geqslant$40°。

解：开环频率特性为

$$G(j\omega)=\frac{K}{j\omega(1+0.2j\omega)(1+0.05j\omega)}$$

对数幅频特性和相频特性分别为

$$L(\omega)=20\lg K-20\lg\omega-20\lg\sqrt{1+\frac{\omega^2}{25}}-20\lg\sqrt{1+\frac{\omega^2}{400}}$$

$$\varphi(\omega)=-90^\circ-\arctan 0.2\omega-\arctan 0.05\omega$$

① 开环频率特性在 ω_g 处的相位为

$$\varphi(\omega_g)=-90^\circ-\arctan 0.2\omega_g-\arctan 0.05\omega_g=-180^\circ$$

即

$$\arctan 0.2\omega_g+\arctan 0.05\omega_g=90^\circ$$

对上式取正切，得

$$\frac{0.2\omega_g+0.05\omega_g}{1-0.2\omega_g\times 0.05\omega_g}=\infty$$

解之，求得 $\omega_g=10$。

当 $K=1$ 时，在 ω_g 处的对数幅值为

$$L(\omega_g)=20\lg 1-20\lg 10-20\lg\sqrt{1+\frac{100}{25}}-20\lg\sqrt{1+\frac{100}{400}}$$
$$=-20\lg 10-20\lg 2.236-20\lg 1.118\approx-28\text{dB}$$

幅值裕度

$$20\lg K_g=-L(\omega_g)=28\text{dB}$$

根据 $K=1$ 时的开环传递函数，可知系统的 $\omega_c=1$，据此得

$$\varphi(\omega_c)=-90^\circ-\arctan 0.2-\arctan 0.05=-104.17^\circ$$

相位裕度

$$\gamma=180^\circ+\varphi(\omega_c)\approx 76^\circ$$

② 由题意知 $20\lg K_g=20\text{dB}$，即 $L(\omega_g)=-20$，在 $\omega_g=10$ 处的对数幅值为

$$20\lg K-20\lg 10-20\lg\sqrt{1+\frac{100}{25}}-20\lg\sqrt{1+\frac{100}{400}}=20\lg 0.1$$

解得 $K=2.5$。

根据相位裕度 $\gamma=40^\circ$ 的要求

$$\varphi(\omega_c)=-90^\circ-\arctan 0.2\omega_c-\arctan 0.05\omega_c=-140^\circ$$

即

$$\arctan 0.2\omega_c+\arctan 0.05\omega_c=50^\circ$$

对上式取正切，求得 $\omega_c=4$。于是有

$$L(\omega_c)=20\lg K-20\lg 4-20\lg\sqrt{1+\frac{16}{25}}-20\lg\sqrt{1+\frac{16}{400}}=0$$

解得 $K=5.22$。不难看出，$K=2.5$ 就能同时满足 K_g 和 γ 的要求。

以上学习的各种稳定判据中，代数判据是利用闭环系统特征方程的系数判别闭环稳定性，而 Nyquist 稳定判据是利用系统开环频率特性来判别闭环的稳定性，并可以确定稳定裕度，因而在工程上获得了广泛的应用。还应注意，以上讨论的有关稳定性的问题是线性定常系统的稳定性问题。

6.6 思政元素

6.6.1 稳定是保证一切指标的前提

在本书的 1.2.3 节中，提出了评价系统的三个特性，稳定性、快速性和准确性。实际上，这门课的主要任务就是以这三个特性为核心，寻找评价它们的指标和方法。为此，在第 3 章讲了如何建立系统的数学模型，在数学模型的基础上，第 4 章我们找到了快速性和准确性的评价指标及求取这些指标的方法。第 5 章建立了频率特性的概念，并讲了 Nyquist 图和 bode 图的画法，这两张图可以简单直观的表达出系统频率特性。第 6 章利用 Nyquist 图和 bode 图解决了稳定性判据问题，至此，系统三个特性的评价指标及方法全部找到，这门课的任务圆满完成。

但在这一系列的推导和讲解中，你们有没有思考这样一个问题，在这三个特性中，快速性和准确性用来评价一个系统的工作特点及能力是否符合生产需求，而稳定性决定了一个系统是否具备正常的工作能力，即系统如果不稳定，根本无法进入常规的工作状态，更不用谈工作能力的强与弱了。因此对于一个不稳定系统，此时任何其他指标均没有意义。

所以稳定是一个系统正常工作的前提，只有在系统稳定的基础上，才可以去评价其他指标的优与劣。

其实，一个系统如此，个人、家庭也如此，一个国家更是如此。

一个人没有稳定的生理和心理系统作为支撑，就无法谈及个人层面上的发展及前途，甚至无法独立地生存。一个家庭不稳定，无法谈及幸福与安康，无法成为一个社会的健康“细胞”。一个国家更是如此，战火中的乌克兰，动荡中的中东，无法谈及繁荣富足、文明正义、人民幸福。国泰才能民安，家和才能万事兴，健康才有希望。

稳定是保证其他一切指标的前提！

6.6.2 稳定是一种状态更是一种能力

在 1.2.3 节中关于稳定性的定义是这样说的：稳定性是指系统在动态过程中恢复平衡状态的能力。稳定不仅是一种状态，更是一种能力，它是从动态过程恢复到平衡状态的能力。动态过程即是动荡的，动荡的即是失衡的，系统要有能力从动荡恢复到稳定。

那么系统怎么进入动态过程的呢？两个原因，一个是内部因素，比如组成系统的元器件老化；另一个是外部因素，比如一个或多个激励信号影响（可能是计划中的给定信号，也可能是计划外的干扰信号）。内部或外部因素将系统带进了动态过程，一个具备稳定能力的系统可以让系统在允许的范围内波动，其波动的幅值会慢慢减弱，最终进入稳定。

实际上，我们每个人的生理和心理都各成一个系统，任何人都无法保证其不受外部信息侵入，也做不到被侵入后绝对不起波澜，但波澜之后能恢复平静，动荡之后能回到平衡，就是一种稳定状态。

一个家庭也是一个系统，没有任何一个家庭不会经历意外与冲击，正像有人所说的“岁月静好是偶然，一地鸡毛是常态”，这句话也许有些夸张，但岁月静好与一地鸡毛一定是穿插在每个家庭的生活中，一个正常的家庭一定是有稳定能力的家庭，可以将一地鸡毛梳理成岁月静好。

一个国家更是如此，一个有稳定能力的国家，一定可以解内忧排外患，保证国家安全稳定，人民幸福安康。

如今我们有幸生活在这样一个国家，一定要心怀感恩，努力学习，让自己将来有能力，肩担道义，手绘蓝图。

本章小结

（1）稳定是系统能正常工作的首要条件。一个不稳定的系统，根本无法复现输入信号和抑制干扰信号。线性定常系统的稳定性是系统的一种固有特性，它仅取决于系统的结构和参数，与输入信号的形式和大小无关。

（2）系统稳定的充分必要条件是系统特征方程的根全部具有负实部，即系统闭环传递函数的极点均位于[s]的左半平面。

（3）不用求根而能直接判断系统稳定性的方法，称为稳定判据。稳定判据只回答特征方程式的根在[s]平面上的分布情况，而不能确定根的具体数值。劳斯判据是判断稳定性的代数方法。

（4）Nyquist 判据是判断稳定性的几何判据，它根据开环频率特性曲线围绕点（-1，j0）的情况和开环传递函数在[s]右半平面上的极点数来判断其对应闭环系统的稳定性。这种判据能从图形上直观地看出参数变化对系统性能的影响，并提出改善系统性能的信息。

（5）考虑到系统内部参数和外界环境变化对系统稳定性的影响，要求系统不仅能稳定地工作，而且还需要有足够的稳定裕度。根据 Bode 判据可以定量求出系统的稳定裕度。在控制工程中，一般要求系统的相位裕度 γ 在 30°～60° 范围内，幅值裕度 K_g 大于 6dB，这是十分必要的。

习题 6

6.1 已知单位反馈系统的开环传递函数：

（1）$G_K(s)=\dfrac{10(s+1)}{s(s-1)(s+5)}$　　（2）$G_K(s)=\dfrac{10}{s(s-1)(s+3)}$

试用劳斯判据判别闭环系统的稳定性。

6.2 已知系统的特征方程，试用劳斯判据判断系统的稳定性。

（1）$D(s)=s^3+21s^2+10s+10=0$

（2）$D(s)=s^4+8s^3+17s^2+16s+5=0$

（3）$D(s)=s^4+2s^3+3s^2+4s+3=0$

（4）$D(s)=s^5+2s^4+14s^3+88s^2+200s+800=0$

6.3 单位反馈系统的开环传递函数为

$$G_K(s)=\frac{K}{s(s+1)(s+2)}$$

试确定系统稳定时，开环增益 K 的取值范围。

6.4　单位反馈系统的开环传递函数为

$$G_K(s)=\frac{K}{s(0.01s^2+0.2K\xi s+1)}$$

试确定使闭环系统稳定的参数 K 和 ξ 的值。

6.5　设单位反馈系统的开环传递函数为

$$G_K(s)=\frac{K}{s(1+0.1s)(1+0.25s)}$$

试求：（1）闭环系统稳定时 K 值的取值范围；（2）若要求闭环系统的特征根全部位于 $s=-1$ 垂线的左侧，确定 K 值的取值范围。

6.6　设单位负反馈系统的开环传递函数为

$$G_K(s)=\frac{K}{s\left(\frac{s^2}{\omega_n^2}+2\xi\frac{s}{\omega_n}+1\right)}$$

其中，$\omega_n=90s^{-1}$，$\xi=0.2$，试确定 K 为何值时，系统才稳定。

6.7　试根据系统开环频率特性，用 Nyquist 稳定判据判断相应闭环系统的稳定性。

（1）$G(j\omega)H(j\omega)=\frac{100}{j\omega[(j\omega)^2+2(j\omega)+2](j\omega+1)}$

（2）$G(j\omega)H(j\omega)=\frac{K(j\omega-1)}{j\omega(j\omega+1)}$

（3）$G(j\omega)H(j\omega)=\frac{10}{(1+j\omega)(1+2j\omega)(1+3j\omega)}$

（4）$G(j\omega)H(j\omega)=\frac{10}{j\omega(1+j\omega)(1+10j\omega)}$

（5）$G(j\omega)H(j\omega)=\frac{10}{(j\omega)^2(1+0.1j\omega)(1+0.2j\omega)}$

（6）$G(j\omega)H(j\omega)=\frac{2}{(j\omega)^2(1+0.1j\omega)(1+10j\omega)}$

6.8　若单位反馈系统的开环传递函数为

$$G_K(s)=\frac{as+1}{s^2}$$

试确定使相位裕度 γ 为 45° 时的 a 值。

6.9　若系统的开环传递函数为

$$G_K(s)=\frac{K}{s(1+s)(1+0.2s)}$$

试求 $K=10$ 及 $K=100$ 时的相位裕度 γ 和幅值裕度 K_g。

6.10　设系统的开环传递函数为

$$G_K(s)=\frac{K}{s(1+s)(1+0.1s)}$$

试确定：（1）使系统的幅值裕度 $K_g(\mathrm{dB})=20\mathrm{dB}$ 的 K 值；（2）使系统的相位裕度 $\gamma=60°$ 的 K 值。

Chapter 7

第7章 系统校正

学习要点

了解各种线性系统的校正方法，熟练掌握串联校正、PID 校正和反馈校正装置的特性及校正装置的设计，分析控制系统校正前后的性能变化。

在工程实际应用中，分析、设计控制系统的目的是使控制系统满足工程应用的实际需要，即满足工程应用对该控制系统性能的要求。从控制工程的角度来看，对一个控制系统的基本性能要求是稳定、准确和快速。此外，对控制系统还有经济性、工艺性、体积、寿命等非控制工程所研究的其他性能要求。当一个控制系统的性能不能全面地满足工程应用所要求的性能指标时，就引出了系统的校正问题。本章将从控制工程的角度，讨论控制系统的系统综合与校正问题，重点介绍系统校正的概念、系统的性能指标和系统校正的方法。

在对一个控制系统的设计、分析中，常常遇到这样两类问题：①如果一个控制系统的结构、元件及参数已经给定，需要分析该控制系统所能达到的性能指标，并判断该系统能否满足工程应用所要求的各项性能指标，这就是控制系统性能分析问题；②如果该控制系统不能全面地满足工程应用所要求的性能指标，则可考虑对原已选定的系统增加必要的元件或环节，改善系统的性能指标，使系统能够全面地满足所要求的性能指标，这就是系统的校正。

通过本章的学习，一方面要了解控制系统的校正主要应用于自动控制系统，另一方面也要了解在一般系统中，如机械系统中，有时仍然有系统校正的问题。

7.1 系统的性能指标

系统的性能指标，按类型可分为：

① 时域性能指标：包括瞬态性能指标和稳态性能指标。

② 频域性能指标：不仅反映系统在频域方面的特性，而且当时域性能不易求得时，可首先用频率特性实验来求得该系统在频域中的动态性能，再由此推出时域中的动态性能。

③ 综合性能指标：考虑对系统的某些重要参数应如何取值才能保证系统获得某一最优的综合性能的测度，即若对这个性能指标取极值，则可获得有关重要参数值，而这些参数值可保证这一综合性能为最优。

分析系统的性能指标能否满足要求，以及如何满足要求，一般可分三种不同情况：

① 在确定了系统的结构和参数后，计算与分析系统的性能指标。

② 在初步选择系统的结构和参数后，核算系统的性能指标能否达到要求，如果不能，则需要修改系统的参数甚至结构，或对系统进行校正。

③ 给定综合性能指标（如目标函数、性能函数等），设计满足此指标的系统，包括设计必要的校正环节。

评价控制系统性能指标的优劣，一般是根据系统在典型输入作用下输出响应的某些特点统一规定的。

7.1.1 时域性能指标

（1）瞬态性能指标

系统的瞬态性能指标是指控制系统在单位阶跃信号 $u(t)$ 输入下，由系统输出的过渡过程所给出的，实质上是由系统瞬态响应所决定的，主要有：

① 最大超调量（或最大百分比超调量）M_p。

② 调整时间（或过渡时间）t_s。

③ 峰值时间 t_p。

④ 上升时间 t_r。

⑤ 延迟时间 t_d。

此外，根据具体情况有时还对调整过程提出其他的要求，如在调整时间 t_s 内的振荡次数，或同时要求时间响应为单调无超调等。从使用的角度来看，时域指标比较直观，对系统的要求常常以时域指标的形式提出。

（2）稳态性能指标

常用稳态误差系数 K_p、K_v、K_a 和稳态误差 e_{ss} 给出，它们能够反映系统的控制精度。

7.1.2 频域性能指标

系统的频域性能可分为开环频域指标和闭环频域指标。

1．开环频域指标

开环频域指标是通过开环对数幅频特性曲线给出的频域性能指标，主要有：

① 开环剪切频率 ω_c。

② 相位裕量 $\gamma(\omega)$。

③ 幅值裕量 $K_g(\omega)$。

2．闭环频域指标

闭环频域指标是通过系统闭环幅频特性曲线给出的频域性能指标，主要有：

① 谐振频率 ω_r。

② 相对谐振峰值 M_r：$M_r=\dfrac{A_{max}}{A(0)}$，当 $A(0)=1$ 时，A_{max} 与 M_r 在数值上相同，A_{max} 为最大值。

③ 复现频率 ω_m 及复现带宽 $0\sim\omega_m$。若事先给定一个 $\varDelta$ 作为反映低频正弦输入信号作用下的允许误差，则 ω_m 就是幅频特性值与 $A(0)$ 的差第一次达到 $\varDelta$ 时的频率值，称复现频率。当频率超过复现频率 ω_m 时，系统的输出就不能"复现"输入，所以 $0\sim\omega_m$ 表示了复现低频正弦输入信号的带宽，称之为复现带宽或工作带宽。

④ 截止频率 ω_b 及截止带宽 $0\sim\omega_b$。一般规定此处的 $A(\omega)$ 是由 $A(0)$ 下降 3dB 时的频率，即 $A(\omega)$ 由 $A(0)$ 下降到 $0.707\,A(0)$ 的频率称为系统的截止频率 ω_b，也称为系统的闭环截止频率 ω_b。频率 $0\sim\omega_b$ 的范围称为系统的闭环带宽，也称为工作带宽或带宽。

闭环频域性能指标如图 7.1 所示。

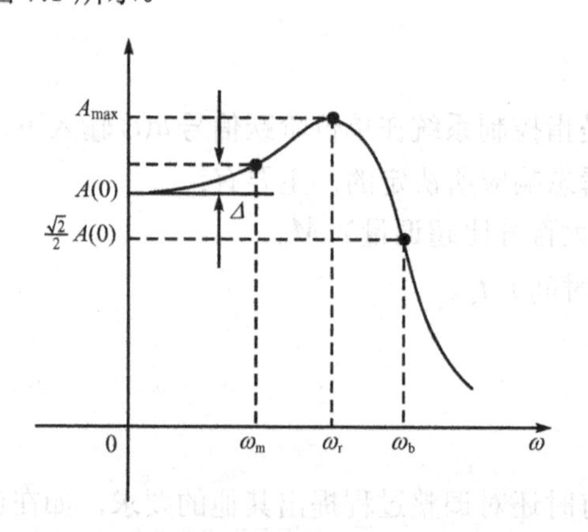

图 7.1　闭环频域性能指标

应当指出的是，系统的频域性能指标与时域性能指标之间有一定的关系，如峰值时间 t_p 和调整时间 t_s 都与系统的带宽有关。而 $\omega_b t_p$ 与 $\omega_b t_s$ 都是系统阻尼比 ξ 的函数。因此，当系统的阻尼比 ξ 给定后，$\omega_b t_p$ 与 $\omega_b t_s$ 都是常数，故系统的截止频率 ω_b 与 t_p 和 t_s 成反比关系，即系统的带宽越大，该系统响应输入信号的快速性就越好。因此，系统的带宽表征了系统的响应速度。

【例 7.1】 设有两个系统如图 7.2 所示。系统Ⅰ、Ⅱ的传递函数分别是

$$G_1(s)=\frac{1}{s+1},\quad G_2(s)=\frac{1}{3s+1}$$

试比较这两个系统的带宽，并证明：带宽大的系统反应速度快，跟随性能好。

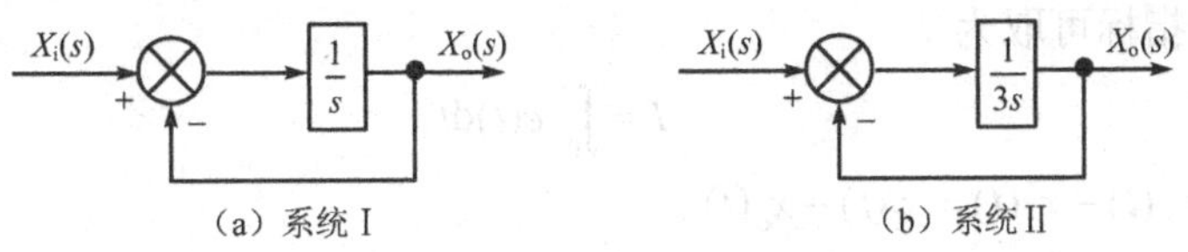

图 7.2　系统 I、II 的框图

解：在幅频特性的对数曲线［如图 7.3（a）所示］上，系统的转折频率 ω_T 即为截止频率 ω_b，则

系统 I：
$$\omega_b = \omega_T = 1s^{-1}$$
系统 II：
$$\omega_b = \omega_T = 0.33s^{-1}$$

所以，系统 I 的带宽较系统 II 大。可以证明，一阶惯性系统 $G(s) = K/(Ts+1)$ 的截止频率 ω_b 均为转折频率 ω_T。

系统 I 和系统 II 的单位阶跃响应如图 7.3（b）所示，单位速度输入响应如图 7.3（c）所示。显然，带宽大的系统 I 较带宽较小的系统 II 具有较快的响应速度［如图 7.3（b）所示］和较好的跟随性能［如图 7.3（c）所示］。

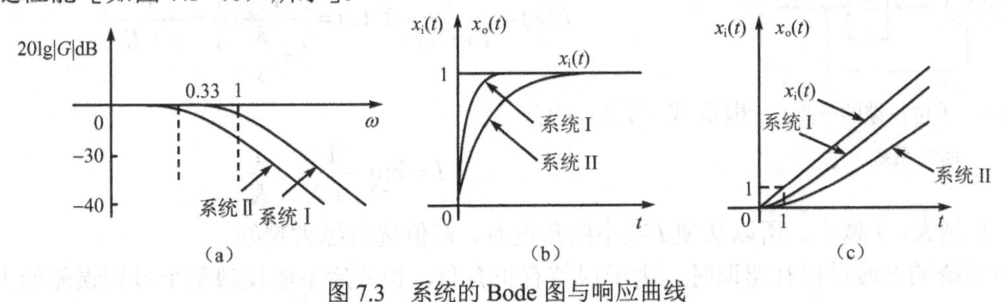

图 7.3　系统的 Bode 图与响应曲线

3. 综合性能指标（误差准则）

综合性能指标是系统性能的综合测度，目前使用的综合性能指标有多种，在这里简单介绍如下三种。

（1）误差积分性能指标

对于一个理想的系统，若给予其阶跃输入，则系统的输出也应是阶跃函数。实际上，输入与输出之间总会存在误差，我们只能使误差 $e(t)$ 尽可能小。如图 7.4（a）所示为系统在单位阶跃输入下无超调的过渡过程，其误差如图 7.4（b）所示。

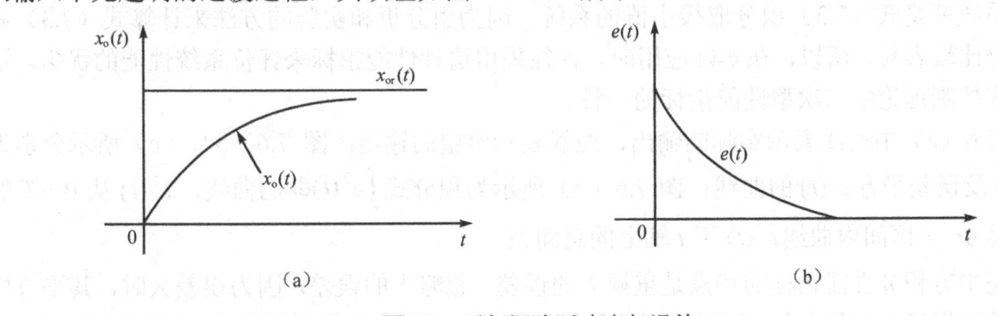

图 7.4　无超调阶跃响应与误差

在无超调的情况下，误差$e(t)$是单调变化的，因此，如果考虑所有时间里误差的总和，那么系统的综合性能指标可取为

$$I=\int_0^\infty e(t)\mathrm{d}t \tag{7.1}$$

式中，误差$e(t)=x_{\mathrm{or}}(t)-x_{\mathrm{o}}(t)=x_{\mathrm{i}}(t)-x_{\mathrm{o}}(t)$。

因$e(t)$的拉氏变换为

$$E_1(s)=\int_0^\infty e(t)\mathrm{e}^{-st}\mathrm{d}t$$

所以

$$I=\int_0^\infty e(t)\mathrm{e}^{-st}\mathrm{d}t=\lim_{s\to 0}E_1(s) \tag{7.2}$$

只要系统在阶跃输入下其过渡过程无超调，就可以根据式（7.2）计算其I值，根据此式计算出使I值最小的系统参数。

若不能预先知道系统的过渡过程是否无超调，就不能应用式（7.2）来计算I值。

【例7.2】 设单位反馈的一阶惯性系统的方框图如图7.5所示，其中开环增益K是待定参数。试确定能使I值最小的K值。

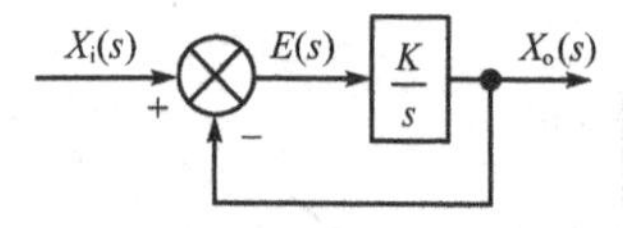

图7.5 单位反馈的一阶惯性系统

解： 当$x_{\mathrm{i}}(t)=u(t)$时，误差$e(t)$的拉氏变换为

$$E(s)=\frac{1}{1+G(s)}X_{\mathrm{i}}(s)=\frac{1}{1+\frac{K}{s}}\cdot\frac{1}{s}=\frac{1}{s+K}$$

根据式（7.2），有

$$I=\lim_{s\to 0}\frac{1}{s+K}=\frac{1}{K}$$

可见，K越大，I越小。所以从使I减小的角度看，K值选得越大越好。

当系统的过渡过程有超调时，由于误差有正有负，积分后不能反映整个过程误差的大小。若不能预先知道系统的过渡过程是否无超调，就不能应用式（7.2）计算I值，来评价所有时间里误差总和的大小。

（2）误差平方积分性能指标

若给系统以单位阶跃输入后，其输出过渡过程有振荡，则常取误差平方的积分为系统的综合性能指标，即

$$I=\int_0^\infty e^2(t)\mathrm{d}t \tag{7.3}$$

由于积分号中为平方项，因此，在式（7.3）中，$e(t)$的正负不会互相抵消，而在式（7.2）中，$e(t)$的正负会互相抵消。式（7.3）的积分上限，也可以由足够大的时间T来代替，因此性能最优系统就是式（7.3）积分取极小值的系统。因为用分析和实验的方法来计算式（7.3）右边的积分比较容易，所以，在实际应用时，往往采用这种性能指标来评价系统性能的优劣。这也是现代控制理论中二次型性能指标的一种。

图7.6（a）中实线表示实际的输出，虚线表示希望的输出；图7.6（b）、（c）所示分别为误差$e(t)$及误差平方$e^2(t)$的曲线；图7.6（d）所示为积分式$\int e^2(t)\mathrm{d}t$的曲线，$e^2(t)$从0～T的积分就是0～T区间内曲线$e^2(t)$下t轴上的总面积。

误差平方积分性能指标的特点是重视大的误差，忽略小的误差。因为误差大时，其平方更大，对性能指标I的影响大，所以根据这种指标设计的系统，能使大的误差迅速减小，但系统容易产生振荡。

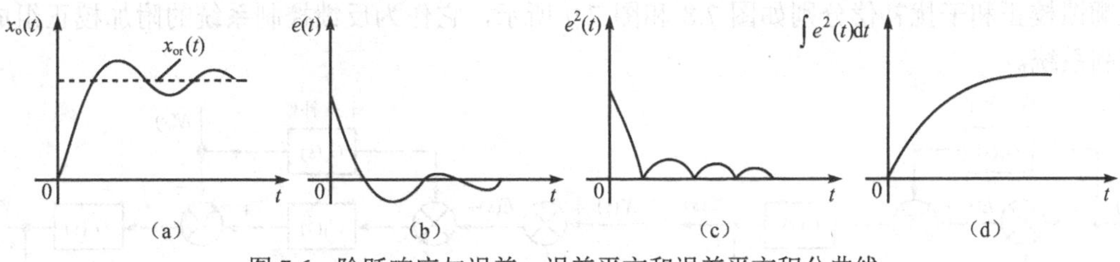

图 7.6 阶跃响应与误差、误差平方和误差平方积分曲线

（3）广义误差平方积分性能指标

取

$$I = \int_0^\infty [e^2(t) + a\dot{e}^2(t)]dt \tag{7.4}$$

式中，a 为给定的加权系数，因此，最优系统就是使该性能指标 I 取极小值的系统。

该指标的特点是既不允许大的动态误差 $e(t)$ 长期存在，又不允许大的误差变化率 $\frac{de(t)}{dt}$ 长期存在。因此，按该标准设计的系统，不仅过渡过程结束得快，而且过渡过程的变化也比较平稳。

7.2 系统校正

7.2.1 校正的概念

所谓校正（或称补偿、调节），就是对已选定的系统附加一些具有某种典型环节的传递函数，通过附加的典型环节的参数配置和系统增益的调整来有效地改善整个系统的控制性能，以达到所要求的性能指标。这些附加的典型环节通常是电网络、运算部件或测量装置等无源或有源微积分电路或速度、加速度传感器等，附加的典型环节也称校正元件或校正装置。

7.2.2 校正方式

校正装置的形式，以及它们和系统其他部分的连接方式，称为系统的校正方式。

校正装置按在系统中的连接方式可以分为串联校正、反馈校正、顺馈校正和干扰补偿。

串联校正和反馈校正是在系统主反馈回路之内采用的校正方式，如图 7.7 所示，这两种校正是最常见的校正形式。

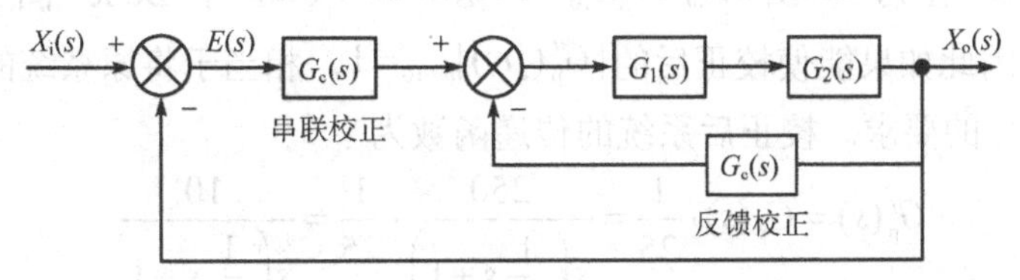

图 7.7 串联校正与反馈校正

顺馈校正和干扰补偿分别如图 7.8 和图 7.9 所示，它作为反馈控制系统的附加校正组成复合控制系统。

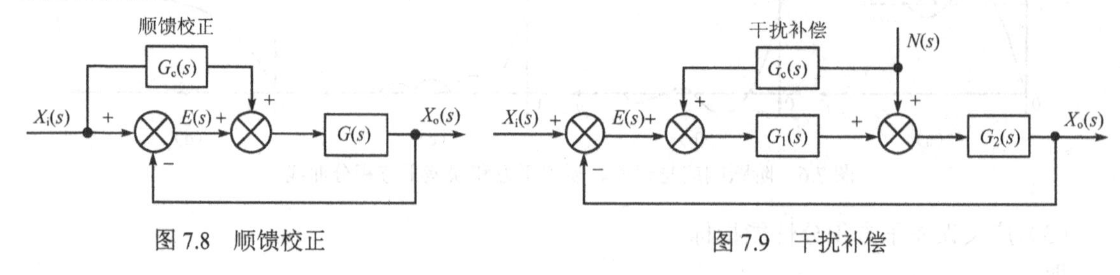

图 7.8 顺馈校正　　图 7.9 干扰补偿

7.3 串联校正

串联校正是指校正环节 $G_c(s)$ 串联在原传递函数方框图的前向通道中，如图 7.7 所示。为了减少功率的损耗，串联校正环节一般都放在前向通道的前端，即低功率部分。

串联校正按照校正环节 $G_c(s)$ 的性质可分为增益校正、相位超前校正、相位滞后校正和相位滞后-超前校正。下面将分别介绍这几种校正环节及其在系统中的作用。

7.3.1 增益校正

调整增益是改进控制系统性能，使其满足相对稳定性能和稳态精度要求的一种有效方式，是改进控制系统不可缺少的一步。它对系统的稳态精度和瞬态响应都有影响，在大多数情况下可以用稳态精度性能指标来求出所得的增益。

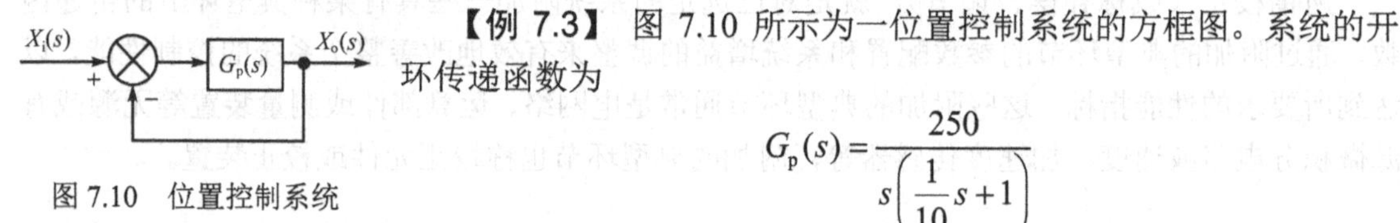

图 7.10 位置控制系统

【例 7.3】 图 7.10 所示为一位置控制系统的方框图。系统的开环传递函数为

$$G_p(s)=\frac{250}{s\left(\frac{1}{10}s+1\right)}$$

要求改变增益，使系统具有 45° 的相位裕量。

解： 首先做出系统的开环频率特性 Bode 图，如图 7.11 所示。由图 7.11 所示的曲线可知，校正前系统的幅值穿越频率 $\omega_c\approx 50\,\text{rad/s}$，系统的相位裕量 $\gamma(\omega)=11°$，显然大大小于所要求的相位裕量 45°。由相频特性曲线可知，在 ω=10rad/s 处，系统对应的相位角为−135°，如果能使这个频率作为系统新的幅值穿越频率 ω_c'，则相位裕量即可达到要求。但系统未校正前，在 ω=10rad/s 处的幅值为 $20\lg|G_p(\mathrm{j}\omega)|_{\omega=10}\approx 20\lg 25\text{dB}$（可由 Bode 图近似求得），即 $|G_p(\mathrm{j}\omega)|_{\omega=10}\approx 25$，因此如果能使校正后的 $|G_p'(\mathrm{j}\omega)|_{\omega=10}=1$，相当于将原系统的增益缩小 1/25，即可满足 $\gamma(\omega)=45°$ 的要求。校正后系统的传递函数为

$$G_p'(s)=G_p(s)\cdot\frac{1}{25}=\frac{250}{s\left(\frac{1}{10}s+1\right)}\cdot\frac{1}{25}=\frac{10}{s\left(\frac{1}{10}s+1\right)}$$

校正后系统的开环频率特性 Bode 图如图 7.11 所示，这时满足了 $\gamma(\omega)=45°$ 的指标。但系

统的稳态误差由 $\frac{1}{250}$ 增大为 $\frac{1}{10}$，稳态精度降低了；由于 ω_c 变小，系统的响应速度也降低了（如图 7.12 所示）。

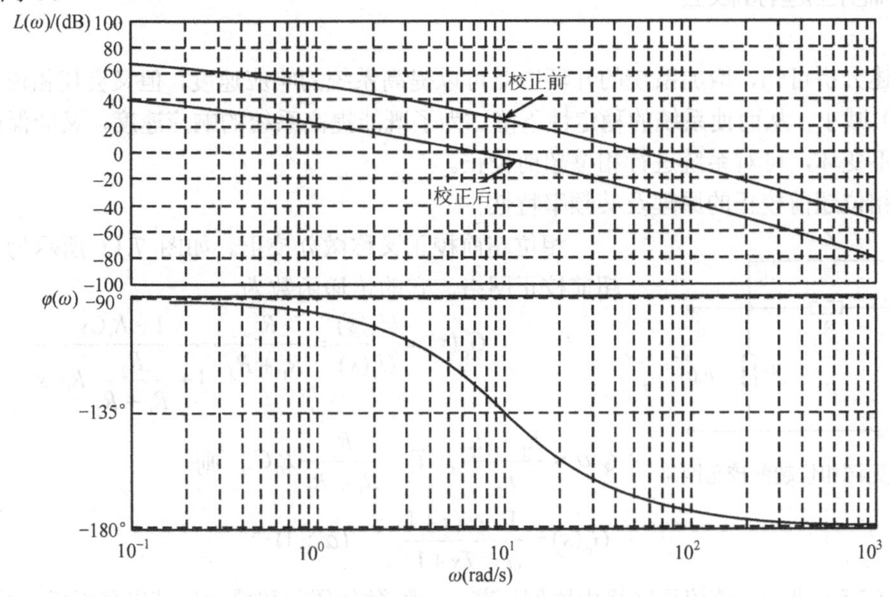

图 7.11　增益校正前后的 Bode 图

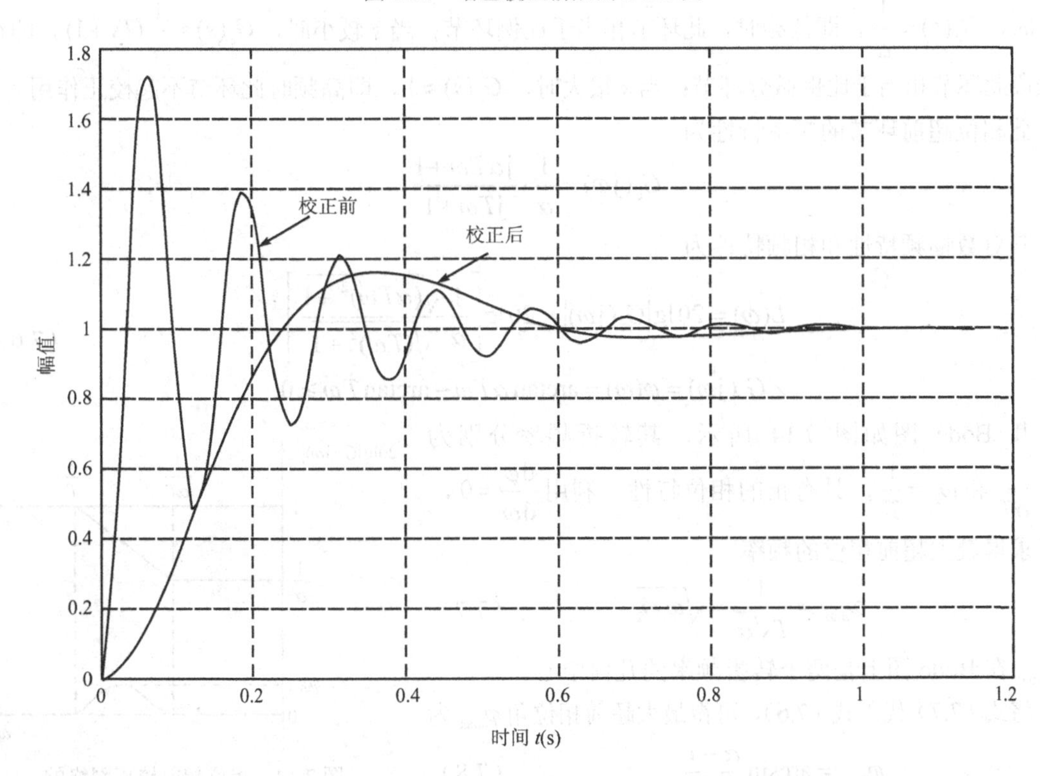

图 7.12　增益校正前后的单位阶跃响应

但是，仅仅调整增益是难以同时满足静态和动态性能指标的，其校正作用有限，如加大开环增益虽可使系统的稳态误差变小，却使系统的相对稳定性随之下降。因此，当增益调整不能满足系统的性能要求时，需要采用其他的校正方法。

7.3.2 相位超前校正

从上述分析可知，增加系统的开环增益可以提高系统的响应速度，但又会使相位裕量（或幅值裕量）减小，从而使系统的稳定性下降。为了既能提高系统的响应速度，又能保证系统的其他特性不变坏，可对系统进行相位超前校正。

（1）相位超前校正的原理及其频率特性

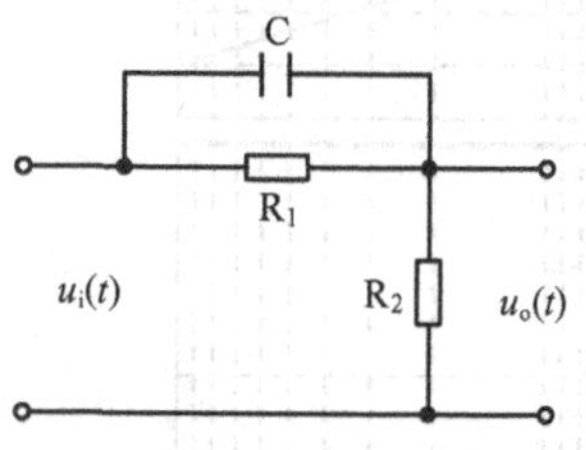

图 7.13 无源相位超前校正网络

相位超前校正又称微分校正。如图 7.13 所示为无源相位超前校正网络，它的传递函数为

$$G_c(s)=\frac{U_o(s)}{U_i(s)}=\frac{R_2}{R_1+R_2}\cdot\frac{1+R_1Cs}{1+\dfrac{R_2}{R_1+R_2}R_1Cs}$$

令 $\alpha=\dfrac{R_1+R_2}{R_2}$，$T=\dfrac{R_2}{R_1+R_2}R_1C$，则

$$G_c(s)=\frac{1}{\alpha}\cdot\frac{\alpha Ts+1}{Ts+1}\qquad(\alpha>1)\tag{7.5}$$

从式（7.5）可知，该校正网络由比例环节、一阶微分环节和惯性环节串联组成。并且，当 s 很小时，$G_c(s)\approx\dfrac{1}{\alpha}$，即低频时，此环节相当于比例环节；当 s 较小时，$G_c(s)\approx\dfrac{1}{\alpha}(Ts+1)$，即在中频段此环节相当于比例微分环节；当 s 很大时，$G_c(s)\approx 1$，即高频时此环节不起校正作用。

此相位超前环节的频率特性为

$$G_c(\mathrm{j}\omega)=\frac{1}{\alpha}\cdot\frac{\mathrm{j}\alpha T\omega+1}{\mathrm{j}T\omega+1}$$

其对数幅频特性和相频特性为

$$L(\omega)=20\lg|G_c(\mathrm{j}\omega)|=20\lg\left[\frac{1}{\alpha}\frac{\sqrt{(\alpha T\omega)^2+1}}{\sqrt{(T\omega)^2+1}}\right]\tag{7.6}$$

$$\angle G_c(\mathrm{j}\omega)=\varphi(\omega)=\arctan\alpha T\omega-\arctan T\omega\geqslant 0$$

其 Bode 图如图 7.14 所示。其转折频率分别为 $\omega_1=\dfrac{1}{\alpha T}$ 和 $\omega_2=\dfrac{1}{T}$，具有正的相位特性。利用 $\dfrac{\mathrm{d}\varphi}{\mathrm{d}\omega}=0$，即可求得最大超前相位的频率：

$$\omega_{\max}=\frac{1}{T\sqrt{\alpha}}=\sqrt{\omega_1\omega_2}\tag{7.7}$$

即 $\omega_{\max}$ 在 Bode 图上是两个转折频率的几何中心。

将式（7.7）代入式（7.6），可得最大超前相位角 $\varphi_{\max}$ 为

$$\varphi_{\max}=\arcsin\frac{\alpha-1}{\alpha+1}\tag{7.8}$$

或
$$\alpha=\frac{1+\sin\varphi_{\max}}{1-\sin\varphi_{\max}}\tag{7.9}$$

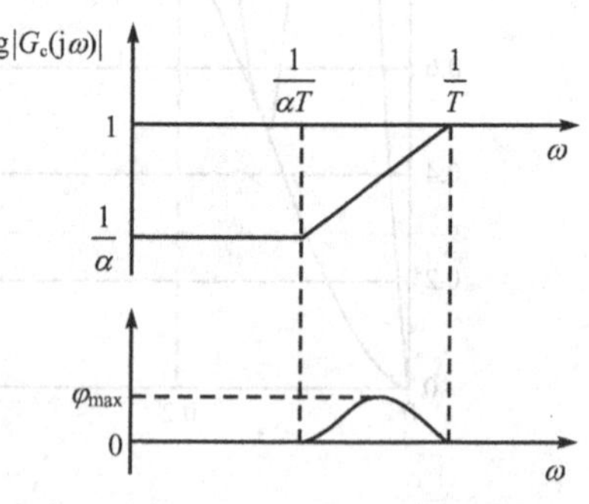

图 7.14 相位超前校正网络的 Bode 图

由式（7.8）和式（7.9）可知，$\varphi_{\max}$仅与α的取值有关，α的值越大，相位超前越多，对于被校正的系统来说，相位裕量也越大，但由于校正环节的增益下降，会引起原系统的开环增益减小，使系统的稳态精度降低，因此须用提高放大器的增益来补偿超前网络的衰减。

采用上述串联相位超前校正，其实质是对原系统在中频段的频率特性实施校正，它对系统性能的改善体现在以下两个方面：

① 由于+20dB/dec的环节可加大系统的幅值穿越频率ω_c，因而它可提高系统的响应速度。

② 由于其相位超前的特点，使原系统的相位裕量增加，从而提高系统的相对稳定性。

（2）相位超前校正装置的设计方法

相位超前校正的基本原理是利用超前校正网络的相位超前特性来增大控制系统的相位裕量，改善控制系统的瞬态响应，因此在设计校正装置时应使最大的超前相位角尽可能出现在校正后系统的幅值穿越频率ω_c处。采用Bode图进行相位超前校正的步骤如下。

① 根据给定的系统稳态性能指标，确定系统的开环增益K。

② 绘制确定K值后给定系统的Bode图，并确定相位裕量γ_0。

③ 根据给定的期望相位裕量γ，计算所需增加的相位超前量$\varphi_0=\gamma-\gamma_0+\varepsilon$，考虑到加入相位超前校正装置后会使$\omega_c$增大（右移），从而造成$G_0(\mathrm{j}\omega)$的相位滞后增加，为补偿这一影响需留出相位裕量，式中取ε=5°～20°。

④ 令超前校正装置的最大超前角$\varphi_{\max}=\varphi_0$，由$\alpha=\dfrac{1+\sin\varphi_{\max}}{1-\sin\varphi_{\max}}$计算$\alpha$。

⑤ 计算校正装置在$\omega_{\max}$处的增益$20\lg\left|\dfrac{1+\mathrm{j}\alpha T\omega_{\max}}{1+\mathrm{j}T\omega_{\max}}\right|=20\lg\left|\dfrac{1+\mathrm{j}\sqrt{\alpha}}{1+\mathrm{j}\dfrac{1}{\sqrt{\alpha}}}\right|=10\lg\alpha$，确定待校正系统Bode图曲线上增益为$-10\lg\alpha$处的频率，此频率即为校正后系统的幅值穿越频率$\omega_c=\omega_{\max}$。

⑥ 确定超前校正装置的转折频率，即由$\omega_{\max}=\dfrac{1}{T\sqrt{\alpha}}$可得$\omega_1=\dfrac{1}{\alpha T}=\dfrac{\omega_{\max}}{\sqrt{\alpha}}$，$\omega_2=\dfrac{1}{T}=\omega_{\max}\sqrt{\alpha}$。为补偿超前校正装置衰减的开环增益，放大倍数需要再提高α倍，因此校正装置的传递函数为$G_c(s)=\dfrac{s/\omega_1+1}{s/\omega_2+1}$。

⑦ 绘制校正后系统的Bode图，验算相位裕量是否满足要求，否则可增大ε从步骤③重新计算，直到满足要求。

⑧ 校验其他性能指标，直到全部性能指标满足要求，最后用网络实现校正装置。

下面举例说明采用相位超前校正的步骤。

【例7.4】 如图7.15所示为一单位反馈控制系统，给定的性能指标：单位斜坡输入时的稳态误差$e_{ss}=0.05$，相位裕量$\gamma=50°$，幅值裕量$20\lg K_g$≥10dB。试说明采用相位超前校正的步骤。

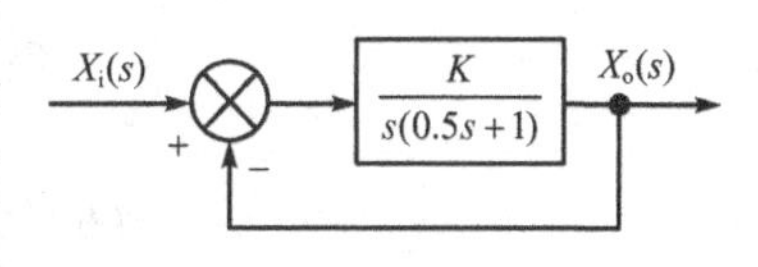

图7.15 单位反馈控制系统

解：① 根据给定的系统稳态性能指标，确定系统的开环增益K。

因为是Ⅰ型系统，所以

$$K = \frac{1}{e_{ss}} = \frac{1}{0.05} = 20$$

② 绘制确定K值后给定系统的Bode图，并确定相位裕量γ_0。

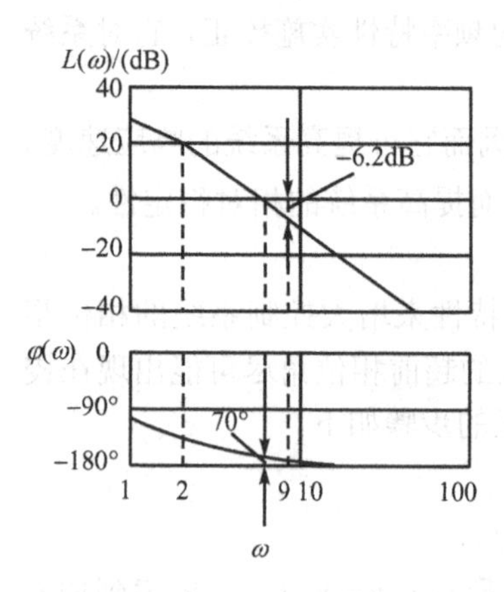

图7.16 校正前开环频率特性Bode图

系统的开环频率特性渐近Bode图如图7.16所示。由图可知，校正前系统相位裕量为$\gamma_0=18°$，幅值裕量为无穷大，因此系统是稳定的。但因相位裕量小于50°，故相对稳定性不符合要求。为了在不减小幅值裕量的前提下，将相位裕量从18°提高到50°，需要采用相位超前校正环节。

③ 确定系统所需要增加的超前相位角φ_0。

由于串联相位超前校正环节会使系统的幅值穿越频率ω_c在对数幅频特性的坐标轴上向右移，因此在考虑相位超前量时，要增加5°左右，以补偿这一移动，因此相位超前量为

$$\varphi_0=50°-18°+5°=38°$$

相位超前校正环节应产生这一相位才能使校正后的系统满足设计要求。

④ 令超前校正装置的最大超前角$\varphi_{max}=\varphi_0$，利用式（7.8）确定系数α。

由
$$\varphi_{max} = \arcsin\frac{\alpha-1}{\alpha+1} = 38°$$

可计算得到$\alpha=4.17$。

⑤ 校正装置在$\omega_{max}=\dfrac{1}{T\sqrt{\alpha}}$处产生最大超前角$\varphi_{max}$，该处的增益为

$$20\lg\left|\frac{1+\mathrm{j}\alpha T\omega_{max}}{1+\mathrm{j}T\omega_{max}}\right| = 20\lg\left|\frac{1+\mathrm{j}\sqrt{\alpha}}{1+\mathrm{j}\dfrac{1}{\sqrt{\alpha}}}\right| = 6.2\mathrm{dB}$$

这就是超前校正环节在ω_{max}点上造成的对数幅频特性的上移量。

从图7.16上可以找到幅值为-6.2dB时的频率$\omega\approx 9$rad/s，这一频率就是校正后系统的幅值穿越频率ω_c。

$$\omega_c = \omega_{max} = \frac{1}{T\sqrt{\alpha}} = 9\mathrm{rad/s}$$

即
$$T=0.055\mathrm{s},\quad \alpha T=0.23\mathrm{s}$$

⑥ 确定超前校正装置的转折频率。

$$\omega_1 = \frac{1}{\alpha T} = \frac{\omega_{max}}{\sqrt{\alpha}} = \frac{9}{\sqrt{4.17}} = 4.4\ \mathrm{rad/s}$$

$$\omega_2 = \frac{1}{T} = \omega_{max}\sqrt{\alpha} = 9\times\sqrt{4.17} = 18.38\ \mathrm{rad/s}$$

因此校正装置的传递函数为

$$G_c(s) = \frac{s/4.4+1}{s/18.38+1}$$

⑦ 确定校正后系统的开环传递函数为

$$G_K(s)=G_c(s)G(s)=\frac{s/4.4+1}{s/18.38+1}\cdot\frac{20}{s(1+0.5s)}$$

图 7.17 是校正后的 $G_K(j\omega)$ 的 Bode 图。比较图 7.16 和图 7.17 可以看出，校正后系统的带宽增加，相位裕量从 17° 增加到 50°，幅值裕量也足够。

校正前系统的闭环传递函数（K=20）为

$$G_B(s)=\frac{G(s)}{1+G(s)}=\frac{20}{0.5s^2+s+20}$$

而串联相位超前校正后系统的闭环传递函数为

$$G_B(s)=\frac{G_c(s)G(s)}{1+G_c(s)G(s)}=\frac{4.6s+20}{0.0275s^3+0.555s^2+5.6s+20}$$

系统相位超前校正前后的单位阶跃响应如图 7.18 所示。

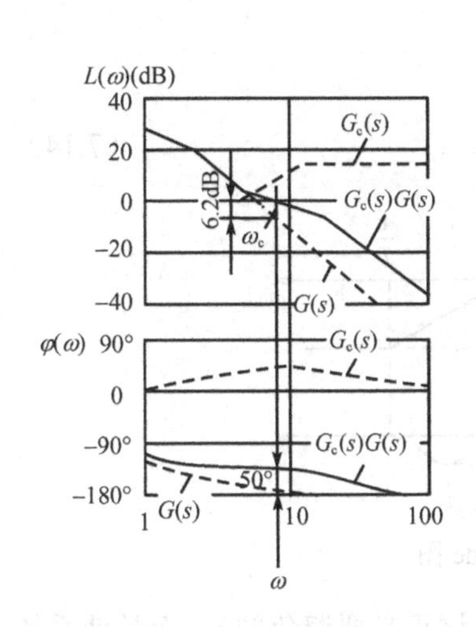

图 7.17 校正后开环频率特性 Bode 图

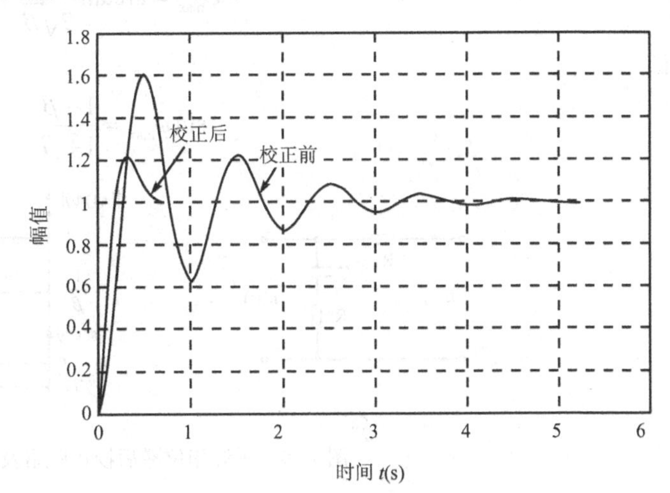

图 7.18 系统相位超前校正前后的单位阶跃响应

综上所述，串联超前校正环节增大了相位裕量，加大了带宽。这就意味着提高了系统的相对稳定性，加快了系统的响应速度，使过渡过程得到显著改善。但由于系统的增益和型次都未改变，所以稳态精度变化不大。

7.3.3 相位滞后校正

系统的稳态误差取决于系统开环传递函数的型次和增益，为了减小稳态误差而又不影响系统的稳定性和响应的快速性，只要加大低频段的增益即可。为此，采用相位滞后校正环节，使输出相位滞后于输入相位，对控制信号产生相移的作用。

（1）相位滞后校正的原理及其频率特性

如图 7.19（a）所示为一无源相位滞后校正网络，它的传递函数为

$$G_c(s)=\frac{U_o(s)}{U_i(s)}=\frac{R_2Cs+1}{(R_1+R_2)Cs+1}=\frac{Ts+1}{\beta Ts+1} \quad (7.10)$$

其相频特性为

$$\varphi(\omega)=\arctan\omega T-\arctan\omega\beta T\leqslant 0 \tag{7.11}$$

式中，$T=R_2C$，$\beta=\dfrac{R_1+R_2}{R_2}>1$。

相位滞后环节的渐近Bode图如图7.19（b）所示，其转折频率分别为$\omega_1=1/\beta T$和$\omega_2=1/T$。由式（7.11）可见，$\varphi(\omega)$为负值。对式（7.11）求导且$\dfrac{\mathrm{d}\varphi(\omega)}{\mathrm{d}\omega}=0$得

$$\omega_{\max}=\frac{1}{T\sqrt{\beta}}=\sqrt{\omega_1\omega_2} \tag{7.12}$$

即为最大滞后相位处的频率$\omega_{\max}$出现在两个转折频率ω_1、ω_2的几何中心，最大相位滞后为

$$\varphi_{\max}=\arctan\omega_{\max}T-\arctan\omega_{\max}\beta T \tag{7.13}$$

将式（7.12）代入式（7.13）得

$$\varphi_{\max}=\arctan\frac{1-\beta}{2\sqrt{\beta}}$$

即

$$\sin\varphi_{\max}=\frac{1-\beta}{1+\beta} \tag{7.14}$$

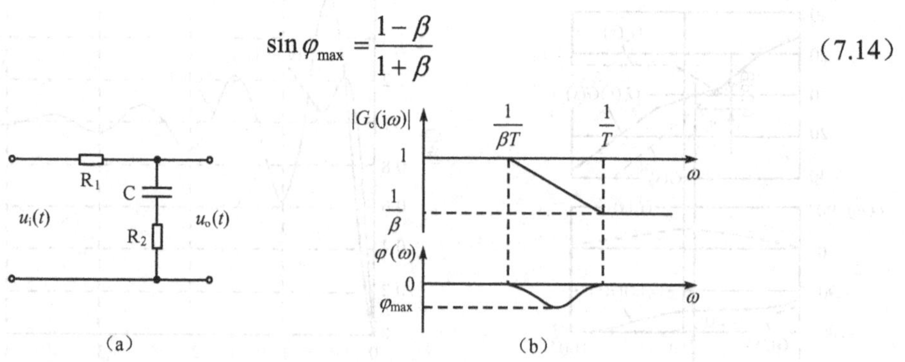

图7.19　无源相位滞后校正网络及其Bode图

串联相位滞后校正环节的目的并不在于使系统相位滞后（这正是要避免的），而是使系统在大于$\omega_2=1/T$的高频段增益衰减，并保证在该频段内相位变化很小。

为避免使最大滞后相角发生在校正后系统的开环对数幅频图的幅值穿越频率ω_c附近，一般取$\dfrac{1}{T}=\dfrac{\omega_c}{4}\sim\dfrac{\omega_c}{10}$，$\beta=10$。

由式（7.10）可知，无源滞后校正装置的频率特性为

$$G_c(\mathrm{j}\omega)=\frac{\mathrm{j}T\omega+1}{\mathrm{j}\beta T\omega+1}$$

当$\omega<\dfrac{1}{\beta T}$，即为低频部分时

$$|G_c(\mathrm{j}\omega)|\approx 1$$

而当$\omega>\dfrac{1}{T}$，即为高频部分时

$$|G_c(\mathrm{j}\omega)|\approx\frac{1}{\beta}<1$$

因此，滞后校正网络相当于一个低通滤波器。当频率高于$\frac{1}{T}$时，增益全部下降$20\lg\beta$，而相位增加不大。这是因为如果$\frac{1}{T}$比校正前的幅值穿越频率ω_c小很多，那么加入这种相位滞后环节，在ω_c附近的相位变化很小，响应速度也不会受到太大的影响。

（2）相位滞后校正装置的设计方法

采用Bode图进行相位滞后校正的步骤如下。

① 根据给定的系统稳态性能指标，确定系统的开环增益K。

② 绘制已确定K值后给定系统的Bode图，并确定其相位裕量γ_0。

③ 根据给定的期望相位裕量γ，计算待校正系统Bode图上的相位裕量为$\gamma_2=\gamma+\varepsilon$处的频率$\omega_{c2}$，为了补偿滞后校正装置在$\omega_{c2}$处的相位滞后，式中取$\varepsilon$=10°～15°，$\omega_{c2}$即为校正后系统的幅值穿越频率$\omega_c$。

④ 令校正系统Bode图在ω_{c2}处的增益为$20\lg\beta$，确定滞后校正装置的β值。

⑤ 确定滞后校正装置的转折频率：

$$\omega_2=\frac{1}{T}=\frac{\omega_{c2}}{4}\sim\frac{\omega_{c2}}{10},\quad \omega_1=\frac{1}{\beta T}$$

因此校正装置的传递函数为$G_c(s)=\frac{s/\omega_2+1}{s/\omega_1+1}$。

⑥ 绘制校正后系统的Bode图，验算相位裕量是否满足要求。

⑦ 校验其他性能指标，直到全部性能指标满足要求，否则将重新选定ω_2或T。但T不宜选得过大，只要满足要求即可，以免校正网络难以实现。

下面举例说明采用相位滞后校正的步骤。

【例7.5】 设有单位反馈控制系统，其开环传递函数为

$$G(s)=\frac{K}{s(s+1)(0.5s+1)}$$

给定的性能指标：单位斜坡输入时的稳态误差$e_{ss}=0.2$，相位裕量$\gamma=40$°，幅值裕量$20\lg K_g\geqslant$ 10dB。试说明采用相位滞后校正的步骤。

解：① 按给定的稳态误差确定开环增益K。

对于Ⅰ型系统

$$K=\frac{1}{e_{ss}}=\frac{1}{0.2}=5$$

② 当K=5时作$G(\mathrm{j}\omega)$的Bode图，找出校正前系统的相位裕量γ_0。

图7.20中虚线是校正前系统开环频率特性$G(\mathrm{j}\omega)$的渐近Bode图。由图可知原系统的相位裕量为-20°，幅值裕量为$20\lg K_g=-8$dB，系统是不稳定的（这个结论也可通过劳斯稳定性判据得到，校正前该闭环系统稳定的K值范围为0<K<3。

③ 在$G(\mathrm{j}\omega)$的Bode图上找出相位裕量γ_2=40°+(10°～15°)的频率点ω_{c2}，并选这点作为校正后系统的幅值穿越频率ω_c。

由于在系统中串联相位滞后环节后，对数相频特性曲线在幅值穿越频率ω_c处的相位将有所滞后，所以增加10°作为补充。现取设计相位裕量为50°，由图可知，对应于相位裕量为50°的频率大致为0.6rad/s，将校正后系统的幅值穿越频率ω_c选在该频率附近为0.5rad/s。

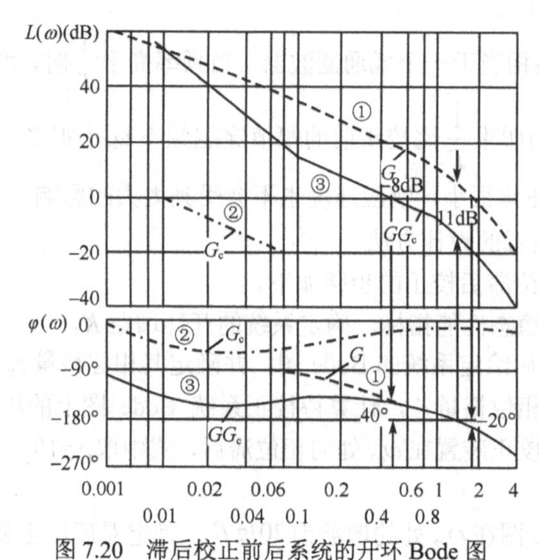

图 7.20 滞后校正前后系统的开环 Bode 图

④ 令校正系统 Bode 图在 ω_{c2} 处的增益为 $20\lg\beta$，确定滞后校正装置的 β 值。

由图 7.20 可知，要使 $\omega=0.5\,\text{rad/s}$ 成为已校正系统的幅值穿越频率 ω_c，就需要在该点将 $G(\text{j}\omega)$ 的对数幅频特性移动−20dB。所以该点的滞后校正环节的对数幅值特性的分贝值为

$$20\lg\left|\frac{1+\text{j}T\omega_c}{1+\text{j}\beta T\omega_c}\right|=-20\text{dB}$$

当 $\beta T>>1$ 时，有

$$20\lg\left|\frac{1+\text{j}T\omega_c}{1+\text{j}\beta T\omega_c}\right|\approx-20\lg\beta$$

$$-20\lg\beta=-20\text{dB}$$

得

$$\beta=10$$

⑤ 确定滞后校正装置的转折频率。

相位滞后校正环节的转折频率 $\omega_2=\dfrac{1}{T}$，应远低于已校正系统的幅值穿越频率 ω_c，选 $\dfrac{\omega_c}{\omega_2}=5$，所以

$$\omega_2=\frac{\omega_c}{5}=0.1\,\text{rad/s}$$

$$T=\frac{1}{\omega_2}=10\text{s}$$

$$\omega_1=\frac{1}{\beta T}=0.01\text{rad/s}$$

因此校正装置的传递函数为

$$G_c(s)=\frac{1+10s}{1+100s}$$

相位滞后校正环节的频率特性为

$$G_c(\text{j}\omega)=\frac{1+\text{j}T\omega_c}{1+\text{j}\beta T\omega_c}=\frac{1+\text{j}10\omega}{1+\text{j}100\omega}$$

$G_c(j\omega)$ Bode 图如图 7.20 中的点画线所示。

故校正后系统的开环传递函数

$$G_K(s)=G_c(s)G(s)=\frac{5(10s+1)}{s(0.5s+1)(s+1)(100s+1)}$$

图 7.20 中实线为校正后的 $G_K(j\omega)$ Bode 图。图中相位裕量 $\gamma=40°$，幅值裕量 $20\lg K_g\approx$ 11dB，系统的性能指标得到满足。但由于校正的开环幅值穿越频率从 1.85 降到了 0.55，闭环系统的带宽也随之下降，所以这种校正会使系统的响应速度降低。

同样，在求得系统校正前后的闭环传递函数后，即可求得系统校正前后的单位阶跃响应曲线，来验证我们上面的结论，如图 7.21 所示（校正前系统不稳定）。

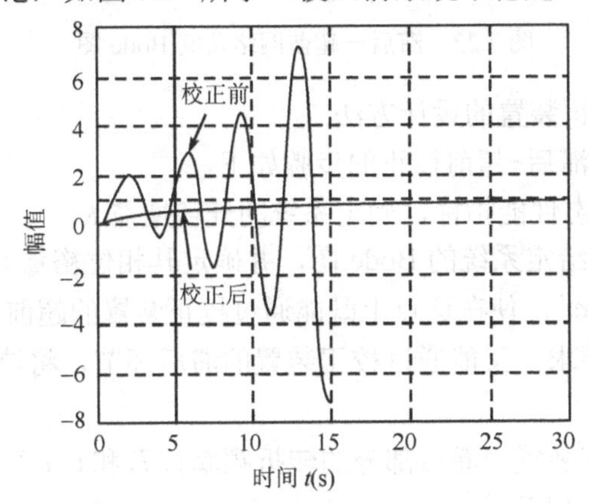

图 7.21　滞后校正前后系统的单位阶跃响应

7.3.4　相位滞后－超前校正

超前校正使系统的带宽增加，提高了系统的时间响应速度和相对稳定性，但对稳态误差影响较小；滞后校正环节可以提高系统的稳态性能，但使系统的带宽减小，同时降低时间响应速度。

采用滞后-超前校正环节，可以同时改善系统的瞬态响应和稳态精度。

（1）相位滞后-超前校正的原理及其频率特性

如图 7.22（a）所示为一无源的滞后-超前校正网络，它的传递函数为

$$G_c(s)=\frac{U_o(s)}{U_i(s)}=\frac{(R_1C_1s+1)(R_2C_2s+1)}{(R_1C_1s+1)(R_2C_2s+1)+R_1C_2s} \tag{7.15}$$

令

$$R_1C_1=T_1\text{；}\quad R_2C_2=T_2\ \text{（取}\ T_2>T_1\text{）} \tag{7.16}$$

$$R_1C_1+R_2C_2+R_1C_2=\frac{T_1}{\alpha}+\alpha T_2\ \text{（取}\ \alpha>1\text{）} \tag{7.17}$$

将式（7.16）和式（7.17）代入式（7.15）得

$$G_c(s)=\frac{(T_1s+1)}{\left(\frac{T_1}{\alpha}s+1\right)}\frac{T_2s+1}{(\alpha T_2s+1)}=\frac{(1+T_2s)}{(1+\alpha T_2s)}\frac{(1+T_1s)}{\left(1+\frac{T_1}{\alpha}s\right)} \tag{7.18}$$

式（7.18）中的第一项相当于滞后网络，第二项相当于超前网络。由其 Bode 图 7.22（b）可以

看出，当 $0<\omega<\frac{1}{T_2}$ 时，起滞后网络作用；当 $\frac{1}{T_2}<\omega<\infty$ 时，起超前网络作用；在 $\omega=\frac{1}{\sqrt{T_1T_2}}$ 时，相角等于零。

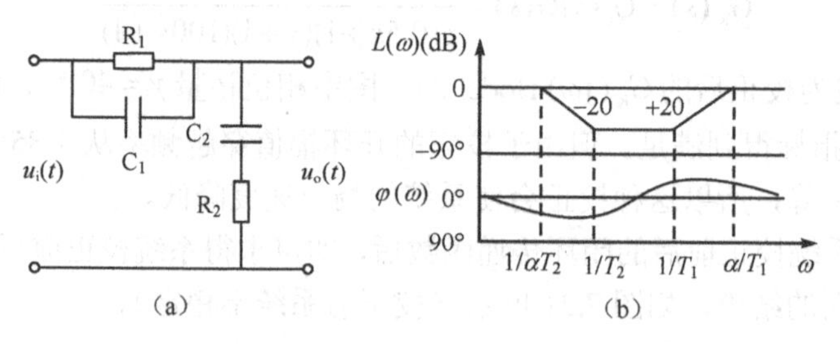

图 7.22　滞后－超前网络及其 Bode 图

（2）相位滞后-超前校正装置的设计方法

采用 Bode 图进行相位滞后-超前校正的步骤如下。

① 根据给定的系统稳态性能指标，确定系统的开环增益 K。

② 绘制已确定 K 值后给定系统的 Bode 图，并确定其相位裕量 γ_0。

③ 选择新的穿越频率 ω_c'，使在这点上既能通过校正装置的超前环节提供足够的相位超前量，满足系统相位裕量的要求，又能通过校正装置的滞后环节，将该点的原幅频特性 $L(\omega_c')$ 衰减至 0dB。

④ 确定滞后-超前校正装置中滞后部分的转折频率 $1/T_2$ 和 $1/\alpha T_2$。

一般在下列范围内选取 $1/T_2$：

$$\frac{1}{T_2}=\left(\frac{1}{10}\sim\frac{1}{2}\right)\omega_c'$$

然后选取 α 值。α 值的选取应考虑：一方面能把 $\omega=\omega_c'$ 处的原幅频值 $L_0(\omega_c')$ 衰减至 0dB；另一方面又能使超前部分在 $\omega=\omega_c'$ 处提供足够的相位超前量，使系统满足相位裕量的要求。

α 值选定后，就可确定校正装置中滞后部分的另一转折频率 $1/\alpha T_2$。

⑤ 确定滞后-超前校正装置中的超前部分的转折频率 $1/T_1$ 和 $1/\alpha T_1$。

由于原幅频值 $L_0(\omega_c')$ 必须衰减至 0dB，可通过 $L(\omega)=-L_0(\omega_c')$ 和 $\omega=\omega_c'$ 的坐标点，做一条斜率为+20dB/dec 的直线，使它与 0dB 线和 $-20\lg\alpha$ 线相交，其交点分别为 α/T_1、$1/T_1$，即校正装置中超前部分的转折频率。

⑥ 绘制校正后系统的 Bode 图，校验其性能指标是否满足要求，若不满足，则需从步骤②重新设计，直至满足要求为止。

下面举例说明采用滞后-超前校正的步骤。

【例 7.6】 设单位反馈系统的开环传递函数为

$$G(s)=\frac{K}{s(s+1)(0.5s+1)}$$

给定的性能指标：单位斜坡输入时的稳态误差 $e_{ss}=0.1$，相位裕量 $\gamma=50°$，幅值裕量 $20\lg K_g\geqslant$ 10dB。试说明采用滞后-超前校正的步骤。

解：① 首先根据稳态性能指标确定开环增益 K。

对于 I 型系统　　　$K=\frac{1}{e_{ss}}=\frac{1}{0.1}=10$

② 画出 $G(\mathrm{j}\omega)$ 的渐近 Bode 图。

由图 7.23（虚线所示）可知，系统的相位裕量 $\gamma \approx -32°$，显然系统是不稳定的。现采用超前校正，使相位在 $\omega = 0.4\mathrm{rad/s}$ 以上超前，但若单纯采用超前校正，则低频段衰减太大，若附加增益 K_1，则幅值穿越低频右移，ω_c 仍可能在相位穿越频率 ω_g 的右边，系统仍然不稳定。因此，在此基础上再采用滞后校正，可使低频段有所衰减，有利于 ω_c 左移。

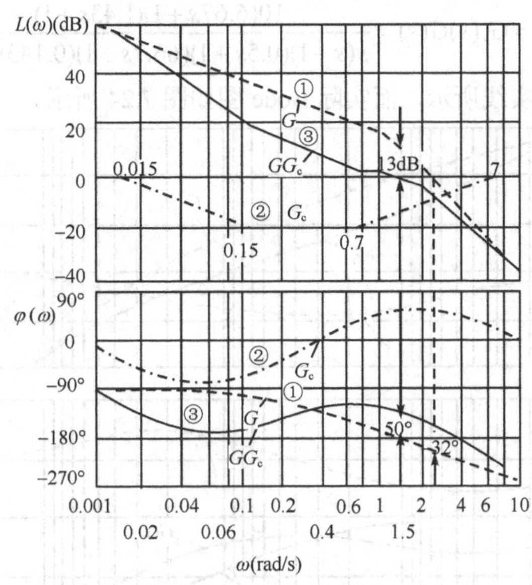

图 7.23　滞后-超前校正系统的渐近 Bode 图

③ 选择未校正前的相位穿越频率。

若选择未校正前的相位穿越频率 $\omega_g = 1.5\mathrm{rad/s}$ 作为新系统的幅值穿越频率，则取相位裕量 $\gamma = 50°$。

④ 选滞后部分的零点转折频率远低于 $\omega = 1.5\,\mathrm{rad/s}$。

即 $\omega_{T_2} = \dfrac{1.5}{10} = 0.15\mathrm{rad/s}$，$T_2 = \dfrac{1}{\omega_{T_2}} = 6.67\mathrm{s}$，选 $\alpha = 10$，则极点转折频率为 $\dfrac{1}{\alpha T_2} = 0.015\mathrm{rad/s}$，因此滞后部分的频率特性为

$$\frac{1+\mathrm{j}T_2\omega}{1+\mathrm{j}\alpha T_2\omega} = \frac{1+\mathrm{j}6.67\omega}{1+\mathrm{j}66.7\omega}$$

由图 7.23 可知，当 $\omega = 1.5\,\mathrm{rad/s}$ 时，幅值 $L(\omega) = 13\,\mathrm{dB}$。因为这一点是校正后的幅值穿越频率，所以校正环节在 $\omega = 1.5\,\mathrm{rad/s}$ 点上产生-13dB 增益。在 Bode 图上过点（1.5rad/s,-13dB）做斜率为 20dB/dec 的斜线，它与 0dB 线和-20dB 线的交点就是超前部分的极点和零点的转折频率。如图 7.23 所示，超前部分的零点转折频率，$\omega_{T_1} \approx 0.7\mathrm{rad/s}$，$T_1 = \dfrac{1}{\omega_{T_1}} = 1.43\mathrm{s}$。极点转折频率为 7rad/s，则超前部分的频率特性为

$$\frac{T_1}{\alpha} = \frac{1.43}{10} = 0.143$$

$$\frac{1+\mathrm{j}T_1\omega}{1+\mathrm{j}\dfrac{T_1}{\alpha}\omega} = \frac{1+\mathrm{j}1.43\omega}{1+\mathrm{j}0.143\omega}$$

⑤ 滞后-超前校正环节的频率特性为

$$G_{c}(j\omega)=\frac{(1+j6.67\omega)(1+j1.43\omega)}{(1+j66.7\omega)(1+j0.143\omega)}$$

其特性曲线如图7.23中的点画线所示。

因此校正后系统的开环传递函数为

$$G_{K}(s)=G_{c}(s)G(s)=\frac{10(6.67s+1)(1.43s+1)}{s(s+1)(0.5s+1)(66.7s+1)(0.143s+1)}$$

其Bode图如图7.23中的实线所示，而实际Bode图如图7.24所示。

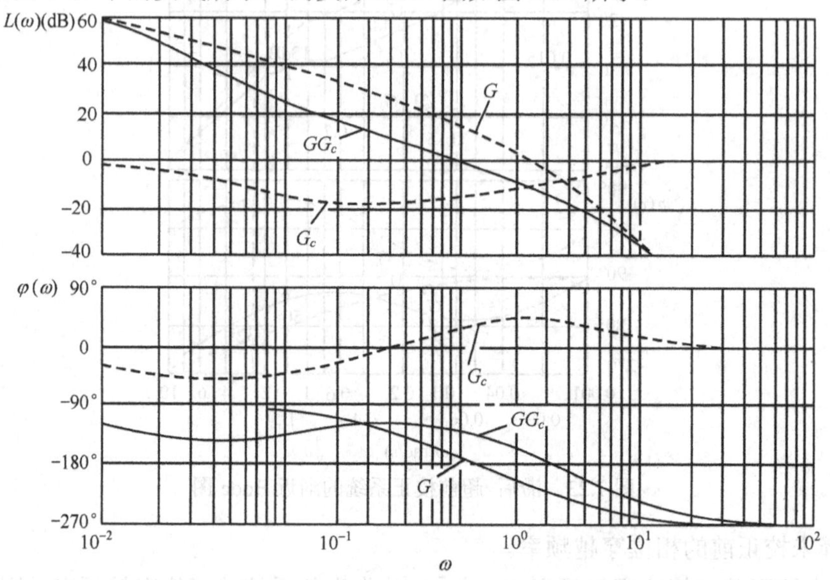

图7.24 滞后-超前校正前后的系统Bode图

由以上校正过程可以看出，滞后-超前校正系统的稳定性和稳态精度都得到提高，但由于位相穿越频率变小，使得系统的带宽变窄，从而使系统的响应速度有所下降。

由于校正前的系统不稳定，图7.25表示出了校正后系统的单位阶跃响应。

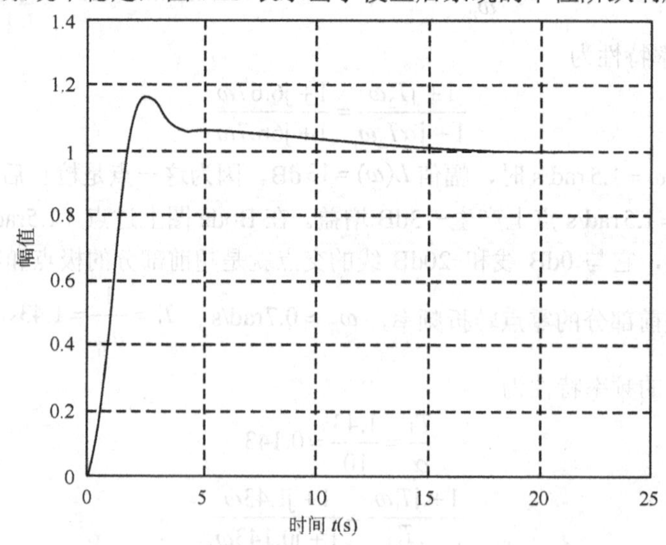

图7.25 滞后-超前校正后系统的单位阶跃响应

7.4 PID 校正

闭环系统的稳态性能主要取决于系统的型次和开环增益，而系统的型次和开环增益又取决于闭环系统零点和极点的分布。在系统中加入校正器的目的，就是要使系统的零点和极点分布按性能要求来配置。设计时，一般是将校正器的增益调整到使系统的开环增益满足稳态性能指标的要求，而校正器的零点和极点的设置，能使校正后系统的闭环主导极点处于所希望的位置，满足瞬态性能指标的要求。

在模拟控制系统中，最常用的校正器就是 PID 校正器，它通常是一种由运算放大器组成的器件，通过对输出和输入之间的误差（或偏差）进行比例（P）、积分（I）和微分（D）的线性组合以形成控制规律，对被控对象进行校正和控制，故称 PID 校正器。

7.4.1 PID 控制规律及其实现

PID 控制系统方框图如图 7.26 所示。

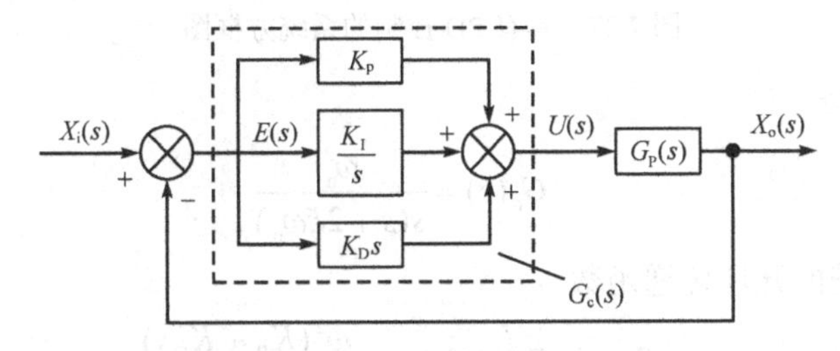

图 7.26 PID 控制系统方框图

图中 $G_P(s)$ 是被控对象的传递函数，$G_c(s)$ 则是虚线框中 PID 校正器的传递函数

$$G_c(s) = K_P + \frac{K_I}{s} + K_D s \tag{7.19}$$

式中，K_P 为比例系数；K_I 为积分系数；K_D 为微分系数。

使用时，PID 校正器的传递函数也经常表示成以下形式

$$G_c(s) = K_P\left(1 + \frac{1}{T_I s} + T_D s\right) \tag{7.20}$$

式中，K_P 为比例系数；T_I 为积分时间常数，$T_I = \frac{K_P}{K_I}$；T_D 为微分时间常数，$T_D = \frac{K_D}{K_P}$。

PID 校正器对控制对象所施加的作用可以用下式表示

$$u(t) = K_P e(t) + K_I \int e(t)\mathrm{d}t + K_D \frac{\mathrm{d}e(t)}{\mathrm{d}t} \tag{7.21}$$

概括起来，PID 校正器各校正环节的作用如下。

① 比例环节。成比例地反映控制系统的误差（偏差）信号，误差信号一旦产生，校正器立即产生控制作用，以减少误差信号。

② 积分环节。主要作用是消除静态误差，提高系统的无差度。积分作用的强弱取决于积

分环节系数 K_I（或积分时间常数 T_I），K_I 越小（或 T_I 越大），积分作用越弱，反之则越强。

③ 微分环节。反映误差信号的变化趋势（变化速率），并能在误差信号变得太大之前，在系统中引入一个有效的早期修正信号，从而加快系统的动作速度，减少调节时间。

1. PD 控制器及其相应的有源网络

(1) PD 控制器

比例微分控制的传递函数为

$$G_c(s) = K_P + K_D s \tag{7.22}$$

式中，K_D 称为微分增益。

采用比例微分（PD）校正二阶系统的结构框图如图 7.27 所示。控制器的输出信号

$$u(t) = K_P e(t) + K_D \frac{\mathrm{d}e(t)}{\mathrm{d}t} \tag{7.23}$$

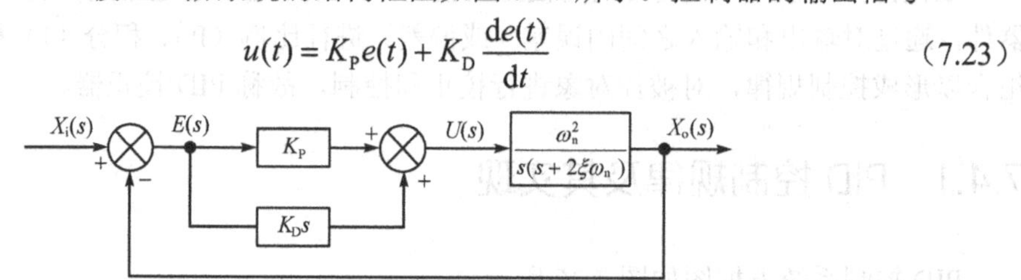

图 7.27　具有 PD 控制的系统方框图

原系统的开环传递函数

$$G_o(s) = \frac{\omega_n^2}{s(s+2\xi\omega_n)} \tag{7.24}$$

串入 PD 控制器后系统的开环传递函数

$$G(s) = G_c(s)G_o(s) = \frac{\omega_n^2(K_P + K_D s)}{s(s+2\zeta\omega_n)} \tag{7.25}$$

式（7.25）表明，PD 控制相当于系统开环传递函数增加了一个位于负实轴上 $s = -K_P / K_D$ 的零点。

微分控制对系统的影响可通过系统单位阶跃响应的作用来说明。设系统仅有比例控制的单位阶跃响应，如图 7.28（a）所示，相应的误差信号 $e(t)$ 及其误差对时间的导数 $\mathrm{d}e(t)/\mathrm{d}t$ 分别如图 7.28（b）、（c）所示。从图 7.28（a）可看出，仅有比例控制时系统阶跃响应有相当大的超调量和较强烈的振荡。

进一步分析产生大超调量的原因，在 $0<t<t_1$ 区段内，正的误差信号 $e(t)$ 过大，而控制 $u(t)$ 正比于 $e(t)$，控制作用过强，使响应上升的变化率过高，这就不可避免地出现大的超调量。而在 $t_1<t<t_2$ 段内，虽然误差为负，但由于上升速度过快，系统来不及修正，当 $e(t)$ 足够大时，超调量达到最大。随后在 $t_2<t<t_3$ 段，由于过大的超调量引起较强的反向修正作用，结果使响应在趋向稳态的过程中又偏离了希望值产生了振荡。

在比例控制作用的同时，再加入微分作用（如图 7.27 所示），系统的响应就大不相同了。在 $0<t<t_1$ 段内，$\mathrm{d}e(t)/\mathrm{d}t$ 为负，这恰好减弱了 $e(t)$ 信号的作用，这正是微分控制提前给出了负的修正信号，使得响应上升速度越来越小。在 $t_1<t<t_2$ 段内，$e(t)$ 和 $\mathrm{d}e(t)/\mathrm{d}t$ 均为负，恰好起到增大控制信号 $u(t)$ 的作用，使影响过大的超调量得以抑制。由此看出，微分控制反映了输入信号的变化率，能给出系统提前制动的信号，所以微分控制实质上是一种“预见”型控制，它的显著

特点是具有超前作用。

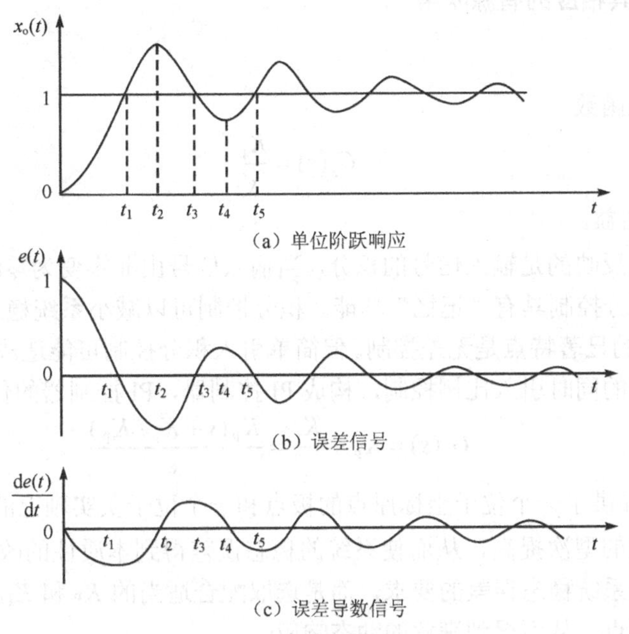

图 7.28　微分作用的波形图

微分控制反映误差 $e(t)$的变化率，只有当误差随时间变化时，微分作用才会对系统起作用，而对无变化或缓慢变化的对象是不起作用的，因此微分控制在任何情况下不能单独地与被控制对象串联使用，而只能构成 PD 或 PID 控制。

另外，微分控制有放大噪声信号的缺点。

（2）PD 有源网络

对如图 7.29 所示的有源网络，根据复阻抗概念

$$Z_1=\frac{R_1}{R_1C_1+1}\text{，}\quad Z_2=R_2$$

由

$$\frac{U_i(s)}{Z_1(s)}=\frac{U_o(s)}{Z_2(s)}$$

可得传递函数为

$$G_c(s)=\frac{U_o(s)}{U_i(s)}=\frac{Z_2(s)}{Z_1(s)}=K_P(T_Ds+1)$$

式中，$T_D=R_1C_1$，$K_P=R_2/R_1$。

可见，图 7.29 所示的网络是 PD 控制器。

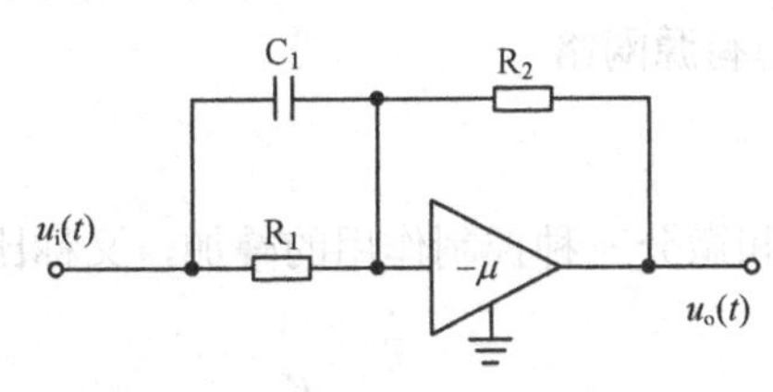

图 7.29　PD 有源网络

2. PI 控制器及其相应的有源网络

（1）PI 控制器

积分控制的传递函数

$$G_c(s)=\frac{K_I}{s} \tag{7.26}$$

式中，K_I 称为积分增益。

积分控制的输出反映的是输入信号的积分，当输入信号由非零变为零时，积分控制仍然有不为零的输出，即积分控制具有“记忆”功能。积分控制可以减小系统稳态误差，提高系统的控制精度。积分作用的显著特点是无差控制。但简单引入积分控制可能造成系统结构的不稳定。通常在引入积分控制的同时引入比例控制，构成 PI 控制器，PI 控制器的传递函数为

$$G_c(s)=K_P+\frac{K_I}{s}=\frac{K_P(s+K_I/K_P)}{s} \tag{7.27}$$

因此，PI 控制提供了一个位于坐标原点的极点和一个位于负实轴上的零点 $z=-K_I/K_P$。积分控制可将原系统的型次提高，从而使系统的稳态误差得到本质性的改善。而比例系数 K_P 的选取不再简单依据系统稳态误差的要求，而是选取配合适当的 K_P 和 K_I，使系统的开环传递函数有一个要求的零点，从而得到满意的动态响应。

（2）PI 有源网络

对如图 7.30 所示的有源网络，根据复阻抗概念

$$Z_1=R_1,\quad Z_2=R_2+\frac{1}{C_2s}$$

其传递函数为

$$G_c(s)=\frac{U_o(s)}{U_i(s)}=\frac{Z_2(s)}{Z_1(s)}=\frac{R_2}{R_1}+\frac{1}{R_1C_2s}=K_P+\frac{K_I}{s}$$

式中，$T_P=\frac{R_2}{R_1}$，$K_I=\frac{1}{R_1C_2}$。

可见，图 7.30 所示的网络是 PI 控制器。

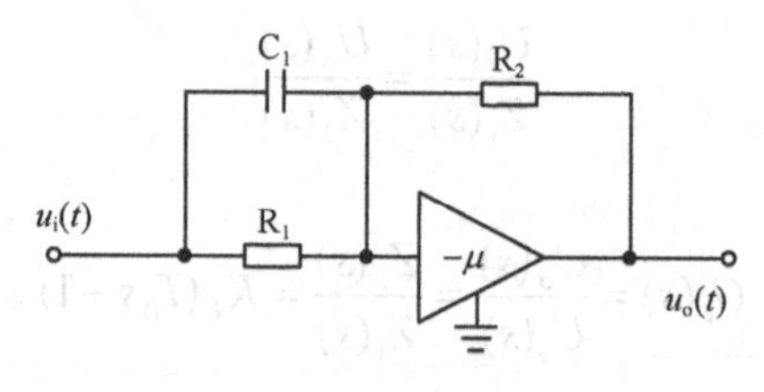

图 7.30　PI 有源网络

3. PID 控制器及其相应的有源网络

（1）PID 控制器

PID 控制器是比例、积分和微分三种控制作用的叠加，又称比例—微分—积分校正，其传递函数可表示为

$$G_c(s)=K_P+\frac{K_I}{s}+K_Ds \tag{7.28}$$

PID 控制具有三种单独控制作用各自的优点，它除了可提供一个位于坐标原点的极点外，还提供两个零点，为全面提高系统动态和稳态性能提供了条件。

式（7.28）可改写为

$$G_c(s)=K_P\left(1+\frac{1}{T_I s}+T_D s\right) \tag{7.29}$$

式中，$T_I=\frac{K_P}{K_I}$ 称为 PID 控制器的积分时间常数；$T_D=\frac{K_D}{K_P}$ 称为 PID 控制器的微分时间常数。

实际工程应用中的 PID 控制器的传递函数为

$$G_c'(s)=K_P\left(1+\frac{1}{T_I s}+\frac{T_D s}{1+\frac{T_D}{K_D}s}\right) \tag{7.30}$$

其中微分作用项多了一个惯性环节，这是因为采用实际元件很难实现理想微分环节。在控制系统中应用这种控制器时，只要 K_P、T_I 和 T_D 配合得当就可以得到较好的控制效果。

（2）PID 有源网络

对如图 7.31 所示的有源网络，根据复阻抗概念

$$Z_1=\frac{R_1\cdot\frac{1}{C_1 s}}{R_1+\frac{1}{C_1 s}}，\quad Z_2=R_2+\frac{1}{C_2 s}$$

其传递函数为

$$G_c(s)=\frac{U_o(s)}{U_i(s)}=\frac{Z_2(s)}{Z_1(s)}=K_P\left(1+\frac{1}{T_I s}+T_D s\right)$$

式中，$T_I=R_1C_1+R_2C_2$，$T_D=\frac{R_1C_1R_2C_2}{R_1C_1+R_2C_2}$，$K_P=\frac{R_1C_1+R_2C_2}{R_1C_2}$。

可见，图 7.31 所示的网络是 PID 控制器。

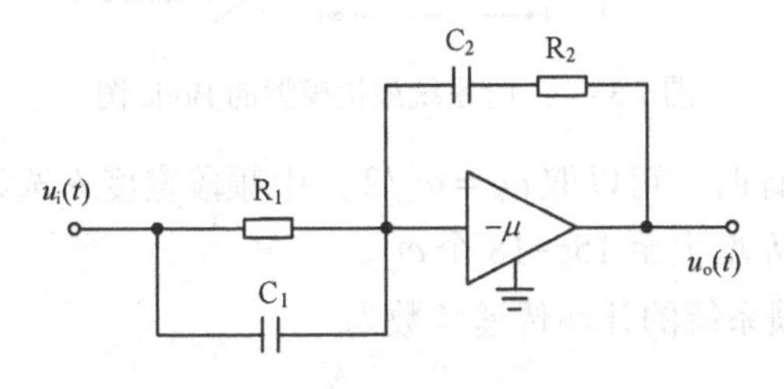

图 7.31 PID 有源网络

7.4.2 PID 调节器的设计

按系统期望特性对系统进行 PID 校正的基本思路：先根据系统所要求的性能指标，确定系统所期望的开环对数幅频特性，即校正后系统所具有的特性，然后由未校正系统特性和期望的特性求得校正装置的特性，进而确定校正装置。

在这里将介绍如何用系统的期望特性确定有源校正网络参数。在工程上常采用二阶系统最优模型和高阶系统最优模型来确定有源校正网络参数。

1．二阶系统最优模型

典型二阶系统的开环 Bode 图如图 7.32 所示，其开环传递函数（单位反馈系统）为

$$G(s)=\frac{K}{s(Ts+1)}$$

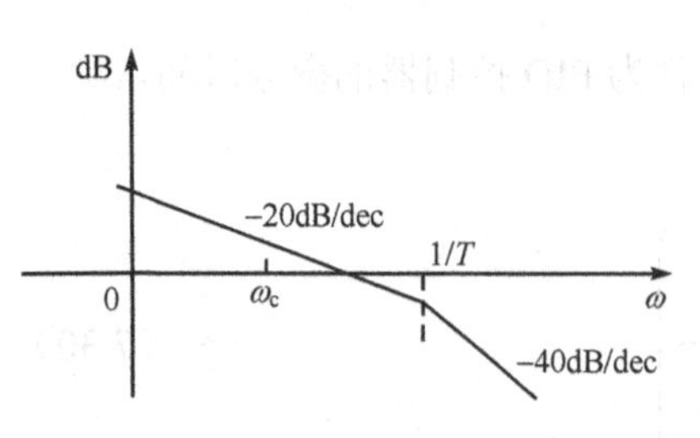

图 7.32　二阶系统最优模型的 Bode 图

闭环传递函数为

$$G_{\mathrm{B}}(s)=\frac{K}{Ts^2+s+K}=\frac{\omega_{\mathrm{n}}^2}{s^2+2\xi\omega_{\mathrm{n}}s+\omega_{\mathrm{n}}^2}$$

式中，$\omega_{\mathrm{n}}=\sqrt{\dfrac{K}{T}}$ 为无阻尼固有频率；$\xi=\dfrac{1}{2\sqrt{KT}}$ 为阻尼比。

当阻尼比 $\xi=0.707$ 时，超调量 $M_{\mathrm{p}}=4.3\%$，调节时间 $t_{\mathrm{s}}=6T$，故 $\xi=0.707$ 的阻尼比称为工程最佳阻尼系数。此时转折频率 $\dfrac{1}{T}=2\omega_{\mathrm{c}}$。要保证 $\xi=0.707$ 并不容易，常取 $0.5\leqslant\xi\leqslant0.8$。

2．高阶系统最优模型

如图 7.33 所示为三阶系统最优模型的 Bode 图。由图可见，这个模型既保证了中频段斜率为–20dB/dec，又使低频段有更大的频率，提高了系统的稳态精度。显然，它的性能比二阶系统最优模型好，因此工程上也常常采用这种模型。

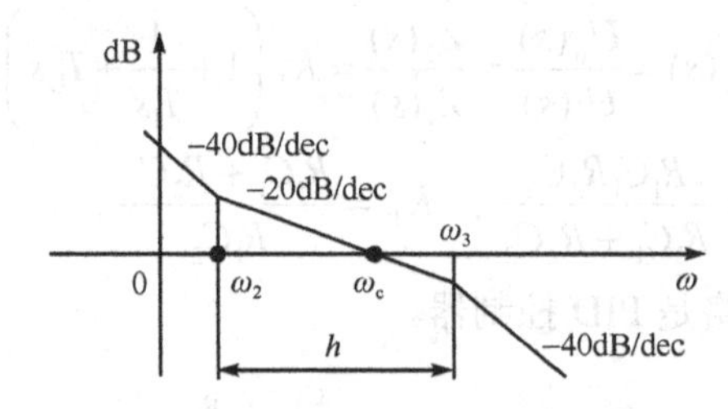

图 7.33　三阶系统最优模型的 Bode 图

在对系统进行初步设计时，可以取 $\omega_{\mathrm{c}}=\omega_3/2$；中频段宽度 h 选为 7～12 个 ω_2，如希望进一步增大稳定裕量，可把 h 增大至 15～18 个 ω_2。

【例 7.7】 一单位反馈系统的开环传递函数为

$$G(s)=\frac{K}{s(0.15s+1)(0.877\times10^{-3}s+1)(5\times10^{-3}s+1)}$$

试设计有源串联校正装置，使系统速度误差系数 $K_{\mathrm{v}}\geqslant40$，幅值穿越频率 $\omega_{\mathrm{c}}\geqslant50\mathrm{rad/s}$，相位裕量 $\gamma\geqslant50°$。

解：由于未校正系统为 I 型系统，故 $K=K_{\mathrm{v}}$，按设计要求取 $K=K_{\mathrm{v}}=40$，做出未校正系统的 Bode 图，如图 7.34 所示。得幅值穿越频率 $\omega_{\mathrm{c}}=16\,\mathrm{rad/s}$，相位裕量 $\gamma=17.25°$。

确定校正装置：原系统的幅值穿越频率 ω_{c} 和相位裕量 γ 均小于设计要求，为保证系统的稳态精度，提高系统的动态性能，选串联 PD 校正。其校正装置为图 7.29 所示的有源网络。选二

阶最优模型为期望的频率特性，如图 7.32 所示。为使原系统结构简单，对未校正部分的高频段小惯性环节做等效处理，即

$$\frac{1}{0.877\times10^{-3}s+1}\cdot\frac{1}{5\times10^{-3}s+1}$$

$$\approx\frac{1}{(0.877\times10^{-3}+5\times10^{-3})s+1}=\frac{1}{5.877\times10^{-3}s+1}$$

所以，未校正系统的开环传递函数为

$$G(s)=\frac{40}{s(0.15s+1)(5.877\times10^{-3}s+1)}$$

已知 PD 校正环节的传递函数为

$$G_{\mathrm{c}}(s)=K_{\mathrm{P}}(T_{\mathrm{D}}s+1)$$

为使校正后的开环 Bode 图为所期望的二阶最优模型，可消去未校正系统的一个极点，故令 $T_{\mathrm{D}}=0.15s$，则

$$G(s)G_{\mathrm{c}}(s)=\frac{40}{s(0.15s+1)(5.877\times10^{-3}s+1)}\cdot K_{\mathrm{P}}(T_{\mathrm{D}}+1)$$

$$=\frac{40K_{\mathrm{P}}}{s(5.877\times10^{-3}s+1)}$$

由图 7.34 可知，校正后的开环放大系数 $40K_{\mathrm{P}}=\omega_{\mathrm{c}}'$，根据性能要求 $\omega_{\mathrm{c}}'\geqslant50\mathrm{rad/s}$，故选 $K_{\mathrm{P}}=1.4$。校正后的开环传递函数为

$$G(s)G_{\mathrm{c}}(s)=\frac{40}{s(0.15s+1)(5.877\times10^{-3}s+1)}\times1.4(0.15s+1)$$

$$=\frac{56}{s(5.877\times10^{-3}s+1)}$$

校正后的开环 Bode 图如图 7.34 所示。

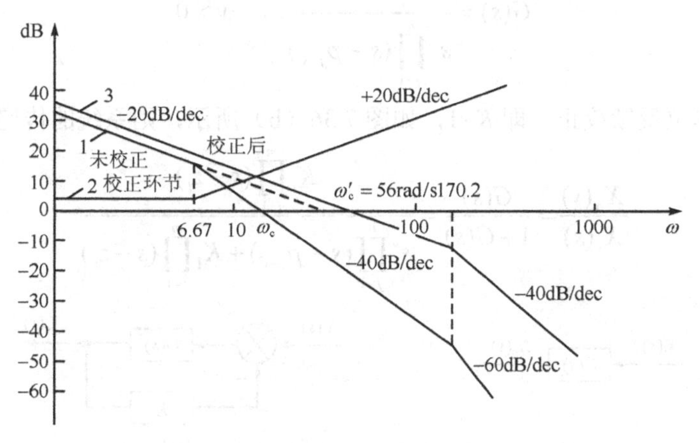

图 7.34　PD 校正的 Bode 图

由图 7.34 可知校正后的幅值穿越频率 $\omega_{\mathrm{c}}'=56\,\mathrm{rad/s}$。相位裕量

$$\gamma=180^{\circ}-90^{\circ}-\arg\tan(5.877\times10^{-3}\omega_{\mathrm{c}}')=71.78^{\circ}$$

校正后系统的速度误差系数 $K_{\mathrm{v}}=KK_{\mathrm{P}}=56>40$，故校正后系统的动态和稳态性能均满足要求。

7.5 反馈校正

改善控制系统的性能，除采用串联校正方案外，反馈校正也是被广泛采用的校正方案之一。

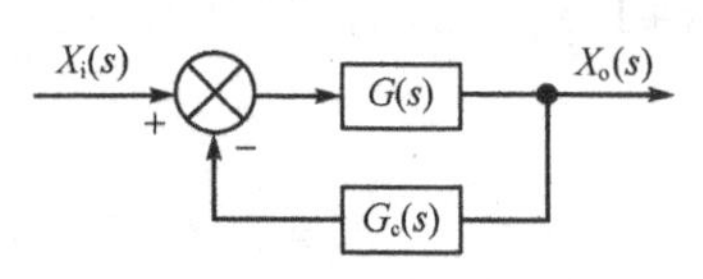

图 7.35 反馈校正系统

所谓反馈校正，是从系统某一环节的输出中取出信号，经过校正网络加到该环节前面某一环节的输入端，并与那里的输入信号叠加，从而改变信号的变化规律，实现对系统进行校正的目的。应用较多的是对系统的部分环节建立局部负反馈，如图 7.35 所示。

控制系统采用反馈校正后，除能得到与串联校正同样的校正效果外，还能消除系统的不可变部分中被反馈回路所包围的那部分环节的参数波动对系统性能的影响。因此，当系统中包含了一些随环境变化可能会产生较大波动的参数，且反馈信号比较容易获得时，建议采用反馈校正。

和串联校正环节的设计相比，反馈校正环节的设计，无论采用解析法还是采用图解法都比较烦琐。

在反馈校正中，若 $G_c(s)=K$，称为位置（比例）反馈；若 $G_c(s)=Ks$，称为速度（微分）反馈；若 $G_c(s)=Ks^2$，称为加速度反馈。

1．位置反馈校正

位置反馈校正的方框图如图 7.36 所示。对非 0 型系统，当系统未加校正时，如图 7.36(a) 所示，系统的传递函数为

$$G(s)=\frac{K_1\prod_{i=1}^{m}(s-z_i)}{s^{v}\prod_{j=1}^{n}(s-p_{j-v})}\qquad v>0$$

若系统采用单位反馈校正，即 K=1，如图 7.36（b）所示，则系统的传递函数为

$$\frac{X_o(s)}{X_i(s)}=\frac{G(s)}{1+G(s)}=\frac{K_1\prod_{i=1}^{m}(s-z_i)}{s^{v}\prod_{j=1}^{n}(s-p_{j-v})+K_1\prod_{i=1}^{m}(s-z_i)}$$

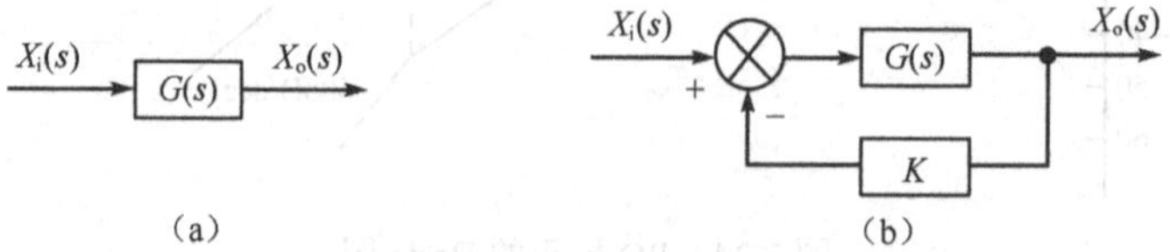

（a）　　（b）

图 7.36 位置反馈校正

对于具有传递函数 $G(s)=\dfrac{K_1}{Ts+1}$ 的一阶系统，若加入的并联反馈校正环节 $G_c(s)=1$，则系统的传递函数为

$$\frac{X_o(s)}{X_i(s)}=\frac{G(s)}{1+G(s)}=\frac{K_1}{(Ts+1)+K_1}=\frac{\dfrac{K_1}{1+K_1}}{\dfrac{T}{1+K_1}s+1}$$

从上式可知，校正后系统的型次并没有改变，但系统的时间常数由 T 下降为 $T/(1+K_1)$，即系统的惯性减弱，从而使系统的调整时间 $t_s(=4T)$缩短，响应速度加快，同时，系统的增益由 K_1 下降至 $K_1/(1+K_1)$。

2. 速度反馈校正

由于输出的导数可以用来改变系统的性能，因此，在位置随动系统中，常常采用速度反馈的校正方案来改善系统的性能。

图 7.37 所示的 I 型系统，未加校正前，如图 7.37（a）所示，其传递函数为

$$\frac{X_o(s)}{X_i(s)}=\frac{K}{s(Ts+1)}$$

采用速度反馈，如图 7.37（b）所示，系统的传递函数为

$$\frac{X_o(s)}{X_i(s)}=\frac{\dfrac{K}{1+K\alpha}}{s\left(\dfrac{T}{1+K\alpha}s+1\right)}$$

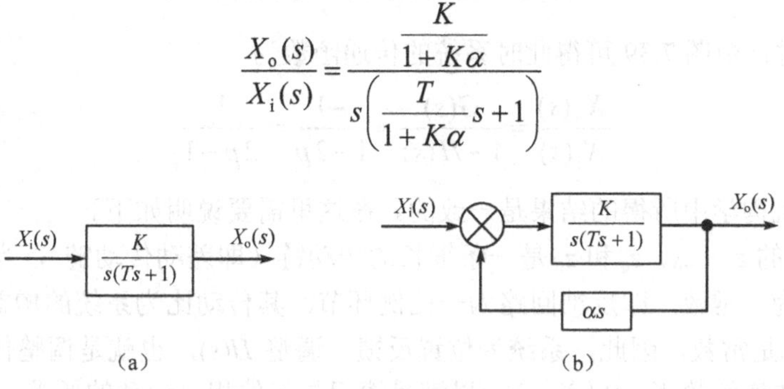

图 7.37　速度反馈校正

显然，经校正后系统的型次并没有改变，但时间常数由 T 下降为 $T/(1+K\alpha)$，即系统的响应速度加快，同时，系统的增益减小。

下面分析机械传动链中的并联反馈校正。如图 7.38 所示的滚齿机差动机构是一种具有两个自由度的机构，假设中心齿轮 z_1 和转臂 m 为主动，中心齿轮 z_4 为被动。它们分别以 $x_i(t)$、$x_m(t)$ 和 $x_o(t)$ 的转速旋转。

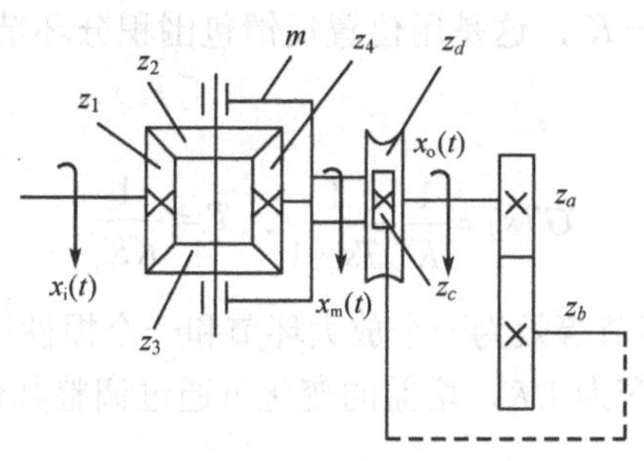

图 7.38　滚齿机差动机构

该机构有两条传动路线。

① 设转臂 m 不动，即 $x_{\mathrm{m}}(t)=0$，则差动机构变成一般的齿轮传动机构，其传动比即此时系统的传递函数为

$$\frac{X_{\mathrm{o}}(s)}{X_{\mathrm{i}}(s)}=-\frac{z_1z_3}{z_2z_4}=-1$$

即

$$G(s)=-1$$

式中的负号表示转臂 m 停止时，齿轮 z_1 和 z_4 的转向相反。

② 设中心齿轮 z_1 不动，即 $x_{\mathrm{i}}(t)=0$，由 $x_{\mathrm{o}}(t)$ 通过齿轮 z_a 和 z_b、蜗杆蜗轮 z_c 和 z_d、转臂 m 和齿轮 z_4，叠加到 $x_{\mathrm{o}}(t)$ 本身，即反馈。设 $\dfrac{z_az_c}{z_bz_d}=p$，而 $x_{\mathrm{i}}(t)=0$ 时，用反转法，求得差动机构的传动比为 2，故反馈回路总的传动比为 $2p$，即 $H(s)=2p$。差动机构的系统方框图如图 7.39 所示。

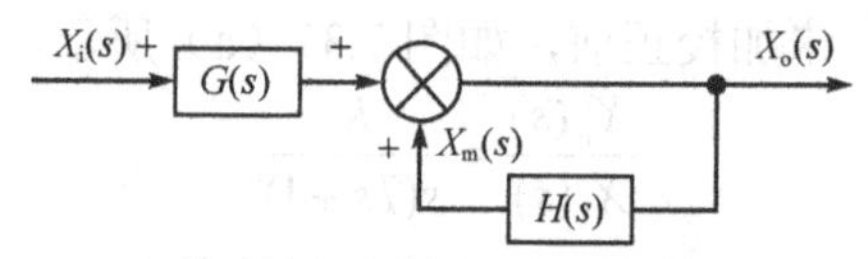

图 7.39　差动机构的系统方框图

当 $x_{\mathrm{m}}(t)\neq 0$ 时，由图 7.39 可得此时系统的传递函数为

$$\frac{X_{\mathrm{o}}(s)}{X_{\mathrm{i}}(s)}=\frac{G(s)}{1-H(s)}=\frac{-1}{1-2p}=\frac{1}{2p-1}$$

上式所得结果与机构学中所得的结果是一致的。在这里需要说明如下。

① 滚齿机中的 z_a、z_b、z_c 和 z_d 是一条很长的传动链（即差动传动链），当机床调整好后，它的传动比 p 仍为一常数，即反馈回路为一比例环节，其传动比为系统的增益。

② 由于 $H(s)$ 是常数，因此，系统为位置反馈。调整 $H(s)$，也就是调整传动比 p，便可以获得系统不同的传递函数 $X_{\mathrm{o}}(s)/X_{\mathrm{i}}(s)$，以满足滚刀与工件相对运动的要求。

由于反馈校正环节的引入，将会使整个闭环系统的品质得到改善。除改变系统的局部结构与参数达到校正的目的外，在一定条件下，$G_{\mathrm{c}}(s)$ 的引入还将大大削弱 $G(s)$ 的特性与参数变化，以及各种干扰给系统带来的不利影响。下面将分别予以介绍。

（1）利用反馈改变系统的局部结构和参数

针对位置反馈、速度反馈和加速度反馈介绍几种典型情况。

① 若 $G(s)=\dfrac{K_1}{s}$，$G_{\mathrm{c}}(s)=K$，这是用位置反馈包围积分环节，则校正后系统的闭环传递函数为

$$G'(s)=\frac{1}{K}\cdot\frac{1}{Ts+1},\quad T=\frac{1}{KK_1}$$

由上式可知，反馈校正后的环节等效为一个放大环节和一个惯性环节。因此，校正后系统的相位滞后将减小，增益将由 K_1 变为 $1/K$，增益的变化可通过调整其他部分的增益来补偿。

② 若 $G(s)=\dfrac{K_1}{s(Ts+1)}$，$G_{\mathrm{c}}(s)=Ks$，这是用速度反馈包围惯性、积分和比例环节，则校正后系统的闭环传递函数为

$$G'(s)=\frac{K_2}{s(T_1s+1)}，\ T_1=\frac{T}{1+KK_1}，\ K_2=\frac{K_1}{1+KK_1}$$

从上式可知，反馈校正后并没有改变系统的型次，只是惯性环节的时间常数 T 变为 T_1。当 $K>0$ 时，$T_1<T$，时间将减小，但可以增宽系统的频带，有利于系统快速性的提高；但系统的增益将由 K_1 降为 K_2，可以通过改变 K_1 或改变其他部分的增益来弥补。

③ 若 $G(s)=\dfrac{K_1\omega_n^2}{s^2+2\xi\omega_n s+\omega_n^2}$，$(\xi<1)$，$G_c(s)=Ks$，这是用速度反馈包围一个二阶振荡环节和比例环节，则校正后系统的闭环传递函数为

$$G'(s)=\frac{K_1\omega_n^2}{s^2+2(\xi+0.5KK_1\omega_n)\omega_n s+\omega_n^2}$$

$G'(s)$ 与 $G(s)$ 相比较，传递函数的形式不变，但其阻尼比将显著增大。如果 $\xi+0.5KK_1\omega_n\geqslant 1$，则 $G'(s)$ 就是两个惯性环节和一个比例环节。由于加入速度反馈，增加了系统的阻尼，从而有效地减弱了小阻尼环节的不利影响。

④ 若 $G(s)=\dfrac{K_1}{s(T_1s+1)}$，$G_c(s)=Ks\times\dfrac{T_2s}{T_2s+1}=\dfrac{KT_2s^2}{T_2s+1}$。$G_c(s)$ 是速度反馈信号再通过一个微分网络。当时间常数 T_2 较小时，$G_c(s)$ 可以看作加速度反馈。与②的情况相比，这种反馈校正可以保持系统的增益不变，同时还具有提高系统的稳定裕量、抑制噪声和增宽频带等特点。则校正后系统的闭环传递函数为

$$\begin{aligned}G'(s)&=\frac{K_1(T_2s+1)}{s[T_1T_2s^2+(T_1+T_2+T_2KK_1)s+1]}\\&=\frac{K_1(T_2s+1)}{s(T's+1)(T''s+1)}\\&=\frac{K_1(T_1s+1)(T_2s+1)}{s(T_1s+1)(T's+1)(T''s+1)}\end{aligned}$$

式中，$T'+T''=T_1+T_2+KK_1T_2$，$T'T''=T_1T_2$。

如果 $T_1>T_2$，则有 $T''>T_1>T_2>T'$，故 $G'(s)$ 与 $G(s)$ 相比较，只要选择适当的 K、T_2，系统相当于串联了一个相位滞后-超前的校正环节。因此，可通过结构上的等价变换，将反馈校正的设计问题转化为一个相应的串联校正的设计问题。

（2）利用反馈削弱非线性因素的影响

利用反馈削弱非线性因素的影响，最典型的例子是高增益的运算放大器，当运算放大器开环时，它一般处于饱和状态，几乎不存在线性区。然而当高增益放大器有负反馈时，如组成一个比例器，它就有较宽的线性区，且比例器的放大系数由反馈电阻与输入电阻的比值来决定，与开环增益无关。在控制系统中，上述性质在一定条件下也能表现出来。因为

$$G'(\mathrm{j}\omega)=\frac{G(\mathrm{j}\omega)}{1+G(\mathrm{j}\omega)G_c(\mathrm{j}\omega)}$$

若满足

$$|G(\mathrm{j}\omega)G_c(\mathrm{j}\omega)|>>1$$

则 $G'(\mathrm{j}\omega)$ 可简化为

$$G'(j\omega) \approx \frac{G(j\omega)}{G(j\omega)G_c(j\omega)} = \frac{1}{G_c(j\omega)}$$

这表明$G'(j\omega)$主要取决于$G_c(j\omega)$，而与$G(j\omega)$无关。若反馈元件的线性度较好，特性较稳定，则反馈结构的线性度也较好，特性也较稳定，前向通道中的非线性因素、元件参数不稳定等不利因素均可得到削弱。

（3）反馈可以提高对模型摄动的不灵敏性

由于模型参数的变化或某些不确定因素引起被包围部分$G(s)$产生某种摄动，即$G(s)$产生摄动后变为$G^*(s)$，现在来研究串联校正与反馈校正时，摄动对$G(s)$输出的影响。图7.40表示了$G(s)$无摄动时，串联校正与反馈校正的方框图。

在图7.40中，若$K_c(s)=\dfrac{1}{1+G(s)H(s)}$，显然$X_c(s)=X_o(s)$，两种校正方式的校正效果相同。当$G(s)$产生摄动后变为$G^*(s)$时，图7.40中的输出将变为$X_o'(s)$和$X_c'(s)$，这时由$G(s)$的变化带来的输出误差$E_o(s)$和$E_c(s)$分别为

$$X_c'(s)=\frac{G^*(s)}{1+G^*(s)H(s)}X_i(s),\quad X_o'(s)=G^*(s)K_c(s)X_i(s)$$

$$E_c(s)=X_c(s)-X_c'(s)=\left(\frac{G(s)}{1+G(s)H(s)}-\frac{G^*(s)}{1+G^*(s)H(s)}\right)X_i(s)$$

$$E_o(s)=X_o(s)-X_o'(s)=\left(\frac{G(s)}{1+G(s)H(s)}-\frac{G^*(s)}{1+G(s)H(s)}\right)X_i(s)$$

因而可得

$$E_c(s)=\frac{1}{1+G^*(s)H(s)}E_o(s)$$

只要$|1+G^*(s)H(s)|>1$，就有$|E_c(s)|<|E_o(s)|$，这说明采用反馈校正比串联校正对模型的摄动更为不敏感。一般而言，$X_i(s)$是低频控制信号，在低频段保证$|1+G^*(s)H(s)|>1$或$|G^*(s)H(s)|>1$是比较容易的。因此，只需要在低频段使$|G(s)H(s)|$较大，而$G(s)$的摄动在一定限制范围内即可。

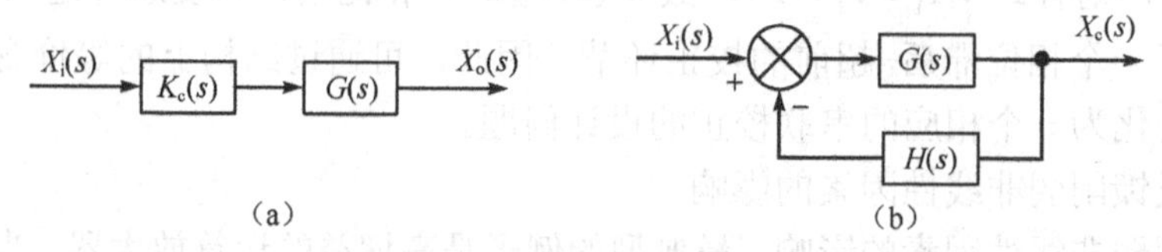

图7.40 串联校正与反馈校正

（4）利用反馈抑制低频干扰

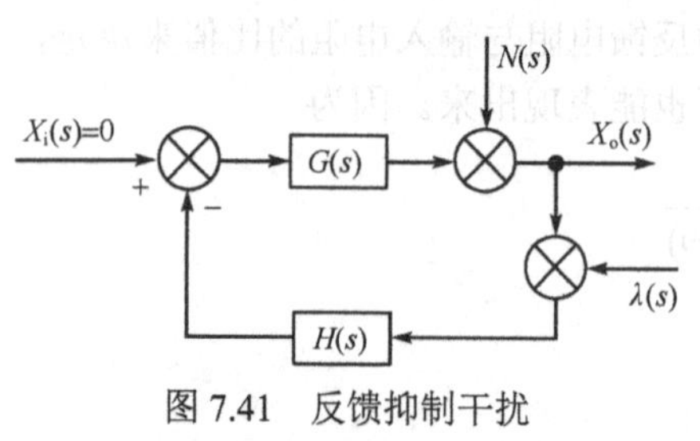

图7.41 反馈抑制干扰

图7.41中$N(s)$表示了系统中的干扰信号，在没有反馈$H(s)$时，干扰引起的输出为$X_o(s)=N(s)$。

由于引入反馈$H(s)$，干扰$N(s)$所引起的输出变为$X_o(s)=\dfrac{N(s)}{1+G(s)H(s)}$，因此，只要$|1+G(s)H(s)|>1$，干扰的影响就可以得到抑制，这时对$G(s)H(s)$的要求和（3）的要求是一致的。

引入反馈环节$H(s)$，一般也会附加产生测量噪声$\lambda(s)$，如图7.41所示，由测量噪声$\lambda(s)$

所引起的输出为

$$X_c(s)=\frac{G(s)H(s)}{1+G(s)H(s)}\lambda(s)$$

要抑制噪声$\lambda(s)$，就要求$|G(s)H(s)|<<1$。但由于测量噪声$\lambda(s)$是频率较高的信号，故只需要在高频段满足$|G(s)H(s)|<<1$即可，这和抑制低频干扰的要求并不矛盾。

与串联校正相比，反馈校正虽有削弱非线性因素影响、对模型摄动不敏感和对干扰有抑制作用等特点，但由于引入反馈校正环节一般需要专门的测量装置，如角速度的测量就需要测速电机、角速度陀螺等装置，因此，将使系统的成本提高。另外，反馈校正对系统动态特性的影响比较复杂，设计和调整比较麻烦。而这两个缺点在采用串联校正时就不会发生。

本章小结

对控制系统附加一些具有某种典型环节的传递函数，即通过附加的典型环节来有效地改善整个系统的控制性能，以达到所要求的性能指标，这就是系统的校正。本章主要介绍系统的校正方法、校正原理和校正装置的设计方法及校正装置的特性分析。

（1）在模拟控制系统中，最常用的校正器就是PID校正器，它通常是一种由运算放大器组成的器件，通过对输出和输入之间的误差（或偏差）进行比例（P）、积分（I）和微分（D）的线性组合以形成控制规律，对被控对象进行校正和控制。由这三种控制作用构成的PI、PD和PID控制规律附加在系统中，可以达到系统校正的目的。

（2）根据校正装置在系统中的连接形式，系统可分为串联校正和反馈校正等。在串联校正中，根据校正装置的特性不同可分为相位超前校正、相位滞后校正和相位滞后-超前校正。而反馈校正根据校正环节中传递函数的特点又分为位置反馈校正、速度反馈校正和加速度反馈校正。

（3）串联校正装置的设计较简单，容易实现，在控制系统校正中被广泛应用。而反馈校正以其独特的优点，可以改善系统所不期望的性能特性，从而改善系统性能。

习题7

7.1　已知单位反馈系统，原有的开环传递函数$G_0(s)$和两种校正装置$G_{c1}(s)$、$G_{c2}(s)$的对数幅频渐近线分别如题7.1图中L_0和L_1、L_2所示，并设$G_0(s)$、$G_{c1}(s)$、$G_{c2}(s)$的全部零、极点都落在复平面的左半平面内。现用$G_{c1}(s)$和$G_{c2}(s)$分别对系统进行串联校正。

要求写出$G_{c1}(s)G_0(s)$、$G_{c2}(s)G_0(s)$的表达式并画出其相应的对数幅频渐近线，比较两种校正方案的优缺点。

7.2　已知单位反馈系统，原有的开环传递函数$G_0(s)$和两种校正装置$G_c(s)$的对数幅频渐近线分别如题7.2图中L_1和L_2所示，并设$G_0(s)$与$G_c(s)$的全部零、极点都落在复平面的左半平面内。

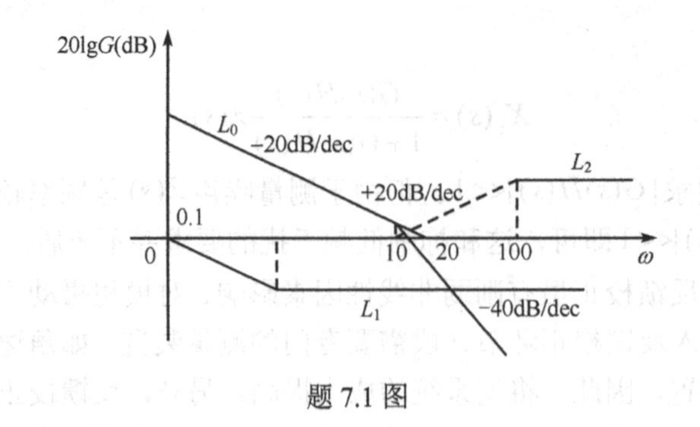

题 7.1 图

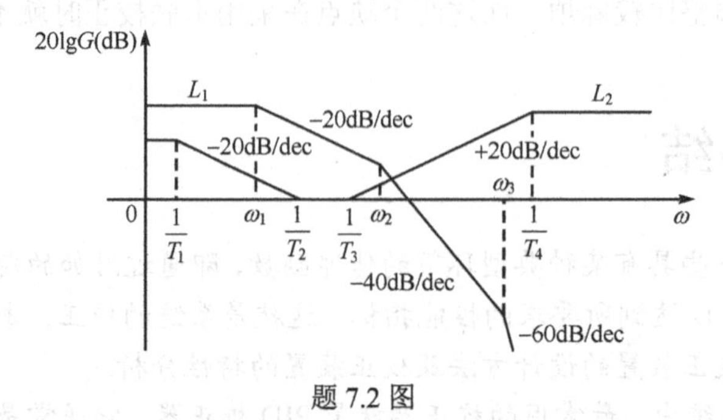

题 7.2 图

要求写出 $G_c(s)G_0(s)$ 的表达式并画出其对应的对数幅频渐近线，分析 $G_c(s)$ 对系统的校正作用。

7.3　如题 7.3 图所示，其中 $\overline{ABC}$ 是未加校正环节前系统的 Bode 图；$\overline{AHKL}$ 是加入某种串联校正环节后的 Bode 图。试说明它是哪一种串联校正方法，写出校正环节的传递函数，说明它对系统性能的影响。

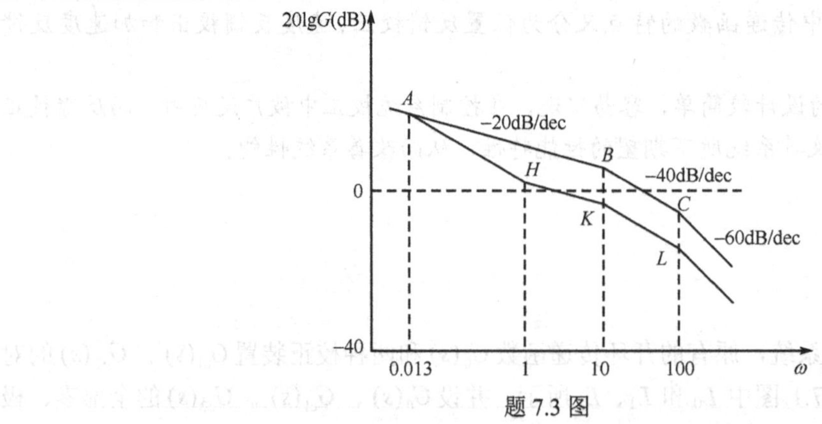

题 7.3 图

7.4　如题 7.4 图所示，其中 $\overline{ABCD}$ 是未加校正环节前系统的 Bode 图；$\overline{ABEFL}$ 是加入某种串联校正环节后的 Bode 图。试说明它是哪一种串联校正方法，写出校正环节的传递函数，说明它对系统性能的影响。

7.5　如题 7.5 图所示，其中 $\overline{ABCD}$ 是未加校正环节前系统的 Bode 图；$\overline{AEFG}$ 是加入某种串联校正环节后的 Bode 图。试说明它是哪一种串联校正方法，写出校正环节的传递函数，说明该校正方法的优点。

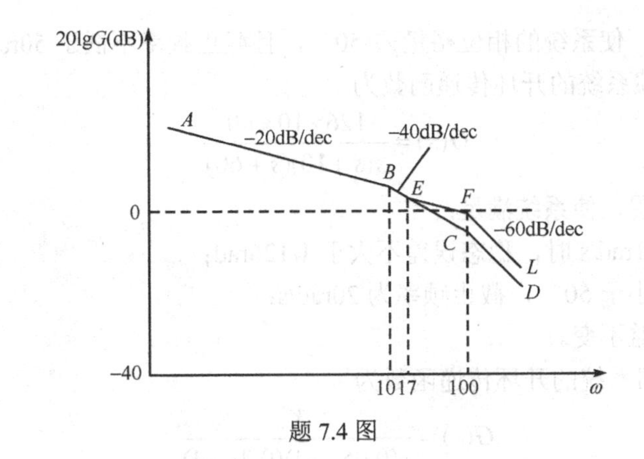

题 7.4 图

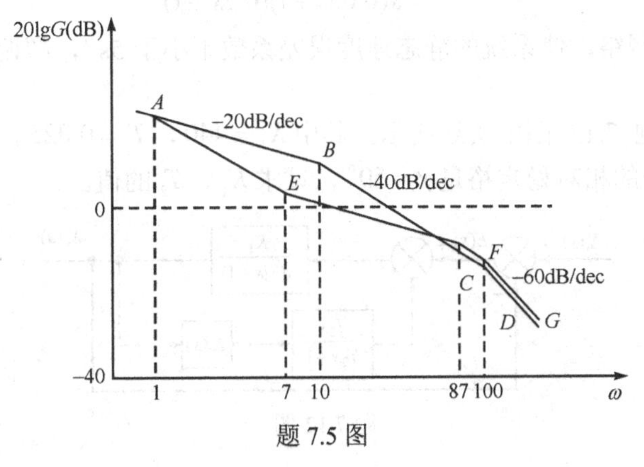

题 7.5 图

7.6 已知单位反馈系统的开环传递函数为

$$G_{\mathrm{K}}(s)=\frac{1}{s(0.5s+1)}$$

现要求速度误差系数 $K_{\mathrm{v}}=20\,\mathrm{s}^{-1}$，相位裕量不小于 45°，增益裕量不小于 10dB，试确定校正装置的传递函数。

7.7 某伺服机构的开环传递函数为

$$G_{\mathrm{K}}(s)=\frac{7}{s(0.5s+1)(0.15s+1)}$$

（1）画出 Bode 图，并确定该系统的增益裕量和相位裕量，以及速度误差系数。

（2）设计一个串联-滞后校正装置，使其满足增益裕量至少为 15dB 和相位裕量至少为 45°的特性。

7.8 已知系统开环传递函数

$$G(s)=\frac{K}{s(0.5s+1)(0.1s+1)}$$

试设计 PID 校正装置，使得系统的速度无偏系数 $K_{\mathrm{v}}\geqslant 10$，相位裕量 $\gamma\geqslant 50°$，且幅值穿越频率 $\omega_c\geqslant 4\mathrm{rad/s}$。

7.9 单位负反馈系统的开环传递函数为

$$G(s)=\frac{200}{s(0.1s+1)}$$

试设计一个校正网络，使系统的相位裕量$\gamma \geqslant 50^\circ$，且截止频率不低于 50rad/s。

7.10　单位负反馈系统的开环传递函数为

$$G(s)=\frac{126\times 10\times 60}{s(s+10)(s+60)}$$

要求设计串联校正装置，使系统满足：

（1）输入速度为 1rad/s 时，稳态误差不大于 1/126rad；

（2）相位裕量不小于 50°，截止频率为 20rad/s；

（3）放大器的增益不变。

7.11　单位负反馈系统的开环传递函数为

$$G(s)=\frac{K}{s(0.05s+1)(0.2s+1)}$$

试设计串联超前校正网络，使系统的静态速度误差系数不小于 5s^{-1}，超调量不大于 25%，调节时间不大于 1s。

7.12　原系统如题 7.12 图中实线所示，其中 $K_1=440$，$T_1=0.025$。欲加反馈校正（如图中虚线所示），使系统的相对稳定裕量$\gamma=50^\circ$，试求 K_t、T_2 的值。

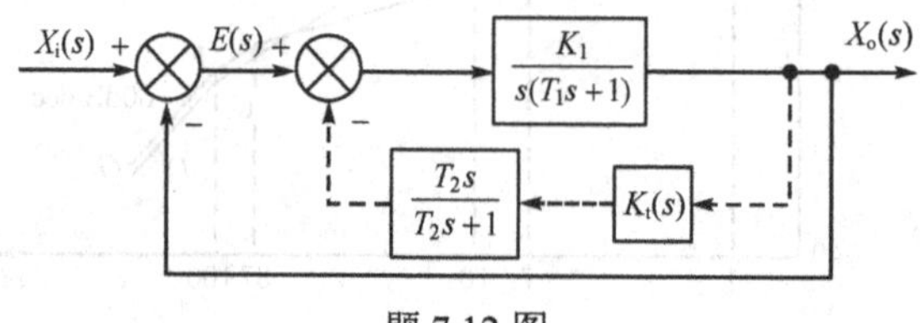

题 7.12 图

Chapter 8

第 8 章 根轨迹法

学习要点

要求了解根轨迹的基本概念，包括系统零点和极点、一阶系统根轨迹及二阶系统根轨迹；熟悉绘制根轨迹的幅值条件和相角条件；熟悉根轨迹的绘制准则，掌握根轨迹的绘制方法。

根轨迹法的基本思想是在已知系统开环传递函数的基础上，根据开环系统的零点和极点的分布情况，确定系统闭环传递函数的极点（或闭环传递函数特征方程的特征根）随着系统某一参数变化而变化的情况，将这种变化以曲线的方式在复平面上描绘出来，这些曲线即为根轨迹。根轨迹法不仅是一种研究闭环系统特征根的简便作图方法，同时还可以用来分析系统的某些性质。

8.1 根轨迹概述

本章所介绍的根轨迹，是指当系统开环传递函数的放大倍数 K 由零连续变化到无穷大时，该闭环系统的特征根在复平面上描绘出来的若干条曲线。下面结合两个实例，对根轨迹进行概述。

如图 8.1 所示为一阶系统闭环结构图。

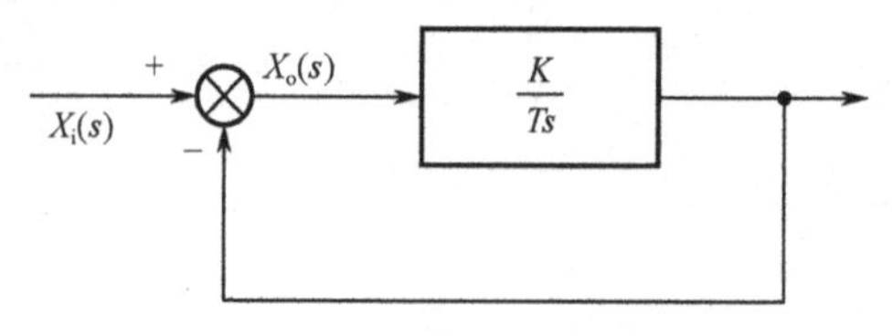

图 8.1　一阶系统闭环结构图

其系统开环传递函数为

$$G(S)H(S)=\frac{K}{Ts} \tag{8.1}$$

开环极点为

$$s=0$$

无开环零点。

闭环系统特征方程为

$$1+G(S)H(S)=0 \tag{8.2}$$

由式（8.1）可得

$$1+\frac{K}{Ts}=0$$

或

$$Ts+K=0 \tag{8.3}$$

特征方程的根（即闭环系统的极点）为

$$s=-\frac{K}{T} \tag{8.4}$$

由式（8.4）可知，随着 K 从 $0\to\infty$ 变化，闭环系统的特征根会从 $0\to-\infty$ 变化，其根轨迹从开环极点 $s=0$ 开始，逐渐沿着负实轴向负无穷远处延伸，如图 8.2 所示。

如图 8.3 所示为二阶系统闭环结构图。

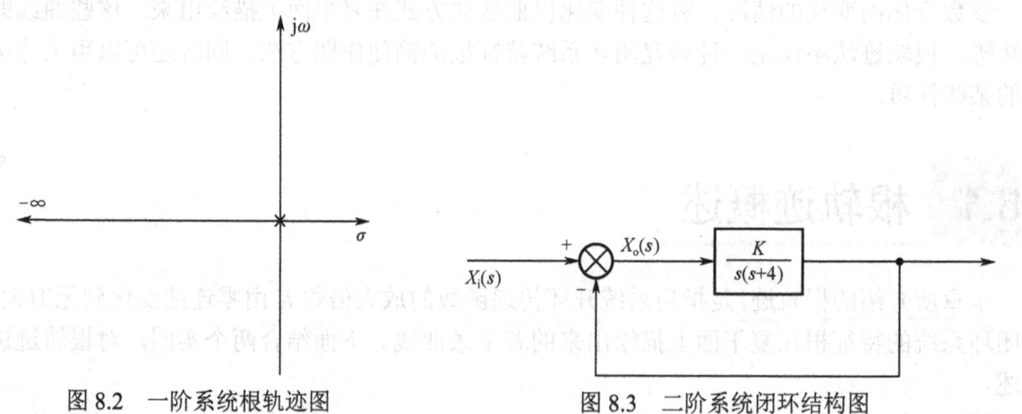

图 8.2　一阶系统根轨迹图　　　　图 8.3　二阶系统闭环结构图

其系统开环传递函数为

$$G(S)H(S)=\frac{K}{s(s+4)} \tag{8.5}$$

开环极点为

$$s=0，\ s=-4$$

无开环零点。

闭环系统特征方程为

$$1+G(S)H(S)=0$$

由式（8.5）可知

$$1+\frac{K}{s(s+4)}=0$$

即

$$s^2+4s+K=0 \tag{8.6}$$

当式（8.6）中的 K 取不同值时，对应的闭环系统特征方程会有不同的根，如表 8.1 所示。

表 8.1 不同 K 值对应的二阶闭环系统特征方程

K	特征方程	根
0	$s^2+4s=0$	$s_{1,2}=0,-4$
4	$s^2+4s+4=0$	$s_{1,2}=-2$
8	$s^2+4s+8=0$	$s_{1,2}=-2\pm \mathrm{j}2$
16	$s^2+4s+16=0$	$s_{1,2}=-2\pm \mathrm{j}3.46$

$K=0$ 时，闭环系统特征根与开环极点相同，分别为 $s=0$ 和 $s=-4$；$K=4$ 时，闭环系统特征根为一对相等的负实根；$K>4$ 时闭环系统特征根为一对实部不变，虚部随着 K 的增加而增加的共轭复根。

将其闭环特征根随着 K 值变化而变化的轨迹（即根轨迹）描绘于图 8.4 中。$K=0$ 时，为根轨迹的起点，即开环极点就是根轨迹的起点；随着 K 的增加，两条根轨迹相向而行，当 $K=4$ 时，两条根轨迹在 $s=-2$ 处重合并开始进入复平面，该点为根轨迹的分离点；$K>4$ 时，随着 K 的增加根轨迹向复平面延伸，如图 8.4 所示。

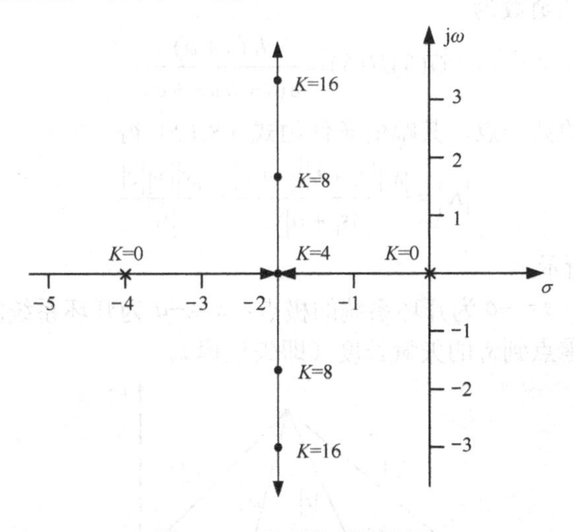

图 8.4 二阶系统根轨迹图

从以上两个实例可以看出，根轨迹图可以清楚地描绘出系统闭环传递函数特征根与开环传递函数放大倍数 K 之间的变化关系，同时也可以看出开环极点即为 $K=0$ 时的闭环极点，所以开环极点为根轨迹的起点。

8.2 绘制根轨迹的基本条件

如式（8.2）所示，闭环系统的特征方程为

$$1+G(S)H(S)=0$$

故有

$$G(S)H(S)=-1 \tag{8.7}$$

由于式（8.7）为矢量方程，则也可表示为

相位条件（矢量的相角） $\angle G(S)H(S)=180^{\circ}$ （8.8）

幅值条件（矢量的模） $|G(S)H(S)|=1$ （8.9）

8.2.1 绘制根轨迹的幅值条件

将闭环系统特征方程表示为通式

$$1+G(S)H(S)=1+\frac{KN(s)}{D(s)}=0 \tag{8.10}$$

则其幅值条件由式（8.9）得

$$|K|\left\{\frac{|N(s)|}{|D(s)|}\right\}=1 \tag{8.11}$$

或

$$|K|=\frac{|D(s)|}{|N(s)|} \tag{8.12}$$

假设某系统开环传递函数为

$$G(S)H(S)=\frac{K(s+a)}{s(s+b)(s+c)}$$

设 s_1 为其根轨迹上的某一点，其幅值条件由式（8.12）得

$$|K|=\frac{|s_1||s_1+b||s_1+c|}{|s_1+a|}=\frac{|x||y||z|}{|w|}$$

其矢量图如图 8.5 所示。

图中 $s=0$，$s=-b$，$s=-c$ 为开环系统的极点；$s=-a$ 为开环系统的零点；$|x|$、$|y|$、$|z|$、$|w|$ 分别为开环极点和开环零点到 s_1 的矢量长度（即矢量模）。

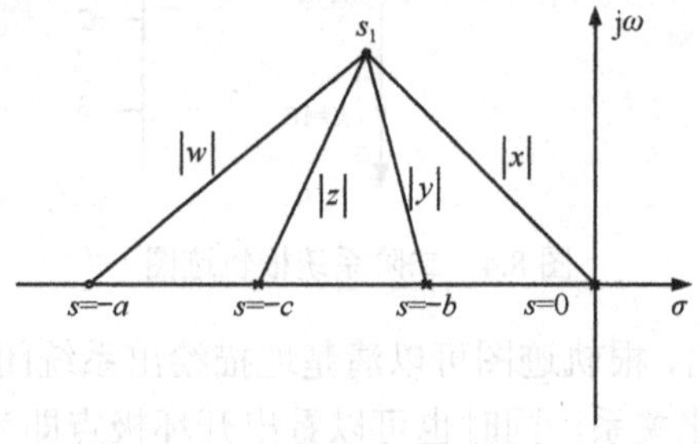

图 8.5 幅值条件应用

8.2.2　绘制根轨迹的相位条件

将闭环系统特征方程表示为通式

$$1+G(S)H(S)=1+\frac{KN(s)}{D(s)}=0$$

则其相位条件由式（8.8）得

$$\angle G(S)H(S)=\angle D(s)-\angle N(s)=180^\circ \tag{8.13}$$

（开环极点对应的角度值为正；开环零点对应的角度值为负。）

假设某系统开环传递函数为

$$G(S)H(S)=\frac{K(s+a)}{s(s+b)(s+c)}$$

设 s_1 为其根轨迹上的某一点，其相位条件由式（8.13）得

$$\angle G(S)H(S)=\angle(s_1+0)+\angle(s_1+b)+\angle(s_1+c)-\angle(s_1+a)=180^\circ$$

该式的意义：如图 8.6 所示的点 s_1 在根轨迹上，分别连接系统各开环极点与开环零点至 s_1，则各矢量与实轴夹角的代数和为180°。图 8.6 所示的相位条件也可表示为

$$\theta_1+\theta_2+\theta_3-\varphi_1=180^\circ \tag{8.14}$$

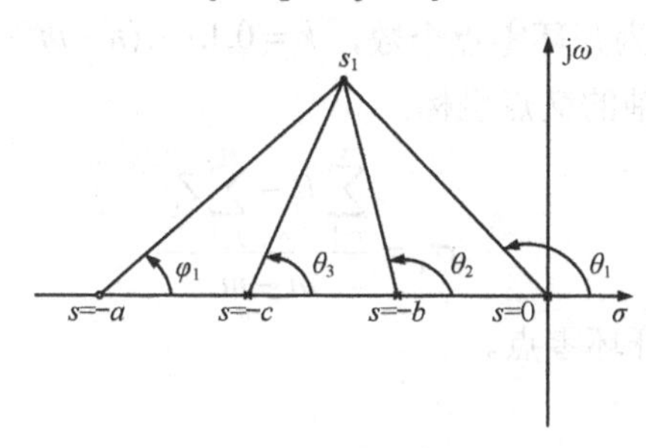

图 8.6　相角条件应用

8.3　根轨迹的绘制

8.3.1　根轨迹的绘制准则

1. 根轨迹的分支数

根轨迹的分支数等于闭环特征方程根的个数（闭环极点数），也等于开环极点数。

2. 根轨迹起点（K=0）

由式（8.12）可知 $K=0$ 时 $D(s)=0$，则系统的根轨迹起点为系统开环极点。

3．根轨迹终点（K=∞）

同理，由式（8.12）可知$K=\infty$时，即$N(s)$=0，系统的根轨迹终点为开环零点（存在开环零点）或无穷远处（无开环零点）。

4．根轨迹的对称性

因为特征方程的根或者分布在实轴上，或者以共轭的形式分布于复平面，所以根轨迹对称于实轴。

5．确定实轴上的根轨迹

实轴上根轨迹由位于实轴上的开环极点和开环零点决定，由相位条件可以证明，实轴上根轨迹区段右侧的开环零极点数目之和为奇数。

6．根轨迹的渐近线

① 根轨迹的渐近线与实轴的夹角：当k值很大时，渐近线与实轴的夹角可以定义为

$$\theta=\frac{\pm\pi(1+2k)}{(n-m)} \tag{8.15}$$

其中，n为开环极点个数，m为开环零点个数，$k=0,1,\cdots,(n-m-1)$。

② 根轨迹的渐近线与实轴的交点坐标：

$$\sigma_a=\frac{\sum_{i=1}^{n}P_i-\sum_{j=1}^{m}Z_j}{n-m} \tag{8.16}$$

其中，P_i为开环极点，Z_j为开环零点。

7．根轨迹的分离点

两条或两条以上的根轨迹在复平面上相遇又分开的点称为分离点，一般常见的分离点多位于实轴上，分离点必然是重根点，求取方法如下。

系统闭环特征方程

$$1+G(S)H(S)=1+\frac{KN(s)}{D(s)}=0$$

$$K=-\frac{D(s)}{N(s)} \tag{8.17}$$

因分离点必然是重根点，所以有

$$\frac{\mathrm{d}K}{\mathrm{d}s}=0 \tag{8.18}$$

由式（8.18）可解得一组s值，其中对应K>0的s值即为分离点，其他s值舍掉。

8．确定根轨迹与虚轴的交点

根轨迹与虚轴相交，说明控制系统有位于虚轴上的闭环极点，即特征方程含有纯虚数的根，将$s=\mathrm{j}\omega$代入闭环系统特征方程

$$1+G(S)H(S)=0$$

并将其分解为实部和虚部两个方程，即

$$\begin{aligned}\mathrm{Re}[1+G(\mathrm{j}\omega)H(\mathrm{j}\omega)]=0\\ \mathrm{Im}[1+G(\mathrm{j}\omega)H(\mathrm{j}\omega)]=0\end{aligned} \tag{8.19}$$

由式（8.19）即可求得根轨迹与虚轴的交点坐标ω，并可求得与之相对应的K值。

9. 确定根轨迹的出射角和入射角

所谓根轨迹的出射角（入射角），是指根轨迹从复平面上开环极点出发时（或进入复平面上开环零点时）切线方向与实轴正方向的夹角。

由根轨迹的对称性可知，图 8.7 中的$\theta_{p_1}=-\theta_{p_2}$，$\theta_{z_1}=-\theta_{z_2}$，由相位条件可得出射角和入射角的计算公式如下。

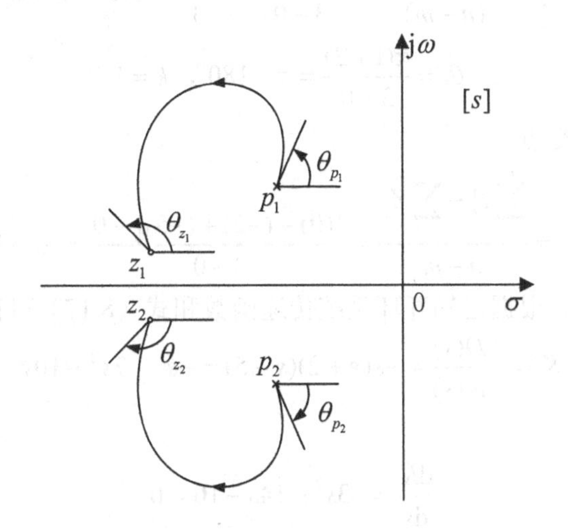

图 8.7 根轨迹出射角和入射角

从复平面上开环极点出发的根轨迹出射角

$$\theta_{p_r}=180^\circ-\sum_{j=1,j\neq r}^{n}\arg(p_r-p_j)+\sum_{i=1}^{m}\arg(p_r-z_i) \tag{8.20}$$

式中，arg() 表示复数的相角，$r=1,2\cdots$为复平面上开环共轭复数极点的对数。

进入复平面上开环零点的根轨迹入射角

$$\theta_{z_r}=180^\circ+\sum_{j=1}^{n}\arg(z_r-p_j)-\sum_{i=1,i\neq r}^{m}\arg(z_r-z_i) \tag{8.21}$$

式中，$r=1,2\cdots$为复平面上开环共轭复数零点的对数。

利用以上准则可绘制出根轨迹的大致走向。

8.3.2 根轨迹的绘制实例

【例 8.1】 已知某控制系统的开环传递函数为

$$G(s)H(s)=\frac{K}{s(s+2)(s+5)}$$

试绘制闭环系统的根轨迹图，并求出临界稳定工作点的 K 值。

解：由题可知

系统开环极点：$s_1 = 0$，$s_2 = -2$，$s_3 = -5$，$n = 3$。

系统开环零点：无，$m = 0$。

由根轨迹绘制准则有：

① 根轨迹的分支数为 3。

② 根轨迹的起点为 $s_1 = 0$，$s_2 = -2$，$s_3 = -5$。

③ 根轨迹的终点为无穷远处。

④ 实轴上根轨迹分布在 $s_1 = 0$ 和 $s_2 = -2$ 之间，以及 $s_3 = -5$ 到负实轴的无穷远处。

⑤ 渐近线与实轴的夹角

$$\theta_{1,2} = \frac{\pm\pi(1+2k)}{(n-m)} = \frac{\pm\pi(1+0)}{3-0} = \frac{\pm\pi}{3} = \pm 60°, \quad k = 0$$

$$\theta_3 = \frac{\pi(1+2)}{3-0} = \pi = 180°, \quad k = 1$$

⑥ 渐近线与实轴的交点

$$\sigma_a = \frac{\sum_{i=1}^{n} P_i - \sum_{j=1}^{m} Z_j}{n-m} = \frac{\{(0)+(-2)+(-5)\}-0}{3-0} = -2.33$$

⑦ 根轨迹的分离点。根据已知开环系统传递函数和式（8.17）可得

$$K = -\frac{D(s)}{N(s)} = -s(s+2)(s+5) = -s^3 - 7s^2 - 10s$$

根据式（8.18）

$$\frac{\mathrm{d}K}{\mathrm{d}s} = -3s^2 - 14s - 10 = 0$$

方程两侧乘以-1 得

$$3s^2 + 14s + 10 = 0$$

解一元二次方程

$$s_1, s_2 = \frac{-b \pm \sqrt{b^2 - 4ac}}{2a} = \frac{-14 \pm \sqrt{14^2 - 120}}{6}$$

$$s_1 = -0.884, \quad s_2 = -3.79$$

其中，$s_1 = -0.884$ 为根轨迹的分离点，$s_2 = -3.79$ 为无效值，舍去。

判断方法：

根据根轨迹绘制准则 5，$s_2 = -3.79$ 右侧的开环极点个数为偶数，为无效值；$s_1 = -0.884$ 右侧的开环极点个数为奇数，为有效值。

根据根轨迹绘制准则 7，$s_1 = -0.884$ 时 $K > 0$，故为分离点；$s_2 = -3.74$ 时 $K < 0$，故为无效值。

⑧ 求根轨迹与虚轴的交点。根据系统开环传递函数

$$G(s)H(s) = \frac{K}{s(s+2)(s+5)}$$

可得闭环系统特征方程为

$$1+\frac{K}{s(s+2)(s+5)}=0$$

或

$$s(s+2)(s+5)+K=0$$

化简得

$$s^3+7s^2+10s+K=0$$

将 $s=\mathrm{j}\omega$ 代入特征方程得

$$(\mathrm{j}\omega)^3+7(\mathrm{j}\omega)^2+10\mathrm{j}\omega+K=0$$

$$-\mathrm{j}\omega^3-7\omega^2+10\mathrm{j}\omega+K=0$$

方程虚部为

$$-\omega^3+10\omega=0$$

$$\omega^2=10$$

$$\omega=\pm 3.16\text{rad/s}$$

方程实部为

$$-7\omega^2+K=0$$

$$K=7\omega^2=70$$

根据以上计算，最终绘制根轨迹如图 8.8 所示。

同时，根轨迹与虚轴的交点 $K=70$ 即为临界稳定工作点的 K 值。

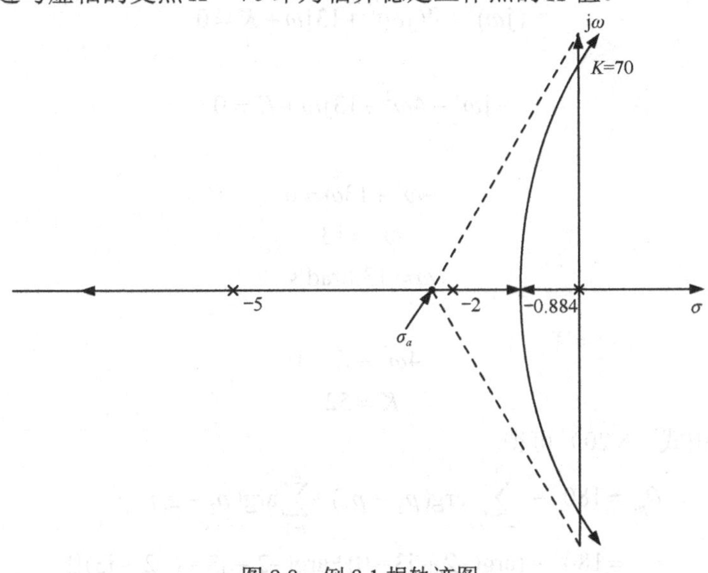

图 8.8 例 8.1 根轨迹图

【例 8.2】 已知某控制系统的开环传递函数

$$G(s)H(s)=\frac{K}{s(s^2+4s+13)}$$

求出渐近线与出射角，绘制根轨迹图。

解：由系统开环传递函数分母可得系统开环极点分别为

$$s_1=0,\quad s_{2,3}=-2\pm\mathrm{j}3,\quad n=3$$

开环零点：无，$m=0$。

由根轨迹绘制准则有：

① 根轨迹的分支数为3。

② 根轨迹的起点为$s_1=0$，$s_2=-2+\mathrm{j}3$，$s_3=-2-\mathrm{j}3$。

③ 根轨迹的终点为无穷远处。

④ 实轴上根轨迹分布在$s_1=0$到负实轴的无穷远处。

⑤ 渐近线与实轴夹角

$$\theta_{1,2}=\frac{\pm\pi(1+2k)}{(n-m)}=\frac{\pm\pi(1+0)}{3-0}=\frac{\pm\pi}{3}=\pm60^\circ,\ k=0$$

$$\theta_3=\frac{\pi(1+2k)}{(n-m)}=\frac{\pi(1+2)}{3-0}=\pi=180^\circ,\ k=1$$

⑥ 渐近线与实轴的交点坐标

$$\sigma_a=\frac{\sum_{i=1}^{n}P_i-\sum_{j=1}^{m}Z_j}{n-m}=\frac{\{(0)+(-2+\mathrm{j}3)+(-2-\mathrm{j}3)\}-0}{3}$$

$$\sigma_a=-1.333$$

⑦ 根轨迹与虚轴的交点。闭环系统特征方程为

$$s^3+4s^2+13s+K=0$$

将$s=\mathrm{j}\omega$代入特征方程得

$$(\mathrm{j}\omega)^3+4(\mathrm{j}\omega)^2+13\mathrm{j}\omega+K=0$$

或

$$-\mathrm{j}\omega^3-4\omega^2+13\mathrm{j}\omega+K=0$$

方程虚部为

$$-\omega^3+13\omega=0$$

$$\omega^2=13$$

$$\omega=\pm3.6\mathrm{rad/s}$$

方程实部为

$$-4\omega^2+K=0$$

$$K=52$$

⑧ 出射角。由式（8.20）可得

$$\begin{aligned}\theta_{p_2}&=180^\circ-\sum_{j=1,j\neq2}^{3}\arg(p_2-p_j)+\sum_{i=1}^{m}\arg(p_2-z_i)\\&=180^\circ-\{\arg(-2+\mathrm{j}3-0)+\arg[-2+\mathrm{j}3-(-2-\mathrm{j}3)]\}\\&=-33^\circ\end{aligned}$$

$$\theta_{p_3}=-\theta_{p_2}=33^\circ$$

（注：因为无开环零点，所以$\sum_{i=1}^{m}\arg(p_2-z_i)$不存在，此式中舍掉。）

根据以上计算绘制出根轨迹如图8.9所示。

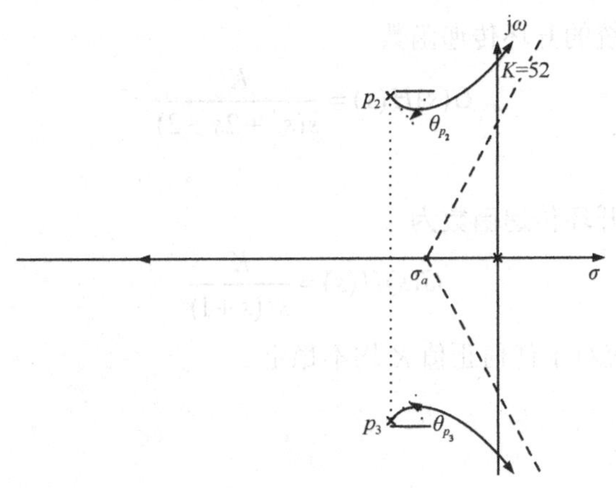

图 8.9 例 8.2 根轨迹图

本章小结

根轨迹的基本思想是在已知系统开环传递函数的基础上，确定闭环传递函数极点分布与参数变化之间的关系。本章主要讨论了闭环极点随开环增益变化的情况，即特征根随着开环增益从零到无穷变化，在复平面上所描绘出的轨迹。

绘制根轨迹的基本原则是遵循幅值条件和相位条件，依着这两个条件细化出了 9 条绘制根轨迹的准则，根据这些准则即可绘制出闭环系统大致的根轨迹。

根据系统稳定性判据，可知根轨迹与虚轴的交点即为系统稳定的临界点，如果此时开环增益继续增大，系统将进入不稳定状态。

习题 8

8.1 设系统开环传递函数的零点、极点在复平面上的分布如题 8.1 图所示，试大致绘制出系统的根轨迹。

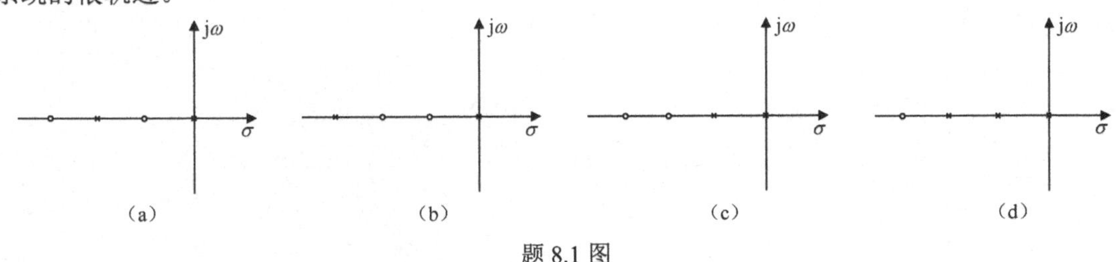

题 8.1 图

8.2 已知某控制系统的开环传递函数为

$$G(s)H(s)=\frac{K}{s(s+1)(s+3)}$$

试绘制闭环系统的根轨迹图，并求出临界稳定工作点的 K 值。

8.3 已知某控制系统的开环传递函数

$$G(s)H(s)=\frac{K}{s(s^2+2s+2)}$$

试绘制根轨迹图。

8.4 设控制系统的开环传递函数为

$$G(s)H(s)=\frac{K}{s^2(s+1)}$$

试用根轨迹法证明该系统对于任何正值 K 均不稳定。

Chapter 9

第 9 章

线性离散系统

学习要点

了解计算机控制系统的组成、性能及指标；理解连续信号转换为离散信号，离散信号恢复到连续信号的相关问题，从而对离散系统有概括性理解；掌握 Z 变换和 Z 反变换的方法；掌握信号的采样应遵循的原理；了解线性离散系统的数学模型，同时能够对线性离散系统进行稳定性分析；了解线性离散控制系统的设计与校正方法。

由于微电子技术、计算机技术和网络技术的迅速发展，计算机作为信号处理的工具及作为控制器在控制系统中的作用不断扩大，这种用计算机控制的系统是一类离散控制系统，亦即数字控制系统。所谓离散化就是数字化，这种系统将进一步得到越来越广泛的应用，这是数字化技术发展的必然趋势。信息化的核心是数字化，因此，研究离散系统的控制理论与方法有着重要的现实意义。

离散系统从模型的描述到系统的分析方法等与前面各章讨论的连续系统均有所不同，本章仅介绍离散系统的初步知识。

9.1 计算机控制系统概述

9.1.1 计算机控制系统的组成

由计算机完成部分或全部控制功能的控制系统，称为计算机控制系统。严格地讲，它是建立在计算机控制理论基础上的一种以计算机为手段的控制系统，如图 9.1 所示。

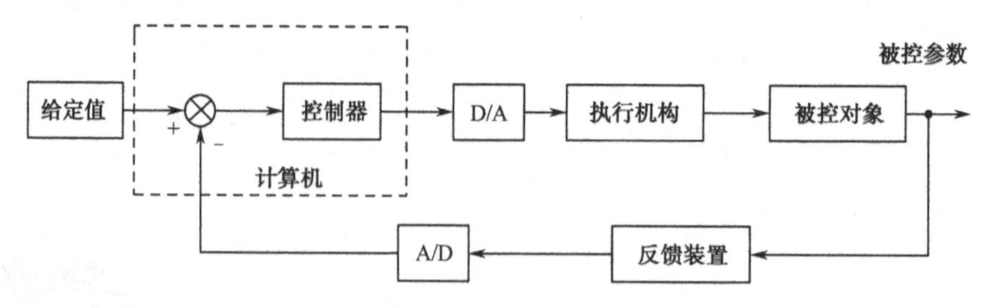

图 9.1　计算机控制系统

由图可知，数字控制系统与连续系统一样，也是闭环的反馈控制系统。不同的是，计算机的输入和输出都是二进制编码的数字信号，在时间和幅值上都是离散的信号，即数字信号，而系统中的被控对象或测量元件的输入和输出都是连续信号。所以在计算机控制系统中，计算机作为控制器在实时控制时，每隔一定时间 T 进行一次修正，这个 T 就是采样周期；并且在每个采样周期中，它要完成对连续信号采样的 A/D 过程及将数字信号转换成模拟信号的 D/A 过程。A/D 与 D/A 转换器是数字控制系统中的两个特殊环节。

在该系统中，输入/输出计算机的信号均为二进制数字信号，因此需要进行 D/A 和 A/D 信号的转换。控制信号通过软件加工处理，充分利用计算机运算、逻辑判断和记忆功能，改变控制算法只需要改变程序而不必改动硬件电路。从本质上看，计算机控制系统的工作原理可归纳为以下三个步骤。

① 实时数据采集，对来自测量变送装置的被控量的瞬时值进行检测和输入。

② 实时控制决策，对采集到的被控量进行分析和处理，并按已定的控制规律，决定将要采取的控制行为。

③ 实时控制输出，根据控制决策，适时地对执行机构发出控制信号，完成控制任务。

上述过程不断重复，使整个系统按照一定的品质指标进行工作，并对被控量和设备本身的异常现象及时处理。

1. A/D 过程及 A/D 转换器

把连续的模拟信号转换成离散的数字信号的装置称为模数转换器或 A/D 转换器，这个转换过程称为 A/D 过程。它一般包括两个步骤：首先是采样，A/D 转换器每隔 T 秒对输入的连续信号 $x(t)$［见图 9.2（a）］进行一次采样，得到采样后的离散模拟信号 $x^*(t)$［见图 9.2（b）］，因此计算机中的信号在时间上是断续的；其次是整量化，即将采样信号 $x^*(t)$ 在数值上表达成最低位二进制数的整倍数。A/D 转换器用一组二进制的数码来逼近离散模拟信号的幅值，将其转换成数字信号，转换中最低位所代表的模拟量数值称为量化单位，用 q 表示。

$$q=\frac{x_{\max}^{*}-x_{\min}^{*}}{2^{n-1}}\approx\frac{x_{\max}^{*}-x_{\min}^{*}}{2^{n}}$$

式中，$x_{\max}^{*}$ 为 A/D 转换器输入的最大幅值；$x_{\min}^{*}$ 为 A/D 转换器输入的最小幅值；n 为 A/D 转换器的位数。

经过整量化后的离散的模拟信号 $x^*(t)$ 就变成二进制编码的数字信号 $\overline{x^*}(t)$，如图 9.2（c）所示，这也称编码过程，所以计算机中的信号幅值是离散的。

通常，A/D 转换器采用四舍五入的整量方法，即把小于 $q/2$ 的值舍去，大于 $q/2$ 的值进位。

这种量化过程会使信号失真，带来噪声。为减小噪声，提高系统精度，希望 q 值小，同时希望计算机中的数码有足够长的字长。

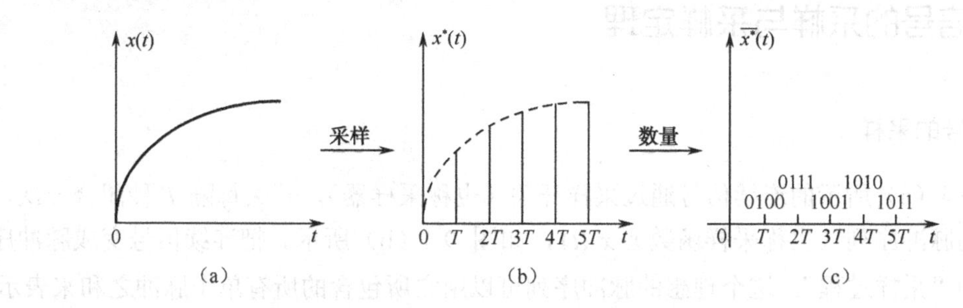

图 9.2　A/D 转换过程

2. D/A 过程及 D/A 转换器

把离散的数字信号转换成连续的模拟信号的装置称为数模转换器或 D/A 转换器，这个转换过程称为 D/A 过程。D/A 转换也包括两个步骤：首先是解码，即 D/A 转换器将图 9.3（a）所示的离散数字信号 $\overline{x^*}(t)$ 转换成为离散的模拟信号 $x^*(t)$，如图 9.3（b）所示；其次是信号的复原过程，最简单的办法是利用计算机的输出寄存器，使每个采样周期内数字信号为常值，然后经解码网络，将数字信号变为模拟信号 $x_h(t)$，如图 9.3（c）所示。$x_h(t)$是一个阶梯信号，计算机的输出寄存器和解码网络起到了信号保持的作用。当采样频率足够高时，$x_h(t)$就趋近于连续信号。

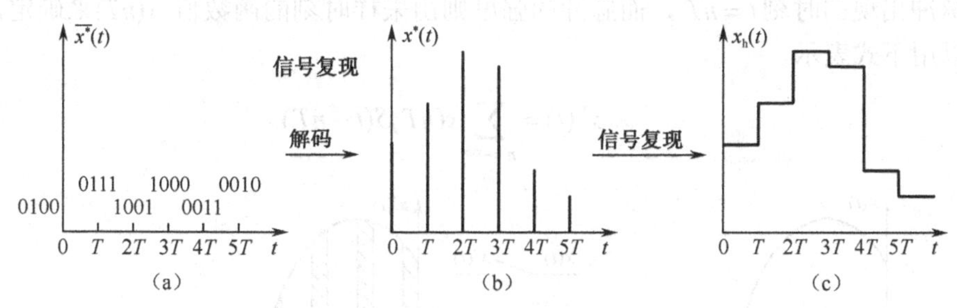

图 9.3　D/A 转换过程

离散系统与连续系统相比，具有以下优点。

① 在离散系统中，允许采用高灵敏度的控制元件来提高系统的灵敏度，如光栅、码盘、磁栅等。

② 当数码信号的位数足够多时，能够保证足够高的计算精度。

③ 采样信号特别是数码信号的传递，可以有效地抑制噪声，从而可以有效地提高系统的抗干扰能力。

④ 可采用一台计算机或控制器，利用采样进行分时控制，从而可以同时控制几个被控对象，提高设备利用率。

⑤ 计算机程序易于改变，从而使控制系统的信息处理和校正更具柔性。

⑥ 目前，数字计算机的运算速度极快、内存容量大，极易实现系统的实时控制。

⑦ 数字信号易于实现保密、安全。

由于离散系统有上述优点，所以离散控制系统在自动控制领域中得到了广泛的应用。

9.1.2 信号的采样与采样定理

1. 信号的采样

如图 9.4（a）所示的连续信号通过采样开关（也称采样器），开关每隔 T 秒闭合一次，就得到相应的脉冲序列（也称采样函数）$x^*(t)$，如图 9.4（b）所示。把连续信号变成脉冲序列的过程称为“采样过程”。这个理想的脉冲序列可以用它所包含的所有单个脉冲之和来表示

$$x^*(t) = x_0 + x_1 + x_2 + \cdots + x_n \tag{9.1}$$

式中，x_n $(n = 0,1,2\cdots)$ 为 $t = nT$ 时刻的单脉冲，而每一个单脉冲都可以表示为两个函数的乘积

$$x_n(t) = x(nT)\delta(t - nT) \tag{9.2}$$

其中，$\delta(t - nT)$ 是发生在 $t = nT$ 时刻的、具有单位强度的理想脉冲，即

$$\delta(t-nT)=\begin{cases}\infty & t=nT\\ 0 & t\neq nT\end{cases}$$

$$\int_{-\infty}^{\infty}\delta(t-nT)\mathrm{d}t = 1$$

理想脉冲的宽度为零，幅值为无穷大，这纯属数学上的假设，实际是不存在的，也无法用图形表示，只有它的面积或强度才有意义。在式（9.2）中 $\delta(t - nT)$ 的强度总是 1，它的作用仅在于指出脉冲出现的时刻 $t = nT$，而脉冲的强度则由采样时刻的函数值 $x(nT)$来确定，于是采样信号可以用下式表示

$$x^*(t) = \sum_{n=-\infty}^{\infty} x(nT)\delta(t - nT) \tag{9.3}$$

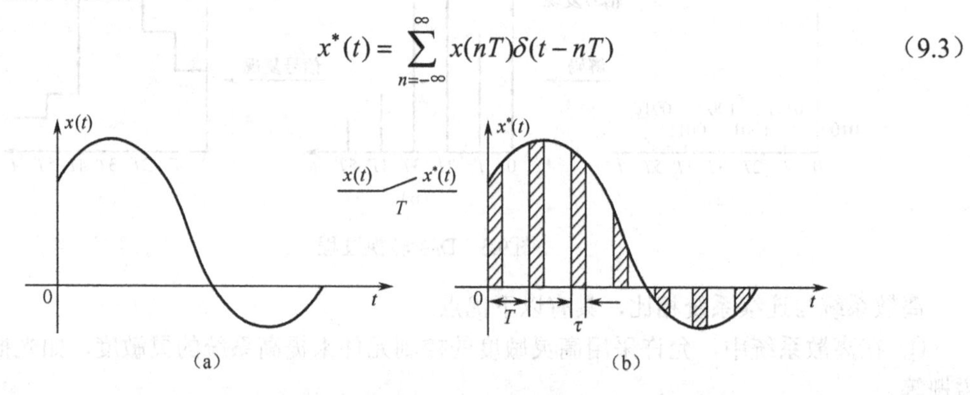

图 9.4　实际的采样脉冲序列

从物理意义上讲，采样过程可以理解为脉冲调制过程。这里，采样开关起着脉冲发生器的作用，通过它将连续信号 $x(t)$调制成脉冲序列 $x^*(t)$。如图 9.5 所示为采样过程的图解，图（a）与图（b）相乘等于图（c）。

2. 采样定理

离散系统的采样周期显然没有下限的限制，因为采样周期 T 越小，离散系统越接近于连续系统。但是，若采样周期 T 太大，采样点很少，则在两个采样点之间很可能丢失信号中的重要

信息。当把采样周期 T 减小后，得到的采样值才保留了原信号的特征。因此要根据信号所包含的频率成分合理地选择 T。由于采样周期 T 与采样频率 f_s 之间有下列关系

$$f_s = \frac{1}{T} \tag{9.4}$$

所以应合理选择不丢失原信号信息的采样周期 T，也就是选择采样频率 f_s。

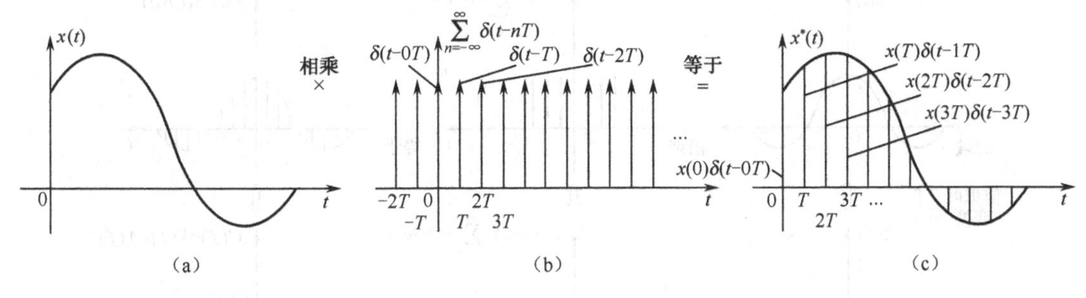

图 9.5 采样过程的图解

令 $\delta_s(t)$ 表示等间隔单位脉冲序列

$$\delta_s(t) = \sum_{n=-\infty}^{\infty} \delta(t - nT)$$

则式（9.3）可表示为

$$x^*(t) = x(t) \cdot \delta_s(t) = x(t) \cdot \sum_{n=-\infty}^{\infty} \delta(t - nT) = \sum_{n=-\infty}^{\infty} x(nT)\delta(t - nT)$$

在 $t<0$ 时，$x(t)=0$，即 $n<0$，$x(nT)=0$，上式变为

$$x^*(t) = \sum_{n=0}^{\infty} x(nT)\delta(t - nT) \tag{9.5}$$

根据卷积定理

$$x(t) \cdot \delta_s(t) = X(f) * \Delta_s(f) \tag{9.6}$$

式（9.6）表明，$x(t)$与 $\delta_s(t)$ 相乘的结果，在频率域中为 $x(t)$的傅里叶变换 $X(f)$ 与 $\delta_s(t)$ 的傅里叶变换 $\Delta_s(f)$ 的卷积。$X(f) * \Delta_s(f)$ 的结果为

$$X(f) * \Delta_s(f) = X(f) * F\left[\sum_{n=-\infty}^{\infty} \delta(t - nT)\right] = X(f) * \frac{1}{T}\sum_{n=-\infty}^{\infty} \delta(f - nf_s)$$

$$= \frac{1}{T}\sum_{n=-\infty}^{\infty} X(f) * \delta(f - nf_s) = \frac{1}{T}\sum_{n=-\infty}^{\infty} X(f - nf_s) \tag{9.7}$$

可用图 9.6 将式（9.7）形象地表示出来。从图中可以看出，在时间域中，信号 $x(t)$的采样相当于在频率域中 $X(f)$与 $\Delta_s(f)$ 的卷积。连续信号的频率谱 $X(f)$ 通常是一个单一的连续频谱，其最高频率记为 $f_{\max}$。采样信号的频谱根据傅里叶变换为 $\frac{1}{T}\sum_{n=-\infty}^{\infty} X(f - nf_s)$。从图中看出，与原信号相比，采样信号 $x^*(t)$ 的频谱 $X^*(f)$ 已不仅具有原有的 $-f_{\max} \sim +f_{\max}$ 的频谱，而且增加了两侧的频谱，即采样信号 $x^*(t)$ 的频谱 $X^*(f)$ 是以采样频率 f_s 为周期的无限个频谱之和。其中 $n=0$ 时的频谱，即是采样前连续信号的频谱，只不过在幅值上变化了 $1/T$ 倍；其余各频谱，即 $n=\pm1,\pm2,\pm3\cdots$ 时的频谱，都是由采样引起的。为不失真地恢复原来的信号 $x(t)$，只要加上低

通滤波器 $G(f)$即可。但是当采样周期 T 太长，即采样频率太低时，就会产生频率“混叠现象”，这时加什么样的滤波器都无法将原来的信号不失真地恢复出来。显然，为从采样信号中完全复现出采样前的连续信号，必须使

$$f_s \geqslant 2f_{max}$$

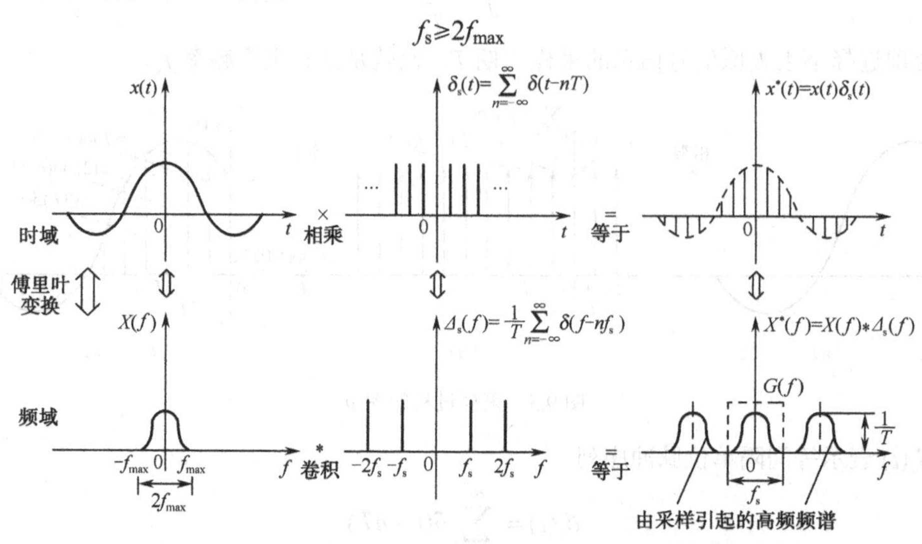

图 9.6　时间域的采样（函数相乘）相当于频率域的卷积

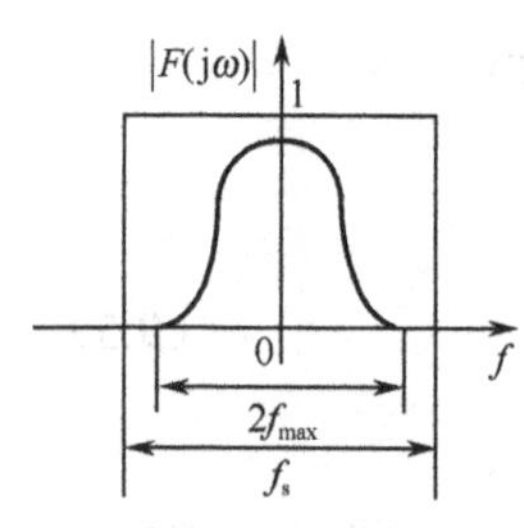

图 9.7　理想滤波器的频率特性

即采样频率 f_s 大于或等于两倍的被采样的连续信号频谱中的最高频率 f_{max}，这就是采样定理。采样定理（也称 shannon 定理）给出了从采样的离散信号恢复到原来的连续信号所必需的最低频率，是分析和设计离散系统的重要定理。对于满足采样定理的采样信号 $x^*(t)$，为了不失真地复现采样器的输入信号 $x(t)$，可用如图 9.7 所示的理想滤波器。这种滤波器的频率特性是在采样频率一半的频率处突然截止。由于工程实际中不存在这种理想的滤波器，故只能用接近理想滤波器性能的低通滤波器来近似代替。

对于线性连续系统的动态过程，可用微分方程描述，采用拉氏变换的方法进行分析；而对于线性离散系统的动态过程，由于在线性离散系统中存在脉冲信号或数字信号，如果仍用拉氏变换的方法来建立各环节的传递函数，则会在运算中出现复变量 s 的超越函数，因此，用差分方程来描述线性离散系统，用 Z 变换的方法来分析线性离散系统。通过 Z 变换，可以把传递函数、频率特性、时间响应等概念用于线性离散系统。

9.2 Z 变换

线性连续系统的数学模型是线性微分方程，为了对线性连续系统进行定量的分析和研究，采用了拉氏变换；而对于线性离散系统，可用差分方程来描述，为了对这类系统进行定量的分析和研究，采用了 Z 变换。因此，在线性离散系统中 Z 变换是线性变换，具有与拉氏变换同样重要的作用，它是研究线性离散系统的重要数学基础。

9.2.1 Z变换的定义

根据式（9.5），连续信号 $x(t)$、采样输出信号 $x^*(t)$ 和单位脉冲序列 $\delta(t)$ 之间有以下关系

$$x^*(t)=\sum_{n=0}^{\infty}x(nT)\delta(t-nT)$$

当 $n\geqslant 0$ 时，对上式进行拉氏变换，得

$$\begin{aligned}L\left[x^*(t)\right]&=L\left[\sum_{n=0}^{\infty}x(nT)\delta(t-nT)\right]\\&=\int_0^{\infty}\left[\sum_{n=0}^{\infty}x(nT)\delta(t-nT)\right]e^{-st}dt\\&=\sum_{n=0}^{\infty}x(nT)\int_0^{\infty}\delta(t-nT)e^{-st}dt\\&=\sum_{n=0}^{\infty}x(nT)e^{-snT}\end{aligned}\tag{9.8}$$

连续函数经拉氏变换得到 s 的代数方程，使分析和计算简化。但由式可见，采样函数经过拉氏变换得到的是 s 的超越方程，变量 s 在指数位置上，使数学分析很不方便，故引入由复数 Z 平面定义的一个复变量 z，令

$$z=e^{sT}$$

即得到 Z 变换式

$$\begin{aligned}Z\left[x(t)\right]&=Z\left[x^*(t)\right]=L\left[x^*(t)\right]\\&=\sum_{n=0}^{\infty}x(nT)z^{-n}=X(z)\end{aligned}\tag{9.9}$$

其中，$x(t)$虽然写成连续函数，但 $Z\left[x(t)\right]$ 的含义仍然是指对采样信号 $x^*(t)$ 的 Z 变换。

【例 9.1】 求单位阶跃函数 $u(t)$的 Z 变换。

解：因为 $u(t)$在任何采样时刻的值均为 1，所以

$$x(nT)=u(nT)=1\quad(n=0,1,2\cdots)$$

将上式代入式（9.9）得

$$X(z)=\sum_{n=0}^{\infty}1\cdot z^{-n}=1\cdot z^0+1\cdot z^{-1}+1\cdot z^{-2}+\cdots=\frac{z}{z-1}$$

【例 9.2】 求 $x(t)=e^{-at}$ 的 Z 变换。

解：

$$Z(e^{-at})=\sum_{n=0}^{\infty}e^{-anT}\cdot z^{-n}=1+e^{-aT}\cdot z^{-1}+e^{-2aT}\cdot z^{-2}+\cdots=\frac{z}{z-e^{-aT}}$$

【例 9.3】 求 $\delta(t)$ 的 Z 变换。

解：

$$L[\delta(t-nT)]=e^{-nTs}$$

所以

$$Z[\delta(t-nT)]=z^{-n}$$

依照以上各例，可求出表 9.1 所示的常用时间函数的 Z 变换。

表 9.1 常用时间函数的 Z 变换表

	$X(s)$	$x(t)$或 $x(k)$	$X(z)$
1	1	$\delta(t)$	1
2	e^{-kTs}	$\delta(t-kT)$	z^{-k}
3	$\frac{1}{s}$	$1(t)$	$\frac{z}{z-1}$
4	$\frac{1}{s^2}$	t	$\frac{Tz}{(z-1)^2}$
5	$\frac{1}{s+a}$	e^{-at}	$\frac{z}{z-e^{-aT}}$
6	$\frac{a}{s(s+a)}$	$1-e^{-at}$	$\frac{(1-e^{-at})z}{(z-1)(z-e^{-aT})}$
7	$\frac{\omega}{s^2+\omega^2}$	$\sin\omega t$	$\frac{z\sin\omega T}{z^2-2z\cos\omega T+1}$
8	$\frac{s}{s^2+\omega^2}$	$\cos\omega t$	$\frac{z(z-\cos\omega T)}{z^2-2z\cos\omega T+1}$
9	$\frac{1}{(s+a)^2}$	te^{-at}	$\frac{Tze^{-aT}}{(z-e^{-aT})^2}$
10	$\frac{\omega}{(s+a)^2+\omega^2}$	$e^{-at}\sin\omega t$	$\frac{ze^{-aT}\sin\omega T}{z^2-2ze^{-aT}\cos\omega T+e^{-2aT}}$
11	$\frac{s+a}{(s+a)^2+\omega^2}$	$e^{-at}\cos\omega t$	$\frac{z^2-ze^{-aT}\cos\omega T}{z^2-2ze^{-aT}\cos\omega T+e^{-2aT}}$
12	$\frac{2}{s^3}$	t^2	$\frac{T^2z(z+1)}{(z-1)^3}$
13		a^k	$\frac{z}{z-a}$
14		$a^k\cos k\pi$	$\frac{z}{z+a}$
15	$\frac{1}{1-e^{-sT}}$	$\delta_T(t)=\sum_{n=0}^{\infty}\delta(t-nT)$	$\frac{z}{z-1}$

连续函数、采样函数、拉氏变换和 Z 变换的相互关系如图 9.8 所示。

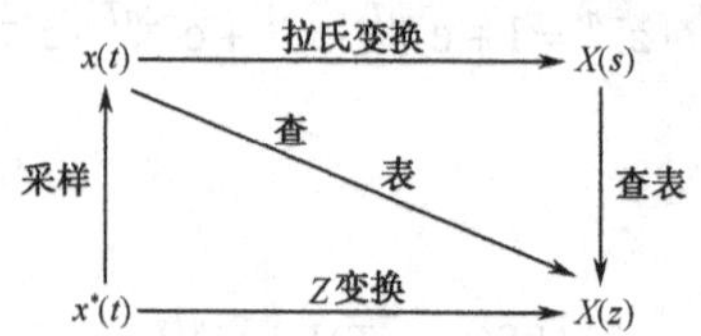

图 9.8 $x(t)$、$x^*(t)$、$X(s)$、$X(z)$的相互关系

9.2.2　Z变换的性质

1. 线性性质

若 $Z[x_1(t)]=X_1(z)$，$Z[x_2(t)]=X_2(z)$，且 a、b 为常数，则

$$Z[ax_1(t)+bx_2(t)]=aX_1(z)+bX_2(z) \tag{9.10}$$

证明：由 Z 变换定义式（9.9）得

$$\begin{aligned}Z[ax_1(t)\pm bx_2(t)]&=\sum_{n=0}^{\infty}[ax_1(nT)\pm bx_2(nT)]z^{-n}\\&=\sum_{n=0}^{\infty}ax_1(nT)z^{-n}\pm\sum_{n=0}^{\infty}bx_2(nT)z^{-n}\\&=aX_1(z)\pm bX_2(z)\end{aligned}$$

式（9.10）表明，Z 变换是一种线性变换，满足可叠加性与齐次性。

2. 延迟定理

设 $Z[x(t)]=X(z)$，且 $t<0$ 时，$x(t)=0$，则

$$Z[x(t-mT)]=z^{-m}X(z) \tag{9.11}$$

证明：根据 Z 变换的定义

$$Z[x(t-mT)]=\sum_{n=0}^{\infty}x(nT-mT)z^{-n}=z^{-m}\sum_{n=0}^{\infty}x(nT-mT)z^{-(n-m)}$$

令 $n-m=k$，则

$$\begin{aligned}Z[x(t-mT)]&=z^{-m}\sum_{k=-m}^{\infty}x(kT)z^{-k}=z^{-m}\sum_{k=0}^{\infty}x(kT)z^{-k}\\&=z^{-m}X(z)\qquad(k<0,x(kT)=0)\end{aligned}$$

这表明，时域中原函数延迟一个采样周期，对应于复数域中象函数乘上复算子 z^{-1}；反过来，复数域中象函数乘上复算子 z^{-1}，对应于时域中原函数延迟一个采样周期。因此，z^{-1} 代表时域中的延迟环节。事实上，$z^{-1}=\mathrm{e}^{-sT}$，而 e^{-sT} 是连续系统中延迟时间为 T 的延迟环节。

【例 9.4】 已知 $Z[\delta(t)]=1$，求 $Z[\delta(t-kT)]$。

解：根据延迟定理

$$Z[\delta(t-kT)]=z^{-k}$$

3. 超前定理

设 $Z[x(t)]=X(z)$，则

$$Z[x(t+mT)]=z^{m}\left[X(z)-\sum_{k=0}^{m-1}x(kT)z^{-k}\right] \tag{9.12}$$

证明：根据 Z 变换的定义

$$Z[x(t+mT)]=\sum_{n=0}^{\infty}x(nT+mT)z^{-n}=z^{m}\sum_{n=0}^{\infty}x(nT+mT)z^{-(n+m)}$$

令$n+m=k$，则

$$\begin{aligned}Z[x(t+mT)]&=z^{m}\sum_{k=m}^{\infty}x(kT)z^{-k}\\&=z^{m}\left[\sum_{k=0}^{\infty}x(kT)z^{-k}-\sum_{k=0}^{m-1}x(kT)z^{-k}\right]\\&=z^{m}\left[X(z)-\sum_{k=0}^{m-1}x(kT)z^{-k}\right]\end{aligned}$$

特别地，当$m=1$时，有

$$Z[x(t+T)]=zX(z)-zx(0)$$

若$x(0)=x(T)=\cdots=x[(n-1)T]=0$，则

$$Z[x(t+mT)]=z^{m}X(z)$$

4．初值定理

设$Z[x(t)]=X(z)$，则

$$x(0)=\lim_{z\to\infty}X(z) \tag{9.13}$$

证明：

$$X(z)=\sum_{n=0}^{\infty}x(nT)z^{-n}=x(0)+x(T)z^{-1}+x(2T)z^{-2}+\cdots$$

显然当$z\to\infty$时，$X(z)=x(0)$。

5．终值定理

设$Z[x(t)]=X(z)$，且$(z-1)X(z)$的全部极点位于单位圆内，则

$$x(\infty)=\lim_{z\to1}[X(z)(z-1)] \tag{9.14}$$

证明：根据超前定理

$$\begin{aligned}Z[x(t+T)]-Z[x(t)]&=z[X(z)-x(0)]-X(z)\\&=(z-1)X(z)-zx(0)\end{aligned}$$

由Z变换定义式（9.9）得

$$\begin{aligned}Z[x(t+T)]-Z[x(t)]&=\sum_{n=0}^{\infty}x[(n+1)T]\cdot z^{-n}-\sum_{n=0}^{\infty}x(nT)\cdot z^{-n}\\&=\sum_{n=0}^{\infty}\{x[(n+1)T]-x(nT)\}\cdot z^{-n}\\&=\sum_{n=0}^{\infty}x[(n+1)-x(n)]\cdot z^{-n}\end{aligned}$$

由以上两式可得

$$\sum_{n=0}^{\infty} x\left[(n+1)-x(n)\right]\cdot z^{-n}=(z-1)X(z)-zx(0)$$

当$z\to 1$时，有

$$\lim_{z\to 1}\sum_{n=0}^{\infty} x\left[(n+1)-x(n)\right]\cdot z^{-n}=\lim_{z\to 1}(z-1)X(z)-zx(0)$$

亦即

$$x(\infty)-x(0)=\lim_{z\to 1}(z-1)X(z)-x(0)$$

于是，式（9.14）成立。

6．迭值定理

设
$$g(kT)=\sum_{i=0}^{k} y(iT) \qquad (i=0,1,2\cdots)$$

则

$$G(z)=\frac{1}{1-z^{-1}}Y(z) \tag{9.15}$$

Z变换的其他性质，请读者参阅其他有关文献。

9.2.3 Z反变换

Z变换是将连续时间函数$x(t)$变换成以$z=\mathrm{e}^{Ts}$为自变量的函数$X(z)$。Z反变换是将函数$X(z)$变换成离散时间函数$x^*(t)$。

Z反变换的方法主要有长除法、部分分式法及留数法。

1．长除法

将$X(z)$展开成z^{-1}的无穷级数，即

$$\begin{aligned}X(z)&=\sum_{n=0}^{\infty} x(nT)z^{-n}\\&=x(0)+x(T)z^{-1}+x(2T)z^{-2}+x(3T)z^{-3}+\cdots+x(nT)z^{-n}+\cdots\end{aligned} \tag{9.16}$$

式中，$x(0)$，$x(T)$，$x(2T)$，…，$x(nT)$，…的值可通过对照方法确定。由$X(z)$用长除法求取无穷级数式（9.16）时，需将$X(z)$的分子和分母多项式均按z^{-1}的升幂级数排列。

【例 9.5】 求$X(z)=\dfrac{z}{z-1}$的Z反变换。

解：将$X(z)=\dfrac{z}{z-1}$的分子和分母多项式写成z^{-1}的升幂形式，即

$$X(z)=\frac{1}{1-z^{-1}}$$

进行长除，即

$$
\begin{array}{r}
1+z^{-1}+z^{-2}+\cdots \\
1-z^{-1}\overline{)\,1\qquad\qquad\qquad} \\
\underline{1-z^{-1}} \\
z^{-1} \\
\underline{z^{-1}-z^{-2}} \\
z^{-2} \\
z^{-2}-z^{-3} \\
\cdots
\end{array}
$$

得

$$X(z)=1+z^{-1}+z^{-2}+\cdots$$

与式（9.16）进行对比，得所示函数在各个采样时刻$nT(n=0,1,2\cdots)$上的函数值为

$$x(0)=1,x(T)=1,x(2T)=1,\cdots,x(nT)=1,\cdots$$

用时域表示为

$$x^{*}(t)=\delta(t)+\delta(t-T)+\delta(t-2T)+\cdots$$

长除法只能得到离散的时间序列，得不到$x^{*}(t)$的解析式。当$X(z)$的分子、分母的项数较多时，用长除法求Z反变换比较麻烦，但是使用计算机求解比较方便。

2. 部分分式法

若 $X(z)$是 z 的有理分式函数，设 $X(z)$没有重极点，部分分式法是先求出 $X(z)$的极点 $z_1,z_2,\cdots,z_n$，再将$\dfrac{X(z)}{z}$展开成部分分式之和的形式。

$$\frac{X(z)}{z}=\sum_{i=1}^{n}\frac{A_i}{z-z_i}$$

由$\dfrac{X(z)}{z}$求出$X(z)$的表达式

$$X(z)=\sum_{i=1}^{n}\frac{A_i z}{z-z_i}$$

然后逐项查Z变换表，求出与每一项$\dfrac{A_i z}{z-z_i}$对应的时间函数$x_i(t)$，并转变成为采样函数$x_i^{*}(t)$，最后将这些采样函数相加，便可求得$X(z)$的Z反变换

$$x^{*}(t)=\sum_{k=0}^{\infty}\sum_{i=1}^{n}z^{-1}\left[\frac{A_i z}{z-z_i}\right]\cdot\delta(t-kT) \tag{9.17}$$

部分分式法对$X(z)$具有重极点的情况同样适用。

【例 9.6】 求$X(z)=\dfrac{(1-\mathrm{e}^{-aT})z}{(z-1)(z-\mathrm{e}^{-aT})}$的$Z$反变换。

解：

$$\frac{X(z)}{z}=\frac{(1-\mathrm{e}^{-aT})}{(z-1)(z-\mathrm{e}^{-aT})}=\frac{1}{z-1}-\frac{1}{z-\mathrm{e}^{-aT}}$$

$$X(z)=\frac{z}{z-1}-\frac{z}{z-\mathrm{e}^{-aT}}$$

查 Z 变换表 9.1，得

$$x(t)=1(t)-\mathrm{e}^{-aT}$$

所以

$$x^*(t)=Z^{-1}\left[X(z)\right]=\sum_{n=0}^{\infty}(1-\mathrm{e}^{-aT})\cdot\delta(t-nT)$$

3．留数计算法

留数计算法又名反演积分法。在有些实际问题中，Z 变换函数是超越函数，对于这种函数无法用长除法和部分分式法求其原函数，只能用留数计算法。函数 $X(z)$可以看作复数 Z 平面上的劳伦级数，级数的各项系数可以利用积分关系求出。

$$Z^{-1}\left[X(z)\right]=x(kT)=\frac{1}{2\pi\mathrm{j}}\oint_{\Gamma}X(z)z^{k-1}\mathrm{d}z \qquad (k=0,1,2\cdots) \tag{9.18}$$

式中，积分闭路 Γ 是在 Z 平面上逆时针方向包围 $X(z)z^{k-1}$ 的全部极点的封闭曲线。

根据柯西留数定理，式（9.18）这个闭路积分等于 $X(z)z^{k-1}$ 在各个极点处的留数和，即

$$x(kT)=\frac{1}{2\pi\mathrm{j}}\oint_{\Gamma}X(z)z^{k-1}\mathrm{d}z=\sum_{i=1}^{n}\mathrm{Res}\left[X(z)z^{k-1},z_i\right] \quad (k=0,1,2\cdots) \tag{9.19}$$

式中，n 是 $X(z)z^{k-1}$ 的极点个数，z_i 是函数 $X(z)z^{k-1}$ 的第 i 个极点，$\mathrm{Res}\left[X(z)z^{k-1},z_i\right]$ 是 $X(z)z^{k-1}$ 在 z_i 处的留数，其计算公式如下。

（1）当 z_i 是 $X(z)z^{k-1}$ 的一阶极点时

$$\mathrm{Res}\left[X(z)z^{k-1},z_i\right]=\lim_{z\to z_i}(z-z_i)\left[X(z)z^{k-1}\right] \tag{9.20}$$

（2）当 z_i 是 $X(z)z^{k-1}$ 的 q 阶极点时

$$\mathrm{Res}\left[X(z)z^{k-1},z_i\right]=\frac{1}{(q-1)!}\lim_{z\to z_i}\frac{\mathrm{d}^{q-1}}{\mathrm{d}z^{q-1}}\left[(z-z_i)^q X(z)z^{k-1}\right] \tag{9.21}$$

【例 9.7】 求 $X(z)=\dfrac{Tz^2}{(z-1)^2(z-2)}$ 的 Z 反变换。

解： $X(z)z^{k-1}$ 有一个二阶极点 $z=1$ 和一个单极点 $z=2$，由式（9.19）、式（9.20）和式（9.21）可得

$$\begin{aligned}x(kT)&=\mathrm{Res}\left[X(z)z^{k-1},1\right]+\mathrm{Res}\left[X(z)z^{k-1},2\right]\\&=\frac{1}{(2-1)!}\lim_{z\to 1}\frac{\mathrm{d}}{\mathrm{d}z}\left[(z-1)^2\frac{Tz^2}{(z-1)^2(z-2)}z^{k-1}\right]+\lim_{z\to 2}\left[(z-2)\frac{Tz^2}{(z-1)^2(z-2)}z^{k-1}\right]\\&=-T(k+2)+T2^{k+1}=T(2^{k+1}-k-2) \qquad (k=0,1,2\cdots)\end{aligned}$$

于是，$X(z)$的反变换为

$$x^*(t)=\sum_{k=0}^{+\infty}T(2^{k+1}-k-2)\delta(t-kT)$$

9.3 线性离散系统的数学模型

与描述连续系统动态行为的时域微分方程和复域传递函数相对应，描述离散系统动态行为的数学模型有时域中的差分方程和复域中的脉冲传递函数，本节将分别介绍这两种数学模型。

9.3.1 线性离散系统的差分方程

1. 线性常系数差分方程

在线性连续系统中，用线性微分方程来描述系统输入、输出及系统内部各物理量之间的关系。在离散控制系统中因它的输入、输出均为离散序列，实质上是一种将输入序列变成输出序列的运算，其运算规律取决于前后序列数，即任意采样时刻的输出值不仅与该时刻的输入值有关，同时还与该时刻以前的输入值有关。

数字控制系统可以用n阶前向差分方程和n阶后向差分方程来描述。

n阶前向差分方程的一般形式为（$n\geqslant m$）

$$\begin{aligned}&x_{\rm o}(k+n)+a_{n-1}x_{\rm o}(k+n-1)+a_{n-1}x_{\rm o}(k+n-2)+\cdots+a_1x_{\rm o}(k+1)+a_0x_{\rm o}(k)\\&=b_mx_{\rm i}(k+m)+b_{m-1}x_{\rm i}(k+m-1)+b_{m-1}x_{\rm i}(k+m-2)+\cdots+b_1x_{\rm i}(k+1)+b_0x_{\rm i}(k)\end{aligned}\tag{9.22}$$

n阶后向差分方程的一般形式为（$n\geqslant m$）

$$\begin{aligned}&x_{\rm o}(k)+a_{n-1}x_{\rm o}(k-1)+a_{n-1}x_{\rm o}(k-2)+\cdots+a_1x_{\rm o}(k-n+1)+a_0x_{\rm o}(k-n)\\&=b_mx_{\rm i}(k+m-n)+b_{m-1}x_{\rm i}(k+m-n-1)+\cdots+b_1x_{\rm i}(k-n+1)+b_0x_{\rm i}(k-n)\end{aligned}\tag{9.23}$$

【例 9.8】 将微分方程$m\dfrac{{\rm d}^2x}{{\rm d}t^2}+c\dfrac{{\rm d}x}{{\rm d}t}+kx=0$化为差分方程。

解： 用差分代替微分，根据前向差分的定义，一阶前向差分

$$\Delta x(n)=x(n+1)-x(n)$$

二阶前向差分

$$\begin{aligned}\Delta^2x(n)&=\Delta\left[\Delta x(n)\right]=\Delta\left[x(n+1)-x(n)\right]\\&=\Delta x(n+1)-\Delta x(n)\\&=\left[x(n+2)-x(n+1)\right]-\left[x(n+1)-x(n)\right]\\&=x(n+2)-2x(n+1)+x(n)\end{aligned}$$

可得

$$\frac{{\rm d}^2x}{{\rm d}t^2}\approx\frac{\Delta^2x(n)}{T^2}=\frac{x(n+2)-2x(n+1)+x(n)}{T^2}$$

$$\frac{{\rm d}x}{{\rm d}t}\approx\frac{\Delta x(n)}{T}=\frac{x(n+1)-x(n)}{T}$$

$$x(t)\approx x(n)$$

将以上三式代入微分方程，得到所求的二阶差分方程

$$\alpha x(n+2)+\beta x(n+1)+\gamma x(n)=0$$

式中，$\alpha=m$，$\beta=cT-2m$，$\gamma=m-cT+kT^2$。

此式表明，只要采样周期 T 足够小，微分方程可以近似为差分方程。

2．差分方程的解法

在线性连续系统中用拉氏变换求解微分方程，使得复杂的微积分运算变成简单的代数运算。同样，在离散系统中用 Z 变换求解差分方程，使得求解运算变成了代数运算，大大简化和方便了离散系统的分析和综合，其求解步骤如下。

① 应用 Z 变换的时域位移定理（即延迟定理和超前定理），将时域的差分方程化为 Z 域的代数方程，同时引入初始条件。

② 求 Z 域代数方程的解。

③ 将 Z 域代数方程的解经 Z 反变换，求得差分方程的时域解。

【例 9.9】 解差分方程

$$x(n+2)+4x(n+1)+3x(n)=0$$

已知边界条件

$$x(0)=0,\ x(1)=1$$

解：对差分方程中每一项进行 Z 变换，并根据超前定理得

$$Z\left[x(n+2)\right]=z^2X(z)-z^2x(0)-zx(1)=z^2X(z)-z$$

$$Z\left[x(n+1)\right]=zX(z)-zx(0)=zX(z)$$

$$Z\left[x(n)\right]=X(z)$$

把每一项的 Z 变换代入差分方程，得

$$z^2X(z)-z+4zX(z)+3X(z)=0$$

解出

$$X(z)=\frac{z}{z^2+4z+3}=\frac{0.5z}{z+1}-\frac{0.5z}{z+3}$$

则

$$x(nT)=Z^{-1}\left[X(z)\right]=\frac{1}{2}(-1)^n-\frac{1}{2}(-3)^n \quad (n=0,1,2\cdots)$$

上式可写为

$$x^*(t)=\sum_{n=0}^{+\infty}\left[\frac{1}{2}(-1)^n-\frac{1}{2}(-3)^n\right]\delta(t-nT) \quad (n=0,1,2\cdots)$$

【例 9.10】 解差分方程

$$x(n+2)+3x(n+1)+2x(n)=u(n)=1(k)$$

已知边界条件

$$x(0)=0,\ x(1)=1$$

解：对差分方程中每一项进行 Z 变换，并根据超前定理得

$$Z\left[x(n+2)\right]=z^2X(z)-z^2x(0)-zx(1)=z^2X(z)-z$$

$$Z[x(n+1)] = zX(z) - zx(0) = zX(z)$$
$$Z[x(n)] = X(z)$$
$$Z[u(n)] = U(z) = \frac{z}{z-1}$$

把每一项的 Z 变换代入差分方程，得

$$z^2X(z) + 3zX(z) + 2X(z) = \frac{z^2}{z-1}$$

解出

$$X(z) = \frac{z^2}{(z-1)(z^2+3z+2)} = \frac{z^2}{(z-1)(z+1)(z+2)}$$

考虑到 $X(z)z^{n-1}$ 有三个不同的单极点 $z_1 = 1$，$z_2 = -1$，$z_3 = -2$，应用留数法对上式进行 Z 反变换，可得

$$\begin{aligned}
x(n) &= \mathrm{Res}\left[X(z)z^{n-1},1\right] + \mathrm{Res}\left[X(z)z^{n-1},-1\right] + \mathrm{Res}\left[X(z)z^{n-1},-2\right] \\
&= \lim_{z\to 1}\left[\frac{z^{n+1}}{(z+1)(z-2)}\right] + \lim_{z\to -1}\left[\frac{z^{n+1}}{(z-1)(z-2)}\right] + \lim_{z\to 2}\left[\frac{z^{n+1}}{(z-1)(z+1)}\right] \\
&= \frac{1}{6} - \frac{1}{2}(-1)^{n+1} + \frac{1}{3}(-2)^{n+1} \\
&= \frac{1}{6} + \frac{1}{2}(-1)^{n} - \frac{2}{3}(-2)^{n} \quad (n = 0,1,2\cdots)
\end{aligned}$$

于是，$X(z)$ 的反变换为 $x^*(t) = \sum_{n=0}^{+\infty} x(nT)\delta(t-nT)$

$$x(nT) = Z^{-1}[X(z)] = \frac{1}{6} + \frac{1}{2}(-1)^n - \frac{2}{3}(-2)^n \quad (n = 0,1,2\cdots)$$

上式可写为

$$x^*(t) = \sum_{n=0}^{+\infty}\left[\frac{1}{6} + \frac{1}{2}(-1)^n - \frac{2}{3}(-2)^n\right]\delta(t-nT) \quad (n = 0,1,2\cdots)$$

9.3.2 脉冲传递函数

1. 脉冲传递函数的定义

在线性连续系统中是通过研究传递函数来研究系统的动态特性的，而在线性离散系统中则要通过研究脉冲传递函数来研究系统的动态特性，它是分析和设计线性离散系统的重要工具。在系统的分析和设计中，基于脉冲传递函数比基于差分方程更为简便。

对于线性连续系统，传递函数的定义是在零初始条件下，输出量的拉氏变换与输入量的拉氏变换之比。类似地，对于线性离散系统，脉冲传递函数定义是在零初始条件下，离散输出量的 Z 变换与离散输入量的 Z 变换之比。

据此，假设离散系统的时域数学模型为差分方程式（9.22）和式（9.23），则对该方程两边

同时在零初始条件下进行 Z 变换，立即可得系统的脉冲传递函数，即

$$G(z)=\frac{X_o(z)}{X_i(z)}=\frac{b_m z^m+b_{m-1}z^{m-1}+\cdots+b_1 z+b_0}{a_n z^n+a_{n-1}z^{n-1}+\cdots+a_1 z+a_0}\quad (m\leqslant n) \tag{9.24}$$

$G(z)$也称为脉冲传递函数或 Z 传递函数。

在连续系统中传递函数 $G(s)$反映了环节（或系统）的物理特性，$G(s)$仅取决于描述系统的微分方程。同样，在离散系统中，脉冲传递函数 $G(z)$也反映了环节（或系统）的物理特性，$G(z)$仅取决于描述线性离散系统的差分方程。

脉冲传递函数的引入给线性离散系统的分析带来了极大的方便。在已知传递函数及典型输入的情况下，就可求出线性离散系统的时间响应。

【例 9.11】 已知 $G(z)=\dfrac{z(z+1)}{\left(z-\dfrac{2}{5}\right)\left(z+\dfrac{1}{2}\right)}$，求系统的单位脉冲响应及单位阶跃响应。

解： ① 当 $x_i(t)=\delta(t)$ 时，$X_i(z)=1$

$$X_o(z)=G(z)\cdot X_i(z)=\frac{z(z+1)}{\left(z-\dfrac{2}{5}\right)\left(z+\dfrac{1}{2}\right)}=\frac{\dfrac{14}{9}z}{z-\dfrac{2}{5}}-\frac{\dfrac{5}{9}z}{z+\dfrac{1}{2}}$$

系统的单位脉冲响应为

$$x_o(k)=\frac{14}{9}\left(\frac{2}{5}\right)^k-\frac{5}{9}\left(-\frac{1}{2}\right)^k$$

② 当 $x_i(t)=u(t)$ 时，$X_i(z)=\dfrac{z}{z-1}$

$$X_o(z)=G(z)\cdot X_i(z)=\frac{z(z+1)}{\left(z-\dfrac{2}{5}\right)\left(z+\dfrac{1}{2}\right)}\cdot\frac{z}{z-1}$$

$$=\frac{\dfrac{20}{9}z}{z-1}-\frac{\dfrac{28}{27}z}{z-\dfrac{2}{5}}-\frac{\dfrac{5}{27}z}{z+\dfrac{1}{2}}$$

系统的单位阶跃响应为

$$x_o(k)=\frac{20}{9}-\frac{28}{27}\left(\frac{2}{5}\right)^k-\frac{5}{27}\left(-\frac{1}{2}\right)^k$$

2. 脉冲传递函数的求法

求脉冲传递函数也就是对连续环节（或系统）离散化，方法很多，通常有三种求法：冲激不变法、部分分式法和留数法。

（1）冲激不变法

若系统的输入 $x_i(t)=\delta(t)$，在连续系统的情况下，$G(s)=\dfrac{L[x_o(t)]}{L[\delta(t)]}$，由于 $L[\delta(t)]=1$，所以 $G(s)=L[x_o(t)]$，即环节（或系统）的脉冲传递函数 $G(s)$等于脉冲响应函数 $x_o(t)$ 的拉氏变换。

对于离散系统，与连续系统相似，$G(z)=\dfrac{Z[x_o(kT)]}{Z[\delta(kT)]}$，由于 $Z[\delta(kT)]=1$，所以 $G(z)=Z[x_o(kT)]$，即环节（或系统）的脉冲传递函数 $G(z)$等于单位冲激响应 $x_o(kT)$ 的 Z 变换。

【例 9.12】 已知 $G(s)=\dfrac{K}{s+a}$，求 $G(z)$。

解： 脉冲响应函数 $x_o(t)=L^{-1}[G(s)]=K\mathrm{e}^{-at}$，对 $x_o(t)$ 采样，采样周期为 T，得 $x_o(kT)=K\mathrm{e}^{-akT}$，作为离散环节的单位冲激响应，则离散环节的脉冲传递函数

$$G(z)=Z[x_o(kT)]=\frac{Kz}{z-\mathrm{e}^{-aT}}$$

（2）部分分式法

若有连续环节

$$G(s)=\frac{M(s)}{\prod_{i=1}^{n}(s+s_i)}=\sum_{i=1}^{n}\frac{A_i}{s+s_i}$$

则有

$$G(z)=\sum_{i=1}^{n}\frac{(s+s_i)G(s)z}{z-\mathrm{e}^{sT}}\bigg|_{s=-s_i} \tag{9.25}$$

【例 9.13】 已知 $G(s)=\dfrac{K}{(s+a)(s+b)}$，求 $G(z)$。

解： $n=2$，$s_1=-a$，$s_2=-b$

$$\begin{aligned}G(z)&=\frac{(s+a)Kz}{(s+a)(s+b)(z-\mathrm{e}^{sT})}\bigg|_{s=-a}+\frac{(s+b)Kz}{(s+a)(s+b)(z-\mathrm{e}^{sT})}\bigg|_{s=-b}\\&=K\frac{\dfrac{z}{z-\mathrm{e}^{-aT}}-\dfrac{z}{z-\mathrm{e}^{-bT}}}{b-a}\\&=\frac{Kz(\mathrm{e}^{-aT}-\mathrm{e}^{-bT})}{(b-a)(z-\mathrm{e}^{-aT})(z-\mathrm{e}^{-bT})}\end{aligned}$$

（3）留数法

若 $G(s)$已知，具有 n 个不同的极点，有 l 个重极点（$l=1$，为单极点），则

$$G(z)=\sum_{i=1}^{N}\left[\frac{1}{(l-1)!}\right]\frac{\mathrm{d}^{l-1}}{\mathrm{d}s^{l-1}}\left[\frac{(s+s_i)^l G(s)z}{z-\mathrm{e}^{sT}}\right]\bigg|_{s=-s_i} \tag{9.26}$$

【例 9.14】 已知 $G(s)=\dfrac{K}{s^2(s+a)}$，求 $G(z)$。

解： $N=2$，$l=2$，$s_1=0$，$s_2=-a$

$$G(z)=\frac{\mathrm{d}}{\mathrm{d}s}\left\{s^2\frac{\left[\frac{K}{s^2(s+a)}\right]z}{z-\mathrm{e}^{sT}}\right\}\Bigg|_{s=0}+\frac{\mathrm{d}^0}{\mathrm{d}s^0}\left\{(s+a)\frac{\left[\frac{K}{s^2(s+a)}\right]z}{z-\mathrm{e}^{sT}}\right\}\Bigg|_{s=-a}$$

$$=-Kz\frac{(z-\mathrm{e}^{sT})+(s+a)(-\mathrm{e}^{sT})T}{(s+a)^2(z-\mathrm{e}^{sT})^2}\Bigg|_{s=0}+\frac{Kz}{a^2(z-\mathrm{e}^{-aT})}$$

$$=\frac{Kz(aT+1-z)}{a^2(z-1)^2}+\frac{Kz}{a^2(z-\mathrm{e}^{-aT})}$$

$$=\frac{Kz\left[(\mathrm{e}^{-aT}+aT-1)z+1-aT\mathrm{e}^{-aT}-\mathrm{e}^{-aT}\right]}{a^2(z-1)^2(z-\mathrm{e}^{-aT})}$$

3. 开环系统的脉冲传递函数

（1）串联环节的脉冲传递函数

在求脉冲传递函数时，要特别注意采样开关位置对其结果的影响，这一点和连续系统中传递函数的求法有明显差别，如图9.9所示。

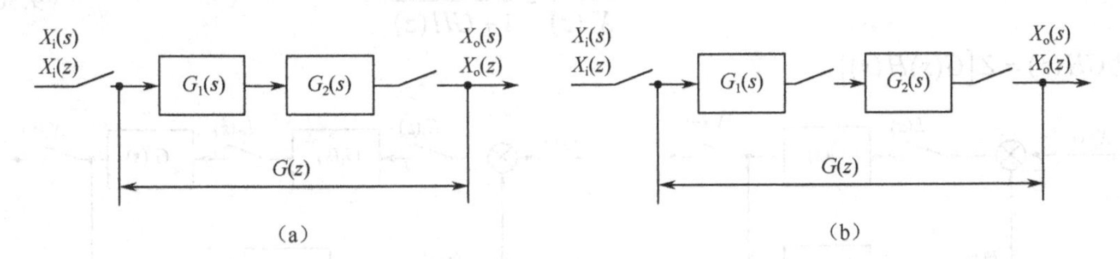

图9.9 串联环节

在图9.9（a）中，有

$$\frac{X_o(s)}{X_i(s)}=G_1(s)G_2(s)$$

$$\frac{X_o(z)}{X_i(z)}=Z\left[G_1(s)G_2(s)\right]=Z\left[G(s)\right]\text{或写成}\ G_1G_2(z) \tag{9.27}$$

这里，采用符号 $G_1G_2(z)$来表示两个串联环节之间无采样开关的脉冲传递函数，即两个传递函数相乘后再求 Z 变换。

在图9.9（b）中，两个串联环节之间有采样开关，因为脉冲传递函数总是从采样点到采样点之间来计算的，所以在图9.9（b）中，两个环节的脉冲传递函数分别为 $G_1(z)$及 $G_2(z)$，两个环节串联后总的脉冲传递函数为两个脉冲传递函数的乘积，即

$$G(z)=\frac{X_o(z)}{X_i(z)}=G_1(z)G_2(z) \tag{9.28}$$

显然

$$G_1G_2(z)\neq G_1(z)G_2(z)$$

从上述分析可以看出，在求脉冲传递函数时，应从一个采样点开始，沿通路方向到达下一个采样点为止，求出这个通路总的脉冲传递函数。

（2）并联环节的脉冲传递函数

对于并联环节，其总的脉冲传递函数为各并联环节的脉冲传递函数之和。对于图 9.10 所示的两种情况，其脉冲传递函数均为

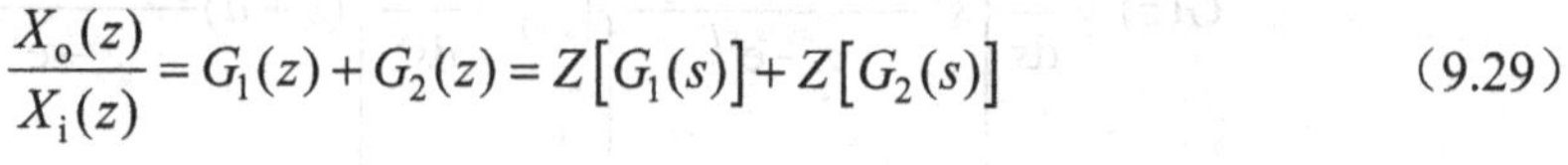

$$\frac{X_o(z)}{X_i(z)}=G_1(z)+G_2(z)=Z\left[G_1(s)\right]+Z\left[G_2(s)\right] \tag{9.29}$$

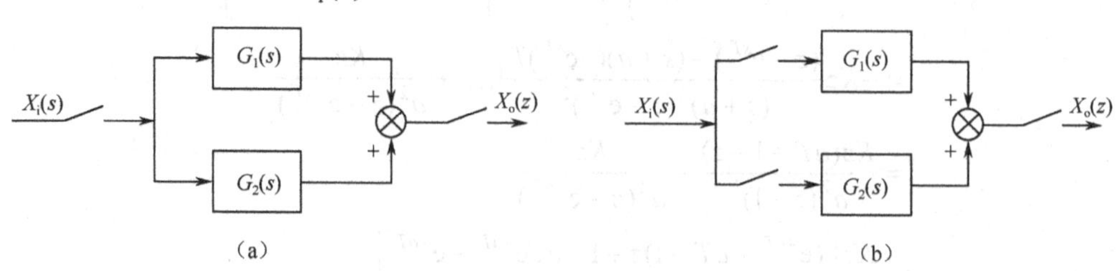

图 9.10　并联环节

4．闭环系统的脉冲传递函数

在闭环系统中，采样开关的不同设置同样影响其脉冲传递函数。图 9.11 给出了两种基本的闭环形式。对于图 9.11（a）所示的情况有

$$\frac{X_o(z)}{X_i(z)}=\frac{G(z)}{1+GH(z)} \tag{9.30}$$

这里 $GH(z)=Z\left[G(s)H(s)\right]$。

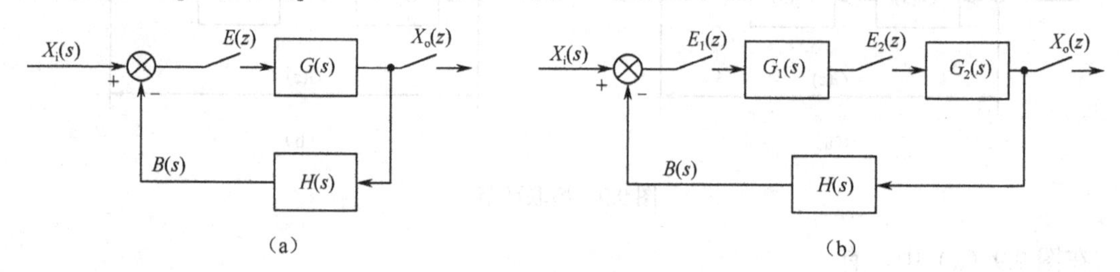

图 9.11　闭环系统

证明：

$$E(z)=Z\left[X_i(s)-B(s)\right]=X_i(z)-B(z) \tag{9.31}$$

$$B(z)=GH(z)\cdot E(z) \tag{9.32}$$

将式（9.32）代入式（9.31），有

$$E(z)=X_i(z)-GH(z)\cdot E(z)$$

$$E(z)=\frac{X_i(z)}{1+GH(z)} \tag{9.33}$$

又因为

$$X_o(z)=E(z)\cdot G(z)$$

故

$$X_o(z)=\frac{G(z)\cdot X_i(z)}{1+GH(z)}$$

即有

$$\frac{X_o(z)}{X_i(z)}=\frac{G(z)}{1+GH(z)} \tag{9.34}$$

对于图 9.11（b）所示的情况，有

$$\frac{X_o(z)}{X_i(z)}=\frac{G_1(z)\cdot G_2(z)}{1+G_1G_2H(z)} \tag{9.35}$$

证明略。

其他一些典型的闭环离散系统的方框图及相应的输出函数如表 9.2 所示。

表 9.2　典型闭环离散系统的方框图及相应的输出函数 $X_o(z)$

系统方框图	输出函数
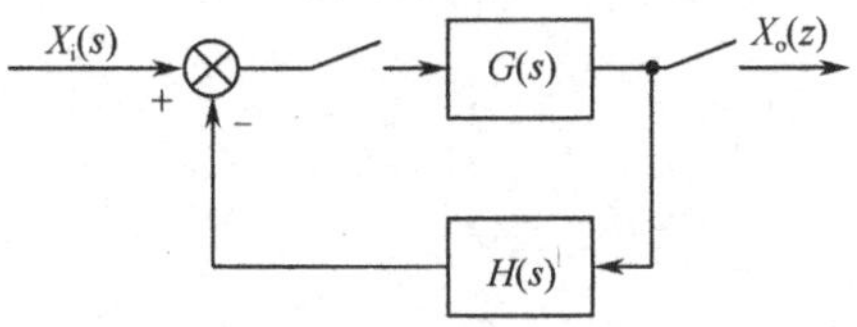	$X_o(z)=\dfrac{G(z)X_i(z)}{1+GH(z)}$
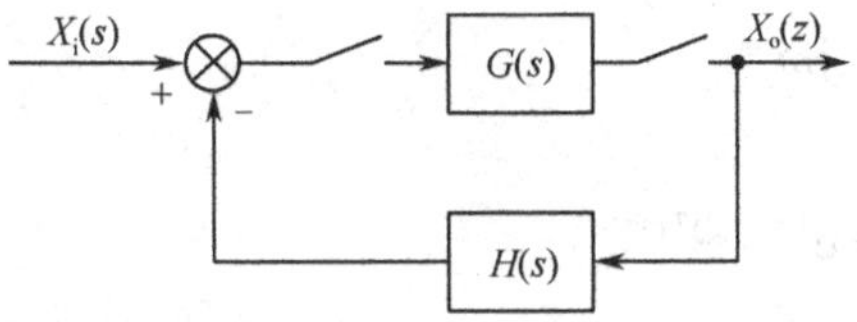	$X_o(z)=\dfrac{G(z)X_i(z)}{1+G(z)H(z)}$
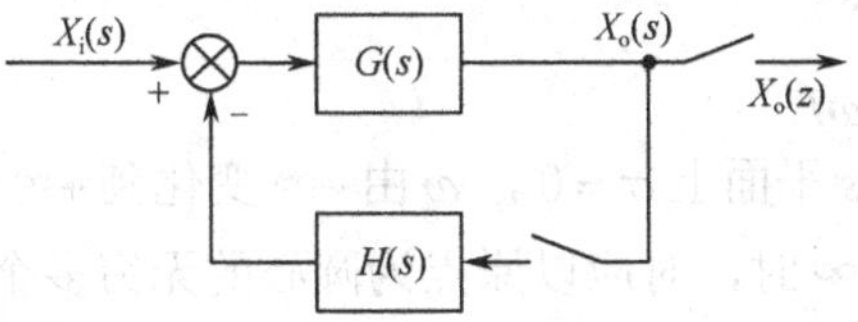	$X_o(z)=\dfrac{X_iG(z)}{1+HG(z)}$
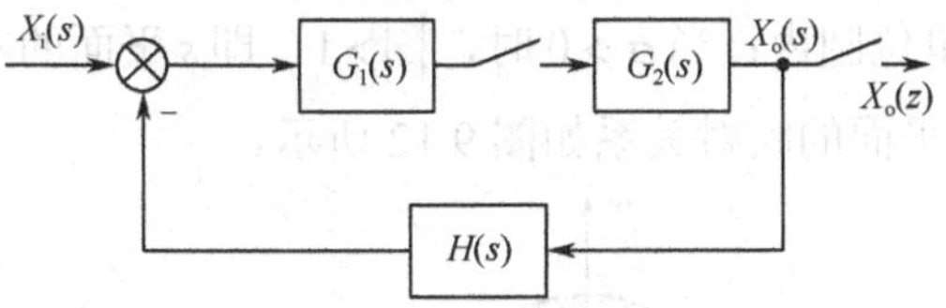	$X_o(z)=\dfrac{G_2(z)X_iG_1(z)}{1+G_1G_2H(z)}$
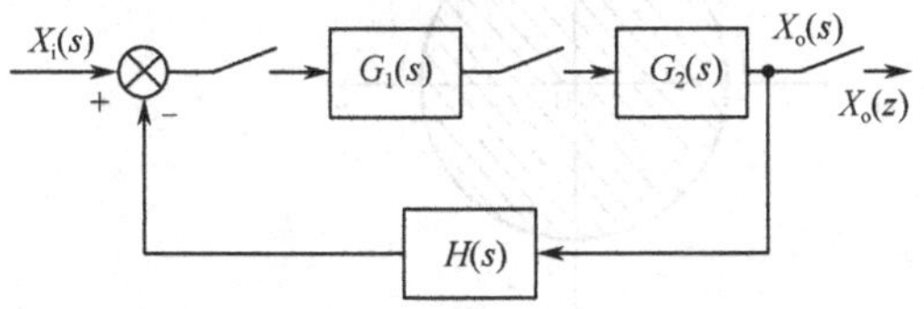	$X_o(z)=\dfrac{G_1(z)G_2(z)X_i(z)}{1+G_1(z)G_2H(z)}$

9.4 线性离散系统的稳定性分析

线性连续系统的稳定性取决于系统的全部特征根是否在s平面的左半平面，所以连续系统是在s平面上研究其稳定性。若能找到s平面与z平面的映射关系，则对于线性离散系统即可在z平面上研究其稳定性。

9.4.1 线性离散系统稳定的充分必要条件

线性定常连续系统稳定的充分必要条件是系统闭环特征根（即闭环极点）均位于s平面的左半平面上，也就是说，系统稳定与不稳定的分水岭是s平面的虚轴。能否将这一现成的稳定性准则通过改造应用于离散系统呢？首先要弄清s平面与z平面间的关系。

1. s平面与z平面的映射关系

由Z变换的定义可知

$$z = \mathrm{e}^{Ts} \tag{9.36}$$

式中，T为采样周期。由拉氏变换可知

$$s = \sigma + \mathrm{j}\omega$$

将s点的坐标代入式（9.36），有

$$z = \mathrm{e}^{T(\sigma+\mathrm{j}\omega)} = \mathrm{e}^{T\sigma} \cdot \mathrm{e}^{\mathrm{j}T\omega}$$

即

$$|z| = \mathrm{e}^{T\sigma}$$

$$\angle z = \omega T$$

当s平面实部$\sigma = 0$时，z平面中$|z| = 1$，在s平面上$\sigma = 0$，ω由$-\infty$变化到$+\infty$时，对应整个虚轴，在z平面上$|z| = 1$；ω由$-\infty$变化到$+\infty$时，对应以原点为圆心的无穷多个单位圆，即s平面的虚轴映射到z平面上是以原点为圆心的单位圆（以下简称单位圆）。当$\sigma < 0$时，$|z| < 1$，即s平面的左半部分映射到z平面的单位圆内；当$\sigma > 0$时，$|z| > 1$，即s平面的右半部分映射到z平面的单位圆外。所以s平面与z平面的映射关系如图9.12所示。

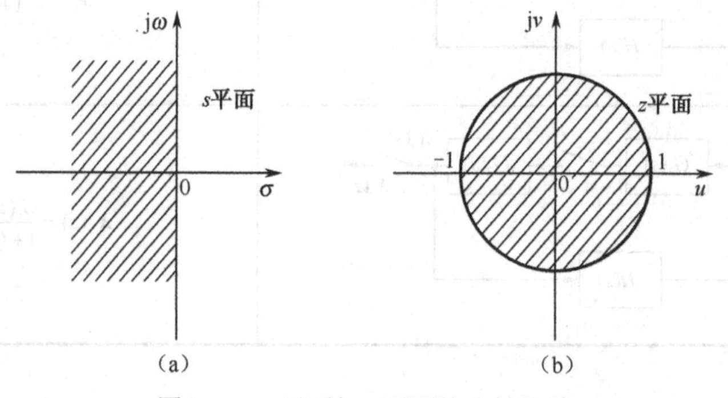

图9.12　s平面与z平面的映射关系

特别要注意的是，当$\sigma=0$时，$|z|=1$，$\angle z=\omega T$，其中T为采样周期，其与采样角频率ω_s的关系为$\omega_s=\frac{2\pi}{T}$，因此有$\angle z=\frac{2\pi}{\omega_s}\omega$。当$\omega$从$-\frac{\omega_s}{2}\to+\frac{\omega_s}{2}$时，$\angle z$从$-\pi\to+\pi$；当$\omega$从$-\frac{3\omega_s}{2}\to-\frac{\omega_s}{2}$时，$\angle z$从$-3\pi\to-\pi$；当$\omega$从$\frac{\omega_s}{2}\to\frac{3\omega_s}{2}$时，$\angle z$从$\pi\to 3\pi$。若$\omega$每变化一个$\omega_s$，则$\angle z$变化一个$2\pi$角度，也即$\omega$在$s$平面的虚轴上移动一个$\omega_s$，$z$平面的相应点就会沿单位圆逆时针转一圈，所以$z$是采样角频率$\omega_s$的周期函数，因此$s$平面的整个虚轴映射到$z$平面为无限多个同心单位圆。

z对应ω_s的周期特性及与s平面虚轴的对应关系如图 9.13 所示。将s平面左半平面分割为无穷多个带宽为$j\omega_s$的频区，$-\frac{\omega_s}{2}\sim+\frac{\omega_s}{2}$的频区称为主频区，其他频区称为辅频区。实际系统中，因带宽有限，主要讨论主频区。

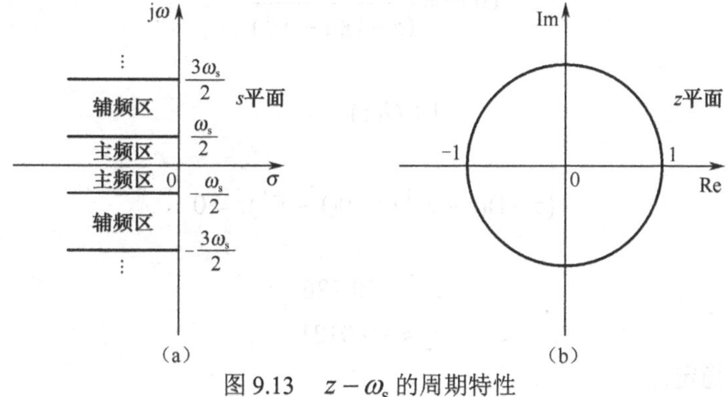

图 9.13　$z-\omega_s$的周期特性

从上述s平面与z平面的映射关系可知，在z平面中，单位圆内是稳定区域，单位圆外是不稳定区域，而单位圆的圆周是临界稳定的标定。

2．线性离散系统稳定的充分必要条件

线性离散控制系统的典型结构如图 9.11（a）所示，其闭环脉冲传递函数为

$$\Phi(z)=\frac{G(z)}{1+GH(z)}$$

系统的特征方程为

$$1+GH(z)=0$$

设系统的特征根或闭环脉冲传递函数的极点为z_1，z_2，z_3，…，z_n，根据s平面与z平面的映射关系可得到线性离散系统稳定的充要条件是，线性离散系统的全部特征根$z_i\ (i=1,2,\cdots,n)$均分布在z平面单位圆内，或全部特征根的模小于 1，即$|z_i|<1\ (i=1,2,\cdots,n)$。

如果有特征根位于单位圆周上，则系统临界稳定。

9.4.2　线性离散系统的稳定性判据

1．直接求特征方程的根

在低阶离散系统中，可直接求出系统的特征根，判断$|z|$是否小于 1，确定其稳定性。

【例 9.15】 判断图 9.14 所示系统的稳定性。

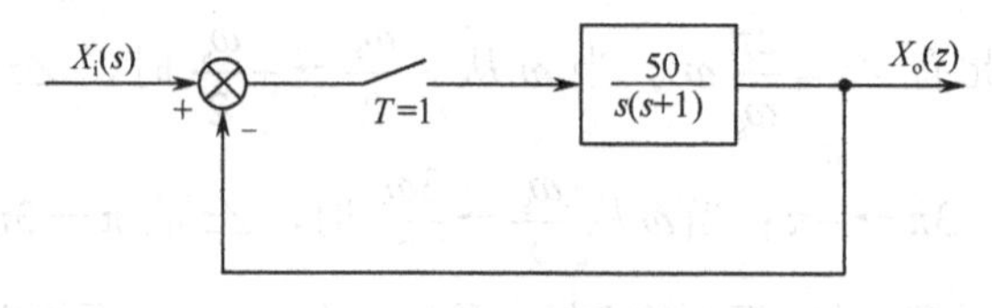

图 9.14 闭环离散系统

解：

$$G(s)=\frac{50}{s(s+1)}$$

则

$$G(z)=\frac{50(1-e^{-1})z}{(z-1)(z-e^{-1})}$$

特征方程为

$$1+G(z)=0$$

即

$$(z-1)(z-e^{-1})+50(1-e^{-1})z=0$$

解得

$$z_1\approx-30.226$$
$$z_2\approx-0.0121$$

$|z_i|>1$，故系统不稳定。

2．劳斯（Routh）判据

与连续系统相似，对于高阶离散系统直接求取其特征根比较困难，因此可用劳斯判据判断系统的稳定性。

实际上劳斯判据不能直接用在 z 平面上，若用劳斯判据判断离散系统的稳定性，需对线性离散系统做一次线性变换，将 z 平面中单位圆内部映射成为 ω 平面的左半平面，使脉冲传递函数变为 ω 传递函数。如果 ω 传递函数的特征根均在 ω 的左半平面，则相当于脉冲传递函数的特征根全在 z 平面的单位圆内。

$z-\omega$ 变换的表达式为

$$\omega=\frac{z-1}{z+1} \tag{9.37}$$

$$z=\frac{1+\omega}{1-\omega} \tag{9.38}$$

通过上述变换可将 z 平面的单位圆内部映射成 ω 平面的左半平面。证明如下。

设

$$z=x+\mathrm{j}y \tag{9.39}$$

$$\omega=u+\mathrm{j}v \tag{9.40}$$

将式（9.39）代入式（9.37）得

$$\omega=\frac{z-1}{z+1}=\frac{x+\mathrm{j}y-1}{x+\mathrm{j}y+1}$$

$$=\frac{(x^2+y^2)-1}{(x+1)^2+y^2}+\mathrm{j}\frac{2y}{(x+1)^2+y^2}=u+\mathrm{j}v \tag{9.41}$$

$$u=\frac{(x^2+y^2)-1}{(x+1)^2+y^2},\quad v=\frac{2y}{(x+1)^2+y^2}$$

当$|z|=x^2+y^2=1$时，则$u=0$，即z平面的单位圆映射成ω平面的虚轴；

当$|z|=x^2+y^2<1$时，则$u<0$，即z平面的单位圆内部映射成ω平面的左半平面；

当$|z|=x^2+y^2>1$时，则$u>0$，即z平面的单位圆外部映射成ω平面的右半平面。

【例 9.16】 设线性离散系统如图 9.15 所示，开环增益 K=1，采样周期 T=1s，试判断系统的稳定性。

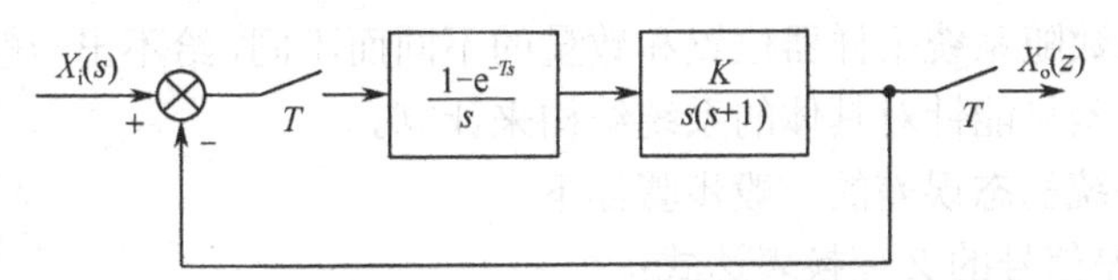

图 9.15 线性离散系统

解： 因开环增益 K=1，采样周期 T=1s，所以系统的开环传递函数为

$$G(s)=\frac{1-\mathrm{e}^{-s}}{s^2(s+1)}$$

Z变换得

$$G(z)=(1-z^{-1})\left[\frac{z}{(z-1)^2}-\frac{z}{z-1}+\frac{z}{z-\mathrm{e}^{-1}}\right]$$

$$=\frac{\mathrm{e}^{-1}z+(1-2\mathrm{e}^{-1})}{z^2-(1+\mathrm{e}^{-1})z+\mathrm{e}^{-1}}$$

系统的特征方程为$1+G(z)=0$，即

$$z^2-z+1-\mathrm{e}^{-1}=z^2-z+0.632=0$$

将$z=\dfrac{1+\omega}{1-\omega}$代入特征方程，有

$$\left(\frac{1+\omega}{1-\omega}\right)^2-\frac{1+\omega}{1-\omega}+0.632=0$$

化简得

$$0.632\omega^2+0.736\omega+2.632=0$$

列劳斯表，有

ω^2	0.632	2.632
ω	0.736	0
ω^0	2.632	

因劳斯表中第一列元素为正，因此该系统稳定。

从线性离散系统的稳定性可以看出，只要有前面的关于线性连续系统稳定性的概念，加上 Z 变换的数学方法，线性离散系统稳定性的问题也就迎刃而解。

此外，在线性连续系统中，还可以应用 Nyquist 稳定判据和 Bode 稳定判据对系统进行稳定性的判别，Nyquist 稳定判据和 Bode 稳定判据同样可以应用于判别线性离散系统的稳定性，具体的判别方法此处不再详述，有兴趣的读者可以参阅其他参考文献。

9.4.3 线性离散系统的稳态误差分析

1. 线性离散系统稳态误差

与线性连续系统稳态误差及其分析方法类似，线性离散系统的稳态误差也与系统的结构及输入信号有关，也可根据系统的误差脉冲传递函数应用 Z 变换终值定理来计算。由于线性离散系统误差脉冲传递函数随系统采样器位置和数量的不同而不同，给不出一般的计算公式，所以，线性离散系统稳态误差只能针对具体的系统结构来计算。

计算线性离散系统稳态误差的一般步骤如下。

① 确定系统误差信号的 Z 变换表达式；

② 应用 Z 变换终值定理求稳态误差。

对于如图 9.16 所示系统，通过分析可得，误差信号的 Z 变换式为

$$E(z)=\frac{X_{\mathrm{i}}(z)}{1+G(z)}$$

当系统稳定时，根据 Z 变换终值定理，其稳态误差为

$$\begin{aligned}\varepsilon_{\mathrm{ss}}&=e(\infty)=\lim_{z\to 1}(z-1)E(z)\\&=\lim_{z\to 1}(z-1)\frac{X_{\mathrm{i}}(z)}{1+G(z)}\end{aligned}\tag{9.42}$$

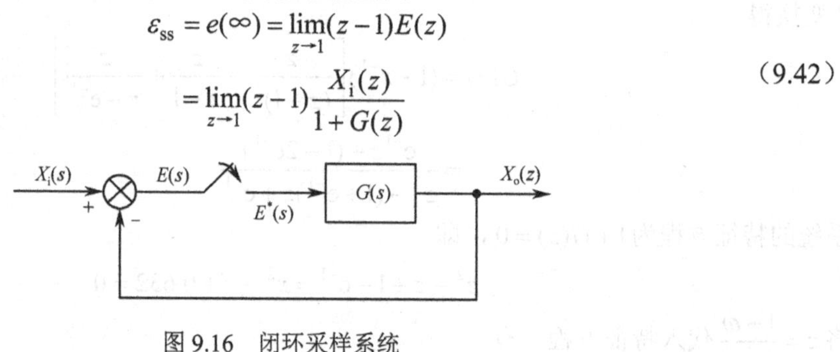

图 9.16 闭环采样系统

2. 线性离散系统的类型

在线性连续系统中，系统的类型定义为开环传递函数 $G_{\mathrm{K}}(s)$ 含 $s=0$ 的极点的重数（也即 $G_{\mathrm{K}}(s)$ 含积分环节 $\frac{1}{s}$ 的个数）。由常用函数 Z 变换表 9.1 可知，连续函数的拉氏变换的极点与对应的离散函数的 Z 变换的极点二者是一一对应的。因此连续系统传递函数 $G_{\mathrm{K}}(s)$ 的极点与对应的离散系统脉冲传递函数 $G_{\mathrm{K}}(z)$ 的极点二者是一一对应的。如果 $G_{\mathrm{K}}(s)$ 含有 λ 个 $s=0$ 的极点（也即 $G_{\mathrm{K}}(s)$ 含 $\frac{1}{s^{\lambda}}$ 因子），那么，根据拉氏变换与 Z 变换的关系 $z=\mathrm{e}^{sT}$，$G_{\mathrm{K}}(z)$ 必有 λ 个 $z=1$ 的极点。据此，仿照线性连续系统类型的定义，线性离散系统的类型可按开环脉冲传递函数 $G_{\mathrm{K}}(z)$ 含 $z=1$

极点的个数（也即 $G_K(z)$含 $\frac{1}{z-1}$ 因子的个数）来定义，即如果线性离散系统开环脉冲传递函数 $G_K(z)$ 含 λ 个 $z=1$ 的极点（也即 $G_K(z)$ 含 $\frac{1}{(z-1)^\lambda}$ 因子），那么它就是 λ 型系统。例如，$G_K(z)$ 不含 $\frac{1}{z-1}$ 因子的系统为 0 型系统，$G_K(z)$ 含 $\frac{1}{z-1}$ 因子的系统为Ⅰ型系统，$G_K(z)$ 含 $\frac{1}{(z-1)^2}$ 因子的系统为Ⅱ型系统等。

下面针对图 9.16 所示系统讨论三种典型信号作用下不同类型线性离散系统的稳态误差及相应的稳态误差系数。

3．线性离散系统的稳态误差系数

（1）稳态位置误差系数

当给定控制信号为单位阶跃函数 $x_i(t)=u(t)$ 时，因 $X_i(z)=\frac{z}{z-1}$，所以，根据式（9.42），单位反馈线性离散系统的稳态位置误差为

$$\varepsilon_{ssp}=\lim_{z\to1}(z-1)\frac{X_i(z)}{1+G(z)}=\lim_{z\to1}(z-1)\frac{1}{1+G(z)}\frac{z}{z-1}=\frac{1}{1+\lim\limits_{z\to1}G(z)} \tag{9.43}$$

仿照线性连续系统稳态位置误差系数的定义，定义线性离散系统的稳态位置误差系数为

$$K_p=\lim_{z\to1}G(z) \tag{9.44}$$

则

$$\varepsilon_{ssp}=\frac{1}{1+K_p} \tag{9.45}$$

根据式（9.44）和式（9.45），对于 0 型线性离散系统，因 $G(z)$ 不含 $\frac{1}{z-1}$ 因子，所以稳态位置误差系数 K_p 为有界常数，因而稳态位置误差 ε_{ssp} 也为有界常数。对于 $G(z)$ 含 $\frac{1}{(z-1)^\lambda}$（$\lambda\geqslant1$）因子的Ⅰ型及更高类型的线性离散系统，稳态位置误差系数 K_p 为无穷大，因而稳态位置误差 ε_{ssp} 为 0。

（2）稳态速度误差系数

当给定控制信号为单位斜坡函数 $x_i(t)=r(t)=t$ 时，因 $X_i(z)=\frac{Tz}{(z-1)^2}$，根据式（9.42），单位反馈线性离散系统的稳态速度误差为

$$\begin{aligned}\varepsilon_{ssv}&=\lim_{z\to1}(z-1)\frac{X_i(z)}{1+G(z)}\\&=\lim_{z\to1}\frac{Tz}{(z-1)[1+G(z)]}\\&=\frac{T}{\lim\limits_{z\to1}(z-1)G(z)}\end{aligned} \tag{9.46}$$

定义线性离散系统的稳态速度误差系数为

$$K_v = \lim_{z\to 1}(z-1)G(z) \tag{9.47}$$

则

$$\varepsilon_{ssv} = \frac{T}{K_v} \tag{9.48}$$

根据式（9.47）和式（9.48），对于0型线性离散系统，因 $G(z)$ 不含 $\frac{1}{z-1}$ 因子，所以稳态速度误差系数 K_v 等于0，因而稳态速度误差 ε_{ssv} 为无穷大。对于Ⅰ型线性离散系统，$G(z)$ 含一个 $\frac{1}{z-1}$ 因子，K_v 为有界常数，因而稳态速度误差 ε_{ssv} 也为有界常数。对于 $G(z)$ 含 $\frac{1}{(z-1)^\lambda}$（$\lambda \geqslant 2$）的Ⅱ型及更高类型的线性离散系统，其稳态速度误差系数 K_v 为无穷大，而稳态速度误差 ε_{ssv} 为0。

（3）稳态加速度误差系数

当给定控制信号为单位加速度函数 $x_i(t)=a(t)=\frac{1}{2}t^2$ 时，因 $X_i(z)=\frac{T^2z(z+1)}{2(z-1)^3}$，根据式（9.42），单位反馈线性离散系统的稳态加速度误差为

$$\begin{aligned}\varepsilon_{ssa} &= \lim_{z\to 1}(z-1)\frac{X_i(z)}{1+G(z)} \\ &= \lim_{z\to 1}(z-1)\frac{1}{1+G(z)}\frac{T^2z(z+1)}{2(z-1)^3} \\ &= \frac{T^2}{\lim\limits_{z\to 1}\left[(z-1)^2G(z)\right]}\end{aligned} \tag{9.49}$$

定义线性离散系统的稳态加速度误差系数为

$$K_a = \lim_{z\to 1}\left[(z-1)^2G(z)\right] \tag{9.50}$$

则

$$\varepsilon_{ssa} = \frac{T^2}{K_a} \tag{9.51}$$

根据式（9.50）和式（9.51），对于 $G(z)$ 不含或只含一个 $\frac{1}{z-1}$ 因子的0型和Ⅰ型线性离散系统，稳态加速度误差系数 K_a 等于0，因而稳态加速度误差 ε_{ssa} 等于无穷大。对于 $G(z)$ 含 $\frac{1}{(z-1)^2}$ 因子的Ⅱ型线性离散系统，K_a 为有界常数，因而稳态加速度误差 ε_{ssa} 也为有界常数。对于 $G(z)$ 含 $\frac{1}{(z-1)^\lambda}$（$\lambda \geqslant 3$）因子的Ⅲ型及更高类型的线性离散系统，其稳态加速度误差系数 K_a 为无穷大，而稳态加速度误差 ε_{ssa} 为0。

把线性连续系统和线性离散系统二者的稳态误差及其稳态误差系数进行比较，不难发现，它们是很相似的。

9.5 线性离散系统的校正与设计

为了使系统能按给定的性能指标工作，例如，要满足在一些典型控制信号作用下系统在采样时刻无误差，过渡过程在最少几个采样周期内结束等性能，必须对系统进行校正。本节将介绍在线性离散系统中常用的校正与设计方法。

9.5.1 对数频率特性法校正

与线性连续系统类似，线性离散系统也能用频率法分析系统的性能。

在线性离散系统的脉冲传递函数中，如以 $e^{j\omega T}$ 代替复数变量 z，便可以得到线性离散系统的频率特性，即

$$G_k(e^{j\omega T}) = G_k(z)\Big|_{z=e^{j\omega T}} \tag{9.52}$$

线性离散系统的频率特性是系统的输出信号各正弦分量的幅值和相角与输入信号的幅值和相角之间的函数关系。

线性离散系统的频率特性可以在直角平面上绘制出来，也可以画出对数幅频特性和相频特性，即 Bode 图。

1．对数频率特性法

若已知线性离散系统的开环脉冲传递函数为 $G_K(z)$，作 $z-\omega$ 变换，令 $z=\dfrac{1+\omega}{1-\omega}$，得

$$G_K(\omega) = G_K(z)\Big|_{z=\frac{1+\omega}{1-\omega}} \tag{9.53}$$

为了得到线性离散系统的开环频率特性，令复数变量沿着 ω 平面的虚轴由 $v=-\infty$ 变到 $v=+\infty$，其中 $v=I_m(\omega)$ 称为虚拟频率或伪频率。再令 $\omega=jv$，可得开环频率特性

$$G_K(jv) = G_K(\omega)\Big|_{\omega=jv} \tag{9.54}$$

由变换关系 $v=\tan\dfrac{\omega T}{2}$，可得 $\omega=\dfrac{2}{T}\arctan v$。

众所周知，在线性连续系统中，用对数频率特性分析系统是很方便的，同样，对于线性离散系统也可以使用对数频率特性。

【例 9.17】 设线性离散系统如图 9.17 所示，$K=1$，$T=1\text{s}$，试绘制开环对数频率特性。

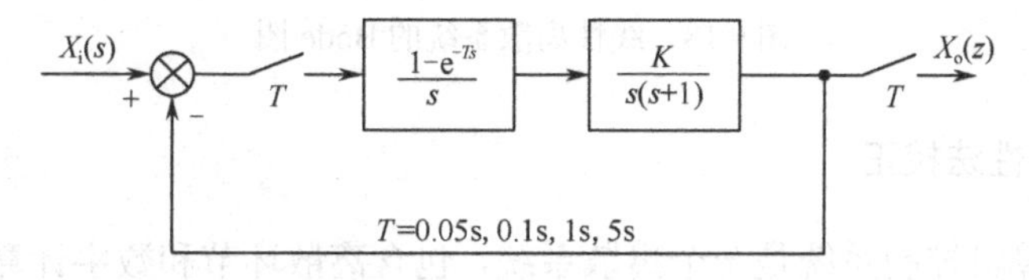

图 9.17　线性离散系统

解：系统的开环脉冲传递函数为

$$G_K(z)=\frac{0.368(z+0.722)}{(z-1)(z-0.368)}$$

做 $z-\omega$ 变换，令 $z=\frac{1+\omega}{1-\omega}$，得

$$G_K(\omega)=\frac{0.504(1-\omega)(1+0.161\omega)}{\omega(1+2.165\omega)}$$

令 $\omega=\mathrm{j}v$，可得开环频率特性

$$G_K(\mathrm{j}v)=\frac{0.504(1-\mathrm{j}v)(1+0.161\mathrm{j}v)}{\mathrm{j}v(1+2.165\mathrm{j}v)}$$

对数幅频特性

$$\begin{aligned}L(v)&=20\lg\left|G_K(\mathrm{j}v)\right|\\&=20\lg\frac{0.504\sqrt{1+v^2}\sqrt{1+(0.161v)^2}}{v\sqrt{1+(2.165v)^2}}\end{aligned}$$

对数相频特性

$$\varphi(v)=-\frac{\pi}{2}+\arctan 0.161v-\arctan v-\arctan 2.165v$$

由此，做出线性离散系统的 Bode 图，如图 9.18 所示。

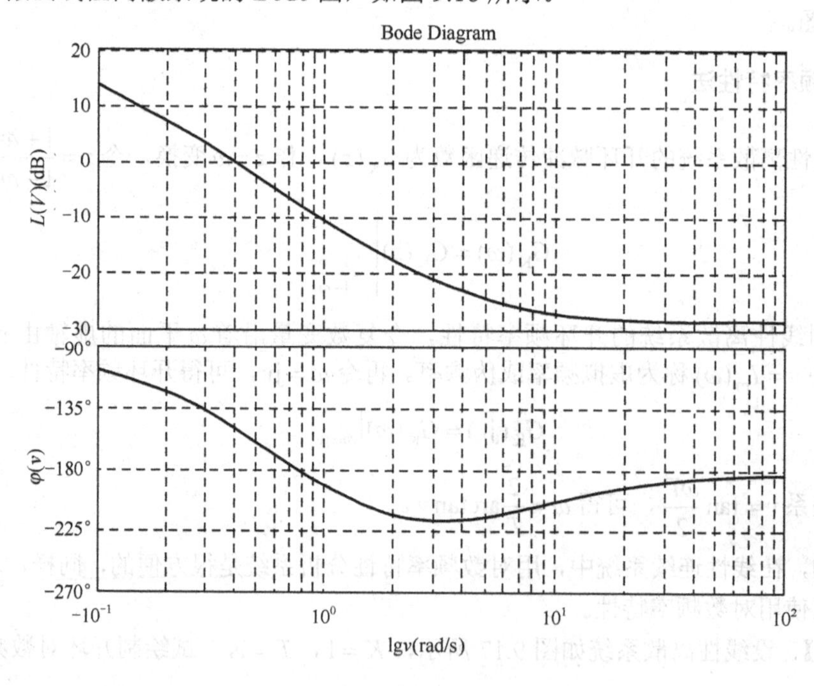

图 9.18 线性离散系统的 Bode 图

2. 对数频率特性法校正

尽管典型的计算机控制系统是一个离散系统，包含离散环节和数字计算机、多路开关、采样保持器、模数转换器和零阶保持器等，但是，只要合理选择计算机控制系统的元部件，选择

足够高的采样角频率 ω_s 或足够短的采样周期 $T(\omega_s = 2\pi/T)$，离散的计算机系统就可以近似看作连续系统。

对数频率特性法校正是基于线性连续系统的对数频率特性，首先，画出系统的固有对数频率特性 $L_0(\omega)$，再根据性能指标要求，画出希望的对数频率特性 $L(\omega)$，校正网络的对数频率特性 $L_d(\omega) = L(\omega) - L_0(\omega)$，有了 $L_d(\omega)$ 便可得到相应的校正网络的传递函数 $D(s)$，对 $D(s)$ 离散化便可得到 $D(z)$，由计算机予以实现。

【例 9.18】 某计算机控制系统如图 9.19 所示，采样周期 $T = 0.02\text{s}$，要求速度误差系数 $K_v > 300\text{s}^{-1}$，剪切频率 $\omega_c \approx 25\text{s}^{-1}$，谐振峰值 $M_r \leqslant 1.5$，试设计串联校正装置 $D(z)$。

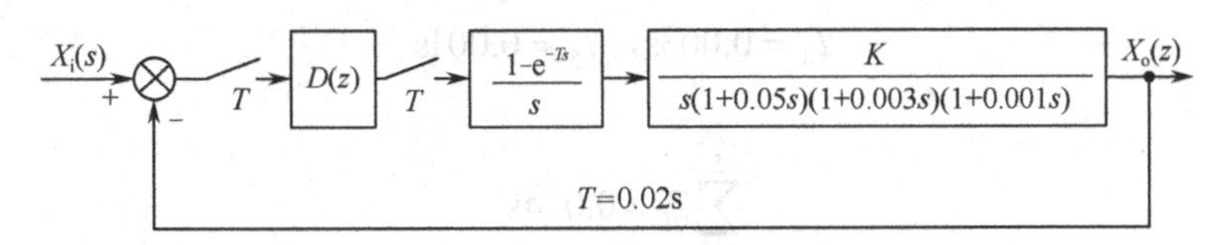

图 9.19　某计算机控制系统

解：① 根据速度误差系数的要求，为了留有裕量，取 $K = \sqrt{2}K_v \approx 420$，确定了 $\omega = 1$ 处的幅值

$$L_0(1) = 20\lg K = 20\lg 420 \approx 52.5\text{dB}$$

对象的传递函数则为

$$G(s) = \frac{420}{s(1+0.05s)(1+0.003s)(1+0.001s)}$$

由此做出固有对数频率特性曲线 $L_0(\omega)$ $A—B—C—D—E$，如图 9.20 所示。

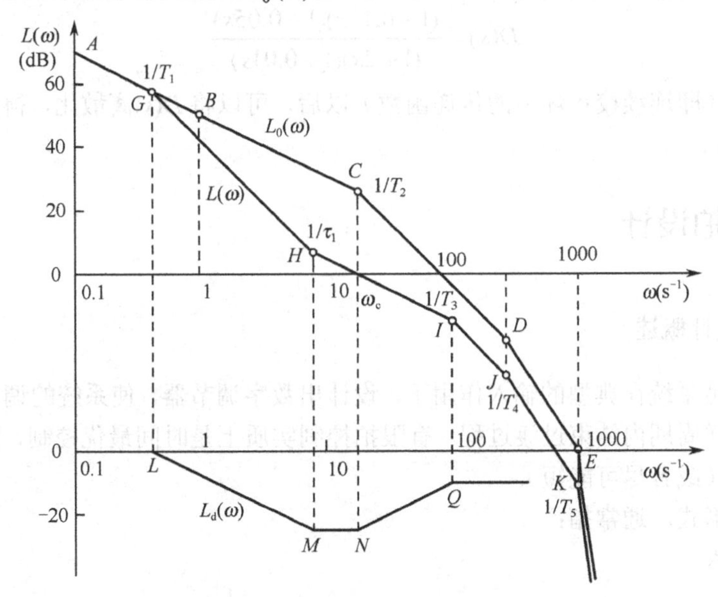

图 9.20　例 9.18 系统的对数频率特性

② 由剪切频率 $\omega_c \approx 25\text{s}^{-1}$ 和谐振峰值 $M_r \leqslant 1.5$ 的要求，按照线性连续系统的设计公式

$$\tau_1 \geqslant \frac{1}{\omega_c}\frac{M_r}{M_r - 1} = \frac{1}{25} \times \frac{1.5}{1.5 - 1} = 0.12\text{s}$$

τ_1为希望的对数频率特性$L(\omega)$的第二转折频率。

③ 经过$\omega_c = 25\text{s}^{-1}$做斜率为-20dB/dec 的斜线交于$\omega = 1/\tau_1$的 H 点，并过 H 点做斜率为-40dB/dec 的斜线，与$L_0(\omega)$交于 G 点，G 点的频率为 $1/T_1$，是$L(\omega)$的第一转折频率，$1/T_1 \approx 0.5\text{s}^{-1}$，所以$T_1 \approx 2\text{s}$。

④ 为了保证M_r的要求，在高频段应该满足小时间常数的计算公式

$$\sum_{i=3}^{5} T_i \geqslant \frac{1}{\omega_c}\frac{M_r}{M_r+1} - \frac{T}{2} = \frac{1}{25} \times \frac{1.5}{1.5+1} - \frac{0.02}{2} = 0.014\text{s}$$

为使校正网络简单，在高频段选$L(\omega)$的转折频率与$L_0(\omega)$相同，即

$$T_4 = 0.003\text{s}，T_5 = 0.001\text{s}$$

由于

$$\sum_{i=3}^{5} T_i = 0.014\text{s}$$

即有

$$T_3 + T_4 + T_5 = 0.014\text{s}$$

所以

$$T_3 = 0.01\text{s}$$

$1/T_3$即为希望对数频率特性的第三转折频率。因此，根据以上各点，可以得到希望的对数频率特性$L(\omega)$，即折线$AGHIJK$。

校正网络的频率特性$L_d(\omega) = L(\omega) - L_0(\omega)$，即折线$LMNQ$。

由图9.20可得校正网络的传递函数

$$D(s) = \frac{(1+0.12s)(1+0.05s)}{(1+2s)(1+0.01s)}$$

得到了$D(s)$（即连续校正环节的传递函数）以后，可以将$D(s)$离散化，得到校正环节的脉冲传递函数$D(z)$。

9.5.2 有限拍设计

1. 有限拍设计概述

有限拍设计是系统在典型的输入作用下，设计出数字调节器，使系统的调节时间最短或者系统在有限个采样周期内结束过渡过程。有限拍控制实质上是时间最优控制，系统的性能指标是调节时间最短（或者尽可能短）。

典型的输入形式，通常指：

单位阶跃输入

$$x_i(kT) = u(kT)，X_i(z) = \frac{1}{1-z^{-1}}$$

单位速度输入

$$x_i(kT) = kT，X_i(z) = \frac{Tz^{-1}}{(1-z^{-1})^2}$$

单位加速度输入

$$x_{\rm i}(kT)=\frac{(kT)^2}{2},\quad X_{\rm i}(z)=\frac{T^2z^{-1}(1+z^{-1})}{2(1-z^{-1})^3}$$

单位重加速度输入

$$x_{\rm i}(kT)=\frac{(kT)^3}{6},\quad X_{\rm i}(z)=\frac{T^3z^{-2}(1+4z^{-1}+z^{-2})}{6(1-z^{-1})^4}$$

$$\vdots \qquad \vdots$$

$$x_{\rm i}(kT)=\frac{(kT)^{m-1}}{(m-1)!},\quad X_{\rm i}(z)=\frac{A'(z^{-1})}{(m-1)!(1-z^{-1})^m}$$

所以，典型输入的 Z 变换具有 $X_{\rm i}(z)=\dfrac{A(z^{-1})}{(1-z^{-1})^m}$ 的形式。

有限拍随动系统如图 9.21 所示，图中 $D(z)$是数字调节器模型，由计算机实现。$H_0(s)$是零阶保持器的传递函数。

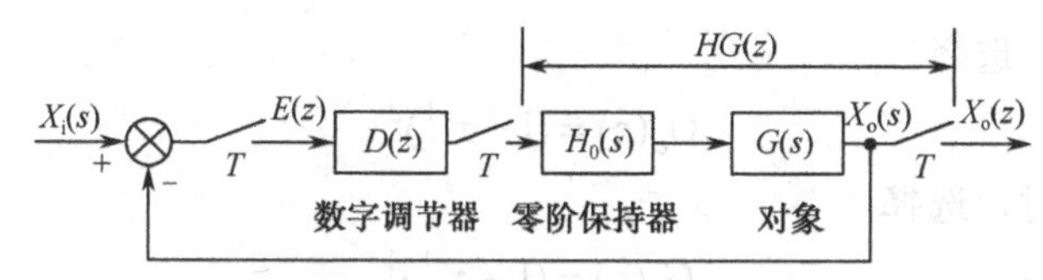

图 9.21 有限拍随动系统

$G(s)$是控制对象的传递函数。零阶保持器和控制对象离散化以后，成为广义对象的脉冲传递函数 $HG(z)$

$$HG(z)=Z\left[H_0(s)G(s)\right]$$

有限拍随动系统的闭环脉冲传递函数

$$G_{\rm B}(z)=\frac{D(z)HG(z)}{\left[1+D(z)HG(z)\right]} \tag{9.55}$$

有限拍随动系统的误差脉冲传递函数

$$G_{\rm e}(z)=\frac{E(z)}{X_{\rm i}(z)}=1-G_{\rm B}(z)=\frac{1}{\left[1+D(z)HG(z)\right]} \tag{9.56}$$

有限拍随动系统的调节器由式（9.55）和式（9.56）可得

$$D(z)=\frac{G_{\rm B}(z)}{G_{\rm e}(z)HG(z)} \tag{9.57}$$

由式（9.57）可见，有限拍数字调节器跟对象特性 $HG(z)$ 和闭环脉冲传递函数 $G_{\rm B}(z)$ 有关，也跟误差脉冲传递函数 $G_{\rm e}(z)$ 有关。

众所周知，随动系统的调节时间也就是系统的误差 $e(kT)$达到恒定值或趋于零所需要的时间，根据 Z 变换的定义

$$\begin{aligned}E(z)&=\sum_{k=0}^{\infty}e(kT)\\&=e(0)+e(T)z^{-1}+e(2T)z^{-2}+e(3T)z^{-3}+\cdots+e(kT)z^{-k}+\cdots\end{aligned} \tag{9.58}$$

由式（9.58）就可以知道$e(0)$，$e(T)$，$e(2T)$，…，$e(kT)$，…。有限拍随动系统就是要求系统在

典型的输入作用下，当 $k \geqslant N$ 时，$e(kT)$ 为恒定值或等于零，N 为尽可能小的正整数。由式（9.56）得

$$E(z) = G_e(z)X_i(z) = G_e(z)\frac{A(z^{-1})}{(1-z^{-1})^m} \tag{9.59}$$

在特定的输入作用下，为了使式（9.59）中 $E(z)$ 是尽可能少的有限项，必须合理地选择 $G_e(z)$。

若选择

$$G_e(z) = (1-z^{-1})^M F(z)\text{，}M \geqslant m \tag{9.60}$$

$F(z)$ 是 z^{-1} 的有限多项式，不含 $(1-z^{-1})$ 因子，则可使 $E(z)$ 是有限多项式。

当选择 $M = m$ 且 $F(z)=1$ 时，不仅可以使数字调节器简单，阶数比较低，而且还可以使 $E(z)$ 的项数较少，因而调节时间 t_s 较短。据此，对于不同的输入，可以选择不同的误差脉冲传递函数 $G_e(z)$。

单位阶跃输入时，选择

$$G_e(z) = 1 - z^{-1}$$

单位速度输入时，选择

$$G_e(z) = (1-z^{-1})^2$$

单位加速度输入时，选择

$$G_e(z) = (1-z^{-1})^3$$

由此，可以得到不同输入时的误差序列。

（1）当单位阶跃输入时

$$E(z) = G_e(z)X_i(z) = (1-z^{-1})\frac{1}{(1-z^{-1})} = 1 \tag{9.61}$$

由 Z 变换定义可以得到

$$e(0)=1,\ e(T)=e(2T)=e(3T)=\cdots=0$$

误差及输出序列如图 9.22 所示。

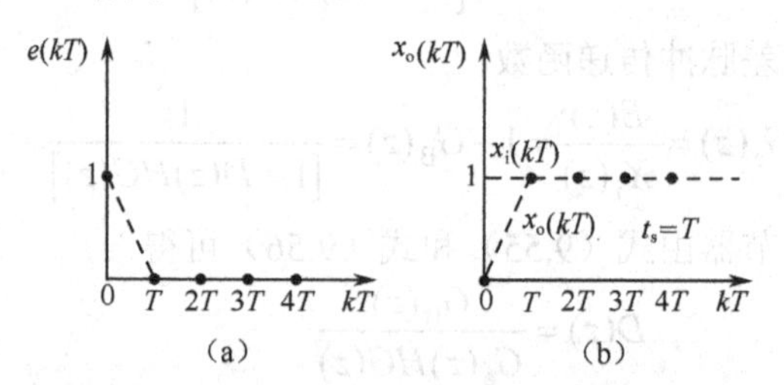

图 9.22　单位阶跃输入时的误差及输出序列

由图 9.22 可以看到，当单位阶跃输入时，有限拍随动系统的调节时间 $t_s = T$，T 为系统的采样周期。

（2）当单位速度输入时

$$E(z) = G_e(z)X_i(z) = (1-z^{-1})^2\frac{Tz^{-1}}{(1-z^{-1})^2} = Tz^{-1} \tag{9.62}$$

由 Z 变换定义可以得到

$$e(0)=0,\ e(T)=T,\ e(2T)=e(3T)=\cdots=0$$

由图 9.23 可见，当单位速度输入时，有限拍随动系统的调节时间 $t_s = 2T$ 。

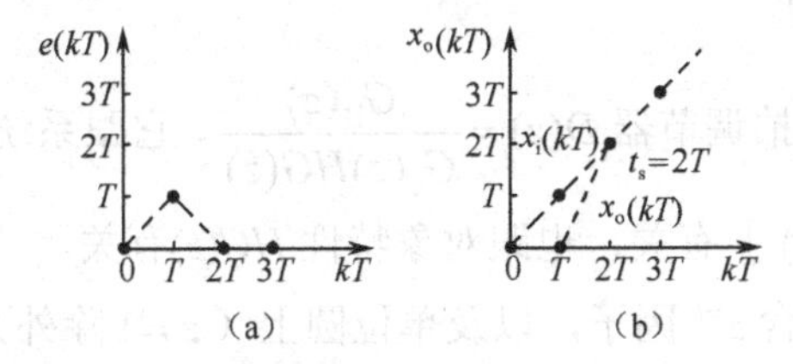

图 9.23　单位速度输入时的误差及输出序列

（3）当单位加速度输入时

同理，可以做出有限拍随动系统的误差及输出序列的波形，如图 9.24 所示。调节时间 $t_s = 3T$ 。

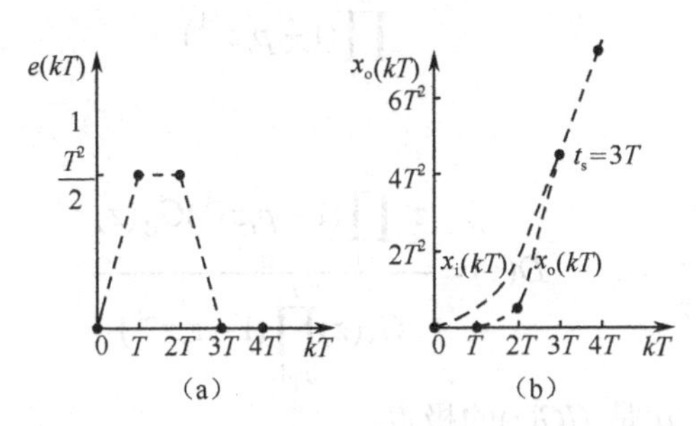

图 9.24　单位加速度输入时的误差及输出序列

对于有限拍控制，由上述分析可以看到：

① 对于不同的典型输入，为了获得有限拍响应，应合理选择误差脉冲传递函数 $G_e(z)$ 。

② 对于典型输入，选定 $G_e(z)$ 后，又由广义对象特性 $HG(z)$，便可由式（9.57）求得有限拍调节器

$$D(z) = \frac{[1 - G_e(z)]}{G_e(z)HG(z)}$$

③ 对应于三种典型输入，有限拍随动系统的调节时间 t_s 分别为 T、$2T$ 和 $3T$。或者说，有限拍系统分别经过一拍、二拍和三拍达到稳定。

三种典型输入时的有限拍系统如表 9.3 所示。

表 9.3　三种典型输入时的有限拍系统

输入函数 $x_i(kT)$	误差脉冲传递函数 $G_e(z)$	闭环脉冲传递函数 $G_B(z)$	有限拍调节器 $D(z)$	调节时间 t_s
$u(kT)$	$1-z^{-1}$	z^{-1}	$\frac{z^{-1}}{(1-z^{-1})HG(z)}$	T
kT	$(1-z^{-1})^2$	$2z^{-1}-z^{-2}$	$\frac{2z^{-1}-z^{-2}}{(1-z^{-1})^2HG(z)}$	$2T$
$\frac{(kT)^2}{2}$	$(1-z^{-1})^3$	$3z^{-1}-3z^{-2}+z^{-3}$	$\frac{3z^{-1}-3z^{-2}+z^{-3}}{(1-z^{-1})^3HG(z)}$	$3T$

2．有限拍调节器的设计

由式（9.57）可知，有限拍调节器$D(z)=\dfrac{G_B(z)}{G_e(z)HG(z)}$，它跟系统的闭环脉冲传递函数$G_B(z)$和输入形式［与选择的$G_e(z)$］有关，也跟对象特性$HG(z)$有关。

当对象特性$HG(z)$中包含z^{-r}因子，以及单位圆上（$z=1$除外）和单位圆外的零点时，有限拍调节器可能无法实现。

设

$$HG(z)=\frac{z^{-r}\prod_{i=1}^{l}(1-z_iz^{-1})}{\prod_{i=1}^{n}(1-p_iz^{-1})}$$

则

$$D(z)=\frac{z^{r}\prod_{i=1}^{n}(1-p_iz^{-1})G_B(z)}{G_e(z)\prod_{i=1}^{l}(1-z_iz^{-1})} \tag{9.63}$$

式中，z_i是$HG(z)$的零点，p_i是$HG(z)$的极点。

由式（9.63）可见，若$D(z)$中存在z^r环节，则表示数字调节器具有超前特性，即在环节施加输入信号之前r个采样周期就应当有输出，这样的超前环节是不可能实现的。所以$HG(z)$中含有z^{-r}因子时，必须使闭环脉冲传递函数$G_B(z)$的分子中含有z^{-r}因子，以抵消$HG(z)$中的z^{-r}因子，以免$D(z)$中出现超前环节z^r。

在式（9.63）中，若在$\prod_{i=1}^{l}(1-z_iz^{-1})$中，当存在单位圆上（$z_i=1$除外）和单位圆外的零点时，$D(z)$将是发散不可实现的，因此$D(z)$中不允许包含$HG(z)$的这类零点，也不允许它们作为$G_B(z)$的极点，所以只能把$HG(z)$中$|z_i|\geqslant 1$（$z_i=1$除外）的零点作为$G_B(z)$的零点，从而保证了$D(z)$的稳定性。当然，$G_B(z)$的分子部分增加了这些$|z_i|\geqslant 1$（$z_i=1$除外）的零点以后，将使调节时间$t_s$加长。

由式（9.57）可知，有限拍系统的闭环脉冲传递函数

$$G_B(z)=D(z)HG(z)G_e(z)$$

若对象特性$HG(z)$的极点$\prod_{i=1}^{n}(1-p_iz^{-1})$中，存在单位圆上（$p_i=1$除外）或单位圆外的极点，为了保证系统的输出稳定，$HG(z)$单位圆上（$p_i=1$除外）或单位圆外的极点用$G_B(z)$对消掉。

综上所述，设计有限拍调节器时，必须顾及$D(z)$的可实现性要求，合理选择$G_e(z)$和$G_B(z)$。

① $D(z)$必须是可实现的，$D(z)$不包含单位圆上（z=1 除外）和单位圆外的极点；$D(z)$不包含超前环节。

② 选择$G_B(z)$时，应把$HG(z)$分子中z^{-r}因子作为$G_B(z)$分子的因子，即$G_B(z)$分子部分必须包含$HG(z)$分子部分的因子$z^{-r}$$(r=1,2,3\cdots)$；应把$HG(z)$的单位圆上（$z_i=1$除外）和单位圆外的零点作为$G_B(z)$的零点。

③ 选择 $G_e(z)$时，必须考虑输入形式，并把 $HG(z)$的所有不稳定极点，即单位圆上（$p_i=1$除外）和单位圆外的极点作为 $G_e(z)$的零点。

【例 9.19】 设有限拍随动系统如图 9.21 所示，对象特性 $G(s)=\dfrac{10}{s(1+s)(1+0.1s)}$，$H_0(s)=\dfrac{(1-e^{-Ts})}{s}$，采样周期 $T=0.5s$，试设计单位阶跃输入时的有限拍调节器。

解：广义对象的脉冲传递函数为

$$HG(z)=Z\left[\frac{(1-e^{-sT})}{s}\frac{10}{s(1+s)(1+0.1s)}\right]$$

$$=Z\left[(1-e^{-sT})\left(\frac{10}{s^2}-\frac{11}{s}+\frac{\frac{100}{9}}{1+s}-\frac{\frac{1}{9}}{10+s}\right)\right]$$

$$=\frac{1-z^{-1}}{9}\left[\frac{90Tz^{-1}}{(1-z^{-1})^2}-\frac{99}{1-z^{-1}}+\frac{100}{1-e^{-T}z^{-1}}-\frac{1}{1-e^{-10T}z^{-1}}\right]$$

$$=\frac{0.7385z^{-1}(1+1.4815z^{-1})(1+0.05355z^{-1})}{(1-z^{-1})(1-0.6065z^{-1})(1-0.0067z^{-1})}$$

$HG(z)$ 的分子存在 z^{-1} 因子，并有单位圆外零点 $z=-1.4815$。因此，闭环脉冲传递函数 $G_B(z)$ 应包含 $z^{-1}(1+1.4815z^{-1})$，即把 $HG(z)$的单位圆外零点和 z^{-1} 因子作为 $G_B(z)$ 的零点和因子，可选择

$$G_B(z)=az^{-1}(1+1.4815z^{-1}) \tag{9.64}$$

根据单位阶跃输入，误差脉冲传递函数 $G_e(z)$ 应选为 $(1-z^{-1})$，又因为 $G_B(z)=1-G_e(z)$，$G_B(z)$ 和 $G_e(z)$ 应该是阶次相同的多项式，因此，$G_e(z)$ 还应包含 $(b_0+b_1z^{-1})$，即

$$G_e(z)=(1-z^{-1})(b_0+b_1z^{-1}) \tag{9.65}$$

解式（9.64）和式（9.65），可得 $a=0.403$，$b_0=1$，$b_1=0.597$。

则

$$G_B(z)=0.403z^{-1}(1+1.4815z^{-1})$$

$$G_e(z)=(1-z^{-1})(1+0.597z^{-1})$$

有限拍调节器

$$D(z)=\frac{G_B(z)}{G_e(z)HG(z)}$$

$$=\frac{0.5457z^{-1}(1-0.6065z^{-1})(1-0.0067z^{-1})}{(1+0.597z^{-1})(1+0.05355z^{-1})}$$

有限拍随动系统单位阶跃输入时，输出响应

$$X_o(z)=G_B(z)X_i(z)$$

$$=0.403z^{-1}(1+1.4815z^{-1})\frac{1}{(1-z^{-1})}$$

$$=0.403z^{-1}+z^{-2}+z^{-3}+\cdots$$

即 $x_o(0)=0$，$x_o(T)=0.403$，$x_o(2T)=x_o(3T)=\cdots=1$，输出响应如图 9.25 所示。

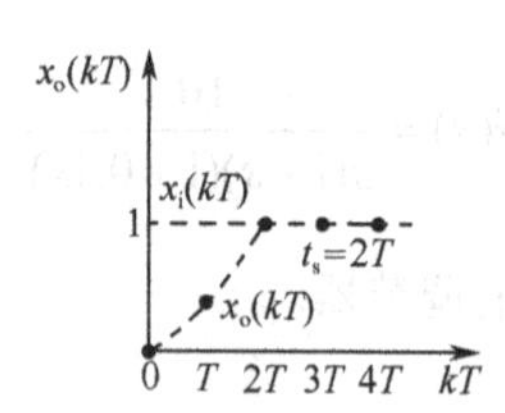

图 9.25 例 9.19 的输出响应

有限拍随动系统的设计方法是简便的，结构也是简单的，设计结果可以得到解析解，便于计算机实现。但是有限拍设计存在如下一些问题。

① 有限拍系统对输入形式的适应性差，当系统的输入形式改变，尤其存在随机扰动时，系统的性能变坏。

② 有限拍系统对参数的变化很敏感，实际系统中，随着环境、温度、时间等条件的变化，对象参数的变化是不可避免的，对象参数的变化必将引起系统的性能变坏。

③ 不能期望无限提高采样频率 f_s 来缩短调节时间 t_s，因为采样频率 f_s 的上限受到饱和特性的限制。

④ 有限拍设计只能保证采样点上的误差为零或恒值，不能保证采样点之间的误差也为零或恒值，也就是说，系统存在波纹，而波纹对系统的工作是有害的。

9.5.3 数字 PID 控制

数字 PID 控制系统可以分为位置式 PID、增量式 PID 和速度式 PID。位置式 PID 数字调节器的输出 $u(kT)$ 是全量输出，是执行机构所应达到的位置（如阀门的开度），数字调节器的输出 $u(kT)$ 跟过去的状态有关，计算机的运算工作量大，需要对 $e(kT)$ 累加，而且，计算机的故障有可能使 $u(kT)$ 大幅度变化，这种情况往往是生产实践中不允许的，而且在有些场合可能会造成严重的事故。现在增量式 PID 控制有比较广泛的应用，所谓增量式 PID 是对位置式 PID 取增量，数字调节器的输出只是增量 $\Delta u(kT)$。

$$\Delta u(kT)=K_p\left[e(kT)-e(kT-T)\right]+K_i e(kT)+K_d\left[e(kT)-2e(kT-T)+e(kT-2T)\right]$$

或者表示成

$$\Delta u(kT)=K_p\Delta e(kT)+K_i e(kT)+K_d\left[\Delta e(kT)-\Delta e(kT-T)\right] \tag{9.66}$$

式中

$$\Delta e(kT)=e(kT)-e(kT-T)$$
$$\Delta e(kT-T)=e(kT-T)-e(kT-2T)$$

增量式 PID 的算法流程如图 9.26 所示。

增量式算法和位置式算法本质上无大的差别，增量式算法把计算机的一部分累加的功能 $u'(kT)=K_i\sum_{j=0}^{k}e(jT)$ 交给其他部件去完成。

现在，计算机控制系统中使用比较多的是步进电机带动电位器完成累加的功能。增量式算法虽然只是算法上的一些改动，却带来了不少的优点。

① 计算机（数字调节器）只输出增量，误动作时造成的影响比较小。

② 手动—自动切换的冲击小。

③ 算式中不需要累加，增量只跟最近的几次采样值有关，容易获

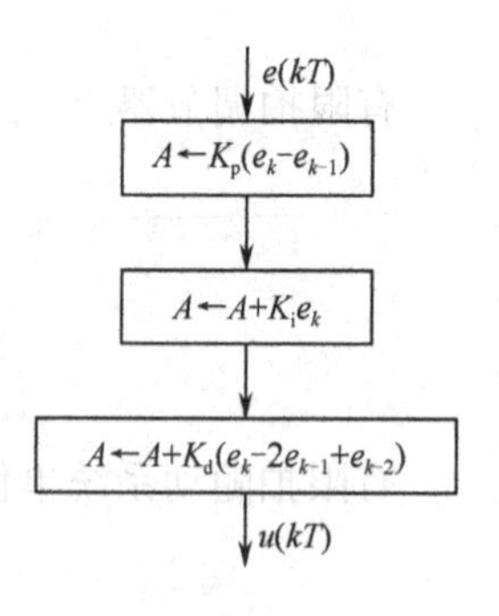

图 9.26 增量式 PID 的算法流程图

得较好的控制效果。由于式中无累加，消除了当偏差存在时发生饱和的危险。

数字 PID 控制除了位置算式、增量算式外，还有速度算式。速度算式是增量算式除以采样周期 T。

$$v(kT)=\frac{\Delta u(kT)}{T}=K_{\mathrm{p}}\left\{\frac{1}{T}\left[e(kT)-e(kT-T)\right]+\frac{1}{T_{\mathrm{i}}}e(kT)+\frac{T_{\mathrm{d}}}{T^{2}}\left[e(kT)-2e(kT-T)+e(kT-2T)\right]\right\} \tag{9.67}$$

速度算法和增量算法一样没有偏差的积分 $\sum_{j=0}^{k}e(jT)$ 项，消除了当偏差存在时发生积分饱和的危险。采用速度算法时，执行器必须有积分特性，如电磁阀等，目前速度算法使用不多。这里主要介绍位置式 PID 算法。

PID 控制是应用最广泛的一种控制规律，PID 控制表示比例（proportional）-积分（integral）-微分（differential）控制。设 PID 调节器如图 9.27 所示。

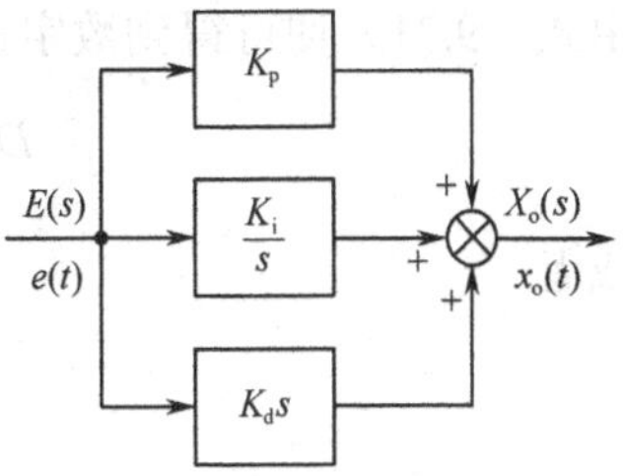

图 9.27 PID 调节器

调节器的输出与输入之间为比例-积分-微分的关系，即

$$x_{\mathrm{o}}(t)=K_{\mathrm{p}}\left[e(t)+\frac{1}{T_{\mathrm{i}}}\int_{0}^{t}e(t)\mathrm{d}t+T_{\mathrm{d}}\frac{\mathrm{d}e(t)}{\mathrm{d}t}\right] \tag{9.68}$$

或者

$$X_{\mathrm{o}}(s)=K_{\mathrm{p}}E(s)+K_{\mathrm{i}}\frac{E(s)}{s}+K_{\mathrm{d}}sE(s)$$

若以传递函数的形式表示，则

$$D(s)=\frac{X_{\mathrm{o}}(s)}{E(s)}=K_{\mathrm{p}}+K_{\mathrm{i}}\frac{1}{s}+K_{\mathrm{d}}s$$

以上公式中，T_{i} 为积分时间常数，T_{d} 为微分时间常数，K_{p} 为比例系数，$K_{\mathrm{i}}=\frac{K_{\mathrm{p}}}{T_{\mathrm{i}}}$ 为积分系数，$K_{\mathrm{d}}=K_{\mathrm{p}}T_{\mathrm{d}}$ 为微分系数。

在计算机控制系统中使用的是数字 PID 调节器，就是对式（9.68）离散化，离散化时令

$$\begin{cases} x_{\mathrm{o}}(t)\approx x_{\mathrm{o}}(kT) \\ e(t)\approx e(kT) \\ \int_{0}^{t}e(t)\mathrm{d}t\approx T\sum_{j=0}^{k}e(jT) \\ \frac{\mathrm{d}e(t)}{\mathrm{d}t}\approx\frac{e(kT)-e(kT-T)}{T} \end{cases} \tag{9.69}$$

式中，T 是采样周期。显然，在上述离散化过程中，采样周期 T 必须足够短才能保证有足够的精度。将式（9.68）代入式（9.69）可得

$$x_{\mathrm{o}}(kT)=K_{\mathrm{p}}\left\{e(kT)+\frac{T}{T_{\mathrm{i}}}\sum_{j=0}^{k}e(jT)+\frac{T_{\mathrm{d}}}{T}\left[e(kT)-e(kT-T)\right]\right\} \tag{9.70}$$

式（9.70）称作位置式 PID，由 Z 变换的滞后定理

$$Z\left[e(kT-T)\right]=z^{-1}E(z)$$

由 Z 变换的迭值定理

$$Z\left[\sum_{j=0}^{k}e(jT)\right]=\frac{E(z)}{1-z^{-1}}$$

式（9.70）的 Z 变换式为

$$X_o(z)=K_p\left\{E(z)+\frac{TE(z)}{T_i(1-z^{-1})}+\frac{T_d\left[E(z)-z^{-1}E(z)\right]}{T}\right\} \tag{9.71}$$

由式（9.71）便可得到数字调节器的脉冲传递函数

$$D(z)=\frac{X_o(z)}{E(z)}=K_p+K_i\frac{1}{1-z^{-1}}+K_d(1-z^{-1})$$

或者

$$D(z)=\frac{K_p(1-z^{-1})+K_i+K_d(1-z^{-1})^2}{1-z^{-1}} \tag{9.72}$$

式中，K_p 为比例系数；$K_i=K_p\dfrac{T}{T_i}$ 为积分系数，T 为采样周期；$K_d=K_p\dfrac{T_d}{T}$ 为微分系数。

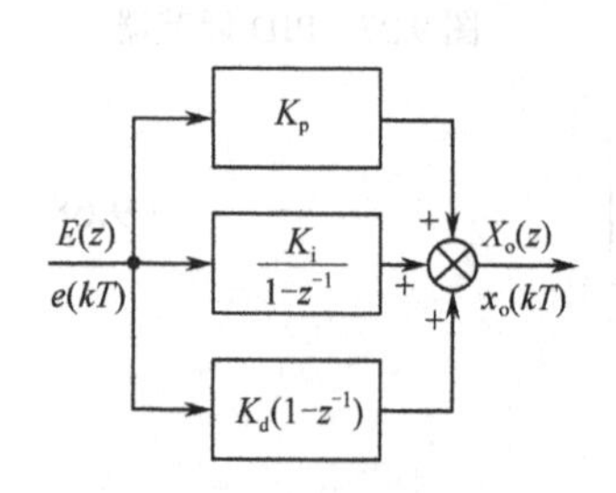

图 9.28　数字 PID 调节器

数字 PID 调节器如图 9.28 所示。

PID 控制中，比例作用 K_p 加大将会减小稳态误差，提高系统的动态响应速度。

【例 9.20】 计算机控制系统如图 9.29 所示，采样周期 $T=0.1\text{s}$，若数字调节器 $D(z)=K_p$，试分析 K_p 对系统性能的影响及选择 K_p 的方法。

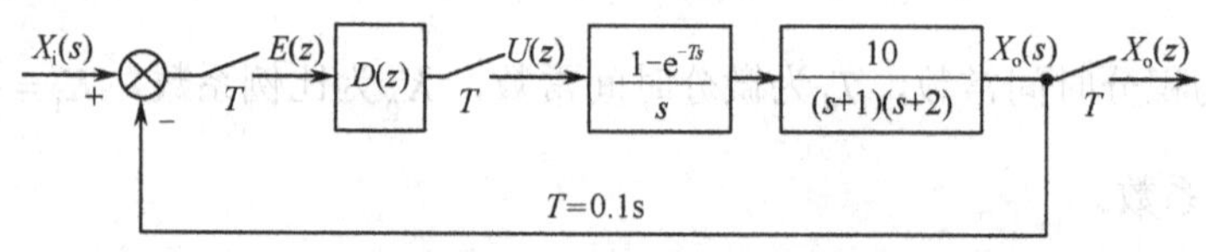

图 9.29　带数字 PID 调节器的计算机控制系统

解： 系统广义对象的脉冲传递函数

$$\begin{aligned}HG(z)&=Z\left[\frac{(1-e^{-sT})}{s}\frac{10}{(s+1)(s+2)}\right]\\&=Z\left[(1-e^{-sT})\left(\frac{5}{s}-\frac{10}{s+1}+\frac{5}{s+2}\right)\right]\\&=\frac{0.0453z^{-1}(1+0.904z^{-1})}{(1-0.905z^{-1})(1-0.819z^{-1})}\\&=\frac{0.0453(z+0.904)}{(z-0.905)(z-0.819)}\end{aligned} \tag{9.73}$$

若数字调节器 $D(z)=K_p$，则系统的闭环脉冲传递函数

$$G_B(z)=\frac{X_o(z)}{X_i(z)}=\frac{D(z)HG(z)}{1+D(z)HG(z)}$$

$$=\frac{0.0453(z+0.904)K_p}{z^2-1.724z+0.741+0.0453K_pz+0.04095K_p}$$

当$K_p=1$，系统在单位阶跃输入时，输出量的 Z 变换

$$X_o(z)=\frac{0.0453z^2+0.04095z}{z^3-2.679z^2+2.461z-0.782}$$

由上式及 Z 变换性质，可以求出输出序列 $x_o(kT)$，如图 9.29 所示。

系统在单位阶跃输入时，输出量的稳态值

$$x_o(\infty)=\lim_{z\to 1}(z-1)G_B(z)X_i(z)$$

$$=\lim_{z\to 1}\frac{0.0453z(z+0.904)K_p}{z^2-1.724z+0.741+0.0453K_pz+0.04095K_p}$$

$$=\frac{0.08625K_p}{0.017+0.08625K_p}$$

当$K_p=1$时，$x_o(\infty)=0.835$，稳态误差$e_{ss}=0.165$；

当$K_p=2$时，$x_o(\infty)=0.901$，稳态误差$e_{ss}=0.09$；

当$K_p=3$时，$x_o(\infty)=0.9621$，稳态误差$e_{ss}=0.038$。

由此可见，当 K_p 加大时，系统的稳态误差将减小。通常，比例系数是根据系统的静态速度误差系数 K_v 的要求来确定的。

$$K_v=\lim_{z\to 1}(z-1)HG(z)K_p$$

在 PID 控制中，积分控制可用来消除系统的稳态误差，因为只要存在偏差，它的积分所产生的信号总是用来消除稳态误差的，直到偏差为零，积分作用才停止。

【例 9.21】 计算机控制系统如图 9.29 所示，采用数字 PI 校正 $D(z)=K_p+K_i\dfrac{1}{1-z^{-1}}$，试分析积分作用及参数的选择。

解： 广义对象的脉冲传递函数

$$HG(z)=\frac{0.0453(z+0.904)}{(z-0.905)(z-0.819)}$$

系统的开环脉冲传递函数

$$G_K(z)=D(z)HG(z)$$

$$=\left(K_p+K_i\frac{1}{1-z^{-1}}\right)\frac{0.0453(z+0.904)}{(z-0.905)(z-0.819)}$$

$$=\frac{(K_p+K_i)\left(z-\dfrac{K_p}{K_p+K_i}\right)\times 0.0453(z+0.904)}{(z-0.905)(z-0.819)(z-1)}$$

为了确定积分系数 K_i，可以使由于积分校正增加的零点$\left(z-\dfrac{K_p}{K_p+K_i}\right)$抵消极点

$(z-0.905)$。

由此可得

$$\frac{K_p}{K_p+K_i}=0.905$$

假设放大倍数 K_p 已由静态速度误差系数确定，若选定 $K_p=1$，则由上式可以确定 $K_i\approx 0.105$，数字调节器的脉冲传递函数

$$D(z)=\frac{1.105(z-0.905)}{(z-1)}$$

系统经过PI校正以后的闭环脉冲传递函数

$$G_B(z)=\frac{X_o(z)}{X_i(z)}=\frac{D(z)HG(z)}{1+D(z)HG(z)}$$

$$=\frac{0.05(z+0.904)}{(z-1)(z-0.819)+0.05(z+0.904)}$$

系统在单位阶跃输入时，输出量的 Z 变换

$$X_o(z)=G_B(z)X_i(z)$$

$$=\frac{0.05(z+0.904)}{(z-1)(z-0.819)+0.05(z+0.904)}\cdot\frac{z}{z-1}$$

由上式可以求出输出响应 $x_o(kT)$，如图9.29所示。

系统在单位阶跃输入时，输出量的稳态值

$$x_o(\infty)=\lim_{z\to 1}(z-1)X_o(z)$$

$$=\frac{0.05z(z+0.904)}{(z-1)(z-0.819)+0.05(z+0.904)}=1$$

所以，系统的稳态误差 $e_{ss}=0$，可见系统加校正积分以后，消除了稳态误差，提高了控制精度。

系统采用数字PI控制可以消除稳态误差。但是由输出量的 Z 变换做出的输出响应曲线可以看出，系统的超调量达到45%，而且调节时间也很长。为了改善动态性能还必须引入微分校正，即采用数字PID控制。

微分控制的作用，实质上跟偏差的变化速度有关，也就是微分的控制作用跟偏差的变化率有关系。微分作用能够预测偏差，产生超前的校正作用，因此，微分控制可以较好地改善动态性能。

【例9.22】 计算机控制系统如图9.29所示，采用数字PID控制，$D(z)=K_p+\frac{K_i}{1-z^{-1}}+K_d(1-z^{-1})$，试分析微分作用及参数的选择。

解： 广义对象的脉冲传递函数仍同式（9.73）

$$HG(z)=\frac{0.0453(z+0.904)}{(z-0.905)(z-0.819)}$$

校正装置的脉冲传递函数

$$D(z)=\frac{K_{\rm p}(1-z^{-1})+K_{\rm i}+K_{\rm d}(1-z^{-1})^2}{(1-z^{-1})}$$

$$=\frac{(K_{\rm p}+K_{\rm i}+K_{\rm d})\left(z^2-\dfrac{K_{\rm p}+2K_{\rm d}}{K_{\rm p}+K_{\rm i}+K_{\rm d}}z+\dfrac{K_{\rm d}}{K_{\rm p}+K_{\rm i}+K_{\rm d}}\right)}{z(z-1)}$$

假设$K_{\rm p}=1$已定，并要求$D(z)$的两个零点抵消$HG(z)$的两个极点$z=0.905$和$z=0.819$，则

$$z^2-\frac{K_{\rm p}+2K_{\rm d}}{K_{\rm p}+K_{\rm i}+K_{\rm d}}z+\frac{K_{\rm d}}{K_{\rm p}+K_{\rm i}+K_{\rm d}}=(z-0.905)(z-0.819)$$

由上式可得方程组

$$\begin{cases}\dfrac{K_{\rm p}+2K_{\rm d}}{K_{\rm p}+K_{\rm i}+K_{\rm d}}=1.724\\[2ex]\dfrac{K_{\rm d}}{K_{\rm p}+K_{\rm i}+K_{\rm d}}=0.741\,2\end{cases}$$

由$K_{\rm p}=1$，解方程组，可解得

$$K_{\rm i}=0.069,\quad K_{\rm d}=3.062$$

数字 PID 调节器的脉冲传递函数

$$D(z)=\frac{4.131(z-0.905)(z-0.819)}{z(z-1)}$$

系统的开环脉冲传递函数

$$G_{\rm K}(z)=D(z)HG(z)$$

$$=\frac{4.131(z-0.905)(z-0.819)\times0.0453(z+0.904)}{z(z-1)(z-0.905)(z-0.819)}$$

$$=\frac{0.187(z+0.904)}{z(z-1)}$$

系统的闭环脉冲传递函数

$$G_{\rm B}(z)=\frac{X_{\rm o}(z)}{X_{\rm i}(z)}=\frac{D(z)HG(z)}{1+D(z)HG(z)}=\frac{0.187(z+0.904)}{z(z-1)+0.187(z+0.904)}$$

系统在单位阶跃输入时，输出量的Z变换

$$X_{\rm o}(z)=G_{\rm B}(z)X_{\rm i}(z)=\frac{0.187(z+0.904)}{z(z-1)+0.187(z+0.904)}\frac{z}{z-1}$$

由上式可以求出输出响应$x_{\rm o}(kT)$，如图 9.30 所示。

系统在单位阶跃输入时，输出量的稳态值

$$x_{\rm o}(\infty)=\lim_{z\to1}(z-1)X_{\rm o}(z)$$

$$=\lim_{z\to1}\frac{0.187(z+0.904)z}{z(z-1)+0.187(z+0.904)}$$

$$=1$$

系统的稳态误差$e_{\rm ss}=0$，可见系统在 PID 控制时，由于积分的控制作用，对于单位阶跃输入，稳态误差也为零。由于微分控制作用，系统的动态特性也得到很大改善，调节时间缩短，

超调量减小。

从图 9.30 所示的三条过渡过程曲线，可以分析和比较比例、积分、微分控制的作用，以及它们的控制效果。

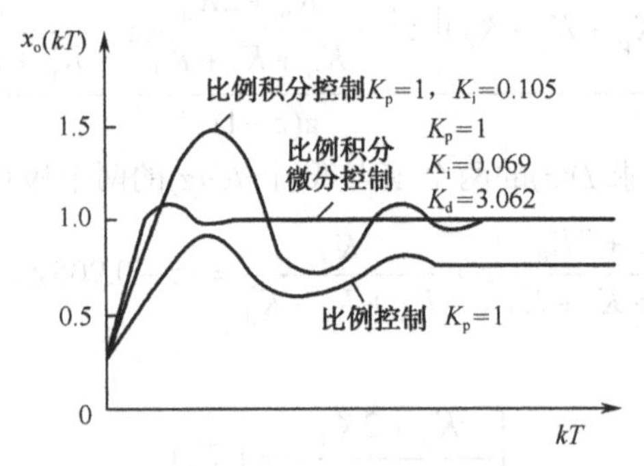

图 9.30 比例积分微分控制时系统的输出响应

本章小结

由于微电子技术、计算机技术和网络技术的迅速发展，计算机作为信号处理的工具，以及作为控制器在控制系统中的应用不断扩大。这种用计算机控制的系统是一类离散控制系统，即数字控制系统。

（1）实现离散控制首先需将连续信号变换为离散信号，这就是采样。采样过程可视为一种脉冲调制过程。为了能够不失真地恢复连续信号，采样频率的选定应符合香农采样定理：

$$f_s \geqslant 2f_{max}$$

（2）离散信号的拉氏变换式包含超越函数，采用 Z 变换能将其有理化。为弥补一般 Z 变换的局限性，可采用广义 Z 变换。在零初始条件下，离散输出量的 Z 变换与离散输入量的 Z 变换之比，即是脉冲传递函数。求系统的脉冲传递函数时应注意各环节之间是否有采样开关。

（3）对于线性离散系统，要在 z 平面上研究系统的稳定性，需要把研究线性连续系统稳定性的方法从 s 平面转换到 z 平面上，这样，稳定判据基本上也适用于线性离散系统。

（4）计算线性连续系统稳态误差的方法可以推广用于进行 Z 变换之后的离散控制系统。

（5）对数频率特性法校正是基于线性连续系统的对数频率特性，根据系统的固有对数频率特性和希望的对数频率特性，得到校正网络的对数频率特性，由此得到相应的校正网络的传递函数，经离散化后由计算机予以实现。

（6）离散控制系统的基本设计方法是有限拍系统设计方法，有限拍控制实质上是时间最优控制。设计有限拍调节器时，必须顾及有限拍调节器的可实现性要求，合理选择系统的闭环脉冲传递函数和输入形式。

（7）实际离散系统中常使用数字 PID 控制器。数字 PID 控制系统可以分为位置式 PID、增量式 PID 和速度式 PID。位置式 PID 数字调节器的输出是全量输出，是执行机构所应达到的位置，跟过去的状态有关，计算机的运算工作量大，往往是生产实践中不允许的。增量式 PID 控制有比较广泛的应用，所谓增量式 PID 是对位置式 PID 取增量，数字调节器的输出只是增量，增量式 PID 数字调节器较之位置式 PID 数字调节器有着计算机误动作影响比较小、手动—自动切换冲击小、控制效果较好等一系列优点。

习题 9

9.1 试求下列函数的 Z 变换。

（1） $f(t)=1-\mathrm{e}^{-at}$

（2） $f(t)=t\mathrm{e}^{at}$

（3） $f(t)=t^2$

（4） $f(t)=\mathrm{e}^{-at}\sin\omega t$

9.2 试求下列拉氏变换所对应的 Z 变换。

（1） $F(s)=\dfrac{a}{s(s+a)}$

（2） $F(s)=\dfrac{s+3}{(s+1)(s+2)}$

（3） $F(s)=\dfrac{1}{s(s+1)^2}$

（4） $F(s)=\dfrac{1}{s^2}$

9.3 试求下列函数的 Z 反变换。

（1） $X(z)=\dfrac{z}{z-a}$

（2） $X(z)=\dfrac{z}{z-\mathrm{e}^{-aT}}$

（3） $X(z)=\dfrac{1}{(z-1)(z-2)}$

（4） $X(z)=\dfrac{z}{(z-1)^2}$

9.4 解下列差分方程。

（1） $y(K+1)+2y(K)=x(K+1)$　　$y(0)=0$，$x(K)=\mathrm{e}^{-K}$

（2） $y(K+2)+3y(K+1)+2y(K)=x(K+1)$　　$y(0)=y(1)=0$，$x(K)=3^K$

（3） $y(K+2)+3y(K+1)+2y(K)=x(K+1)$　　$y(0)=y(1)=0$，$x(K)=K$

9.5 已知系统的闭环特征方程，试判断离散系统的稳定性。

（1） $(z+1)(z+0.3)(z-2)=0$

（2） $24z^3+10z^2-3z-1=0$

9.6 系统如题 9.6 图所示，试求采样周期 $T=1\mathrm{s}$ 和 $T=0.5\mathrm{s}$ 时，系统稳定的 K 值。

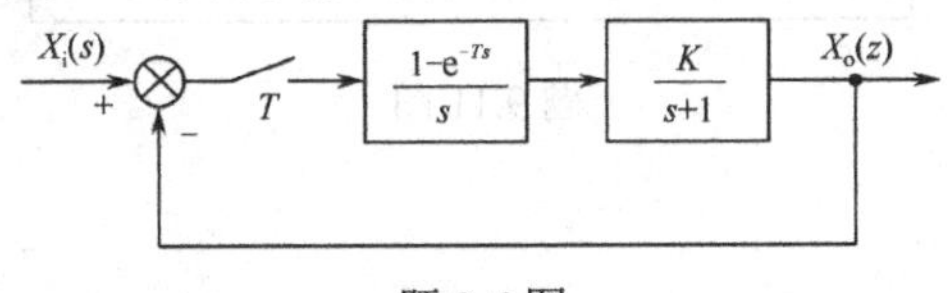

题 9.6 图

9.7 在题9.7图所示系统中，试求系统在单位阶跃和单位斜坡输入时的稳态误差。

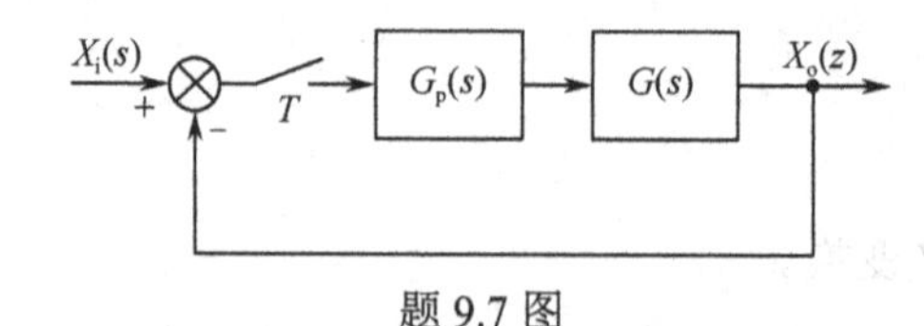

题9.7图

（1）$G_P(s)=\dfrac{1-e^{-Ts}}{s}$，$G(s)=\dfrac{K}{s+a}$

（2）$G_P(s)=1$，$G(s)=\dfrac{K}{s(s+a)}$

9.8 已知题9.8图所示系统的采样周期为$T=1s$。

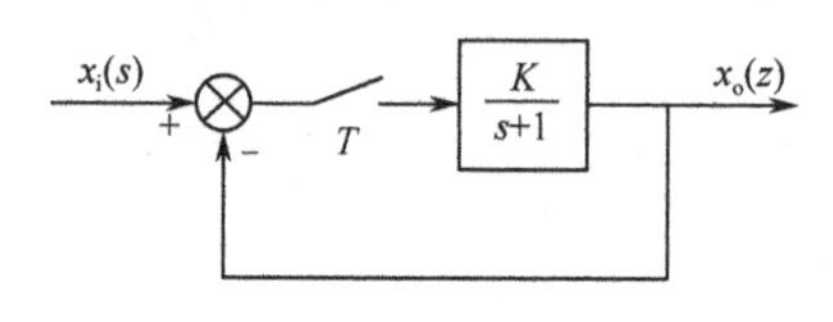

题9.8图

（1）试分析离散系统的稳定性。

（2）求输入信号为$u(t)=1(t)$时的稳态误差。

9.9 检验下列特征方程的所有根是否均位于单位圆之内。

（1）$z^3-0.2z^2-0.25z+0.05=0$

（2）$z^4-1.7z^3+1.04z^2+0.268z+0.024=0$

9.10 题9.10图所示系统的采样周期T=1s，并在被控对象之前加入零阶保持器，试求此时系统稳定的临界增益K值。

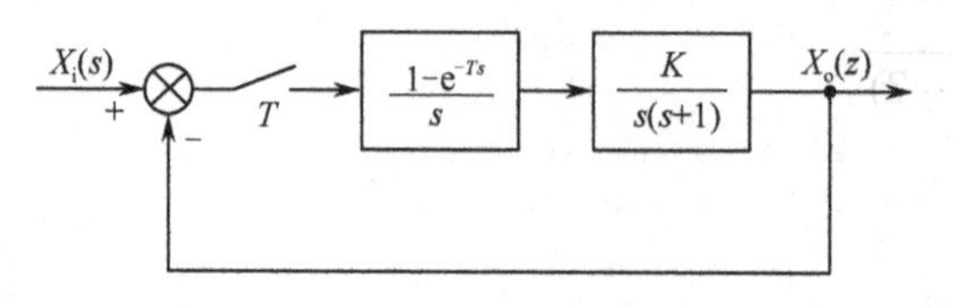

题9.10图

9.11 已知离散控制系统的框图如题9.11图所示，其中$G_0(s)=\dfrac{4}{s(s+1)}$，$T=1s$，试求$u(t)=1(t)$时有限拍系统数字校正装置的脉冲传递函数$D(z)$，并求输出$x_o(kT)$。

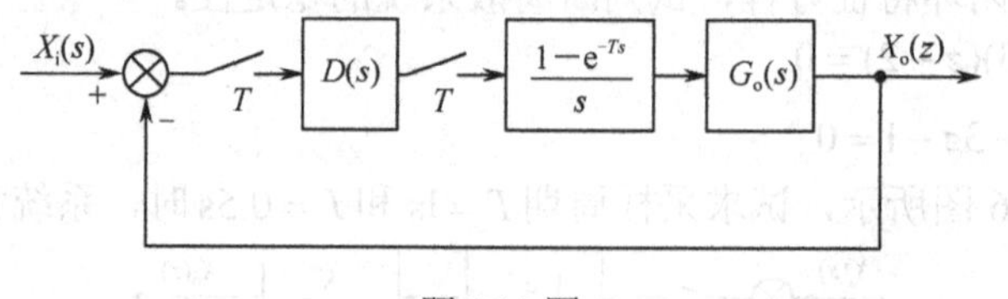

题9.11图

Chapter 10

第10章

MATLAB 在控制工程中的应用

学习要点

掌握用 MATLAB 进行瞬态响应分析、用 MATLAB 作 **Bode** 图和作 Nyquist 图的方法；掌握 Simulink 的应用方法。

10.1 MATLAB 简介

1980 年前后，美国的 Cleve Moler 博士在 New Mexico 大学讲授线性代数课程时，发现应用其他高级语言编程极为不便，便构思并开发了 MATLAB(MATrix LABoratory，矩阵实验室)，它是集命令翻译、科学计算于一体的一套交互式软件系统，经过在该大学几年的试用之后，1984 年推出了该软件的正式版本。在 MATLAB 中，矩阵的运算变得异常容易，后来的版本中又增添了丰富多彩的图形图像处理及多媒体功能，使得 MATLAB 的应用范围越来越广泛，Moler 博士等一批数学家与软件专家组建了一个名为 Mathworks 的软件开发公司，专门扩展并改进 MATLAB，并于 1994 年推出了 4.2 版本。此后，随着技术进步，软件版本一直在升级更新。

为了准确地把一个控制系统的复杂模型输入给计算机，然后对之进行进一步的分析与仿真，1990 年 Mathworks 软件公司为 MATLAB 提供了新的控制系统模型图形输入与仿真工具，该工具很快在控制界得到了广泛的使用，1992 年正式改名为 Simulink。此软件有两个明显的功能：仿真与连接，即可以利用鼠标器在模型窗口上画出所需的控制系统模型，然后利用该软件提供的功能来对系统直接进行仿真。很明显，这种做法使得一个很复杂系统的输入变得相当容易。Simulink 的出现，更使得 MATLAB 为控制系统的仿真及其在 CAD 中的应用打开了崭新的局面。

目前的 MATLAB 已经成为国际上最为流行的软件之一，它除了传统的交互式编程之外，还提供了丰富可靠的矩阵运算、图形绘制、数据处理、图像处理等便利工具，各种以 MATLAB 为基础的实用工具箱，广泛地应用于自动控制、图像信号处理、生物医学工程、语音处理、雷达工程、信号分析、振动理论、时序分析与建模、优化设计等领域，并表现出一般高级语言难以比拟的优势。较为常见的 MATLAB 工具箱主要包括：

① 控制系统工具箱；
② 系统辨识工具箱；
③ 鲁棒控制工具箱；
④ 多变量频率设计工具箱；
⑤ μ分析与综合工具箱；
⑥ 神经网络工具箱；
⑦ 最优化工具箱；
⑧ 信号处理工具箱；
⑨ 模糊推理系统工具箱；
⑩ 小波分析工具箱。

10.2 用 MATLAB 进行瞬态响应分析

10.2.1 线性系统的 MATLAB 表示

设系统的传递函数为

$$G(s)=\frac{b_m s^m+b_{m-1}s^{m-1}+\cdots+b_1 s+b_0}{a_n s^n+a_{n-1}s^{n-1}+\cdots+a_1 s+a_0}=\frac{M(s)}{D(s)} \tag{10.1}$$

分别将式（10.1）中的分子 s 多项式 $M(s)$ 和分母 s 多项式 $D(s)$ 用数组来表示，数组元素由相应多项式的系数组成，并以 s 的降幂排列，见式（10.2）、式（10.3）。

$$M=\begin{bmatrix}b_m & b_{m-1} & \cdots & b_1 & b_0\end{bmatrix} \tag{10.2}$$

$$D=\begin{bmatrix}a_n & a_{n-1} & \cdots & a_1 & a_0\end{bmatrix} \tag{10.3}$$

【例 10.1】 $G(s)=\dfrac{25}{s^2+4s+25}$，求该系统传递函数的数组表示。

解：根据式（10.2）、式（10.3），该系统传递函数的数组表示为

$$M=\begin{bmatrix}0 & 0 & 25\end{bmatrix}$$

$$D=\begin{bmatrix}1 & 4 & 25\end{bmatrix}$$

10.2.2　系统单位阶跃响应的求法

在 MATLAB 中，求取系统单位阶跃响应的命令为：

```
step（M，D）
```

【例 10.2】 用 MATLAB 编写程序，求取例 10.1 中系统的单位阶跃响应。

程序清单如下：

```
%........例 10.2 MATLAB 程序.....
%......................单位阶跃响应............
%..................输入传递函数的分子和分母数组...........
m=[0 0 25];
d=[1 4 25];
%.................输入阶跃命令..............
step(m,d);
%.............输入坐标网格命令和标题说明...........
grid;
title(' G(s)=25/s^2+4s+25)的单位阶跃响应');
```

程序运行结果如图 10.1 所示。

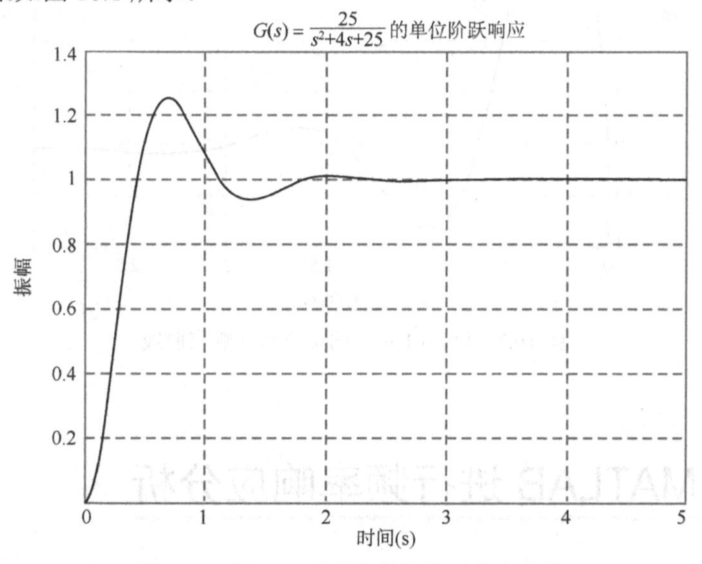

图 10.1　例 10.1 系统的单位阶跃响应曲线

10.2.3　系统单位脉冲响应的求法

在 MATLAB 中，求取系统单位脉冲响应的命令为：

```
impulse（M，D）
```

【例 10.3】 用 MATLAB 编写程序，求取例 10.1 中系统的单位脉冲响应。

程序清单如下：

```
%.........例 10.3 MATLAB 程序....
%......................单位脉冲响应............
%..................输入传递函数的分子和分母数组...........
m=[0 0 25];
d=[1 4 25];
%.................输入脉冲命令...........
impulse(m,d)
%..............输入坐标网格命令和标题说明...........
grid
title('G(s)=25/s^2+4s+25)的单位脉冲响应')
```

程序运行结果如图 10.2 所示。

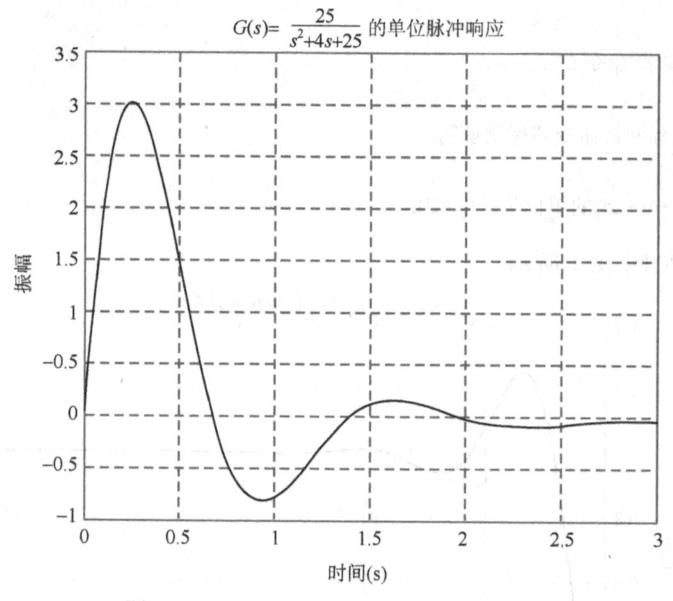

图 10.2 例 10.1 系统的单位脉冲响应曲线

10.3 用 MATLAB 进行频率响应分析

10.3.1 用 MATLAB 作 Bode 图

在 MATLAB 中，作系统 Bode 图的命令为：

```
bode（M，D）
```

【例 10.4】 用 MATLAB 编写程序，绘制例 10.1 中系统的 Bode 图。

程序清单如下：

```
%.........例 10.4 MATLAB 程序....
%.....................系统的 Bode 图...........
%.................输入传递函数的分子和分母数组...........
m=[0 0 25];
d=[1 4 25];
%.................输入作 Bode 图的命令...........
bode(m,d)
%.............输入坐标网格命令和标题说明...........
grid;
title('G(s)=25/s^2+4s+25)的 Bode 图')
```

程序运行结果如图 10.3 所示。

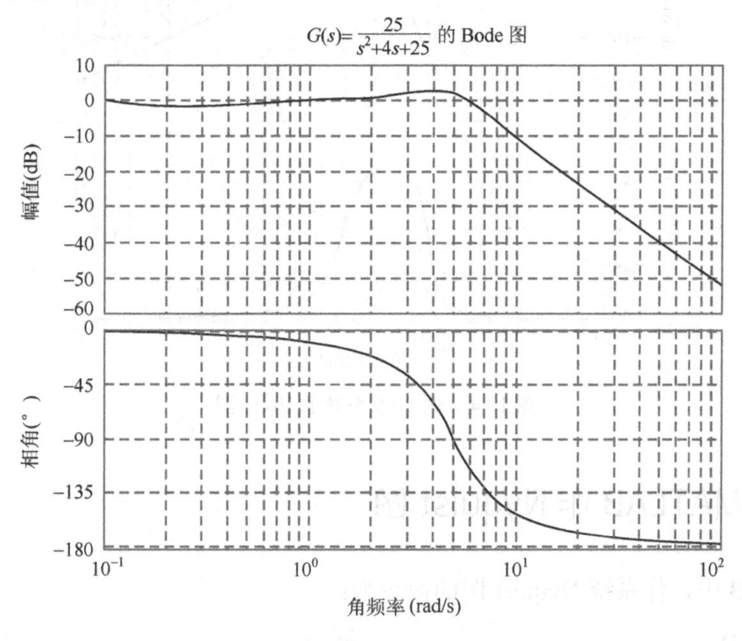

图 10.3　例 10.1 系统的 Bode 图

【例 10.5】 试用 MATLAB 作开环传递函数为 $G(s)=\dfrac{9(s^2+0.2s+1)}{s(s^2+1.2s+9)}$ 的单位反馈系统的 Bode 图。

该系统传递函数的数组表示为

$$M=[0\quad 9\quad 1.8\quad 9]$$
$$D=[1\quad 1.2\quad 9\quad 0]$$

程序清单如下：

```
%.........例 10.5 MATLAB 程序....
%.....................系统的 Bode 图...........
%.................输入传递函数的分子和分母数组...........
m=[0 9 1.8 9];
d=[1 1.2 9 0];
```

```
%.................输入作 Bode 图的命令...........
bode(m,d)
%..............输入坐标网格命令和标题说明...........
grid;
title('例 10.5 的 Bode 图')
```

程序运行结果如图 10.4 所示。

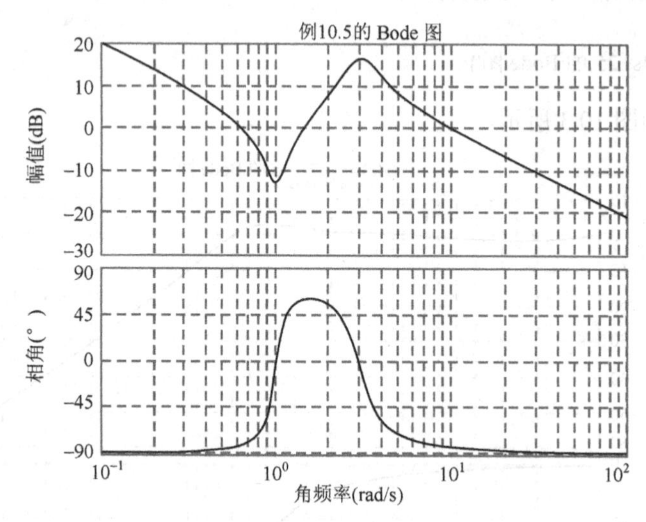

图 10.4　例 10.5 系统的 Bode 图

10.3.2　用 MATLAB 作 Nyquist 图

在 MATLAB 中，作系统 Nyquist 图的命令为：

```
nyquist（M，D）
```

【例 10.6】 用 MATLAB 编写程序，绘制例 10.1 中系统的 Nyquist 图。

程序清单如下：

```
%........例 10.6 MATLAB 程序....
%......................系统的 Nyquist 图............
%..................输入传递函数的分子和分母数组..........
m=[0 0 25];
d=[1 4 25];
%.................输入作 Nyquist 图的命令...........
nyquist(m,d);
%..............输入标题说明...........
title('G(s)=25/s^2+4s+25)的 Nyquist 图')
```

程序运行结果如图 10.5 所示。

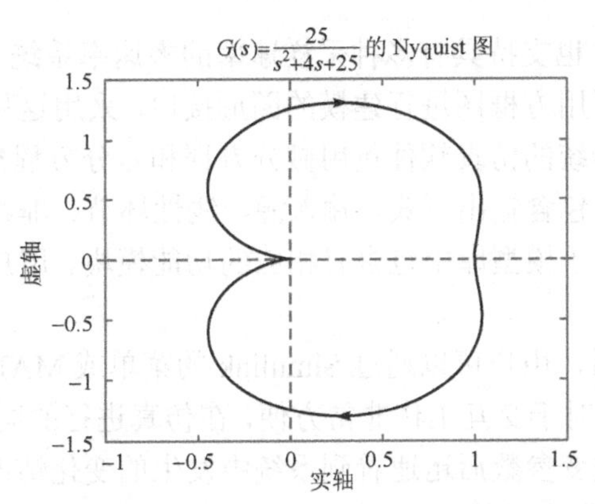

图 10.5　例 10.1 系统的 Nyquist 图

【例 10.7】用 MATLAB 编写程序，绘制例 10.5 中系统的 Nyquist 图。

程序清单如下：

```
%.........例 10.7 MATLAB 程序....
%......................系统的 Nyquist 图............
%..................输入传递函数的分子和分母数组...........
m=[0 9 1.8 9];
d=[1 1.2 9 0];
%.................输入作 Nyquist 图的命令...........
nyquist(m,d)
%.............输入标题说明...........
title('例 10.7 的 Nyquist 图')
```

程序运行结果如图 10.6 所示。

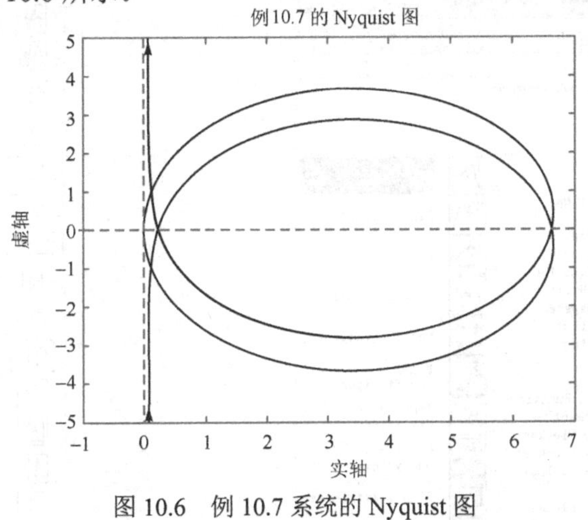

图 10.6　例 10.7 系统的 Nyquist 图

10.4　Simulink 应用

10.4.1　Simulink 概述

Simulink 是一个用来对动态系统进行建模、仿真分析的软件包，它支持连续、离散及两者混合的线性和非线性系统，也支持具有多种采样速率的多速率系统。

Simulink 为用户提供了用方框图进行建模的图形接口，采用这种结构画模型就像你用笔和纸来作画一样容易。它与传统的仿真软件包用微分方程和差分方程建模相比，具有更直观、方便、灵活的优点。Simulink 包含输出方式、输入源、线性环节、非线性环节、连接与接口和其他环节子模型库，而且每个子模型库中包含有相应的功能模块。用户也可以定制和创建用户自己的模块。

在定义完一个模型以后，用户可以通过 Simulink 的菜单或 MATLAB 的命令窗口输入命令来对它进行仿真。菜单方式对于交互工作非常方便，在仿真进行的同时，就可观看到仿真结果。除此之外，用户还可以在改变参数后迅速看到系统中发生的变化情况。仿真的结果还可以存放到 MATLAB 的工作空间里做事后处理。

由于 MATLAB 和 Simulink 是集成在一起的，因此用户可以在这两种环境下对自己的模型进行仿真、分析和修改。

10.4.2 启动 Simulink 工具包

启动 MATLAB，在其命令窗口中输入“simulink”，按回车键后，即可启动 Simulink 工具包，如图 10.7 所示。

窗口中右边的 13 个图标为“Simulink”的 13 个工具库，每个库中有一些相应的工具模块，如 Sources 为输入源库，双击该图标，出现如图 10.8 所示的窗口。该窗口中的图标为 Simulink 工具包提供的一些输入信号模块。

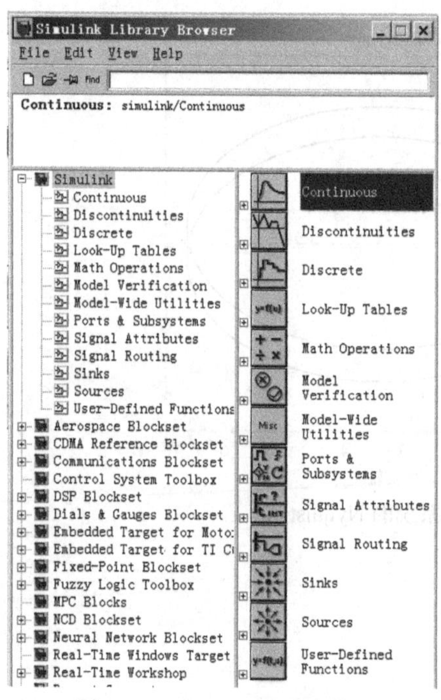

图 10.7 Simulink 工具库窗口

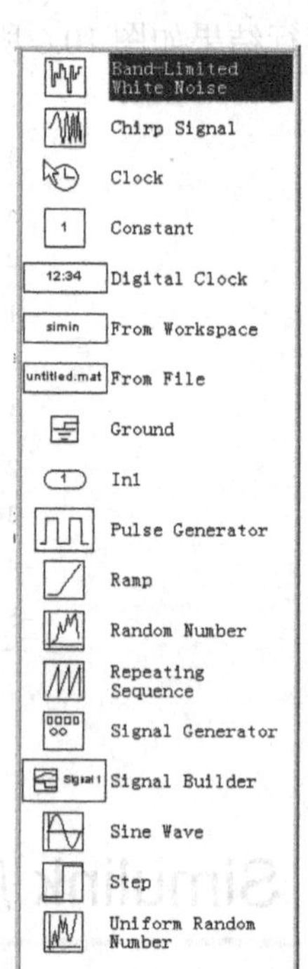

图 10.8 Sources（输入源库）窗口

10.4.3 用 Simulink 创建系统模型

【例 10.8】 创建例 3.22 系统的系统模型，该系统的传递函数方框图如图 10.9 所示。

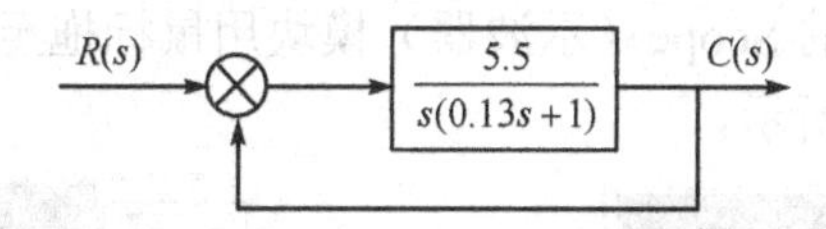

图 10.9　例 3.22 中系统的传递函数方框图

解：① 在 Simulink 窗口中，单击菜单中的 File 命令，选择 new 选项（或直接单击新建工具图标），创建一个新模型窗口，如图 10.10 所示。

② 在图 10.10 所示的窗口中放置系统模型中相应的模块。

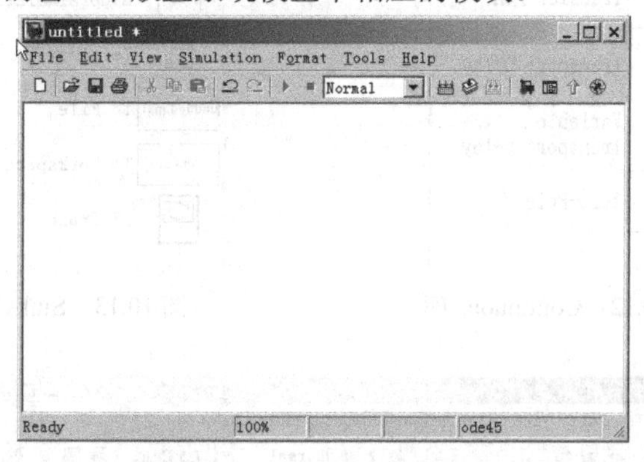

图 10.10　创建模型文件窗口

首先，双击如图 10.7 所示窗口中的 Sources 图标，该图标为输入信号模块库，库中所包含的模块如图 10.8 所示，将其中的 Step（阶跃信号）模块用鼠标拖至图 10.10 所示的窗口中。

其次，双击如图 10.7 所示窗口中的 Math Operations 图标，该图标为数学运算符号模块库，库中所包含的模块如图 10.11 所示，将其中的 Sum（相加）模块用鼠标拖至如图 10.10 所示的窗口中。

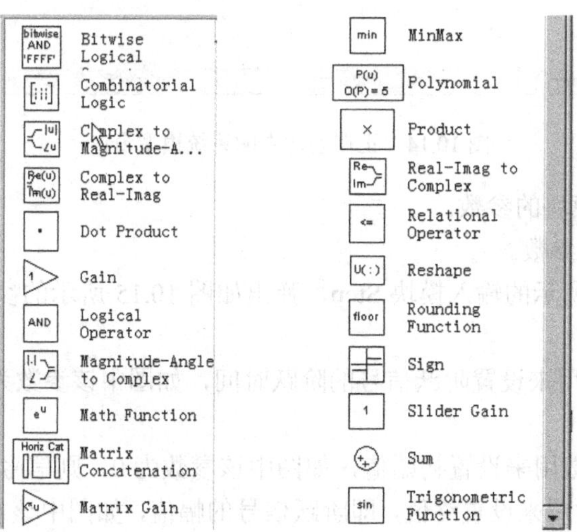

图 10.11　Math Operations 库

再次，建立系统传递函数模型，双击如图 10.7 所示窗口中的 Continuous 图标，该图标为线性连续系统的传递函数模块库，Continuous 库包含如图 10.12 所示的模块，分别将 Integrator（积分）模块、Transfer Fcn（传递函数）模块用鼠标拖至如图 10.10 所示的窗口中。

最后，双击如图 10.7 所示窗口中的 Sinks 图标，该图标为输出方式模块库，库中所包含的模块如图 10.13 所示，将其中的 Scope（示波器）模块用鼠标拖至如图 10.10 所示的窗口中。

完成后的结果如图 10.14 所示。

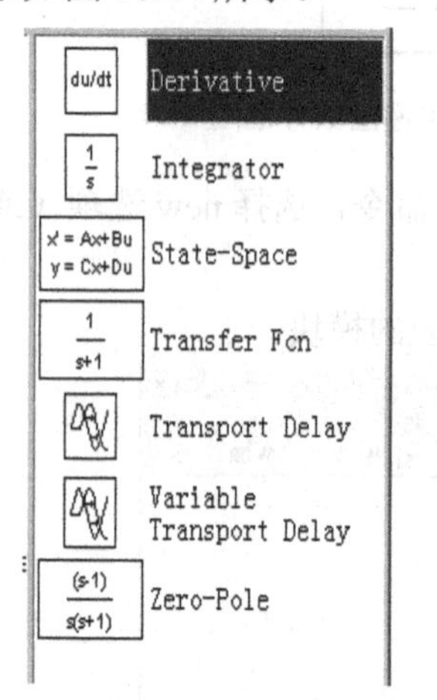

图 10.12 Continuous 库

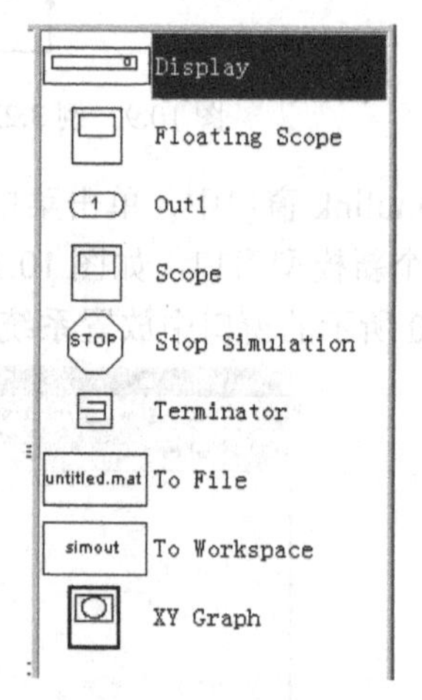

图 10.13 Sinks 库

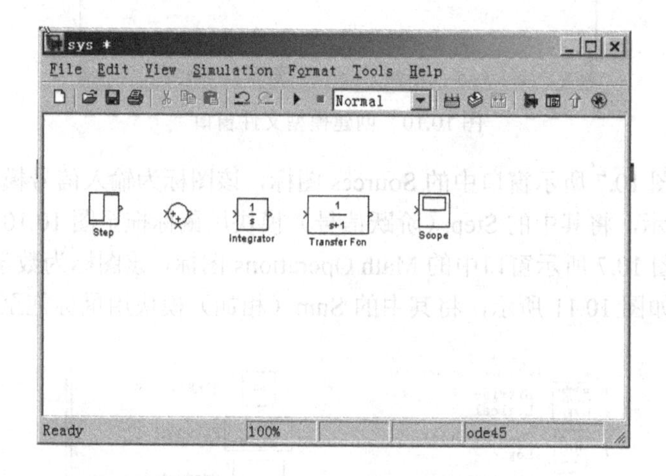

图 10.14 正在创建中的系统模型窗口

③ 设置模型中各模块的参数。

● 设置输入信号的参数。

双击如图 10.14 中所示的输入模块 Step，弹出如图 10.15 所示的参数设置窗口。该窗口中有四个参数：

Step time：该参数用来设置阶跃信号的阶跃时间，如图中该参数为 1，则信号在 $t=1$ 时产生阶跃；

Initial value：该参数用来设置初始值，如图中该参数为 0，则信号在 $t=0$ 时幅值为 0；

Final value：该参数用来设置终值，即阶跃信号的幅值，如图中该参数为 1，则此信号为单位阶跃信号；

Sample time：该参数用来设置采样时刻，如图中该参数为 0，则信号从 $t=0$ 时刻开始被采样。

按照上述情况设置的参数，该输入信号如图 10.16 所示。

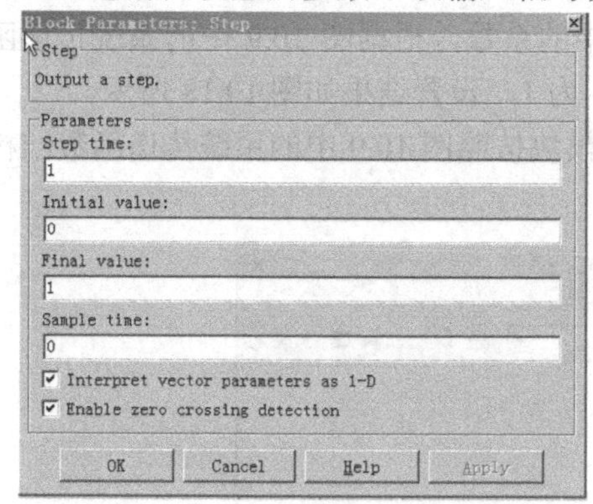

图 10.15　Step 信号的参数设置窗口

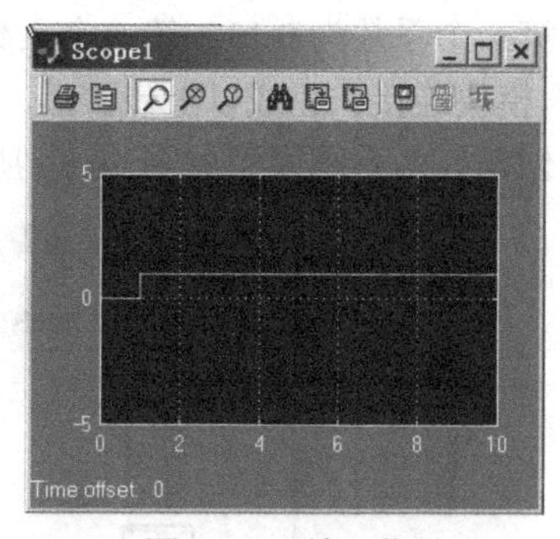

图 10.16　输入信号

● 设置相加点 Sum 模块中信号的符号。

双击如图 10.14 中所示的 Sum 模块，弹出如图 10.17 所示的参数设置窗口。该窗口中的 List of signs 的文本输入框中前面设置了一个“+”号表示输入信号为正，后面设置了一个“-”号表示反馈信号为负，即负反馈，若为正反馈，该符号改为“+”即可。

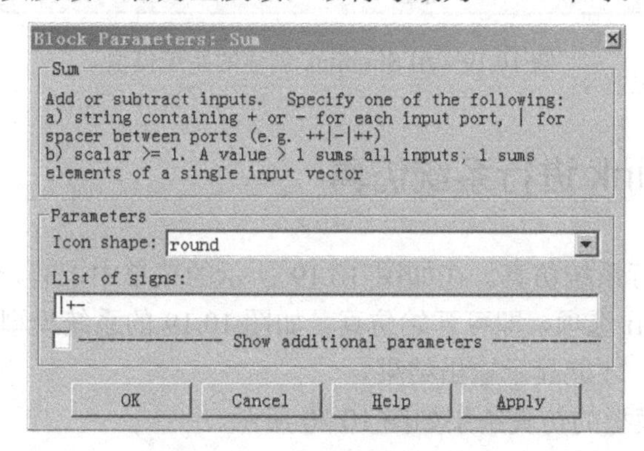

图 10.17　Sum 模块参数设置窗口

● 设置系统传递函数模块参数。

双击如图 10.14 中所示的 Transfer Fcn 模块，弹出如图 10.18 所示的参数设置窗口。

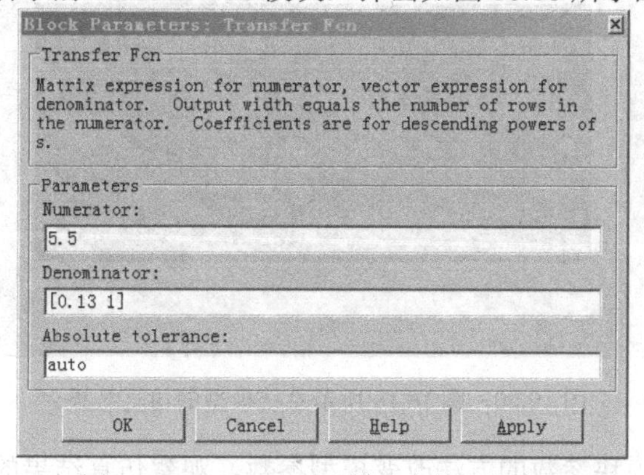

图 10.18　Transfer Fcn 模块参数设置窗口

Numerator：该参数用来设置传递函数分子中的比例系数，根据图 10.9 中的系统传递函数，该参数设置为 5.5；

Denominator：该参数用来设置传递函数分母中的系数，根据图 10.9 中的系统传递函数，分母中第一个系数为 0.13，第二个系数（常数项）为 1，设置结果如图 10.18 所示。

④ 模块连接。完成以上步骤后，用鼠标将各模块按照图 10.9 中的系统传递函数结构连接起来，创建好的系统模型如图 10.19 所示。

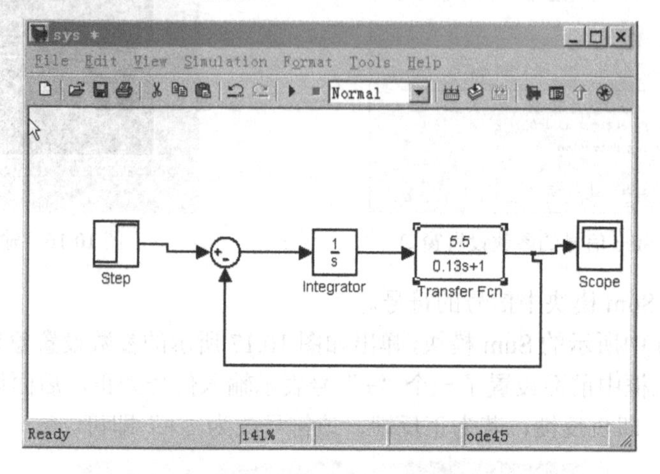

图 10.19 用 Simulink 创建的系统模型

10.4.4 用 Simulink 进行系统仿真

创建好模型后可进行系统仿真。在如图 10.19 所示的菜单中，有一项 Simulation，单击该菜单项，选择其中的 Start 选项，即可开始仿真。如图 10.19 的系统模型中有 Scope 模块，该模块在仿真之前要先打开，才能显示输出结果。

图 10.19 所示系统模型的仿真结果如图 10.20 所示。

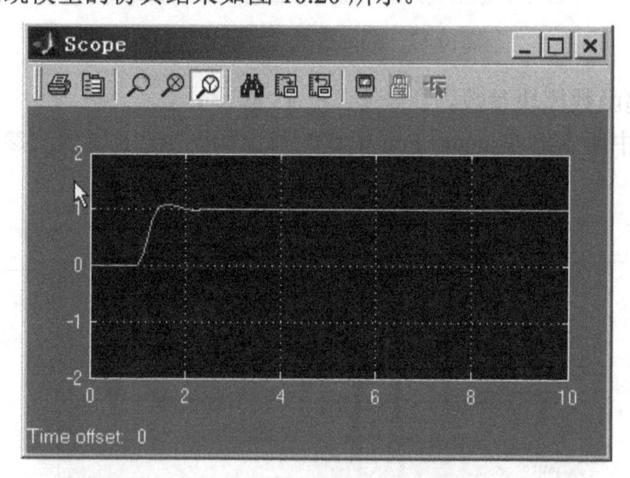

图 10.20 图 10.19 所示系统模型的仿真结果

按上面介绍的设置模块参数的方法改变模型参数，观察仿真结果的变化情况。

1. 改变系统比例系数

将传递函数中的比例系数 5.5 改为 1，仿真结果如图 10.21 所示。
将传递函数中的比例系数 5.5 改为 10，仿真结果如图 10.22 所示。

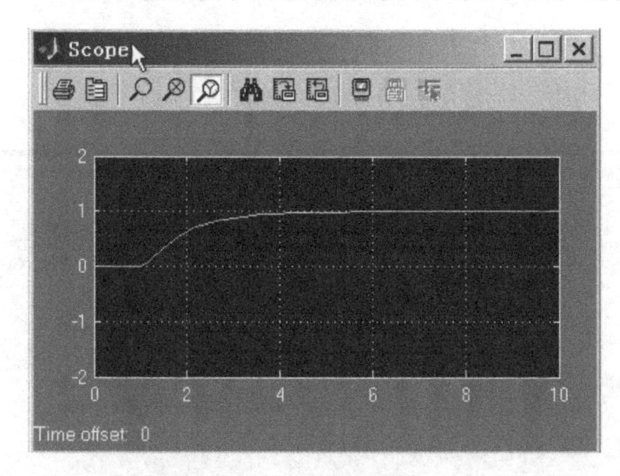

图 10.21　仿真结果（1）

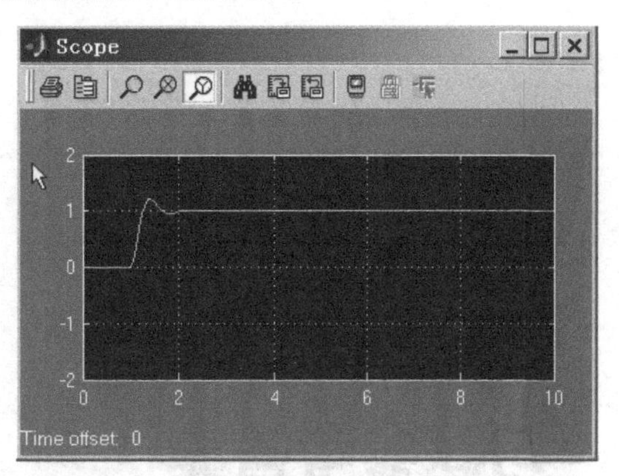

图 10.22　仿真结果（2）

2. 改变系统模型分母中的系数

将传递函数分母中的系数 0.13 改为 0.5，仿真结果如图 10.23 所示。
将传递函数分母中的系数 0.13 改为 0.05，仿真结果如图 10.24 所示。

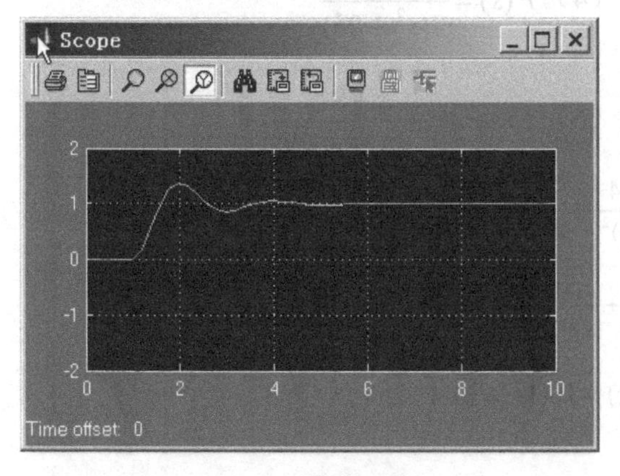

图 10.23　仿真结果（3）

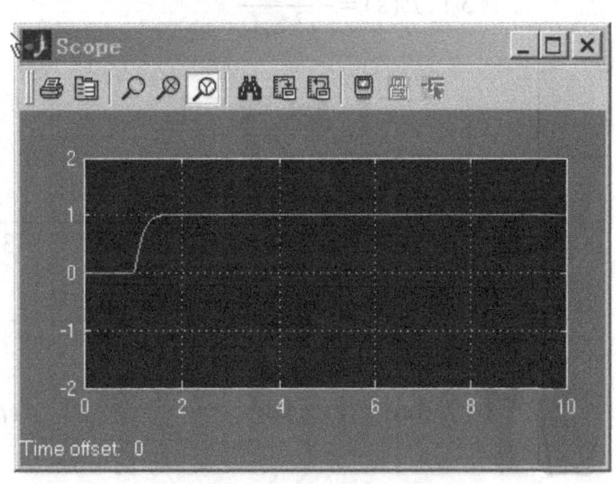

图 10.24　仿真结果（4）

读者可对以上仿真结果进行分析。

本章小结

MATLAB（MATrix LABoratory，矩阵实验室）是集命令翻译、科学计算于一体的交互式软件系统，应用 MATLAB 命令编写相关程序，可进行瞬态响应分析、作 Bode 图、作 Nyquist 图；用 Simulink 工具可进行系统的仿真分析。

习题参考答案

2.1 （1）$F(s)=5+\dfrac{2}{s}+\dfrac{1}{s^2}$ （2）$F(s)=\dfrac{n!}{(s-a)^{n+1}}$

（3）$F(s)=\dfrac{1+\mathrm{e}^{-\pi s}}{s^2+1}$ （4）$F(s)=\dfrac{5+\sqrt{3}s}{2(s^2+25)}$

（5）$F(s)=\dfrac{4s\mathrm{e}^{-\frac{\pi}{6}s}}{s^2+4}+\dfrac{1}{s+5}$ （6）$F(s)=\dfrac{s+8}{s^2+12s+100}$

（7）$F(s)=\dfrac{6}{(s+3)^4}+\dfrac{s+1}{(s+1)^2+4}+\dfrac{4}{(s+3)^2+16}$

（8）$F(s)=\dfrac{5\mathrm{e}^{-2s}}{s}+\dfrac{2}{(s-2)^3}-\dfrac{2}{(s-2)^2}+\dfrac{1}{s-2}$

2.2 （1）$\lim\limits_{t\to\infty}f(t)=10$ （2）$f(t)=10(1-\mathrm{e}^{-t})$

2.3 （1）$f(0_+)=0$，$f'(0_+)=1$ （2）$f(t)=t\mathrm{e}^{-2t}$，$f'(t)=(1-2t)\mathrm{e}^{-2t}$，$f(0_+)=0$，$f'(0_+)=1$

2.4 （a）$F(s)=\dfrac{5}{s^2}-\dfrac{5\mathrm{e}^{-2s}}{s^2}-\dfrac{10\mathrm{e}^{-2s}}{s^2}$ （b）$F(s)=\dfrac{\mathrm{e}^{-s}}{s}+\dfrac{1}{2}\dfrac{\mathrm{e}^{-2s}}{s^2}-\dfrac{1}{2}\dfrac{\mathrm{e}^{-3s}}{s^2}+2\dfrac{\mathrm{e}^{-3s}}{s}$

（c）$F(s)=\dfrac{5}{s}-\dfrac{5}{s^2}+\dfrac{10\mathrm{e}^{-s}}{s^2}-\dfrac{10\mathrm{e}^{-2s}}{s^2}+\dfrac{5\mathrm{e}^{-3s}}{s^2}$

2.5 （1）$f(t)=\dfrac{1}{2}\sin 2t$

（2）$f(t)=\mathrm{e}^t\cos 2t+\dfrac{1}{2}\mathrm{e}^t\sin 2t+\cos 3t+\dfrac{1}{3}\sin 3t$

（3）$f(t)=\mathrm{e}^{t-1}u(t-1)$ （4）$f(t)=(-t\mathrm{e}^{-t}+2\mathrm{e}^{-t}-2\mathrm{e}^{-2t})u(t)$

（5）$f(t)=\dfrac{8\sqrt{15}}{15}\mathrm{e}^{-\frac{t}{2}}\sin\dfrac{\sqrt{15}}{2}t\cdot u(t)$ （6）$f(t)=\left(\cos 3t+\dfrac{1}{3}\sin 3t\right)\cdot u(t)$

（7）$f(t)=(\mathrm{e}^{-t}+t-1)\cdot u(t)$ （8）$f(t)=-2\mathrm{e}^{-2t}+3\mathrm{e}^{-t}\cos t$

2.6 （1）$u(t)$ （2）$\dfrac{1}{6}t^3\cdot u(t)$

（3）$(\mathrm{e}^t-t-1)\cdot u(t)$ （4）$(t-\sin t)\cdot u(t)$

3.1 （a）$m\dfrac{\mathrm{d}^2y(t)}{\mathrm{d}t^2}+ky(t)=f(t)$ （b）$m\dfrac{\mathrm{d}^2y(t)}{\mathrm{d}t^2}+\dfrac{k_1k_2}{k_1+k_2}y(t)=f(t)$

3.2 （a）$c\dfrac{\mathrm{d}y(t)}{\mathrm{d}t}+ky(t)=kx(t)$ （b）$m\dfrac{\mathrm{d}^2y(t)}{\mathrm{d}t^2}+c\dfrac{\mathrm{d}y(t)}{\mathrm{d}t}+ky(t)=kx(t)$

（c）$m\dfrac{\mathrm{d}y(t)}{\mathrm{d}t}+(k_1+k_2)y(t)=c_1\dfrac{\mathrm{d}x(t)}{\mathrm{d}t}+k_1x(t)$

（d）$m\dfrac{\mathrm{d}^2y(t)}{\mathrm{d}t^2}+(c_1+c_2)\dfrac{\mathrm{d}y(t)}{\mathrm{d}t}=c_1\dfrac{\mathrm{d}x(t)}{\mathrm{d}t}$

3.3 （a）$LC\dfrac{\mathrm{d}^2u_\mathrm{o}(t)}{\mathrm{d}t^2}+u_\mathrm{o}(t)=u_\mathrm{i}(t)$ （b）$L(C_1+C_2)\dfrac{\mathrm{d}^2u_\mathrm{o}(t)}{\mathrm{d}t^2}+u_\mathrm{o}(t)=u_\mathrm{i}(t)$

（c）
$$C_1R_2\frac{\mathrm{d}^2u_\mathrm{o}(t)}{\mathrm{d}t^2}+\left(1+\frac{R_2}{R_1}+\frac{C_2}{C_1}\right)\frac{\mathrm{d}u_\mathrm{o}(t)}{\mathrm{d}t}+\frac{1}{C_2R_1}u_\mathrm{o}(t)$$
$$=C_1R_2\frac{\mathrm{d}^2u_\mathrm{i}(t)}{\mathrm{d}t^2}+\left(\frac{R_2}{R_1}+\frac{C_2}{C_1}\right)\frac{\mathrm{d}u_\mathrm{i}(t)}{\mathrm{d}t}+\frac{1}{C_2R_1}u_\mathrm{i}(t)$$

（d）$(R_1+R_2)\dfrac{\mathrm{d}u_\mathrm{o}(t)}{\mathrm{d}t}+\left(\dfrac{1}{C_1}+\dfrac{1}{C_2}\right)u_\mathrm{o}(t)=R2_1\dfrac{\mathrm{d}u_\mathrm{i}(t)}{\mathrm{d}t}+\dfrac{1}{C_2}u_\mathrm{i}(t)$

3.4
$$mJ\frac{\mathrm{d}^4\theta(t)}{\mathrm{d}t^4}+(mC_\mathrm{m}+cJ)\frac{\mathrm{d}^3\theta(t)}{\mathrm{d}t^3}+(R^2km+C_\mathrm{m}c+KJ)\frac{\mathrm{d}^2\theta(t)}{\mathrm{d}t^2}+k(cR^2+C_\mathrm{m})\frac{\mathrm{d}\theta(t)}{\mathrm{d}t}$$
$$=m\frac{\mathrm{d}^2M(t)}{\mathrm{d}t^2}+c\frac{\mathrm{d}M(t)}{\mathrm{d}t}+KM$$

3.5 $G(s)=\dfrac{\Omega(s)}{M_\mathrm{H}(s)}=\dfrac{L_as+R_a}{(Js+B)(L_as+R_a)+K_bC_\mathrm{m}}$

3.6 $G(s)=\dfrac{Y(s)}{X(s)}=\dfrac{2s^2+6s+2}{s^2+3s+2}$

3.7 （a）惯性环节 $G(s)=\dfrac{K}{Ts+1\pm K}$

（b）微分环节 $G(s)=\dfrac{Ts}{1\pm Ts}$

（c）积分环节 $G(s)=\dfrac{K}{s\pm K}$

3.8 （a）$G(s)=\dfrac{X_o(s)}{X_i(s)}=\dfrac{k}{ms^2+cs+k}$

（b）$G(s)=\dfrac{U_o(s)}{U_i(s)}=\dfrac{1}{L_aCs^2+RCs+1}$

3.9 $G(s)=\dfrac{Y_2(s)}{F(s)}=\dfrac{m_1s^2+c_1s+k}{m_1m_2s^4+[m_2c_1+m_1(c_1+c_2)]s^3+(m_2k+c_1c_2)]s^2+k(c_1+c_2)s}$

3.10 （1）以 $R(s)$ 为输入，当 $N(s)=0$ 时：

若以 $C(s)$ 为输出的闭环传递函数 $G_C(s)=\dfrac{C(s)}{R(s)}=\dfrac{G_1(s)G_2(s)}{1+G_1(s)G_2(s)H(s)}$

若以 $Y(s)$ 为输出的闭环传递函数 $G_Y(s)=\dfrac{Y(s)}{R(s)}=\dfrac{G_1(s)}{1+G_1(s)G_2(s)H(s)}$

若以 $B(s)$ 为输出的闭环传递函数 $G_B(s)=\dfrac{B(s)}{R(s)}=\dfrac{G_1(s)G_2(s)H(s)}{1+G_1(s)G_2(s)H(s)}$

若以 $E(s)$ 为输出的闭环传递函数 $G_E(s)=\dfrac{E(s)}{R(s)}=\dfrac{1}{1+G_1(s)G_2(s)H(s)}$

（2）以 $N(s)$ 为输入，当 $R(s)=0$ 时：

若以 $C(s)$ 为输出的闭环传递函数 $G_C(s)=\dfrac{C(s)}{R(s)}=\dfrac{G_2(s)}{1+G_1(s)G_2(s)H(s)}$

若以 $Y(s)$ 为输出的闭环传递函数 $G_Y(s)=\dfrac{Y(s)}{R(s)}=\dfrac{-G_1(s)G_2(s)H(s)}{1+G_1(s)G_2(s)H(s)}$

若以 $B(s)$ 为输出的闭环传递函数 $G_B(s)=\dfrac{B(s)}{R(s)}=\dfrac{G_2(s)H(s)}{1+G_1(s)G_2(s)H(s)}$

若以 $E(s)$ 为输出的闭环传递函数 $G_E(s)=\dfrac{E(s)}{R(s)}=\dfrac{-G_2(s)H(s)}{1+G_1(s)G_2(s)H(s)}$

（3）以上可得出：对于同一个闭环系统，当输入的取法不同时，前向通道的传递函数不同，反馈回路的传递函数不同，系统的传递函数也不同，但系统的传递函数的分母保持不变，这是因为这一分母反映了系统的固有特性，而与外界输入无关。

3.11 $G(s)=\dfrac{K_4}{K_1K_2}s$

3.12 $G(s)=\dfrac{G_1G_2G_3G_4}{1-G_1G_2G_3G_4H_3+G_1G_2G_3H_2-G_2G_3H_1+G_3G_4H_4}$

3.13 $G(s)=\dfrac{K}{Js^2+(b+KK_h)s+K}$

3.14 $G(s)=\dfrac{1}{R_1R_2C_1C_2s^2+(R_1C_1+R_2C_2+R_1C_2)s}$

3.15 $G(s)=\dfrac{G_1G_2G_3+G_4}{1+(G_1G_2G_3+G_4)H_3-G_1G_2G_3H_1H_2}$

3.16 $G(s)=\dfrac{G_1G_2G_5+G_1G_2G_3G_4G_5}{1+G_1G_2G_3H_1+(1+G_3G_4)G_1G_2G_5-G_2G_3H_2}$

3.17 $\dfrac{X_o(s)}{X_i(s)}=\dfrac{G_1(s)+G_2(s)}{1+G_1(s)+G_2(s)+G_1(s)G_2(s)}$

$\dfrac{E(s)}{X_i(s)}=\dfrac{X_i(s)-X_o(s)}{X_i(s)}=1-\dfrac{X_o(s)}{X_i(s)}=\dfrac{1+G_1(s)G_2(s)}{1+G_1(s)+G_2(s)+G_1(s)G_2(s)}$

3.18 （a）

$$\frac{X_o(s)}{X_i(s)}=\frac{abcdef+cdefg+ahfdj+gihfdj}{1-bi-dj-fk-cdel-abcdefm-ahfm-cdefgm-gihfm-ihl+bidj+bifk+difk-bidjfk}$$

有 4 条前向通路，9 个回路

（b）$\dfrac{X_o(s)}{X_i(s)}=\dfrac{abc+cd+ae+dge+die}{1-af-bg-ch-bi-dif-ehi-dgehif+afbg+afch+bgch-afbgch}$

有 5 条前向通路，7 个回路

4.1 0.256min

4.2 （1）$\dfrac{600}{s^2+70s+600}$　　（2）$\omega_n=24.5\ \text{s}^{-1}$，$\xi=1.43$

4.3 $x_o(t)=1-\dfrac{4}{3}\text{e}^{-t}+\dfrac{1}{3}\text{e}^{-4t}$，$x_o(t)=\dfrac{4}{3}(\text{e}^{-t}-\text{e}^{-4t})$

4.4 $0.952(1-\text{e}^{-105t})$，$0.615(1-\text{e}^{-13t})$，$0.714(1-\text{e}^{-3.5t})$

4.5 2.94，0.47

4.6 （1）ω_n=33.7s^{-1}，ξ=0.36；（2）$G_K(s)=\dfrac{\omega_n^2}{s^2+2\xi\omega_n s}=\dfrac{1133.67}{s^2+24.24s}$

4.7 2.41s，3.63s，6s（Δ=0.05），8s（Δ=0.02），16.3%

4.8 （1）$K_p=\infty$，$K_v=10$，$K_a=0$

（2）当 $a_2\neq0$ 时，$e_{ss}=\infty$；当 $a_2=0$，$a_1\neq0$ 时，$e_{ss}=a_1/10$；当 $a_2=a_1=0$ 时，$e_{ss}=0$

4.9 500

4.10 1

5.1 （1）$A(\omega)=\dfrac{5}{\sqrt{900\omega^2+1}}$　　$\varphi(\omega)=-\arctan(30\,\omega)$

$$u(\omega)=\frac{5}{900\omega^2+1} \qquad v(\omega)=\frac{-150\omega}{900\omega^2+1}$$

（2） $A(\omega)=\dfrac{1}{\omega\sqrt{0.01\omega^2+1}}$ $\qquad \varphi(\omega)=-90^\circ-\arctan(0.1\omega)$ $\qquad u(\omega)=\dfrac{-0.1}{0.01\omega^2+1}$

$$v(\omega)=\frac{-1}{\omega(0.01\omega^2+1)}$$

5.2 （1） $5\sqrt{2}\sin(t-15^\circ)$ （2） $4\sqrt{5}\cos(2t-108.4^\circ)$

5.3 $K=10$和$T=0.1s$

5.4 $X_o(\mathrm{j}\omega)=\dfrac{36}{(\mathrm{j}\omega)[(\mathrm{j}\omega)^2+13(\mathrm{j}\omega)+36]}$

5.5 各系统的 Nyquist 图如下。

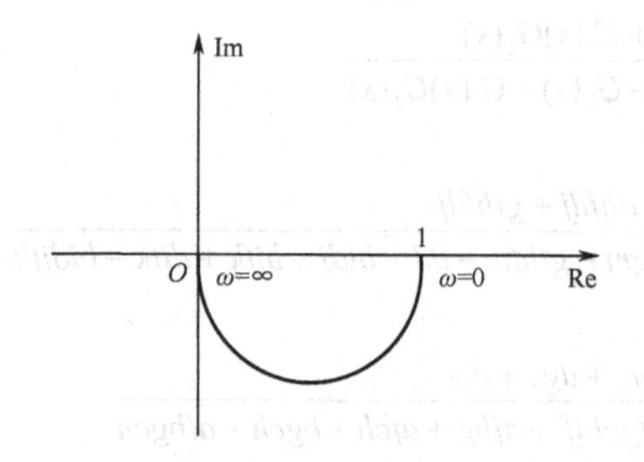

题 5.5 Nyquist 图（1）

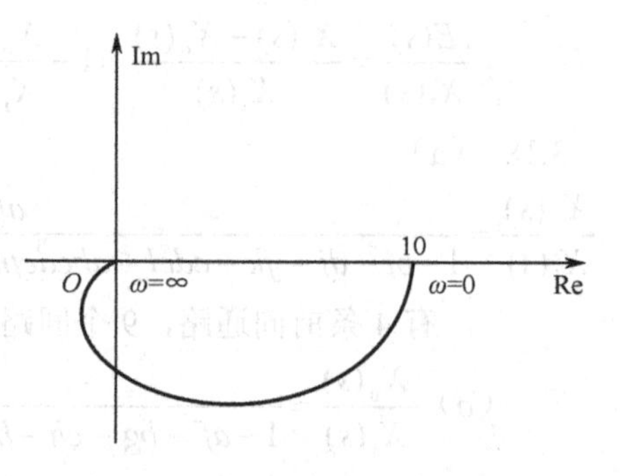

题 5.5 Nyquist 图（2）

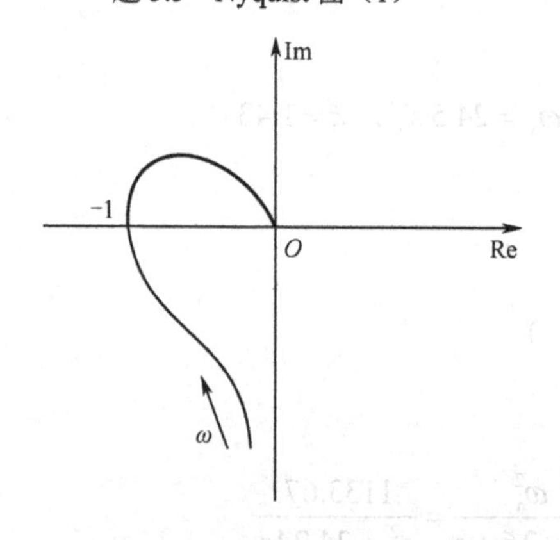

题 5.5 Nyquist 图（3）

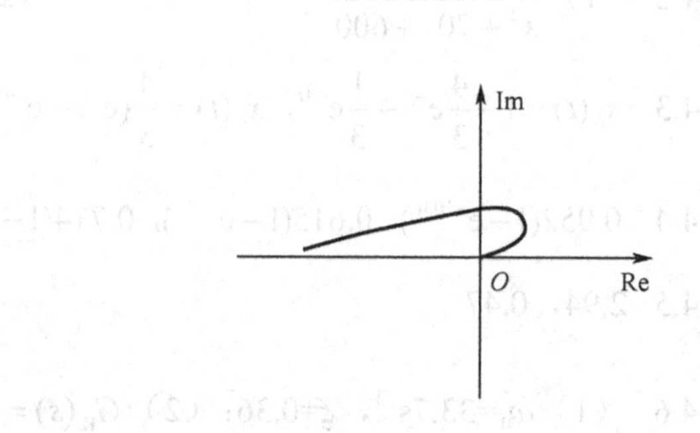

题 5.5 Nyquist 图（4）

5.6 各系统的 Bode 图如下。

5.7 传递函数为$G(s)=\dfrac{10(1+s)}{s(1+2.5s)(1+0.06s+0.01s^2)}=\dfrac{400(s+1)}{s(s+0.4)(s^2+6s+100)}$

6.1 （1）稳定；（2）不稳定

6.2 （1）稳定；（2）稳定；（3）不稳定；（4）不稳定

6.3 $0<K<6$

6.4 $K>0$，$\xi>1/20$

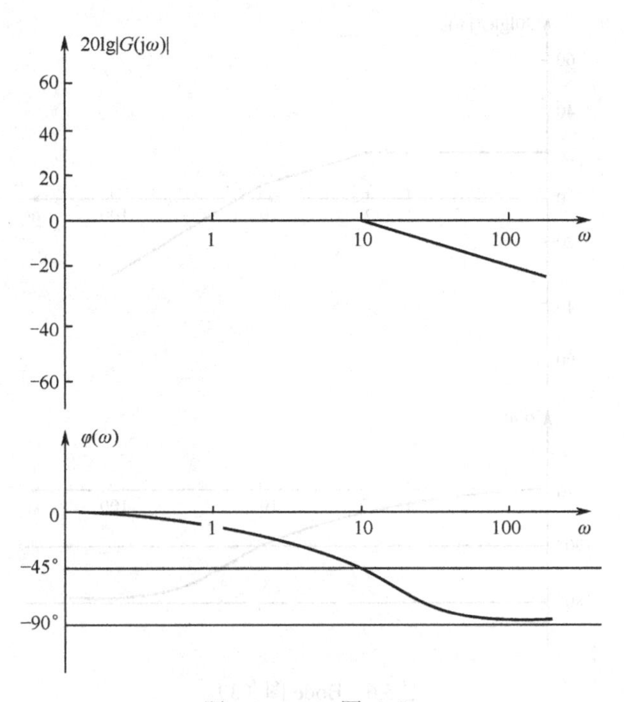

题 5.6　Bode 图（1）

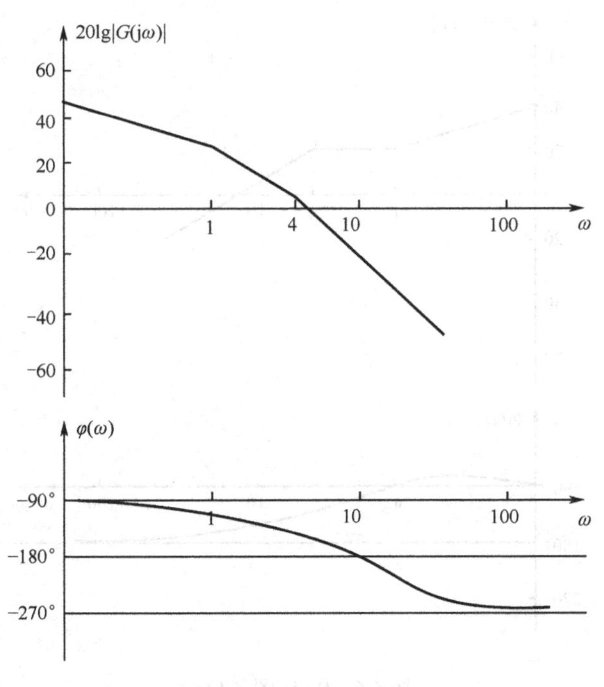

题 5.6　Bode 图（2）

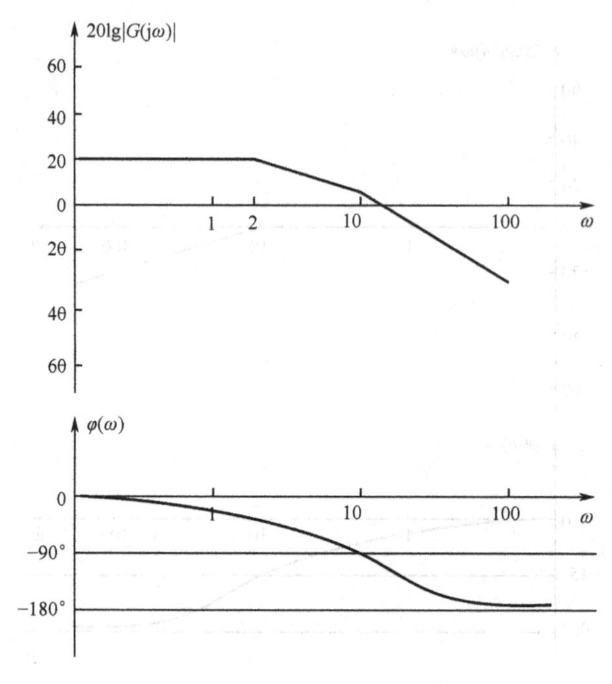

题 5.6 Bode 图（3）

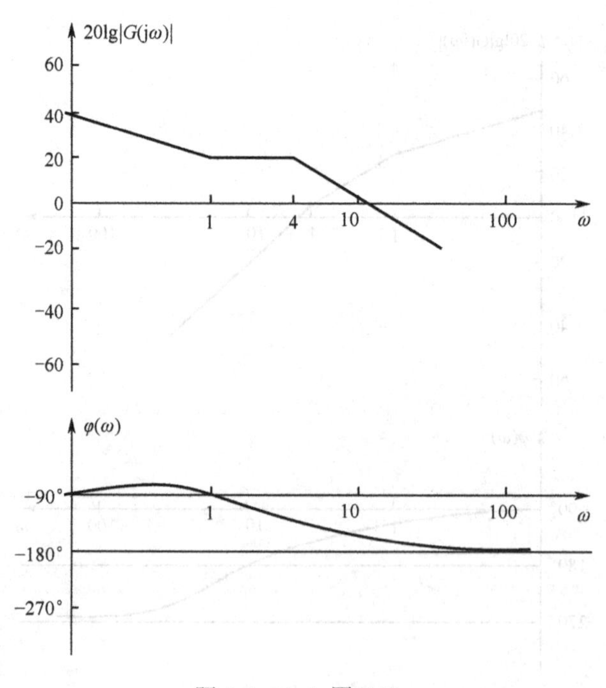

题 5.6 Bode 图（4）

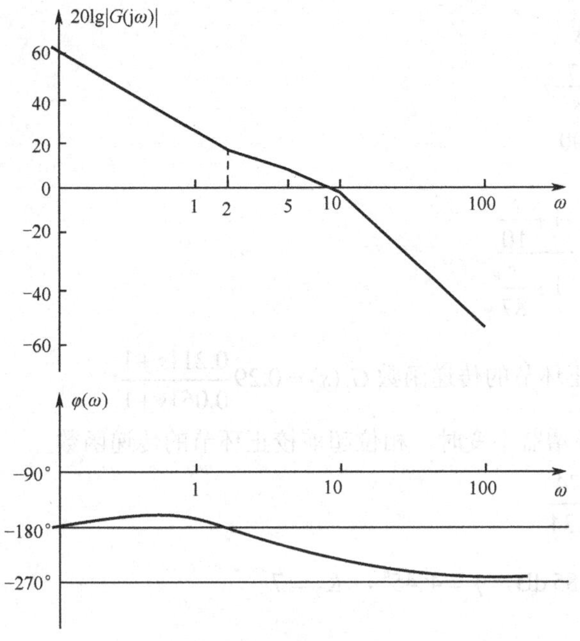

题 5.6 Bode 图（5）

6.5 （1）$0<K<14$；（2）$0.675<K<4.8$

6.6 $0<K<36$

6.7 （1）不稳定

（2）$-1<K<0$ 时，稳定；$K<-1$ 或 $K>0$ 时，不稳定

（3）临界稳定

（4）不稳定

（5）不稳定

（6）不稳定

6.8 0.84

6.9 $K=10$ 时，$\gamma=-10.46°$，$K_g(\text{dB})=-4.48\text{dB}$

$K=100$ 时，$\gamma=-48.4°$，$K_g(\text{dB})=-24.5\text{dB}$

6.10 （1）1.1（2）0.574

7.1 $G_{c1}(s)G_0(s)=\dfrac{20(s+1)}{s(0.1s+1)(10s+1)}$，滞后校正

$G_{c2}(s)G_0(s)=\dfrac{20}{s(0.01s+1)}$，超前校正

7.2 $$G_c(s)G_0(s)=\frac{K(T_2s+1)(T_3s+1)}{\left(\dfrac{1}{\omega_1}s+1\right)\left(\dfrac{1}{\omega_2}s+1\right)\left(\dfrac{1}{\omega_3}s+1\right)(T_1s+1)(T_4s+1)}$$

7.3 $$G_c(s)=\frac{1+s}{1+\dfrac{s}{0.013}}$$

7.4 $G_c(s)=\dfrac{1+\dfrac{s}{17}}{1+\dfrac{s}{100}}$

7.5 $G_c(s)=\dfrac{1+\dfrac{s}{7}}{1+s}\cdot\dfrac{1+\dfrac{s}{10}}{1+\dfrac{s}{87}}$

7.6 相位超前校正环节的传递函数 $G_c(s)=0.29\dfrac{0.211s+1}{0.061s+1}$

在保证系统的开环增益不变时，相位超前校正环节的传递函数

$G_c'(s)=3.45\dfrac{s+4.74}{s+16.34}$

7.7 （1）$K_g=1.85\ \text{dB}$，$\gamma=4°45''$，$K_v=7$

（2）相位滞后校正环节的传递函数为 $G_c(s)=\dfrac{5s+1}{50s+1}$

7.8 PID 校正装置的传递函数为 $G_c=\dfrac{\left(1+\dfrac{s}{0.4}\right)\left(1+\dfrac{s}{2}\right)}{\dfrac{s}{0.4}}$

7.9 $G_c=\dfrac{0.032s+1}{0.0081s+1}$

7.10 $G_c=\dfrac{(0.5s+1)(0.087s+1)}{(2.78s+1)(0.029s+1)}$

7.11 $G_c=\dfrac{0.18s+1}{0.074s+1}$

7.12 $K_t=0.05$，$T_2=0.06s$

8.1

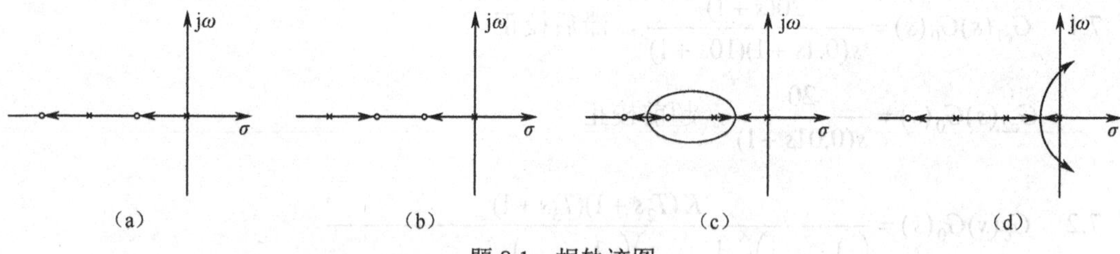

题 8.1 根轨迹图

8.2 渐近线与实轴的夹角 $\theta_{1,2}=\pm 60°$，$k=0$；$\theta_3=180°$，$k=1$

渐近线与实轴的交点 $\sigma_a=-1.33$，根轨迹的分离点 $s_1=-0.45$

临界稳定工作点 $K=12$

8.3 渐近线与实轴夹角 $\theta_{1,2}=\pm 60°$，$k=0$；$\theta_3=180°$，$k=1$

渐近线与实轴的交点坐标 $\sigma_a = -0.67$

根轨迹与虚轴的交点 $K = 4$

出射角 $\theta_{p_2} = -45^\circ$，$\theta_{p_3} = -\theta_{p_2} = 45^\circ$

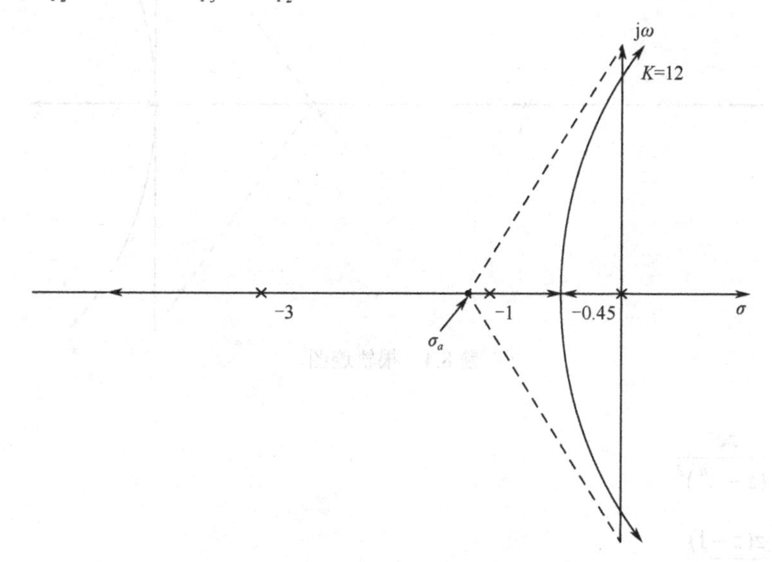

题 8.2　根轨迹图

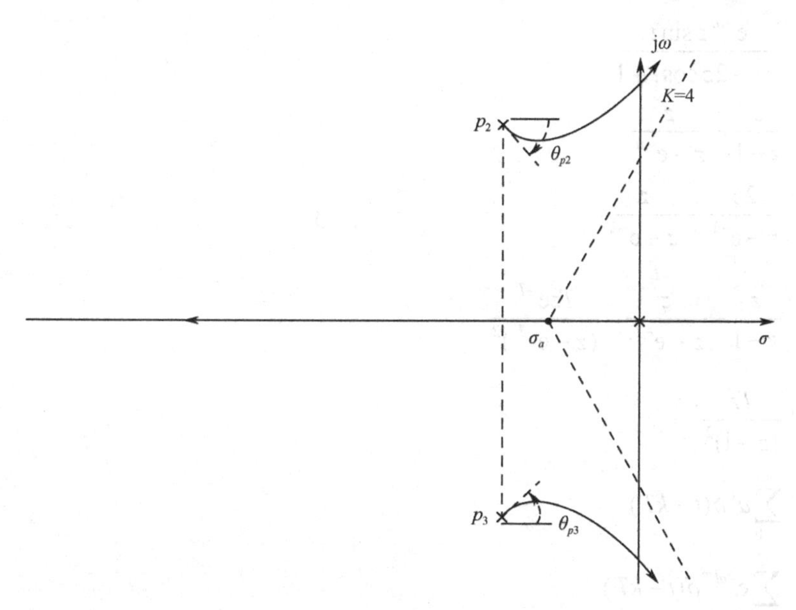

题 8.3　根轨迹图

8.4　渐近线与实轴夹角 $\theta_{1,2} = \pm 60^\circ$，$k = 0$；$\theta_3 = 180^\circ$，$k = 1$

渐近线与实轴的交点坐标 $\sigma_a = -0.33$，根轨迹的分离点 $s_1 = 0$

从根轨迹图中可以看出，无论 K 为何值，复平面的右半平面均有根轨迹分布，故根据闭环系统稳定条件，对于任何正 K 值系统均不稳定。

9.1　（1）$\dfrac{z}{z-1} - \dfrac{z}{z - \mathrm{e}^{-a}}$

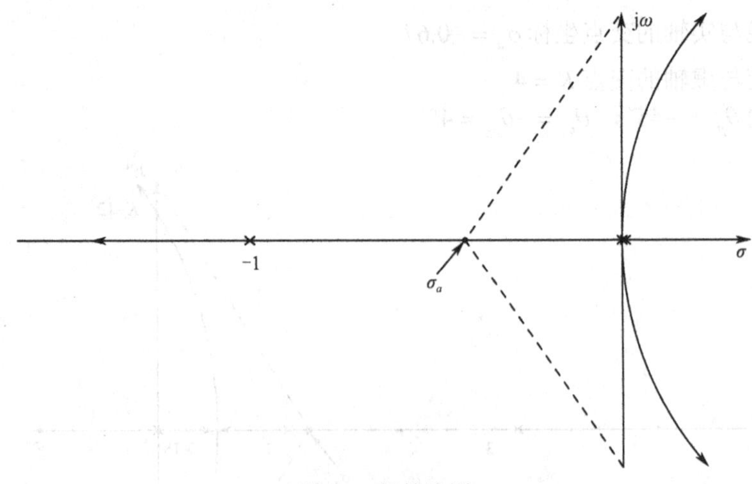

题 8.4 根轨迹图

（2）$\dfrac{ze^a}{(z-e^a)^2}$

（3）$\dfrac{z(z+1)}{(z-1)^3}$

（4）$\dfrac{e^{-at}z\sin t}{z^2-2z\cos t+1}$

9.2 （1）$\dfrac{z}{z-1}-\dfrac{z}{z-e^{-a}}$

（2）$\dfrac{2z}{z-e^{-1}}-\dfrac{z}{z-e^{-2}}$

（3）$\dfrac{z}{z-1}-\dfrac{z}{z-e^{-T}}-\dfrac{Tze^{-T}}{(z-e^{-T})^2}$

（4）$\dfrac{Tz}{(z-1)^2}$

9.3 （1）$\sum\limits_{k=0}^{\infty}a^k\delta(t-kT)$

（2）$\sum\limits_{k=0}^{\infty}e^{-akT}\delta(t-kT)$

（3）$x(kT)=2^{k-1}\quad(k=2,3,4,\cdots)$

（4）$\sum\limits_{k=0}^{\infty}k\delta(t-kT)$

9.4 （1）$y(K)=\dfrac{e^{-1}}{2+e^{-1}}[e^{-K}-(-2)^K]$

（2） $y(K)=\dfrac{3}{20}[3^K+4(-2)^K-5(-1)^K]$

（3） $y(K)=\dfrac{1}{36}[1+8(-2)^K-9(-1)^K+6K]$

9.5 （1）不稳定；（2）稳定

9.6 $T=1\text{s}$ 时，$0<K<2.165$

$T=0.5\text{s}$ 时，无解 $(-4.08<K<-1)$

9.7 （1） $e_{\text{ssp}}=\dfrac{a}{a+K}$，$e_{\text{ssv}}\to\infty$

（2） $e_{\text{ssp}}=0$，$e_{\text{ssv}}=\dfrac{a}{K}$

9.8 （1）系统稳定；（2） $\varepsilon_{ss}=\dfrac{1-\mathrm{e}^{-1}}{1-\mathrm{e}^{-1}+k}=\dfrac{0.632}{0.632+k}$

9.9 （1）是；（2）否

9.10 K=2.39

9.11 $D(z)=\dfrac{z^{-1}(1-0.3679z^{-1})}{-1.4716z^{-1}(1-0.7181z^{-1})}$

$x_{\text{o}}(0)=0$，$x_{\text{o}}(T)=x_{\text{o}}(2T)=x_{\text{o}}(3T)=\cdots=1$

参 考 文 献

[1] Katsuhiko Ogata．现代控制工程（第四版）．卢伯英，于海勋，等译．北京：电子工业出版社，2003.
[2] Katsuhiko Ogata．现代控制工程（第三版）．卢伯英，等译．北京：电子工业出版社，2000.
[3] 董景新，赵长德，等．控制工程基础（第二版）．北京：清华大学出版社，2003.
[4] 胡寿松．自动控制原理简明教程．北京：科学出版社，2003.
[5] 程鹏．自动控制原理．北京：高等教育出版社，2003.
[6] 朱骥北．机械控制工程基础．北京：机械工业出版社，1999.
[7] 郑君里，应启珩，杨为理．信号与系统（第二版）．北京：高等教育出版社，2000.
[8] 陈生潭，郭宝龙，等．信号与系统（第二版）．西安：西安电子科技大学出版社，2001.
[9] 南京工学院数学教研组．积分变换（第三版）．北京：高等教育出版社，1989.
[10] 包革军，盖云英，冉启文．积分变换．哈尔滨：哈尔滨工业大学出版社，1998.
[11] 胡寿松．自动控制原理（第四版）．北京：科学出版社，2001.
[12] 杨叔子，杨克冲，等．机械工程控制基础（第五版）．武汉：华中科技大学出版社，2005.
[13] 黄家英．自动控制原理（上册）．北京：高等教育出版社，2003.
[14] 王划一．自动控制原理．北京：国防工业出版社，2001.
[15] 陈康宁．机械工程控制基础．西安：西安交通大学出版社，1997.
[16] 董玉红，杨清梅．机械控制工程基础．哈尔滨：哈尔滨工业大学出版社，2003.
[17] 董玉红，杨清梅．机械控制工程基础学习指导．哈尔滨：哈尔滨工业大学出版社，2003.
[18] 谢克明．自动控制原理．北京：电子工业出版社，2005.
[19] 邹伯敏．自动控制理论（第二版）．北京：机械工业出版社，2004.
[20] 王显正，范崇托．控制理论基础．北京：国防工业出版社，1980.
[21] 杨自厚．自动控制原理（修订版）．北京：冶金工业出版社，1980.
[22] 孙志毅．控制工程基础．北京：机械工业出版社，2004.
[23] 胡国清，刘文艳．工程控制理论．北京：机械工业出版社，2004.
[24] 何克忠，李伟．计算机控制系统．北京：清华大学出版社，2007.
[25] 朱玉玺，崔如春，邝小磊．计算机控制技术．北京：电子工业出版社，2007.
[26] 杨振中，张和平．控制工程基础．北京：北京大学出版社，2007.
[27] 孔祥东，王益群．控制工程基础（第三版）．北京：机械工业出版社，2008.
[28] 薛安克，彭冬亮，陈雪亭．自动控制原理（第二版）．西安：西安电子科技大学出版社，2007.
[29] 托马斯·瑞德．机器崛起．王晓，郑心湖，王飞跃等译．北京：机械工业出版社，2017.

反侵权盗版声明